全国高等农林院校教材

森林生态学

（修订版）

薛建辉　主编

中国林业出版社

内容简介

森林生态学是研究组成森林的不同生物种类之间及生物与外界环境之间相互关系的科学。内容主要包括个体生态——研究构成森林的各种林木与环境的生态关系；种群生态——研究森林生物种群的形成与变化规律、种内与种间关系；群落生态——研究群落的形成、演替与环境条件的动态关系；森林生态系统——研究生态系统中物质循环与能量流动转化规律；景观生态——研究景观要素、结构与功能的变化规律。

本书力求理论与实际相结合，定性与定量相结合，反映森林生态学的全貌和国内外最新研究成果与发展趋势。其中，生物多样性保护原理、全球气候变化与森林碳循环、森林生态监测与效益评价等章节都反映了近年来森林生态学新的研究领域及热点问题，对于认识森林在改善生态环境质量中的作用规律，并应用于林业生态工程建设具有重要的指导意义。

本书可作为高等农林院校林学、园林、水土保持、环境科学等专业的生态学教材，也可供从事林业、环境保护的管理人员和关注生态建设事业的人员阅读。

图书在版编目（CIP）数据

森林生态学/薛建辉主编. —北京：中国林业出版社，2006.1（2024.7 重印）
全国高等农林院校教材
ISBN 978-7-5038-3665-7-01

Ⅰ. 森… Ⅱ. 薛… Ⅲ. 森林－植物生态学－高等学校－教材 Ⅳ. S718.5

中国版本图书馆 CIP 数据核字（2005）第 145833 号

国家林业局生态文明教材及林业高校教材建设项目

中国林业出版社·教育出版分社

策划编辑：牛玉莲　　**责任编辑**：肖基浒　牛玉莲
电话：（010）83143555　　**传真**：（010）83143561

出版发行　中国林业出版社（100009　北京市西城区德内大街刘海胡同 7 号）
E-mail：jiaocaipublic@163.com　电话：（010）83143500
https://www.cfph.net
经　　销　新华书店
印　　刷　三河市祥达印刷包装有限公司
版　　次　2006 年 1 月第 1 版
印　　次　2024 年 7 月第 18 次印刷
开　　本　850mm×1168mm　1/16
印　　张　24.25
字　　数　521 千字
定　　价　60.00 元

高等农林院校森林资源类教材

编写指导委员会

全国高等农林院校“十五”规划教材

《森林生态学》编写人员

主　　编　薛建辉（南京林业大学）

副 主 编　任青山（中国人民大学）

阮宏华（南京林业大学）

编写人员　（以姓氏笔画为序）

李贤伟（四川农业大学）

吕玉华（北京林业大学）

吴永波（南京林业大学）

陈海滨（西北农林科技大学）

屈　宇（河北农业大学）

胡海波（南京林业大学）

郭晋平（山西农业大学）

温国胜（浙江林学院）

主　　审　叶镜中（南京林业大学）

前 言

加强生态建设、维护生态安全，是21世纪人类面临的共同主题，也是我国经济社会可持续发展的重要基础。全面建设小康社会，加快推进社会主义现代化建设，必须走生产发展、生活富裕、生态良好的文明发展道路，实现经济发展与人口、资源、环境的协调，实现人与自然的和谐共存。

1972年在瑞典斯德哥尔摩召开了联合国人类环境会议，认识到保护和改善人类环境是关系到世界各国人民幸福和经济发展的重要问题，也是世界各国人民的迫切希望和各国政府的责任，并提出了经济发展必须与环境保护相协调的原则，从而掀起了环境保护热潮。这标志着人类社会对解决环境问题的认识和紧迫性已达到一个新的高度，但尚未找到行之有效的解决方法。全球性环境问题，包括全球气候变化、臭氧层耗损、酸沉降、生物多样性消失、森林锐减、土地沙漠化、水体污染等向人类自身的生存条件和社会经济持续发展提出了严峻的挑战。经过近20年的努力，1992年在巴西里约热内卢召开了联合国环境与发展大会，通过了《里约环境与发展宣言》《21世纪议程》《气候变化框架公约》《生物多样性公约》《关于森林问题的原则声明》等一系列重要文件，否定了产业革命以来那种“高生产、高消费、高污染”的传统发展模式，提出走可持续发展的道路，这次会议是人类认识和有效解决国际性环境问题的里程碑。

森林是陆地生态系统的主体，对保持水土、涵养水源、调节气候、净化大气、防风固沙、保育物种等方面具有不可替代的作用。新时期我国林业建设确立了以生态建设为主的林业可持续发展道路，建立以森林植被为主体的国土生态安全体系，把改善生态环境、维护生态安全、建设生态家园作为林业发展的首要任务。森林生态学是阐明森林与生态环境相互作用规律的科学，可为森林的可持续经营管理，维护生态系统健康，保护和扩大森林资源提供理论依据和方法指导。

森林生态学是一门涉及生物学科、环境学科和森林经营学科等交叉学科的专业基础课。目的在于培养学生掌握生态学基本知识、理论、方法和技能，为林学、园林、水土保持等专业课程的学习奠定基础；同时培养学生应用生态学原理与方法解决林业生产和生态环境建设中实际问题的能力。我国第一部作为教材的《森林生态学》（李景文主编）问世于1981年，是从原《森林学》中分出来的，在高等农林院校的森林生态学课程教学中得到广泛应用。目前，生态学已从生物学的一门分支学科发展成为一个横跨自然科学和社会科学的学科群。科学技术发展的生态化趋势也逐步成为新技术革命的一个重要特征。一方面，森林生态学的知识、原理和方法正不断取得新的突破，同时，森林生态学的理念和规律正被应用于政府的资源管理决策和人们的环保行动中。本教材除介绍传统森林生态学内容外，对于与森林资源密切相关的生态环境问题乃至社会经济发展问题都进行了重点介绍，如生物多样性保护、景观生态、林业生态工程、恢复生态、可持续发展等，使学生树立生态学的系统观念和整体观。本教材还按照生态学发展的不同层次性，以个体生态学、种群生态学、群落生态学、生态系统生态学、景观生态学为主线，阐明森林生态学由微观向宏观发展的基本原理与方法，注意吸纳不同领域国内外最新研究成果，把握未来发展的方向，力求体现内容的基础性与实用性、系统性与先进性的有机结合。为便于学生学习，本教材每章还增加了本章提要、复习思考题和本章推荐阅读书目，以进一步拓宽学习的知识面。

本教材是由南京林业大学等国内主要农林院校长期从事森林生态学教学工作的教师共同编写完成的，各章节编写人员为：薛建辉（第1章），温国胜（第2章），陈海滨（第3、4章），任青山（第5、6章），屈宇（第7、9章），阮宏华（第8章），李贤伟（第10章），郭晋平（第11章），吴永波、薛建辉（第12章），吕玉华、阮宏华（第13章），胡海波（第14章）。本教材由薛建辉任主编并负责全书统稿。南京林业大学叶镜中教授作为主审对全书的框架结构和文字修改提出了许多宝贵意见，罗红艳老师、吴永波博士在完成书稿的整理和文字编辑中给予了很大帮助，中国林业出版社对本教材的出版给予热心指导和帮助，在此一并致以衷心的感谢。

本教材可作为高等农林院校林学、园林、水土保持、环境科学等专业的生态学教材，也可供从事林业、环境保护的管理人员和关注生态建设事业的人员阅读。

森林生态学是一门相对较年轻的学科，近年来在研究领域、理论体系与研究方法等方面发展迅速，并在指导森林的可持续经营管理和林业生态环境建设中不断得到充实和完善。由于作者水平所限，虽已尽全力，但书中错误与疏漏之处在所难免，敬请森林生态学专家和读者批评指正。

薛建辉

2005年8月

PREFACE

Promoting ecological construction and sustaining ecological security are common topics confronted by human beings in this new century and important basis for sustainable economic and social development. In the process of building up richer society and realizing socialism modernization, we should choose fast economic growth, high life level and ecological quality as our appropriate development way to obtain the coordination among economic development, population, resources and environment, and coexistence of nature and mankind itself.

In 1972, the United Nations Man and Environment Congress held in Stockholm of Sweden considered that the environmental protection and improvement was very important to people's happiness and economic development and that governments of different countries should be responsible for the coordination between fast economic growth and environmental conservation. But there existed still a lot of global challenges, including global climatic change, ozone destruction, acidic deposition, biodiversity extinction, forest cutting, land desertification and water body pollution. Again in 1992, the United Nations Environment and Development Congress held in Rio of Brazil issued some important documents such as *Rio Environment and Development declaration*, *21st Century Agenda*, *Climatic Change Network Convention*, *Biodiversity Convention*, *Principal declaration on Forest Problems*. A common idea was accepted that traditional development model (meaning high production, high consumption and high pollution) should be replaced by sustainable development.

Forests, as main parts of terrestrial ecosystems, play important roles in the soil and water conservation, climatic control, air purification, wind and sandstorm alleviation and species conservation. In the new stage, the Chinese government has determined that forestry should supply enough services for sustaining ecological security, improving eco-environment and establishing ecological society. Forest ecology is a science dealing with the interaction and relationship between forest components and environment surrounding them. It could give guidance and references for the conservation and sustainable management of forest resources and the sustainance of ecosystem health.

Forest ecology is taught as a fundamental course which is related to different subjects such as biology, environmental sciences and forest resources management. The objective is to make students master some basic ecological knowledge, principles, methodology and skills for the preparation of more specified course studies in subjects of forestry, landscape architecture and soil and water conservation. On the other hand, it is hoped for students to apply ecological principles and methods into solving practical problems in fields of forestry and environmental construction. The first textbook was edited by Prof. Li Jingwen at Northeast Forestry University in 1981 and popularly accepted by different agricultural and forestry colleges since its publishment.

At present, ecology has gradually become an overlapping subject between natural and social science. Forest ecology has also achieved a lot of new advances and its ideas and rhythms are being applied in governmental decision-making to resources management and even people's actions of environmental protection.

The authors of this new textbook try to introduce both traditional ecological contents and a lot of new ecological and socio-economic problems such as biodiversity conservation, landscape ecology, forest eco-engineering, restoration ecology and sustainable development. In this book, a main network was organized at various levels like autecology, population ecology, community ecology, ecosystem ecology and landscape ecology by combinations of principles and case studies. Meanwhile, some questions and reference materials at the end of each chapter were arranged which could help students to review and read more books.

This book was finished by authors mainly from agricultural and forestry colleges who have made rich teaching experiences: Chapter 1 by Prof. Xue Jianhui; Chapter 2 by Prof. Wen Guosheng; Chapter 3 and Chapter 4 by Prof. Chen Haibin; Chapter 5 and Chapter 6 by Prof. Ren Qingshan; Chapter 7 and Chapter 9 by Prof. Qu Yu; Chapter 8 by Prof. Ruan Honghua; Chapter 10 by Prof. Li Xianwei; Chapter 11 by Prof. Guo Jinping; Chapter 12 by Prof. Xue Jianhui and Dr. Wu Yongbo; Chapter 13 by Dr. lv Yuhua and Prof. Ruan Honghua; Chapter 14 by Prof. Hu Haibo. The author likes to give many thanks to Prof. Ye Jingzhong at Nanjing Forestry University (NFU) for his valuable suggestions to the book network and revising work, to Ms. Luo Hongyan and Dr. Wu Yongbo for their printing job, and China Forestry Publishing House for her great help and support.

This book could be not only used as a textbook for students in fields of forestry, landscape architecture, soil and water conservation, but also as a reference one for those who are interested in forest resources management and environmental protection.

Xue Jianhui

August 2005

目录

前　言

CONTENTS

第1章 绪 论

【本章提要】生态学是研究生物有机体与其周围环境相互关系的科学。生态学按生物学组织水平可分为个体、种群、群落及生态系统生态学。生态学研究方法主要包括野外观察、实验方法及数量分析方法等。生态学发展可分为经典生态学和现代生态学两个时期。森林生态学是植物生态学的重要分支学科。本章介绍了可持续发展的内涵、可持续林业及森林可持续经营的概念、森林在维持生物多样性、涵养水源等方面发挥的重要作用。

生态学一词由希腊文“oikos”衍生而来，“oikos”的意思是“住所”或“生活所在地”。因此，从字义来看，生态学是研究“生活所在地”的生物，即研究生物和它所在地关系的一门科学。

海克尔(Haeckel 1869)首先对生态学作了如下界定：生态学是研究生物有机体与其周围环境(包括生物环境和非生物环境)相互关系的科学。奥德姆(E. P. Odum)在其著作《生态学基础》引言中提到：“从长远来看，对这个内容广泛的学科领域，最好的定义可能是最短的和最不专业化的，例如‘环境的生物学’。”综上所述，虽然生态学这个名词的提出已有100多年的历史，人们对生态学概念的界定仍莫衷一是，但“生态学是研究生物及其环境关系的科学”的论断，已被科学家们所普遍接受。

在人类历史的早期，朴素的生态学思想已经萌芽，亚里士多德(Aristotle)和古希腊时代其他哲学家的著作，实际上都包含了某些生态学内容。自第二次世界大战以后，科学技术的飞速发展促进了工业的快速增长，人类的物质文明也达到了新的高峰；与此同时，工业发展、经济增长也带来了资源消耗、工业污染及生态环境的恶化。协调人与自然的关系，寻求全球持续发展的途径已成为当今社会面临的迫切问题。1992年在巴西召开了著名的“环境与发展大会”，发表了《里约环境与发展宣言》，认为人类处于可持续发展问题的中心，并把生态学的基本原则看作是社会经济可持续发展的理论基础。这无疑对当代生态学的发展是一个严峻的挑战。

1.1　生态学的研究对象、分支学科与研究方法

1.1.1　研究对象与分支学科

生态学本是生物科学的一个分支学科，在20世纪60年代人类面临一系列具挑战性的生态环境问题后，一跃而成为世人瞩目的、多学科交叉的综合性学科。传统的生态学认为，“生态学是研究以种群、群落、生态系统为中心的宏观生物学。”“生态学研究的最低层次是有机体”(孙儒泳　2001)。然而由于1992年《分子生态学》杂志的创刊，标志着生态学已进入分子水平。因此，现代生态学研究的范畴，按生物组织水平划分，可从分子、个体、种群、群落、生态系统、景观直到全球。

生态学按研究的对象分类，又可分为动物生态学、植物生态学、微生物生态学等；按栖息地类型分类，又可分为森林生态学、草地生态学、海洋生态学、淡水生态学等；按生态学与其他学科相互渗透、交叉形成新的分支学科，又可分为数学生态学、化学生态学、生理生态学、经济生态学、进化生态学等；按生态学应用的门类来分，又可分为农业生态学、资源生态学、污染生态学等；按研究方法分，可以分为理论生态学、野外生态学、实验生态学等。

生态学有多个分支，各分支分别研究不同的生物学组织水平。

①对个体生物或某一物种的生活史以及它们对其环境的反应进行研究的学科，常称之为个体生态学(autecology)。例如鹰的生活史、鹿的食性以及北美黄杉幼苗对温度的耐性等。

②对同类生物群(单物种种群)的多度、分布、生产力或动态进行研究的学科，称为种群生态学(population ecology)。例如，调查人工松林中养分和阳光的竞争状况，研究病害对控制树木害虫数量的作用，研究蛙种群中个体出生率和死亡率等。

③对由不同生物种形成的某一自然集合的某些方面进行定性或定量分析的有关学科，统称为群落生态学(community ecology)。例如，对森林群落或林型的研究、分类、制图；对某一小湖泊中动物群落的描述，以及对某一地区动植物群落内随时间而发生变化的研究。种群生态学与群落生态学有时统称为群体生态学(synecology)。

④同时研究生物群落及其非生物环境的有关学科，统称为生态系统生态学(ecosystem ecology)。这些学科可能主要是描述性研究，例如不同类型生态系统的分类与制图；也可能是功能性的研究，例如，对植物群落与土壤之间的相互关系，或某一生态系统中能量和养分的分布及流动方式的研究。

1.1.2　研究方法

当今生态学已发展成为庞大的学科体系，特别是近十几年来，一个显著特点

是向微观和宏观两个方向发展。因此，生态学的研究方法也越来越繁杂，且与邻近学科有许多相同之处。其中主要的研究方法及生态学独有的研究方法包括以下几个方面：

(1) 野外观察和定位站

从生态学发展史来看，野外研究方法是首先产生的，并且是第一性的。至今，在生态学研究中，野外研究无疑仍然是主要的。近代生态学的发展，越来越表明野外观察和实验室研究是促进生态学发展的两个最基本的手段。它们是相辅相成的，正是它们的有机结合促进了生态学的飞跃发展。

自20世纪80年代开始“国际地圈—生物圈计划”(International Geosphere-Biosphere Programme，IGBP)启动以来，全球变化已成为生态学研究的热点。研究全球变化需要较大的时间和空间尺度，这就需要在大范围里分别建立长期定位观察站。美国首先建立了长期生态研究网络[U. S. Long-Term Ecological Research (LTER) Network]。这个研究网络的主要目的是在较大的地理区域里促进不同学科的合作研究。美国长期生态研究网络覆盖的区域包括热带森林、极地薹原、温带森林和沙漠。这些定位站的海拔高度从海平面一直延伸到4 000m以上，范围从南极到北极。1993年召开了第一次国际长期生态研究学术讨论会，会议的目的是促进科学家之间的合作和数据、资料的交流，以及全球尺度上的比较和建模。从20世纪80年代开始，中国科学院也开始启动了“中国生态系统研究网络”的项目，在全国选择了包括农田、森林、草原、湖泊和海洋生态系统等29个野外定位站，组成了网络。这个网络的主要目的是对这些生态系统及其环境因子进行长期监测，研究这些生态系统的结构、功能和动态，以及自然资源的持续利用。

(2) 实验方法

生态学中的实验方法主要有原地实验和人工控制实验两类。原地实验或野外实验是指自然或半自然条件下通过某些措施，获得某些因素的变化对生物的影响。例如我们可以通过围栏研究放牧和不放牧对草原蝗虫群落结构的影响，又如在田间通过罩笼研究自然条件下棉铃虫的发育和死亡。人工控制实验是在受控条件下研究各因子对生物的作用，例如应用人工气候箱研究不同的温湿度对昆虫发育和死亡的影响等。

由于分子生态学的发展，各种分子标记技术越来越多地应用到实验生态学研究中来，20世纪60年代出现了同工酶(isoenzyme)标记，80年代出现了多种DNA分子标记，90年代高度可变微卫星位点(hyper variable microsatellite)的大量发现，由于其具有单位点、共显性、高灵敏度等优点，使得微卫星分子标记成为遗传标记中又一强有力的工具。分子标记方法已在生态学中有广泛应用。应用之一是阐明种群迁移、扩散的路线，确定种群的源(source)和汇(sink)。

(3) 数学模型与数量分析方法

20世纪60年代以后，有两个重要因素对生态模型的发展起到了至关重要的作用。一个是电子计算机技术的快速发展；另一个是工业化的高速发展，人们日益认识到保护生态环境的重要性，对环境治理、资源合理开发、能源持续利用越来越关心。面对这些复杂生态系统的研究，只有借助于系统分析及计算机模拟才能解决诸如预测系统的行为及提出治理的最佳方案等问题。70年代，在国际生物学计划（IBP）的促进下，20多年来，经过K. E. Watt，G. M. Van Dyne，C. S. Holling，H. T. Odum，B. C. Patten等生态学家的创造性的工作，形成了一门新兴的生态学分支学科——系统生态学。系统生态学的产生，被著名生态学家E. P. Odum誉为“生态学中的革命”。

在生态学实验和数据分析中应用广泛的是生物统计方法。可以说每一次实验和观察，都离不开统计处理，生态学的实验，特别是野外实验，由于可控性较差，因而带来的误差也较大，所以正确地运用生物统计方法对得到科学的结论是十分重要的。

1.2 生态学的发展

我们可以把生态学的发展分为经典生态学和现代生态学两个时期，它们的分界线可以说是20世纪60年代。

1.2.1 经典生态学

经典生态学经历了建立前期和成长期两个阶段。

公元前5世纪到公元16世纪欧洲文艺复兴时期是生态学思想的萌芽期。人类在和自然的斗争中，已认识到环境和气候对生物生长的影响，以及生物和生物之间关系的重要性。例如《诗经》里动物之间关系的描述，古希腊哲学家亚里士多德对动物不同类型栖息地的描述，都孕育着朴素的生态学思想。

然而生态学的真正成长期是从17世纪开始的，鲍尔(Boyle)1670年发表了大气压对动物影响效应的试验，是动物生理生态学的开端。法国的雷莫(Reaumur)1735年发表了6卷昆虫学著作，记述了许多昆虫生态学的资料；其后，马尔萨斯(Malthus，1803)发表了著名的《人口论》，阐明了人口的增长与食物的关系。Liebig(1840)发现了植物营养的最小因子定律；达尔文(1859)发表了著名的《物种起源》，海克尔(1869)提出了生态学的定义，后来德国的摩比乌斯(Mobius，1877)提出生物群落的概念；1896年斯洛德(Schroter)首先提出个体生态学和群体生态学的概念。这些开创性的工作为现代生态学奠定了基础。

20世纪初，生态学有了蓬勃的发展。亚当斯(Adams，1913)的《动物生态学研究指南》，可以说是第一部动物生态学教科书。同期较著名的著作还有华尔得和威伯尔(Ward & Whipple，1918)的《淡水生物学》，约丹和凯洛(Jordan & Kellogg，1915)的《动物的生活与进化》。在这一时期，生态学的发展已不再停留在现象的描述上，而是着重于解释这些现象；同时，数学方法和生态模型也进入了生态学，这时最有名的数学模型有洛特卡（Lotka，1926）和Volttera(1925)的竞争、捕食模型，Thompson(1924)的昆虫拟寄生模型，Streter-Phelps(1925)的河流系统中水质模型，以及 Kermack-Mckendrick(1927)的传染病模型。

20 世纪 30~50 年代，生态学已日趋成熟。成熟的标志之一是生态学正从描述、解释走向机制的研究，例如，40 年代湖泊生物学者伯奇(Birge)和朱岱(Juday)通过对湖泊能量收支的测定，发展了初级生产的概念。R. Lindeman 提出了著名的“十分之一定律”。从他们的研究中，产生了生态学的营养动态的概念。成熟的标志之二是生态学已从学科体系上构建了自己独特的系统，有关生态学的专著陆续出版，其中较有名的是美国查普曼(Chapman，1931)以昆虫为重点的《动物生态学》；前苏联卡什卡洛夫(Kamkapol，1945)的《动物生态学基础》，以及美国阿利和伊麦生等(Allee & Emerson *et al.*，1949)的《动物生态学原理》。此时，中国也出版了第一部生态学专著——《动物生态学纲要》(费鸿年，1937)。

1.2.2 现代生态学

现代生态学发展始于 20 世纪 60 年代。这是因为，第一是生态学自身的学科积累已经到了一定的程度，形成了自己独有的理论体系和方法论；第二是高精度的分析测定技术、电子计算机技术、高分辨率的遥感技术和地理信息系统技术的发展，为现代生态学的发展提供了物质基础和技术条件；第三是社会的需求，人类迫切希望解决经济发展所带来的一系列的环境、人口压力、资源利用等问题，这些问题的解决涉及自然生态系统的自我调节、社会的持续发展及人类生存等重大问题，探索解决这些问题的途径极大地刺激了现代生态学的发展。

现代生态学的发展特点和趋势主要有以下几个方面：

(1)生态学的研究有越来越向宏观发展的趋势

早期的发展主要是个体生态学，然后向种群生态学、群落生态学方向发展，可以说生态系统生态学、景观生态学、全球生态学的产生和发展是现代生态学的重要标志。近几十年来，一系列国际性研究计划大大促进了以生态系统生态学为基础的宏观生态学的发展。20 世纪 60 年代的“国际生物学计划”(International Biological Programme，IBP)，70 年代的“人与生物圈计划”(Man and the Biosphere Programme，MAB)，以及 80 年代的“国际地圈—生物圈计划”(International Geosphere-Biosphere Programme，IGBP)。这些研究都是以生态系统为基础，通过生态系统生态学和景观生态学方法，研究生态系统的结构、功能以及人类活动对生态系统的影响，特别是最近 20 年来，把全球气候变化和生态系统的研究紧密联系起来，例如关于海洋生物地球化学过程对气候变化的影响、全球气候变化对陆地生态系统的影响等研究，形成全球生态学理论，把生态系统生态学提到了一个更为重要的地位。

(2)系统生态学的产生和发展

系统生态学是现代生态学在方法论上的突破，是划时代的认识论的提高，被称为是“生态学领域的革命”。

现代生态学所要解决的社会、环境、资源等大问题，已不能用经典生态学中的试错法或一个问题一个答案的经典方法去解决，只能用整体的、体系化的研究方法即系统方法去解决。此外，大型、快速计算机的出现也是系统生态学产生和发展的物质基础。

生态模型是系统生态学的核心。它和经典生态学中的模型最主要的区别：①经典生态学中的模型变量很少，是使用分析方法求解，系统生态学中变量往往很多，是通过计算机求解；②经典生态学中的模型往往是线性的，而现代生态学中的模型很多是非线性的，往往包含着时滞、突变、反馈等机制，这些模型有时甚至不能用简单的数学公式所表达，只能通过计算机来实现模型的整合和模拟。

(3)一些新兴的生态学分支出现

新兴生态学分支如进化生态学、行为生态学、化学生态学等的相继出现。生态学、行为学和进化论相结合，形成了一门新兴学科——进化生态学。进化生态学最早由 Orians(1962)提出，并在20世纪70年代得到了明显的发展。和进化生态学紧密相关的一门学科是行为生态学，它主要研究生态学中的行为机制和动物行为的存活价值(survival value)、适合度(fitness)和进化的意义。1981年第一本比较全面系统介绍行为生态学理论和内容的专著 *An Introduction to Behavioural Ecology*问世，对推动行为生态学的进一步发展发挥了重要作用。

化学生态学的形成是基于种内和种间相互作用的原理，生物通过化学信息物质相互传递信息。1959年，Butenandt 鉴定了第一个昆虫信息物质的分子结构，之后经20余年生物学家和化学家的协力研究，化学生态学的概念渐趋完整，第一本是 Sondheimer 等(1969)编写的《化学生态学》。1984年，Bell 主编的《化学生态学》一书，从理论上奠定了生态学的这门新兴分支学科。

(4)分子生态学的兴起

分子生态学是20世纪末生态学发展的最重要特征之一。分子生态学是以分子遗传为标志研究和解决生态学和进化问题。1992年，《分子生态学》(*Molecular Ecology*)创刊，标志着这门分支学科的建立。用分子生物学的方法研究生态学的现象，大大提高了生态学的科学性。例如，应用 DNA 指纹图谱的方法研究三棘鱼雄性的繁殖策略。此外，最近十几年来，转基因生物释放后的生态效应也成为分子生态学研究的热点之一。

(5)应用生态学的迅速发展

自20世纪60年代以来，人口危机、能源危机、资源危机、农业危机、环境危机等已引起世人的瞩目，而生态学被认为是解决这些危机的科学基础。生态学与人类环境问题的结合，大约是70年代后应用生态学中最重要的领域。很多新的交叉学科如环境生态学、保护生物学、环境毒理学、经济生态学、城市生态学等应运而生。这里最值得一提的是生物多样性科学(陈灵芝等，2001)。生物多样性是人类生存与发展最为重要的物质基础，近年来，不断加剧的经济活动，对生物多样性造成了严重的破坏，这已引起社会各界广泛的关注。1992年联合国环境与发展大会通过了《生物多样性公约》，该公约目前已成为环境领域签署国家最多的公约。

1.3 森林生态学的研究内容和范围

森林是以乔木和其他木本植物为主体的生物群落。构成这个群落的成分除乔、灌木外，还包括其他植物、动物、微生物，以及其所居住的环境。作为生物群落的森林，并非树木的简单集合，而是有一定结构、各成分之间相互作用和彼此制约的极其复杂的集合体。

森林生态学是研究森林中乔木树种之间、乔木树种与其他生物之间，以及与其所处的外界环境之间相互关系的学科。

森林生态学研究的内容，概括地说，可分为4个方面：个体生态——研究构成森林的各种林木与环境的生态关系；种群生态——研究森林生物种群的形成与变化规律；群落生态——研究群落的形成和变化与环境条件的关系；森林生态系统——研究系统中物质与能量的循环与转化。

在树木与环境的生态关系方面研究环境诸因子对树木的作用，其中重点研究光、温度、水分、大气、火、土壤和生物等因子的生态意义与对树木的作用以及树木对这些因子的适应性，同时，还要研究森林对这些环境因子的影响和改造作用。在种群的形成与变化规律方面主要研究种群不会无限制繁殖，而总是保持一定均衡状态的原因。在森林群落与环境的关系中，一方面研究森林群落的结构特征，另一方面研究森林群落由于空间和时间的变化，由一种类型演变为另一种类型的原因和规律性，提供识别和鉴定森林群落类型或立地条件类型的依据。森林生态系统着重研究生态系统内各成分之间的相互依赖和因果关系；物质循环和能量流动，以及生态系统的功能和稳定性。

森林生态学作为一门独立的学科，不仅有自己的研究内容和对象，而且还有明确的任务。从树木与环境相互关系的规律出发，在调节、控制树木与环境之间的关系中更好地发挥作用；既要充分发挥树木的生态适应性，根据环境条件的特点，施行科学的经营管理，使其能最大限度地利用环境，不断扩大森林资源和提高森林的生产力；又要有意识地利用森林对环境的改造作用，调节人类与环境之间物质和能量的交换，充分发挥森林的多种有益功能，以利于维持自然界的动态平衡。

1.4 森林生态学发展简史

森林生态学是植物生态学的重要分支学科。它的发展必然与植物生态学的发展史紧密联系。第一次把生态学的概念应用于植物学的是尤舍·瓦尔明(E. Warming)，1895年他的著作《以植物生态地理为基础的植物分布学》(德文版)，在被译成英文版时，更名为《植物生态学》。因此，瓦尔明被公认为植物生态学的奠基人。3年后德国人辛柏尔(Schimper，1898)的著作《以生理学为基础的植物地理分布》问世，从植物生理功能与形态结构、生活力等方面综合阐述植物的生态适应；用环境因子的综合作用阐明植物分布的多样性；并从历史的发展观点分析研究植物的起源和发展，从而大大加深了植物生态学的内容。传统的植物生态学主要是研究植物群落的结构、动态、各个地区的植被类型及自然环境，到20世纪30年代，全世界范围内的植物研究已达到兴盛时期，并在不同地区形成了不同的学派。如以克里门茨(Clements)和坦斯利(Tansley)为代表的美英学派，以勃朗-勃朗盖(Braun-Blanquet)为代表的法瑞学派等。各学派在研究对象、方法和论点上都自成体系。同时，为了发展自己的学派，各自都深入研究寻找理论根据，这样又进一步促进了植物生态学的发展。

1935年，英国生态学家坦斯利提出生态系统这一科学概念。1942年，美国明尼苏达大学林德曼(Lindeman)发表了“食物链”和“金字塔营养级”的理论报告，为生态系统理论奠定了两个坚实的科学基础。到了60年代植物生态学已发展为个体、种群、群落和生态系统等4个不同水平，论述植物与其周围环境之间相互关系的崭新学科。

属于森林生态学范畴的最早论著是德国学者赫耶尔(Heger)于1852年发表的《林木对光和遮阴反应》的论文，它系统地论述了林木耐阴性的理论。20世纪初叶，俄国林学家莫洛佐夫(Морозов Г. Ф.)于1904年发表了《林分类型及其在林学上的意义》的论文，认为“森林的结构、组成、生产力以及其他特点主要决定于立地条件”，提倡依据地形和土壤——心土条件划分森林类型。因此，莫洛佐夫被公认为林型学说的创始人。这以后，林型学说不断取得新的进展，出现了苏卡乔夫(Сукачёв В. Н)、波格来勃涅克(Погребняк П. С.)等著名的林型学家，他们把森林和环境看成是一个不可分割的统一体，将生态系统或生物地理群落的概念渗入到林型学中，并使林型学从定性描述走向定量研究，从而使林型学发展达到一个新的境地。

森林生态学在20世纪50年代以前，仅作为营林学的生态学原理(或称林学原理)包含在森林学或营林学中。以后随着林业科学的发展，才把林学原理从森林学中分出，成为植物生态学的一个独立分支——森林生态学。

1959年由华东、华中地区高等林业院(校)教材编审委员会编著(熊文愈主编)出版了我国第一本《森林学》教材。随着林业生产的发展和大规模的森林综合考察工作的开展，我国主要造林树种(如杉木、马尾松、红松、落叶松、云杉、油松、栎树等)个体生态特性方面有了较深入的研究，而且森林群落分类方面也有较大的进展，如我国各主要林区均先后做过林型的研究，在此基础上设置了许多固定标准地，进行森林生长、结构、更新、演替和分布等方面的大量研究；森林对保护环境方面的作用，也有长期的水文和气象观测成果，从70年代开始已陆续在一些有代表性的气候区建立森林生态系统定位站，从而奠定了我国森林生态学的基础。1978年，在林业部的组织下，由东北林学院主持，会同全国高等林业院(校)的森林生态学教师，共同协作编写出我国第一本《森林生态学》(李景文主编，1981)教科书，把森林生态学从森林学中分出，成为一门独立的学科。因此，可以说森林生态学在我国还是一门较年轻的学科。由于森林生态学的研究对象是覆盖陆地总面积1/3以上的森林生态系统，因而森林生态系统的研究已成为生态系统研究中最为重要的领域，森林生态学的发展日益受到人们的关注和重视。

1.5 可持续发展的概念与内涵

1.5.1 可持续发展概念的形成与发展

朴素的可持续发展思想由来已久，在古希腊亚卡狄亚学派的与自然和谐共处，以及中华民族的农林业生产和社会发展的实践中，均可以找出这一思想的雏形，但是作为一科学术语，可持续发展概念是在1980年发表的《世界自然资源保护大纲》中首次给予系统阐述的。在《世界自然保护大纲》中改变了过去就保护论保护的做法，明确提出其目的在于把资源保护和发展有机地结合起来，即保护自然资源使其既能有利于经济的发展，以满足人类的物质文化需要，不断提高生活质量，又能保护人类及其他生物赖以生存的环境条件。该大纲还提出了自然保护的三大目标，即维持基本生态过程和生命支持系统、保护遗传多样性以及保证生态系统和生物物种的持续利用。该大纲所提出的可持续发展概念及其实现的途径，对20世纪80年代以来的可持续发展的研究起了重要的作用。

1987年，由世界环境与发展委员会向联合国提交的《我们共同的未来》报告，对可持续发展概念的形成与发展，并使可持续发展成为当今社会关注的焦点起了十分重要的推动作用。《我们共同的未来》这一报告以可持续发展为主线，对当前人类在发展与环境保护中面临的问题进行了全面和系统的剖析，并指出在过去我们关心的是经济发展对环境带来的影响，而现在我们面临的是日益恶化的生态与环境危机的压力，以及森林破坏、土地退化、大气与水体的污染对经济发展所带来的影响，还指出：“在不久以前，我们关心的是国家之间在经济方面相互联系的重要性，而现在我们则不能不关注国家之间生态学方面相互依赖的问题，生态与经济从来没有像今天这样互相紧密的联结为一个互为因果的网络之中。”

世界环境与发展委员会在《我们共同的未来》中，将可持续发展定义为：“在满足当代人需要的同时，不损害人类后代满足其自身需要和发展的能力”。并提出了实现可持续发展目标所应采取的行动，包括如下7个方面：

①提高经济增长速度，解决贫困问题。

②改善增长的质量，改变以破坏环境与资源为代价的增长模式。

③尽最大可能地满足人民对就业、粮食、能源、住房、水、卫生保健等方面的需要。

④将人口增长控制在可持续发展的水平。

⑤保护与加强资源基础。

⑥技术发展要与环境保护相适应。

⑦将环境与发展问题落实到政策、法令和政府决策之中。

《我们共同的未来》发表以后，可持续发展逐渐成为社会各界关注的焦点及科学界的重大课题，人们纷纷从各自的学科领域背景出发阐述可持续发展的概念、内涵与目标。

如 Robert Goodland 等强调可再生资源的利用，又不使其退化或消亡，也不削弱这些资源对子孙后代的“再生能力和实用性”。Edward Howe 等认为可持续发展就是“在保持自然资源生态功能的前提下，使经济发展的净利益增加到最大限度”。

生态学家从自然保护及生态学角度将可持续发展定义为“保护与增强(自然)环境系统的生产力和再生能力的发展模式”(Intecol，IUBS，1991)，“是寻求一种最佳的生态系统，以支持生态的完整性和人类愿望的实现，使人类的生存环境得以持续”。世界自然保护联盟在其发表的《保护地球》中将可持续发展定义为“在生命支持系统的承载能力内，提高人类的生活质量”，并强调可持续发展是一个全球性的经济、社会、环境、技术等许多方面协调发展的过程。

经济学家从经济发展的角度定义可持续发展：“在保持自然资源的质量和其所提供服务的前提下，使经济发展的净利益最大化”，并认为可持续发展意味着“今天的资源利用不应减少未来的实际收入”(Anil Markanya，1991)，通过经济系统的调整和管理，使我们只是利用应该利用的那一部分资源，以保持并丰富这一财富基础。Pearce 和 Turner 更是简洁地表达为可持续发展是“在维持动态服务和自然质量的条件下的经济发展收益最大化”。社会学家从社会发展角度将可持续发展定义为“在不超过维持发展的生态系统承载能力的条件下，不断提高人类的生活质量”。

1992 年，在巴西召开了联合国环境与发展大会，大会通过了《里约环境与发展宣言》《21 世纪议程》等一系列纲领性文件与公约，表明日益加剧的全球性的环境问题及其生态后果，已迫使人们达成共识，并为维护与改善人类赖以生存的自然环境条件采取协调的行动，可持续发展已成为共同行动的准则。

1.5.2 可持续发展的内涵

综合 20 世纪 80 年代以来，可持续发展理论研究成果，可以发现可持续发展是对传统价值观和发展观的挑战与变革。其内涵反映在以下 5 个方面。

(1)可持续发展强调生态与经济的整体性

可持续发展把人类赖以生存的地球及局部区域看成是由自然、社会、经济、文化等多因素组成的复合系统，它们之间既相互联系，又相互制约。可持续发展的系统观为人类活动与资源环境问题的分析提供了整体框架。环境与发展矛盾的实质，是由于人类活动和这一复杂系统各个成分之间关系的失调。一个可持续发展的社会，有赖于资源持续供给的能力，有赖于其生产、生活和生态功能的协调，有赖于社会的宏观调控能力、部门间的协调行为以及民众的监督与参与，任何一方面功能的削弱或增强都会影响其他组分，甚至影响可持续发展的进程。

(2)可持续发展强调社会、经济与生态效益的综合性

可持续发展开发与保护统一的生态经济观，为社会可持续发展提供了指导思

想。可持续发展的概念，从理论上结束了长期以来把发展经济和保护资源相对立起来的错误观点，并明确指出二者应是相互联系和互为因果。发展经济和提高生活质量是人类追求的目标，它需要自然资源和良好的生态环境为依托。忽视了对资源的保护，经济发展就会受到限制，没有经济的发展和人民生活质量的改善，特别是最基本的生活需要的满足，也就无从谈论资源和环境的保护，因为一个可持续发展的社会不可能建立在贫困、饥饿和生产停滞的基础上。因此，一个资源管理系统所追求的，应该包括生态效益、经济效益和社会效益的结合，并把系统的整体效益放在首位。

(3) 可持续发展强调资源利用的高效性

可持续发展强调对不同属性的资源采取不同的对策。如对矿产、油、气和煤等不可更新资源，要提高其利用率，加强循环利用，并尽可能用可更新资源代替，以延长其使用的寿命。对可更新资源的利用，要限制在其再生产的承载力限度内，同时采用人工措施促进可更新资源的再生产，要保护生物多样性及生命的支持系统，保证可更新生物资源的持续利用。

(4) 可持续发展强调体制与法制建设的必要性

可持续发展要求打破传统的条块分割、信息闭塞和决策失误的管理体制，建立一个能综合调控社会生产、生活和生态功能，信息反馈灵敏、决策水平高的管理体制，这是实现社会高效、和谐发展的关键。把可持续发展的指导思想体现在政策、立法之中，通过宣传、教育和培训，加强可持续发展的意识，建立与可持续发展相适应的政策、法规和道德规范。

(5) 可持续发展强调社会的公平性

社会发展工作主要依靠广大群众和群众组织来完成。要充分了解群众的意见和要求，动员广大群众参与到可持续发展工作的全过程中来。可持续发展主张人与人之间、国家与国家之间关系应互相尊重、相互平等。一个社会或一个团体的发展，不应以牺牲另一个社团的利益为代价。这种平等的关系不仅表现在当代人与人、国家与国家、社团与社团间的关系上，同时也表现在当代人与后代人之间的关系上。

1.6　森林的生态作用与森林可持续经营

1.6.1　可持续林业的概念

可持续发展最终有赖于各产业部门的具体实践。而各产业部门在可持续发展实践中，所肩负的具体使命和任务是有差异的。林业既是一项经济产业又是一项社会事业，是集社会、经济、生态环境于一体的特殊行业。事实上，林业在社会经济发展的不同阶段作为人类实践活动的主要手段之一，其目的、对象都在发生着变化，其中起主导作用的是森林价值观的转变和对森林在人类生存与发展问题上所发挥的不同主导作用的认识。森林毁坏后使生态环境恶化的事实已经使人们普遍认识到，林业的兴衰直接关系到生存环境的改善和国民经济的发展。因此，林业可持续发展问题再也不仅是林业本身的问题，而是成为农业问题、水利问题、环境问题、社会问题、政治问题，最终成为关系到人类生存与发展的根本问题。当代林业实质上已是包含自然环境、物质基础、社会条件等综合要素在内的一个极其特殊的产业部门。

综合国内外研究者已有研究成果，可持续林业的概念可归纳为：可持续林业是对森林生态系统在确保其生产力和可更新能力以及森林生态系统的物种和生态多样性不受损害前提下的林业实践活动。它是通过综合开发、培育和利用森林，以发挥其多种功能，从而保护土壤、空气和水的质量，以及森林动植物的生存环境，既满足当前社会经济发展过程中对木质、非木质林产品和良好生态环境服务功能的需要，又不损害未来社会满足其需求的林业。可持续林业从健康、完整的生态系统、丰富的生物多样性、良好的环境及主要林产品持续生产等诸多方面，反映了人类关于现代森林的多重价值观。

可持续林业是社会可持续发展的重要组成部分，也是可持续发展思想和理论在林业部门的具体体现。没有一个可持续发展的林业，就不会有可持续的资源环境基础，也不会有可持续发展的社会。而森林的可持续经营，则是林业可持续发展的物质基础和基本前提。

1.6.2 森林可持续经营的概念

森林资源是林业可持续发展的基础，要实现人与森林的和谐共存，就要对森林进行可持续经营。而作为一种有意识的经营活动，必须有明确的经营目的。但是，森林经营目标的确立，则取决于人们对森林功能与作用的正确认识。森林的功能是由自然、社会条件、森林生物地理群落的特征所决定的。森林的某些功能取决于特有的周期性因素，因而，又是间断的，甚至不表现出来。按照森林功能影响范围，可分为地方性的(居民点、小的集水区、田间或其他范围内的影响)、区域性或地带性的(如森林植物带、大河流域或其他范围内的影响)、全球性的(对生物圈及其组分的影响)。由于影响范围不同，森林功能亦表现不一。特别需要指出的是森林的所有功能都是直接或间接相互制约的。相对而言，森林的作用则完全受制于森林功能的社会、文化、政治、经济等意义。森林的功能是客观存在的，而森林的作用离开以人为主体的社会是没有意义的。依照森林对人类及其生存环境的影响可区分为改善生态环境的作用和社会、经济作用。森林改善生态环境的作用在于形成有利于人类社会生存的自然环境；而其社会经济作用则指直接或间接地为人类社会提供就业机会，满足人的精神需求，提供多种林产品及其为相关产业的发展提供有利条件。森林的作用决定了森林的特定效能，即决定了特定区域人们利用森林的目的，并且这个目的是一预期的结果，而这一目标的实现则要求采取相应的经营制度、措施体系。

可持续森林是森林可持续经营的物质基础，而对于它的概念生态学家和森林经营管理者有着不同的认识。加拿大的迈尼认为：“可持续的森林是指在没有不可接受的损害情况下，长期保持森林生产力和可再生能力以及森林生态系统的物种和生态多样性”。这一表述代表了大多数生态以及环境学家的观点，强调在面对人类不同干扰活动时，如何维持森林生态系统的完整性。而经济学家和森林经营者则强调森林生态系统不断地提供人类社会所需的各种价值，由最初的木材到现在的各种有益服务及其有价值的产品。那么森林到底应该持续什么？美国学者理查德曾对这一问题给出 8 个可能的回答：①主要林产品的可持续性；②人类利益的可持续性；③社区的可持续性；④地球村的可持续性；⑤生态系统类型的可持续性；⑥生态系统自我维持的可持续性；⑦生态系统安全保障的可持续性；⑧核心生态系统的可持续性。并且特别强调每一种可能答案所要持续的具体内容和重点是不同的，并且也需要各不相同的森林经营体系。由此，我们认为，什么是可持续的森林并没有统一的标准，而取决于森林所处的外部环境条件和相应的经营目标取向；如果说有统一标准，那就是森林生态系统多样性的存在。诺曼也认为，可持续的森林取决于人们赋予该片森林的价值，可持续的森林是可持续林业的物质基础，而可持续森林经营是连接两者的桥梁，同时也是可持续林业的核心。

对于森林可持续经营(sustainable forest management)的概念，由于人们对森林的功能、作用的认识，要受到特定社会经济发展水平、森林价值观的影响，可能会有不同的解释。国内外学者和一些国际组织先后提出了各自的看法。英国学者波尔的定义是：用前后一贯的、深思熟虑的、持续而且灵活的方式来维持森林的产品和服务，使之处于平衡状态，并用它来增加森林对社会福利的贡献。在 1993 年召开的欧洲森林保护部长级会议，提出了“森林可持续经营是指以一定的方式和速率管理并利用森林和林地，在保护森林的生物多样性、维持森林的生产力、保持其更新能力、维持森林生态系统的健康和活力，确保在当地、国家和全球尺度上满足人类当代和未来世代对森林的生态、经济和社会功能的需要的潜力，并且不对森林生态系统造成任何损害。”国际热带木材组织对热带森林可持续经营的定义是：经营永久性林地的过程以达到一个或多个明确定义的管理目标，连续生产所需要的林产品和服务，不降低其内部价值和森林的未来生产力，并且没有对物理和社会环境产生不良的影响。

联合国粮农组织对森林可持续经营的定义是：森林可持续经营是一种包括行政、经济、法律、社会、技术以及科技等手段的行为，涉及天然林和人工林，它是有计划的各种人为干预措施，目的是保护和维护森林生态系统及其各种功能。1992 年联合国环境与发展大会通过的《关于森林问题的原则声明》文件中，把森林可持续经营定义为：“可持续森林经营意味着对森林、林地进行经营和利用时，以某种方式、一定的速度，在现在和将来保持生物多样性、生产力、更新能力、活力，实现自我恢复的能力，在地区、国家和全球水平上保持森林的生态、经济和社会功能，同时又不损害其他生态系统。”这一定义实际上已经综合了许多研究者的观点，由此，也被认为是一个具有普遍指导意义的概念。

究竟什么是森林可持续经营呢？从森林与人类生存和发展相互依赖关系来

看，目前，比较一致的观点可归纳为：森林可持续经营是通过现实和潜在森林生态系统的科学管理、合理经营，维持森林生态系统的健康和活力，维护生物多样性及其生态过程，以此来满足社会经济发展过程中，对森林产品及其环境服务功能的需求，保障和促进人口、资源、环境与社会经济的持续协调发展。

1.6.3 森林在实现可持续发展中的作用

长期以来，由于人类对自然资源无节制地开发，特别是森林的大量砍伐，和向自然界大量排放倾泄废弃物，形成了一系列的全球性的生态环境问题，如大气污染及酸沉降、温室效应、臭氧层破坏、土地荒漠化、水体污染、生物多样性锐减等。这些问题已严重威胁到人类生存的地球，破坏了人类生活的环境，增加了人类生产的困难和费用，受到了国际社会的普遍关注和高度重视。

现代科学和生态学的发展，认为森林是全球生态环境问题的核心。人类面临的生态环境问题如温室效应、生物多样性保护、水土流失、沙漠化扩大、土壤退化、水资源危机、大气污染等，和森林破坏直接或间接相关，即森林减少导致或加剧了上述大部分生态环境问题。联合国粮农组织助理总干事默里指出：“联合国粮食与农业组织对全球主要森林环境进行了统计，结果表明，全球生态环境的变化与森林的多少有很大的相关关系。”森林是陆地生态系统的主体，是自然界功能最完善的资源库、基因库、蓄水库、碳储库和能源库，具有调节气候、涵养水源、保持水土、防风固沙、改良土壤、减少污染等多种功能，对改善生态环境，维护生态平衡，保护人类生存发展的基础和生产生活环境起着决定性的不可替代的作用。在人类自然经济社会复合大系统中，森林生态系统对人类的影响最直接、最重大，也最关键。离开了森林的庇护，人类生存和发展的环境条件就丧失了存在的基础。

(1)森林是生态平衡的主要调节器，是实现自然生态系统和社会经济系统协调发展的重要纽带

森林是陆地生态系统中生物量储备最大、产量最高，可以使无机物变成有机物、太阳能转化为化学能，在生物系统和非生物系统中，生产者和消费者之间的物质循环和能量流动中扮演主要的角色，对保持生态系统的整体功能起着中枢和杠杆作用。可以说，没有森林，就没有生态平衡，人类生存和发展就是一句空话。

(2)森林能够有效控制污染和酸沉降，改善人类和其他生物的生存环境

空气污染在大多数国家，尤其是在城市和工业区，是一个重大的环境问题。在美国，由于空气污染每年花在医疗及生产损失的费用估计高达400亿美元。据统计，世界上约有9亿城市居民暴露在达到有害水平的SO_2中，10亿多人暴露在超标水平的悬浮颗粒物中。全球出现了欧洲、北美、中国和日本酸雨区，其中美国有$300\times10^4km^2$，中国约为$100\times10^4km^2$。据估计，$1hm^2$森林每年能吸收SO_2 700kg，明显减低工业酸雨的危害；噪音经过30m宽的林带，可降低6~8dB；城市街道林带的滞尘率高达70%~90%。

(3) 森林能够有效保护生物多样性

森林生态系统种类很多，结构复杂。热带雨林，树高达上百米，林相能分成6~7个层次，生物种类十分丰富。在自然植被中，只有寒温带或高山针叶林，由于自然条件十分恶劣，往往由单纯林或单层林所构成。全世界木本植物有2万余种，全球500万~3 000万种生物中的半数以上在森林中栖息繁殖。森林提供有机质，并参与土壤的形成，对其他物种有着深刻的影响，特别是形成的森林环境，为物种进化和发育提供良好的基础。森林消退是生物多样性面临的最大威胁。森林被破坏，将使野生动植物失去庇护所。根据目前的估计，一种植物的灭绝常常导致10~30种生物的生存危机。因此，森林的破坏是灾难性的。据国际自然保护同盟估计，世界上已有2万~3万种生物，处于被严重威胁的状态。热带森林虽只占地球陆地面积的7%，却集中了全球50%以上的物种，拥有世界80%的昆虫，90%的灵长类动物。但目前，热带雨林的年破坏速度在$1\ 000 \times 10^4 hm^2$以上。有人估计，如果地球上热带雨林有一半消失，至少将有75万物种灭绝。热带雨林有丰富的遗传资源，例如作为人类食物的几十种作物和果树，如大米、玉米等，其中有一半是从热带雨林植物遗传多样性中由人工选育而来的。

(4) 森林能够有效地防治土壤流失和退化

在我国，约有1/3的耕地受到水土流失的危害，每年流失土壤约$50 \times 10^8 t$。据统计，40年来，因水土流失危害，全国累计减少耕地达$266 \times 10^4 hm^2$，造成经济损失100亿元以上。水土流失的加重，与林草植被的破坏关系非常密切。森林凭借它庞大的林冠、深厚的枯枝落叶层和发达的根系，起到蓄水保土、减轻地表侵蚀的作用。据中国科学院水土保持研究所观测，在降水量346mm的情况下，林地上每公顷的冲刷量仅为60kg，草地上为93kg，农耕地上为3 570kg，在休耕地上为6 750kg。据日本的观测资料，森林采伐后的径流量较采伐前增加1.15倍。

(5) 森林可以涵养水源

全世界已有100多个国家缺水，严重缺水的国家已达40多个，全球60%的陆地面积淡水资源不足，20多亿人饮用水紧缺。森林能吸收和下渗降水，减少水资源无效损失，增加有效水总量。森林的枯枝落叶层对保持水分贡献最大，森林土壤良好的团粒结构使森林土壤有很强的渗透性。据估计，$3\ 000 hm^2$的森林所蓄的水相当于$100 \times 10^4 m^3$的小水库。森林能够削洪滞洪，增加平枯期流量。日本学者滕基久等对濑户龙头山的对比试验表明：在$20 hm^2$的森林集水区内，降水量为10mm/h，洪峰滞后60min；当降水量为30mm/h，洪峰滞后30min。美国学者丹尼斯在俄勒冈州西部地区的两个流域内，对森林采用皆伐和择伐，以比较枯水期流量的变化，结果在干旱的1978年，皆伐和择伐流域分别出现了8 d和2 d的枯水径流日。森林可以促进水分小循环和影响大气环流，增加降水。大多数学者认为森林对降水的影响很小，或者影响有限，一般不超过3%~5%，但却有很大的"时空调节"作用：调节干旱区和湿润区、雨季和旱季的降雨量。森林吸收辐射大，用于产生降雨的热量比旷野大；森林下垫面粗糙度大，增强了上方乱流，促进水汽运动；森林为大气降水提供了大量的天然有机凝结核。森林可以保护水质，减少泥沙含量，防治河流盐碱化和湖泊富营养化。

(6)森林可以有效防治土地荒漠化

土地荒漠化是生态环境恶化的重要标志。据联合国环境规划署1986年的估计，有史以来，人类已经损失了大约$20\times10^{8}hm^{2}$的耕地，且全球每年退化的土地面积达$500\times10^{4}\sim700\times10^{4}hm^{2}$。中国荒漠化和面临荒漠化的土地面积已达到国土面积的1/3。一般来说，土壤退化发生在森林破坏后对土地的不合理使用上。在干旱地区，由于林业的不合理经营使土壤中大量的养分被消耗，导致土壤地力衰退。半干旱地区，当森林植被破坏后，大部分降水都以地表径流形式流失，进一步恶化了土壤的水分条件。实现荒漠化综合治理的根本在于发展林业，建立农、林、牧、水有机结合的体系。研究表明：大范围的绿化工程，可以改变原始风沙结构，迫使沙尘在垂直高度(0~60cm)上分布趋于均匀，林带内的沙尘减少80%。森林还有较强的自肥能力和有效地防止风蚀能力。森林能在一定程度上减缓土地的盐碱化。由于林冠的阻挡，森林土壤表层的蒸发量很小，森林的根系分布较深，吸收深层的土壤水分用于蒸腾，因而有利于防治含盐分高的地下水向上移动。

(7)森林能够有效缓解温室效应，维护全球碳循环

由于人类活动增加了大气中一些温室气体的浓度，如CO_2、CH_4、N_2O等，结果使地球表面变暖。如果按目前的温室气体排放速度，下个世纪全球平均温度每10年将上升0.3℃。全球气候的变化，将对农业、林业和水资源利用产生很大的影响。温室效应的产生，与全球碳循环的关系非常密切。森林是世界上最大的碳储存库，它储存了全球陆地生态系统90%以上的碳，与其他植被相比，林木中碳与其他元素的比率较高，单位面积的森林储存的碳是农田的20~100倍。森林破坏能引起大气中CO_2浓度的增加。国外有人估计，1989年，由于热带森林滥伐，向大气中排放的CO_2是当时全球化石燃料向大气排放碳总量的35%~50%。据联合国环境规划署统计，如果停止全球性毁林可使释放到大气中的CO_2每年减少$25\times10^{8}t$。森林通过树木的光合作用，吸收大气中的CO_2，植树造林将成为大气CO_2的一个重要汇。我国森林所储存的碳，如果按活立木蓄积量$117\times10^{8}m^{3}$，木材与碳之间的转换系数取0.26，则可以估算出我国森林碳储存量为$30.4\times10^{8}t$碳。

(8)森林能够防灾减灾，保护农牧业稳产高产

森林能够有效地改善农牧业生态环境，增强农牧业抵御干旱、风沙、干热风、冰雹、霜冻等自然灾害的能力，促进稳产高产。研究表明：农田防护林能使粮食平均产量增加15%~20%。我国三北防护林建设，经过十几年的努力，已使过去受风沙侵袭和干热风危害，产量低而不稳的$1\ 100\times10^{4}hm^{2}$农田的生态环境得到明显改善，粮食产量普遍增长10%~30%；过去沙化、盐渍化、牧草严重退化的$893\times10^{4}hm^{2}$草场得到了有效保护和发展，产草量增加20%。

复习思考题

1. 什么是生态学？生态学的研究对象与分支学科有哪些？
2. 生态学的主要研究方法有哪些？
3. 现代生态学发展的特点与趋势是什么？
4. 什么是森林生态学？其研究内容包括哪几个方面？
5. 森林可持续经营与可持续林业的区别与联系。
6. 森林在实现可持续发展中的主要作用有哪些？

本章推荐阅读书目

1. 现代生态学. 戈峰主编. 科学出版社，2002.
2. 森林生态学. 叶镜中主编. 东北林业大学出版社，1990.
3. 森林可持续经营导论. 张守攻，朱春全，肖文发等著. 中国林业出版社，2001.
4. 平衡的法则——林业与环境问题. J. P. Kimmins. 朱春全等译. 中国环境科学出版社，1996.
5. 森林生态学. J. P. Kimmins. 文剑平等译. 中国林业出版社，1992.

第2章　森林与环境

【本章提要】本章主要介绍环境、环境因子与生态因子的区别及其作用的基本规律；阐述非生物环境因子(光因子、温度因子、水分因子、大气因子、土壤因子、地形因子、火因子)时空变化规律下的生态作用和森林的适应性及其生态类型。研究森林与森林环境相互关系及其适应性机理，即森林生态学的基础。

森林与环境的相互作用是森林最基本的特征。林木的生存依赖于环境，林木从周围环境中吸收生长发育必需的营养物质和能量。因此，在不同的环境条件下，常常形成不同类型的森林。同时，林木在生长发育过程中，又以枯枝落叶、蒸腾水分和气体交换等形式，把物质和能量归还于环境。这种能量的转换和物质的循环，就是森林与环境相互作用的基础。

2.1　森林、环境的概念与类型

2.1.1　森林的概念

森林(forest)是指一个以木本植物为主体，包括乔木、灌木、草本植物以及动物、微生物等其他生物，占有相当大的空间，并显著影响周围环境的生物群落复合体。它是地球上主要的植被类型之一。森林与其所在的环境有着不可分割的关系，二者密切联系又相互制约，随着时间和空间的不同而发展变化，形成一个有机的、独立的生态系统。它是地球上陆地生态系统的主体，在人类的生存和发展过程中，发挥着极其重要的作用。

2.1.2　环境的概念

环境(environment)是指生物(个体或群体)生活空间的外界自然条件的总和，包括生物存在的空间及维持其生命活动的物质和能量。环境总是针对某一特定主体或中心而言的，离开了这个主体或中心也就无所谓环境，因此环境只有相对的意义。在环境科学中，一般以人类为主体，环境指围绕着人群的空间以及其中可以直接或间接影响人类生活和发展的各种因素的总和。在生物科学中，一般以生物为主体，环境是指生物的栖息地以及直接或间接影响生物生存和发展的各种因素的总和。所指主体的不同或不明确，往往是造成对环境分类及环境因素分类不同的一个重要原因。远在地球上出现生命之前，尽管已存在着空气、水、岩石等物质和各种形式的能量，但很难说它们是生物的环境，因为那时还没有生物。因此，只有在地球上演化出现了生物有机体，这时才形成了生物的环境。当森林出现之后，才构成了森林环境。

森林环境(forest environment)是指森林生活空间(包括地上空间、地下空间)和外界自然条件的总和。包括对森林有影响的种种自然环境条件以及生物有机体之间的相互作用和影响。

2.1.3 环境的类型

环境是一个非常复杂的体系，至今尚未形成统一的分类系统。一般可按环境范围大小、环境的主体、环境的性质等进行分类。

(1)按环境的范围大小分类

可将环境分为宇宙环境、地球环境、区域环境、生境、微环境和体内环境。

①宇宙环境(space environment) 指大气层以外的宇宙空间，也有人称之为星际环境或空间环境。它是由广阔的宇宙空间和存在其中的各种天体及弥漫物质组成，它对地球环境产生了深刻的影响。例如，太阳黑子的活动、月球和太阳对地球的引力作用产生的潮汐现象，直接影响着生物活动。

②地球环境(global environment) 指大气圈中的对流层、水圈、土壤圈、岩石圈和生物圈，又称为全球环境。当地球表面上第一批生物诞生时，遇到了空气、水和地表岩石的风化壳，在生物的活动下，岩石圈的表层形成了土壤圈。大气圈的对流层、水圈、岩石圈、土壤圈(可统称为自然圈)和生物圈共同组成了地球的生物圈的环境。

大气圈(atmosphere)：是指地球表面的大气层。它的厚度虽然有1 000km以上，但直接构成植物气体环境的对流层厚度只有约16km。大气中含有植物生活所必需的物质如CO_2、O_2等。对流层还含有水汽、粉尘等，在气温作用下，形成风、雨、霜、雪、露、雾、冰雹等，调节着地球环境的水分平衡，影响着植物的生长发育，有时还会给植物带来破坏和损害。

水圈(hydrosphere)：是指地球表面的海洋、内陆淡水水域及地下水等。水体中溶有各种化学物质、溶盐、矿质营养、有机营养物质；各个地区的水质、水量不同，便带来了植物环境的生态差异。液态水通过蒸发、蒸腾，转为大气圈中的水汽、再转变为降水回到地表，构成物质循环的一个方面。

岩石圈(lithosphere)：是指地球表面30~40km厚的地壳。它是水圈和土壤圈最牢固的基础。岩石圈是植物所需矿质营养的贮藏库。由于各种岩石组成成分不同，风化后形成不同的土壤类型。

土壤圈(pedosphere)：是指岩石圈表面风化壳上发育的土壤。它是一种介于无机物和生物之间的物质，有自己特有的结构和性质。它提供了植物生活所必需的矿质营养、水分、有机质、生物等，是植物生长发育的基地。

生物圈(biosphere)：是指地球上生活物质及其生命活动产物所集中的部位，包括整个水圈、土壤圈、岩石圈上层(风化层)及大气圈下层(对流层)。根据生物分布的幅度，生物圈的上限可达海平面以上 10km 的高度，下限可达海平面以下 12km 的深处。在这一广阔范围内，最活跃的是生物，其中绿色植物摄取太阳能，吸收土壤中水分、养分和大气中的 CO_2 等，使生物圈与地球的自然圈之间发生物质和能量的相互渗透，形成整个地球表面的能量转化和物质循环。在生物圈中，生物间、生物与环境间不断进行能量、物质转化，构成一个相互制约、相互依存的矛盾统一体，即生态系统。生物圈是地球上最大的生态系统。

生物圈中的植物层称为植被(vegetation)。植被占地球上总生物生产量的 99%，所以植被在地球上能量、物质转化过程中是一个十分重要的因素。

③区域环境(regional environment) 指占有某一特定地域空间的自然环境。由于地球表面不同地区的自然圈配合的差异，形成不同的地区环境特点(如江河、湖泊、高山、高原、平原、丘陵；热带、亚热带、温带和寒温带)，出现不同的植被类型(如森林、草原、稀树草原、荒漠、沼泽、水生植被以及农作物等)。植被类型是由群落类型构成。群落的一切特征都与地域环境密切相关，简单的和复杂的、初级的和高级的群落单位，都由其所处的地域环境特点所决定，同时群落又对其所处环境进行改造。

④生境(habitat) 指植物或群落生长的具体地段的环境因子的综合。各种植物的生境质量有高有低，如云杉、冷杉在阴坡生长较好，而在阳坡不能生长或生长不良。各种植物的生境，可以重叠、连续或交叉或分离。例如不同山体的阴坡或阳坡，都可为不相连接的，但都是相同的阴坡生境或阳坡生境。

⑤微环境和体内环境 微环境(micro-environment)是指接近植物个体表面，或个体表面不同部位的环境。例如，植物根系附近的土壤环境，叶片表面附近的大气环境，由温度、湿度、气流变化所形成的微气候，对树冠的影响都可产生局部生境条件的变化。植物体内环境(inner environment)指生物体内组织或细胞间的环境。例如，叶片内部，直接与叶肉细胞接触的气腔、气室、通气系统，都是形成体内环境的场所。体内环境的形成受气孔的调控。叶肉细胞都是在体内环境中完成其生理反应的(如光合作用、呼吸作用等)。体内环境中的温度、湿度和 CO_2、O_2 的供应状况直接影响细胞的功能，体内环境的特点为植物本身所创造，是外部环境不可代替的。

(2)按环境的主体分类

分为人类环境和生物环境。人类环境是以人为主体，其他的生命物质和非生命物质都被视为人类环境要素。生物环境是以生物为主体，生物体以外的所有环境要素均称为生物环境。

(3)按环境的性质分类

分为人工环境、自然环境和社会环境。人工环境也称半自然环境，广义地讲包括所有的栽培植物、农作物和人工经营森林、草地所采取的措施。此外，环境污染、干扰、破坏植物资源都使自然环境受到人类不同程度的影响，降低了自然环境的质量。狭义地讲，人工环境指在人为控制下的植物环境，例如利用薄膜大棚育苗、北方的土法温室、现代化的温室及阿拉伯干热地带的玻璃房。自然环境就是指前述的环境。社会环境一般指人类社会的经济状况、文化、宗教等。

2.2 生态因子作用分析

2.2.1 生态因子的概念

生态因子(ecological factors)指环境中对生物的生长、发育、生殖、行为和分布有直接和间接影响的环境要素。如温度、湿度、O_2、CO_2 等。对森林产生各种影响的环境因子称森林生态因子。生态因子中生物生存所不可缺少的环境条件也称为生物的生存条件。所有生态因子构成生物的生态环境(ecological environment)。

2.2.2 生态因子的分类

生物的生存环境中存在很多生态因子，它们的性质、特性、强度各不相同，彼此间相互制约、组合，构成了复杂多样的生存环境，为生物的生存进化创造了多种多样的生境类型。这些因子尽管很多，但主要有作为能量因子的太阳辐射、大气圈中的气候现象、水圈中的自由水、岩石圈中的地形和土壤及生物圈中的生物。

一般根据生态因子的性质将其归纳为5类：

①气候因子　光能、空气、水、风、雷电、气压等。

②土壤因子　土壤结构、土壤有机或无机成分的理化性质和土壤生物等。

③地形因子　地表起伏、地貌、山体海拔、坡向、坡度、坡位。

④生物因子　生物间各种相互关系，如捕食、共生、寄生、竞争等和生物对环境的影响。

⑤人为因子　人类对植物资源的利用、改造、发展、破坏过程中的作用及环境污染的危害作用。

此外，尚有下列划分方法：

将生态因子分为非生物因子和生物因子。非生物因子如温度、光、湿度、pH值、O_2、CO_2 等，生物因子如同种有机体的相互影响(种内关系)和异种有机体的相互影响(种间关系)。

也有把生态因子划分为直接因子和间接因子。Smith(1935)考虑到对动物种群数量变动的影响，将生态因子划分为密度制约因子和非密度制约因子。密度制约因子包括食物、天敌、流行病害等生物因子，其影响大小受制于种群的密度；而非密度制约因子包括温度、降水、天气变化等气候因子，其影响大小与种群密度无关。当今生态学家对此种生态因子分类方式的评价，对理解和讨论种群数量的变动的原因有启发性，但是尚有争论。

蒙恰茨基(Мончадский, 1953)依稳定性及作用特点将生态因子分为稳定因子和变动因子。稳定因子是指终年恒定的因子，如太阳辐射常数、地心引力等，它主要决定生物的分布。变动因子又可分为周期性变动因子和非周期性变动因子。周期性变动因子如一年四季的变化和潮汐涨落等；非周期性变动因子如刮风、降水、捕食、寄生等，它主要影响生物的数量。

2.2.3 生态因子作用的一般特征

生态因子作用的一般特征主要有以下 5 个方面：

(1)综合性

生境是由许多生态因子构成的综合体，因而对植物起着综合生态作用。环境中各个生态因子不是孤立的，而是相互联系、相互制约的。一个因子变化会引起另一个因子不同程度的变化，如光照强度会引起温度、湿度的变化，还会引起土壤温度和湿度的变化。一个因子的生态作用需要有其他因子配合才能表现出来，同样强度的因子，配合不同，生态效应不同，如同样的降水量降在疏松土壤和板结土壤的效果就不同。不同生态因子的综合，可产生相似或相同的生态效应，如干旱的沙地和温度很低的沼泽地，其生态作用对于植物的影响都是干旱，但植物的反应是有差别的。前者是物理干旱，植物的根系向深度方向发展为直根系，而后者因低温的影响，表现为生理干旱，植物根系主要向水平方向发展，侧根较发达。

(2)非等价性

组成生境所有的生态因子，都为植物直接或间接所必需，但在一定条件下必然有一个或两个起主导作用，这种起主要作用的因子称主导因子。如干旱地区的水分不足，林分郁闭前的杂草竞争等。当所有的生态因子在质和量相当时，某一主导因子变化会引起植物全部生态关系的变化；如大气因子由静风转变为暴风时所起的作用。对植物而言，由于某因子的存在与否和数量变化，会引起植物生长发育的显著变化，如春化阶段的低温，若低温不足或缺乏，则植物不能发育。主导因子不是一成不变的，随时间、空间、植物种类、同种植物不同发育阶段而变化。如北方的干旱，南方喜温植物所遇到的低温，光周期现象中的日照长度等。

(3)不可替代性和互补性

植物的生存条件，即光、热、水、空气、无机盐类等因子，对植物的作用虽不是等价的，但同等重要而且不可缺少，若缺少任一生态因子，植物的生长发育受阻，且任一因子都不能由另一因子所取代。如植物的矿质营养元素氮、磷、钾和铁、硼的功能等。但在一定的条件下，某一因子量的不足，可由另一因子增加而得到调剂，仍会获得相似的生态效应。例如，增加 CO_2 浓度，可补偿由于光照强度减弱所引起的光合速率降低的效应；又如，夏季田间高温可通过灌溉得到缓和。

(4)阶段性

生物生长发育不同阶段中往往需要不同的生态因子或生态因子的不同强度。生态因子(或相互关联的若干因子组合)的作用具有阶段性，即随植物生长发育阶段而变化，植物的需要也是分阶段的，并不需要固定不变的因子，如生长初期和旺盛阶段，植物需氮量高，而生长末期对磷、钾需要量高。又如生态因子在植物某一发育阶段起作用，而在另一发育阶段不起作用，如日照长度在植物光周期和春化阶段起着重要作用。

(5)直接作用性与间接作用性

区别生态因子作用的直接性和间接性，对认识生物的生长、发育、繁殖及分布都非常重要。许多地形因子如地形起伏、坡向、坡位、海拔以及经度、纬度对植物的作用不是直接的，而是通过影响光照、温度、雨量、风速、土壤性质等，对植物产生间接影响，从而引起植物和环境生态关系发生变化。如四川的二郎山，东坡为常绿阔叶林，西坡则为干燥的草坡，其原因是由东向西运动的潮湿气流(团)受阻于东坡，而引起东西坡湿度变化的差异。

2.3 光因子

光是地球上一切生命的能量源泉。绿色植物吸收太阳光，通过光合作用把光能转变为化学能贮存在植物有机体中，从而为生态系统中各种动物和其他异养生物供给食物和能量，所以通过植物的光合作用，几乎所有活的有机体与太阳能发生了本质的联系。投射到地表的太阳辐射，绝大部分转变为热能，增加地表温度，推动水分循环和大气环流。所以，太阳辐射是形成生物生产量，构成地表热量、水分、有机物质和气候分布状况的重要驱动力。因此，太阳辐射为维持生命环境创造了必要的条件。

光对于植物具有重要的生态作用。植物的光合作用、光形态建成、光周期反应和向光性等都是以光为主导因子而产生的一系列生理现象。光的状况不同，影响植物的生长发育、森林的更新和演替、森林群落结构特征、树种组成与分布等。天然条件下，有的树种只分布在林冠上层，而在林冠下生长不良甚至死亡；有的树种则在树冠下生长正常；同一树种不同树冠部位叶片的形态结构、生理特性均有差异。

光的生态作用是由光照强度、光谱成分和日照长度的对比关系构成的，它们随时间和空间而变化。

2.3.1 光的性质及其变化规律

2.3.1.1 光的性质

光是以电磁波的形式投射到地表的辐射线。主要波长范围在150~4 000nm。根据人眼对光谱波段感受的差异，分为可见光和不可见光。可见光波长为380~760nm，根据波长的不同又可分为红、橙、黄、绿、青、蓝、紫7种颜色的光。紫外光波长小于380nm，红外光波长大于760nm，紫外光和红外光是不可见光。

光通过大气层后，一部分被反射，一部分被大气层吸收，一部分投射到地球表面。在北半球投射到地面的太阳辐射强度平均为大气层上界平均强度的47%，其中直接辐射为 24%，散射和漫射辐射为 23%。

大气中水汽、CO_2、O_2、O_3、尘埃对太阳辐射吸收较多。水汽主要吸收红外线和红光，CO_2 主要吸收红外线和长波辐射，O_3 主要吸收紫外线。云层、空气分子、尘埃、云雾滴等质点对太阳辐射具有反射作用和散射作用。因此到达地面的光随时随地都在发生着变化。

2.3.1.2 光的变化

太阳光通过大气层到达地表，由于地理位置、海拔、地形和太阳高度角的差异，光照状况在不同地区以及不同时间都有差异，进而影响着地表的水热状况。

(1)光照强度

地表光照强度随纬度增加而降低，因为纬度低太阳高度角大，反之则相反。例如，热带荒漠地区年光照强度为 $83.7\times10^4 J/cm^2$，而北极地区年光照强度不足 $29.3\times10^4 J/cm^2$，中纬度地区年光照强度约为 $50.2\times10^4 J/cm^2$。

光照强度随海拔增加而增强，因为海拔增高，大气厚度减小，透明度增大。地形亦影响光照强度，在北半球温带地区，南坡大于平地和北坡；同一纬度的南坡，坡度愈大辐射量愈大，而北坡正相反。光照强度还受大气水汽含量、云量和雨季长短的影响。

一年中光照强度是夏强冬弱，日照时间为夏季昼长夜短，而冬季则相反。在一天中，中午的光照强度最大，早晚的光照强度最小。

光照强度在一个生态系统内部也有变化。一般来说，在森林生态系统内，光照强度将会自上而下逐渐减弱，由于树冠吸收了大量的光能，使下层植物对日光能的利用受到限制，因此，森林生态系统的垂直分层现象既决定于群落本身，也决定于所接受的光能总量。

(2)光谱成分

光谱成分亦随太阳高度角发生变化。太阳高度角增大，紫外线和可见光所占比例增加，红外线所占比例相应减少，反之长波光比例增加；低纬度和高海拔地区短波光的比例较大；夏季短波光较多，冬季长波光较多；一天之内中午短波光较多，早晚长波光增多。

光照条件(光照强度、光质、日照时间)随时间、空间的变化对生物产生了深刻的影响。

2.3.2 光的生态作用

光谱成分、光照强度和日照时间都会对植物产生重要的生态作用，影响其生长发育、生理代谢和形态结构等，从而使植物产品的产量和质量发生变化。植物长期生长在一定的光照环境中，对光照强度、光质和日照时间都产生一定的要求和适应性，形成不同的植物生态类型。

2.3.2.1 光谱成分的生态作用

光主要由紫外线、可见光和红外线三部分组成。到达地面的光谱成分中，红外线占 50%~60%，紫外线只占 1%~2%，可见光约占 38%~49%。不同的光谱成分对植物产生的作用不同。

紫外线能抑制植物的生长。大气同温层中的臭氧(O_3)能吸收紫外线，所以正常情况下，地球表面的太阳辐射中仅含有很少的紫外线，植物能适应这样的紫外线辐射环境，植物表皮能截留大部分紫外线，仅2%~5%的紫外线进入叶深层，所以表皮是紫外线的有效过滤器，保护着叶肉细胞。高山紫外线较强，会破坏细胞分裂和生长素而抑制生长。许多高山植物生长矮小、节间短，就是因为高海拔处紫外线较强的缘故。紫外线透入活组织时，会破坏分子的化学键，对生物组织具有极大的破坏作用，并可引起突变。少量的紫外线亦为植物生长所必需，可抑制植物茎的徒长，促进花青素的形成。

大气同温层中，紫外线能使臭氧生成，臭氧吸收紫外线，正常情况下，臭氧的形成和分解之间存在着平衡。近代排入大气并扩散到同温层的氯氟烃，如氟利昂($CFCl_3$)等，其中氯原子能催化臭氧分解，破坏了臭氧层，产生臭氧层空洞，使大量紫外线射到地面，影响生物生产力和人类健康，为世界各国所关注。

红外线促进植物的生长和发育，提高植物体的温度。波长大于700nm的近红外线，很少被叶片吸收，大部分被反射和透过，而对远红外线吸收较多。叶片对红外线的反射，阔叶树比针叶树更明显。利用红外感光片进行航空摄影和遥感技术以区别针、阔叶树的原理即寓于此。波长更长的红外线，可用热遥感器探知，从而快速准确地发现和预报森林火灾和森林病虫害，因为感染病虫害的树木要比健康者温度高。

可见光是植物色素吸收利用最多的光波段。在太阳辐射中，植物光合作用和色素吸收，具有生理活性的波段称生理有效辐射或光合有效辐射(photosynthetically active radiation)。光合有效辐射中的波长约为380~740nm，它与可见光波段基本相符，对植物有重要意义。可见光中，红、橙光是被叶绿素吸收最多的部分，具有最大的光合活性，红光还能促进叶绿素的形成。蓝、紫光也能被叶绿素、类胡萝卜素所吸收。光合作用很少利用绿光，主要被叶片透射和反射。不同波长的光对光合产物的成分也有影响，实验表明，红光有利于碳水化合物的合成，蓝光有利于蛋白质的合成。在诱导植物形态建成、向光性和色素形成等方面，不同波长的光其作用有异。蓝紫光与青光对植物伸长及幼芽形成有很大作用，能抑制植物的伸长而使其形成矮态，还能引起植物向光性的敏感，并能促进花青素等植物色素的形成。红光影响植物开花、茎的伸长和种子萌发。红外线和红光是地表热量的基本来源，对植物的影响主要以热效应间接地反映出来。

2.3.2.2 光照强度的生态作用

光照强度的生态作用分别从光合作用、叶片的适光变态和生长发育方面加以说明。

(1)光合作用

树木叶片所吸收的全部太阳辐射，约1%~2%通过光合作用转变为化学能贮存在有机物质中，其余转化为热能消耗于蒸散过程，以及用于增加叶温与周围空气进行热量交换。

光合作用与光照强度密切相关。弱光条件下，光合强度较弱，呼吸强度大于光合强度。当光照强度增加，植物光合速率随之增加。光合作用吸收 CO_2 与呼吸作用放出 CO_2 相等时的光照强度称为光补偿点(compensation point，CP)，此时光合作用合成的碳水化合物数量与呼吸消耗的碳水化合物数量趋于平衡。植物积累有机物质，则光照强度应大于光补偿点。当光照强度超过光补偿点继续增加，光合速率随之增加，到一定水平不再随光照强度增加而增加，光合速率达到光饱和时的光照强度称为光饱和点(saturation point，SP)。

光补偿点和光饱和点随树种、树龄、生理状态和环境条件而变化。

植物进行光合作用同时也进行呼吸作用。当影响植物光合作用和呼吸作用的其他生态因子保持恒定时，生产与呼吸间平衡就主要决定于光照强度。由图 2-1 可知，光合速率随光照强度增大而增加，直达最大值。图中光合速率(实线)与呼吸速率(虚线)两条线的交点即光补偿点。此处的光照强度是植物开始生长和进行净生产所需的最小光照强度。适应于强光地段的植物称喜光植物(或树种)，该类植物光补偿点的位置较高[图 2-1(a)]，光合速率和代谢速率都较高，常见种类有蒲公英、蓟、杨、柳、桦、槐、松、杉和栓皮栎等。适应于弱光地段的植物称耐阴植物，该类植物光补偿点位置较低[图 2-1(b)]，光合速率和呼吸速率都较低。该类植物生长在阴暗潮湿的地方或密林内，常见种类有山酢浆草、连钱草、观音座莲、铁杉、紫果云杉和红豆杉、人参、三七、半夏和细辛等。

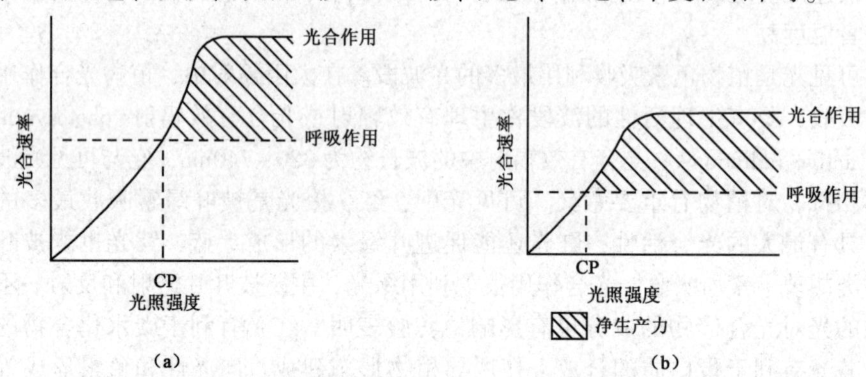

图 2-1 喜光植物(a)和耐阴植物(b)的光补偿点位置示意(Emberlin，1983)

CP 为光补偿点

(2)叶片适光变态

叶片是树木直接接受阳光的器官，在形态结构、生理特征上受光的影响最大，对光具有适应性。由于叶片所在生境光照强度的不同，其形态结构、生理特征往往产生适应光的变异称为叶片适光变态。

同一树种，强光下发育的叶片称为阳生叶，弱光下发育的叶片称为阴生叶。一般喜光树种的叶片主要具有阳生叶的特征。中生树种适应光照强度的范围较广，树冠的阳生叶和阴生叶分化明显，树冠下或耐阴植物的叶片主要具阴生叶的特征，而树冠外围特别是向光处的叶片主要具有阳生叶的特征(表 2-1)。此外树冠各层次叶片形态、排列和镶嵌都是叶片对太阳辐射的一种适应。

表 2-1 阳生叶与阴生叶的形态、生理特征比较

项 目		阳生叶	阴生叶
形态特征		叶片厚而小，角质层较厚，栅栏组织发达，气孔数较多，叶脉较密	叶片薄而大，角质层较薄，海绵组织发达，气孔数较少，叶脉较稀
生理特征	chl 含量	+(低)	++(高)
	chl a/b	++(大)	+(小)
	蒸腾速率	++(大)	+(小)
	呼吸速率	++(大)	+(小)
	水分含量	+(少)	++(多)
	细胞液浓度	++(高)	+(低)
	CP	高	低
	SP	高	低

(3)植物的发育

光是光合作用能量的来源，光合产物是植物生长的物质基础。所以，光能促进细胞的增大和分化，影响细胞的分裂和伸长；光能促进组织与器官的分化，制约器官的生长和发育速度。因此，光照强度关系到植物体各器官和组织的正常发育。

光照强度对植物发育的作用表现为对树木花芽分化形成的影响。强光可加强树木生理活动机能，改善树木有机营养，使枝叶生长健壮，花芽分化良好，而且可提高种子产量。树冠内部常因光照强度较弱，开花结实少，种子质量低。光还可改善果实品质，强光可提高果实含糖量及耐贮性，果实着色好，光照强度有利于花青素形成。光照充足，可形成较大的根茎比。

2.3.2.3 日照时间的生态作用

日照长度是指白昼的持续时数或太阳的可照时数。在北半球从春分到秋分是昼长夜短，夏至昼最长；从秋分到春分是昼短夜长，冬至夜最长。在赤道附近，终年昼夜平分。纬度越高，夏半年(春分到秋分)昼越长，而冬半年(秋分至春分)昼越短。在两极地区则半年是白天，半年是黑夜。由于我国位于北半球，所以夏季的日照时间总是多于12h，而冬季的日照时间总是少于12h。随着纬度的增加，夏季的日照长度也逐渐增加，而冬季的日照长度则逐渐缩短。

日照时间的变化对动植物都有重要的生态作用，由于分布在地球各地的动植物长期生活在具有一定昼夜变化格局的环境中，借助于自然选择和进化而形成了各类生物所特有的对日照长度变化的适应方式，这就是在生物中存在的光周期现象。

(1)光周期现象

光周期现象是指植物和动物对昼夜长短日变化和年变化的反应。植物的光周期反应主要是诱导花芽形成和转入休眠，动物的反应则主要是调整代谢活动和进入繁殖期。1920年，Garner和Allard提出了植物开花的光周期现象，认为对植物开花起决定作用的生态因子是随季节变化的日照长度。

(2)日照生态类型

根据对日照长度的反应差异可把植物分为4种生态类型。

①长日照植物 指日照长度超过其临界日长才能开花的植物。通常需要14h

以上的日照时间才能开花。如落叶松、杨树、柳树、榆树、樟子松、油松、紫菀、凤仙花等。

②短日照植物　指日照长度短于其临界日长才能开花的植物。一般需要 10h 以下的日照时间才能开花。如卷耳草、牵牛花、紫杉等。

③中日照植物　指昼夜长短比例近于相等才能开花的植物。如甘蔗中的某些品种，开花需要 12.5h 的日照时间。

④中性植物　指开花受日照长短影响较小，只要其他条件适宜便能开花的植物。如蒲公英、黄瓜、四季豆、番茄等。

(3)光周期的影响

光照时间长短影响植物的生长发育、开花、休眠、地理分布和生态习性等。一般原产低纬度地区和早春开花的植物多属短日照植物，而原产高纬度地区和秋季开花的植物多属长日照植物。在北半球，短日照植物分布在南方，长日照植物分布在北方。短日照可促使植物转入休眠状态，如落叶松、刺槐、柳树和槭树，给予落叶松 7 个短日照处理，即可诱导落叶松形成顶芽；长日照能促进营养生长，如松、云杉幼苗进行长日照处理，可推迟休眠，提高树高生长量。了解植物对光周期反应的特点，对引种、控制开花、结实和生长极为重要。一般短日照植物由南向北引种，由于生长季日照时数延长，结果营养生长期增加，易受冻害；长日照植物由北向南引种，虽能生长，但由于生长日照缩短可能提早休眠，发育期延迟，甚至不开花结实。所以，引种前必须特别注意植物开花对光周期的要求。在园艺工作中也常利用光周期现象人为控制开花时间，以满足观赏需要。

2.3.3　树种的耐阴性

2.3.3.1　树种的耐阴性及其类型

树木一般都需要在充足光照条件下完成生长发育过程，但是不同树种，尤其是幼龄阶段，对光照强度的适应范围，特别是对弱光的适应能力有明显的差异。有些树种在弱光条件下能正常生长发育，而有些树种则需在较强光照条件下，才能正常生长发育。树种的耐阴性是指树种能够忍耐庇荫的能力，或树种在浓密林冠下更新和生存的能力。

根据树种耐阴的程度，可把树种分为喜光树种、耐阴树种和中性树种三类。

(1)喜光树种

在全光下正常生长发育，不能忍耐庇荫，在林冠下一般不能完成更新过程。如落叶松、松属(红松、华山松除外)、水杉、桦木属、杨树、柳属、栎属(多种)、臭椿、泡桐及草原、沙漠和旷野中的一些树种。

(2)耐阴树种

能够忍耐庇荫，在林冠下可正常更新，甚至有些耐阴树种只能在林冠下完成更新。如铁杉、云杉、冷杉、红豆杉等。

(3)中性树种

需光量介于喜光树种和耐阴树种之间。在全光下生长较好，但亦能忍受一定程度的庇荫；或在生育期随年龄、环境条件不同，表现出不同程度的偏耐阴或偏喜光的特征。其幼苗幼树可在林冠下生长，但不能完成更新全过程。如红松、水曲柳、椴树和侧柏等。

2.3.3.2 树种耐阴性的鉴别

树种耐阴性可从多方面加以判别。林冠下能否完成更新过程和正常生长是鉴别树种耐阴性的主要依据。耐阴树种能在喜光树种或本树种组成的林冠下完成更新过程并正常生长，尤其在幼龄阶段要求适当庇荫，如云杉、冷杉等。这类树种属于林冠下更新的树种，林分复层异龄性较强，结构复杂，比较稳定。喜光树种则不能在林冠下完成更新过程和正常生长，只能在迹地、空旷地更新，也称先锋树种；幼树生长需要充足的光照，这类树种多形成单层同龄林，林下即使有同种更新的幼苗幼树也难于生长，相反，往往有耐阴树种的更新，故林分稳定性差。林冠下幼苗、幼树的存活及生育状况除受光因子的影响外，还受湿度、温度、土壤、林下植物和幼苗幼树间竞争等影响。

根据树种光补偿点和光饱和点判断树种的耐阴性是现代植物生理生态学常采用的方法。利用现代植物光合作用测定仪，在短时间内可以测定供试植物的光响应曲线，求出光补偿点和光饱和点。根据各种植物的光补偿点和光饱和点排序，可以比较树种的耐阴性。各种植物类型的光补偿点和光饱和点见表 2-2。但是，光补偿点不是固定不变的，它受多种因素的影响，比较时应该注意。

表 2-2 不同类型植物 CP 和 SP

植物类型			CP[μmol/(m^2 · s)]	SP[μmol/(m^2 · s)]
草本植物	C_4 植物		20~50	>1 500
	C_3 植物		20~40	1 000~1 500
	喜光植物		20~40	1 000~1 500
	耐阴植物		5~10	100~200(400)
木本植物	热带树木	阳叶	10~25	(400)600~1 500
		阴叶	5~10	200~300
		幼苗	2~5	50~150
	落叶阔叶树和落叶灌木	阳叶	20~50(100)	600~1 000
		阴叶	10~15	200~500
	常绿阔叶树	阳叶	10~30	600~1 000
		阴叶	2~10	100~300
	针叶树	阳叶	30~40	800~1 100
		阴叶	2~10	150~200
	林下植物	明亮生境	约 50	400~600(800)
		黑暗生境	1~5	50~150
苔藓类			1~5	50~150
地衣类			50~150	300~600
水生植物	藻类		2~8	150~500
	沉水植物		8~20(30)	(60)100~200(400)

注：引自 W. Larcher，1999。

此外，还可根据树冠外形、生长发育特性、生态要求、叶片特性等鉴别树种的耐阴性。一般耐阴性较强的树种，树冠外形枝叶稠密，自然整枝弱，枝下高较低，树冠层透光度小；生长速度慢，开花结实晚，寿命长；需要肥沃湿润土壤；叶片由于适应光照强度的范围广，在形态上有阳生叶和阴生叶分化的趋势。

2.3.3.3 影响耐阴性的因素

树种耐阴性，实质上反映树种有效利用弱光(或林冠下光照)的能力。树种(或遗传性)不同，耐阴性不同。此外，还与树木生理状态(或年龄)和生境条件有关。适宜的环境因子相互配合，可补偿光照强度的不足，提高光合效率，增强树种的耐阴性。树种在林冠下正常生长发育、更新，还取决于林冠下近地表层 CO_2 浓度、空气湿度、温度、土壤养分和水分等条件。

就同一树种而言，其耐阴性取决于树龄、气候、土壤等。一般树木幼年耐阴性较强，随着树龄增加，耐阴性逐渐减弱。在湿润温暖的气候条件下，树种耐阴性较干旱寒冷的气候条件强，所以同一树种在其分布区南界表现更耐阴，在其分布区北界多趋于喜光。生长在湿润肥沃土壤的树种，耐阴性较强，相反生长在干旱贫瘠的土壤，耐阴性较差。

了解树种耐阴性的变化特点，可在育苗中控制光照条件，培育遮阴条件下的实生苗(高生长量较大，根茎比小，宜栽植在潮湿遮阴的立地)，而在全光下的实生苗，特征与上述相反，可栽植在采伐迹地等空旷地上。此外，可通过调控林分密度、组成和结构，控制光照强度，改善林内的光照条件，提高林产品的产量和质量。

2.4 温度因子

温度是重要的生态因子，任何生物都是生活在具有一定温度的外界环境中并受温度变化的影响。植物生理生化反应必须在一定的温度范围内才能正常进行，特别是光合作用、呼吸作用、蒸腾作用，CO_2、O_2 在植物细胞内的溶解度，根吸收水分和养分的能力均与温度密切相关。一般来说，温度升高，生理生化反应加快，生长发育加速；温度降低，生理生化反应减慢，生长发育减缓。当温度大于或小于所能忍受的温度范围时，生长渐趋减缓、停止，发育受阻，最终受害甚至死亡。

温度变化能引起其他生态因子如湿度、降水、土壤肥力等的变化，进而又影响植物的生长发育、产量和质量。

太阳辐射是光的来源，亦是地球表面主要的热量源泉，所以温度条件与光照状况密切相关。由于地表的光照强度呈时间、空间变化的特点，温度亦伴随时间、空间而变化。

2.4.1 温度的变化规律

地球上的温度变化很大，主要决定于两个基本变量：入射的太阳高度角(纬度、海拔)和地球表面的水陆分布(是否邻近大水体)。

2.4.1.1 温度的空间变化

(1)纬度

纬度决定太阳高度角的大小及昼夜长短，并决定太阳辐射量。低纬度地区太阳高度角大，昼夜长短差异小，太阳辐射量季节分配较高纬度均匀。随纬度增加，辐射量减少，温度渐降，纬度每增加1°，气温约下降0.5~0.6℃。所以，从赤道到北极可划分出：热带、亚热带、暖温带、温带、寒温带和寒带。物体增温或冷却受辐射及热传导、对流的影响。如土壤下层增温主要靠热传导实现。

(2)海陆位置

海陆辐射和热量平衡的差异，形成温度或气压梯度，由此影响气团运行方向。我国位于欧亚大陆东南部，属季风气候。夏季盛行温暖湿润热带海洋性气团，从东南向西北方向运行；冬季盛行极地大陆性气团，寒冷而干燥，从西或北向东或南推进。因此，我国东南部多属于海洋性气候，从东南向西北大陆性气候逐渐增强。与同纬度其他地区相比，我国大陆性气候特点显著，夏季酷热，冬季严寒漫长，温度年较差大。

(3)地形和海拔

巨大山体阻挡气团运行，影响热量传递和湿润状况的地区分配，对气候形成和自然环境地带性的划分，都起了很大的作用。例如，我国东西走向的山系(天山、秦岭、阴山、南岭等)对季风有特殊的作用，它们在冬季可消弱冷空气的南侵，夏季又阻碍暖湿气流的北上。

局部的山谷、盆地，影响温度的昼夜变化规律，形成“霜穴”、暖带，出现逆温现象。山区晴朗天气的夜间，因地面辐射冷却，近地面形成一层冷空气，密度大的冷空气团顺山坡下沉于谷底，形成霜穴或“冷湖”；而暖空气团则被抬升至山坡的一定高度，形成暖带。这种在山谷、盆地中出现暖气团位于冷气团之上的现象即所谓逆温现象。霜穴处易发生低温危害；暖带是喜暖植物栽培的安全带；逆温现象的出现，影响空气的上下对流，常常加重大气污染的危害程度。

坡向影响热量分配，在北半球南坡空气温度和土壤温度都较北坡高。不同坡向，温度的差异影响植被的分布。生长在温暖干燥低海拔地区的植物向山上扩展时，其分布最高点在阳坡，而生长在高海拔冷湿环境中的植物，其最低分布界线在阴坡或谷地。

山地温度随海拔增加而降低，海拔每升高100m，气温降低0.5~0.6℃。海拔增加，生长期缩短，一般海拔每升高100m，春季推迟2~2.5d，秋季提早1~1.5d。由于温度的垂直变化，在山区出现了相应的植被垂直地带性。

2.4.1.2 温度的时间变化

(1)季节变化

太阳高度角是引起温度季节变化的原因，大陆性气候区温度的季节变化较海洋性气候区剧烈，温带和寒带气温较热带变化剧烈。温度的年较差(一年中最热月与最冷月平均温度的差值)是温度季节变化的一个重要指标。

(2)昼夜变化

气温日变化中，最低值出现在将近日出的时候。日出后，气温上升，至13：00~14：00 达到最高值。土温的日变化随深度而异。土表温度变化远较气温剧烈，昼间土表在太阳辐射下，其温度比气温升高快；夜间，因地面辐射冷却，土表温度低于气温。随土深增加，温度变幅渐小，到 35~100cm 深土以下，土温几乎无昼夜变化。随着深度增大，一昼夜中最高、最低温度有后延现象，如土表的最高温度出现在 13：00，而 10cm 深度的最高土温可能出现在 16：00~17：00。

温度的时间、空间变化，还表现为以地质年代为时间尺度的长期性演变和全球范围内的温度变化。例如冰期进退引起的气温变化，造成动植物的迁移、灭绝和热量、植被带的位移。近年来，全球温暖化带来的环境问题已引起了国际社会的关注。

2.4.2　温度对植物的影响

2.4.2.1　生理代谢

(1)光合作用和呼吸作用

温度对光合作用和呼吸作用的影响，是借助酶和温度的关系实现的。一般随温度增加，在一定温度范围内，生物反应加快。植物类型不同，光合作用对温度的要求不同(表 2-3)。

表 2-3　大气 CO_2 和饱和光照条件下，各类植物光合作用的温度要求

植物类型		CO_2 吸收的低温限度(℃)	光合作用的最适温度(℃)	CO_2 吸收的高温限度(℃)
草本显花植物	热生境的 C_4 植物	5~10	30~40(50)	50~60
	C_3 农作物	-2~0	20~30(40)	40~50
	喜光植物	-2~0	20~30	40~50
	耐阴植物	-2~0	10~20	约 40
	沙漠植物	-5~5	20~35(45)	45~50(60)
CAM 植物	日中	-2~0	(20)30~40	45~50
	夜间	-2~0	10~15(23)	25~30
	早春及高山植物	-6~-2	10~25	30~42
木本植物	热带亚热带常绿阔叶树	0~5	25~30	45~50
	干旱地区的硬叶乔灌木	-5~-1	20~35	42~45
	温带落叶树	-3~-1	20~25	40~45
	常绿针叶树	-5~-3	10~25	35~42
	沼泽地及苔原矮灌木	约-3	15~25	40~45
苔藓类	北极和北极圈地区	约-8	5~12	约 30
	温带	约-5	10~20	30~40

（续）

植物类型		CO_2 吸收的低温限度（℃）	光合作用的最适温度（℃）	CO_2 吸收的高温限度（℃）
地衣类	寒冷地区	-10~-15	8~15(20)	25~30
	沙漠	约-10	18~20	38~45
	热带	-2~0	约20	25~35
藻类	冰雪藻类	约-5	0~10	30
	喜热藻类	20~30	45~55	65

注：引自 W. Larcher，1999。

(2)蒸腾作用

温度一是改变饱和差影响植物蒸腾；二是影响叶片温度和气孔开闭，并影响角质层蒸腾与气孔蒸腾的比率。

2.4.2.2 生长发育

陆生维管束植物维持生命的温度范围为-5~55℃，但在5~40℃间才能正常生长和具有繁殖能力。

植物种子只有在一定温度条件下才能萌发，因为温度升高能促进酶的活化，加速种子生理生化活动，故使种子发芽生长。温带树种的种子，约0~5℃开始萌发。大多数树木种子萌发的最适温度为25~30℃，最高温度为35~40℃，温度再高对发芽产生有害作用。油松、侧柏、刺槐种子发芽最适温度为23~25℃。温带和寒温带许多植物种子需要经过一段低温期，才能顺利萌发。另外，变温也对种子萌发有利。

多数植物在0~35℃的温度范围内，温度上升，生长加速。在一定温度范围内，温度上升，细胞膜透性增大，植物对生长所必需的 H_2O、CO_2、养分吸收增多，酶活性增强，促进了细胞分裂、伸长，故增加了植物生长量。不同植物生长要求的温度有异。热带树种，如橡胶、椰子、可可等，月平均气温18℃以上才能生长；温带果树，10℃时开始生长；红松人工林，气温6℃左右，新梢开始生长，12~15℃时生长最快，至7月初气温达到20℃时，高生长已近停止。一年中，树木从树液流动开始，到落叶为止的日数称生长期。在生长期内，有些树种新梢的生长是连续的，如杨树等；有些树种是间断的，如栎和山毛榉等。植物不同部位的生长要求温度不一，根系要求的温度接近于土温，温带木本植物，根系生长的最低温度约2~5℃，芽开放之前，根系就已生长，并一直延续到晚秋。

在一定的温度范围内，温度增加，细胞膜透性增强，树木吸收 CO_2、H_2O、矿质盐类速率增大，同时酶活性、蒸腾速率和光合速率提高。所以温度升高可促进细胞分裂、延伸，增加树木生长量。

种子发芽，既需一定的高温，又要一定量的低温，如育苗时种子的层积处理。

有些植物，成花前需低温诱导，通过春化作用植物才能开花。例如，油松需10℃低温71d；白榆需10℃低温90d；毛白杨需10℃低温69d；加拿大杨需10℃

低温 79d，才能开花。

2.4.2.3　温周期现象

在自然界温度经常呈现规律性变化即昼夜变化、季节变化和非节律性变化(如早春和晚秋寒流南下，夏季局部地区温度突然升高)。季节性变温随纬度增大而较为显著。温度随昼夜和季节而发生有规律地变化称之为节律性变温。植物长期适应节律性变温必然在生长发育中反映出来一些节律性变化特点。

植物对温度昼夜变化和季节变化的反应称温周期现象。节律性变温包括昼夜变温和季节变温。

昼夜变温指一天内温度的昼夜变化，它对植物生长、发育和产品质量影响很大。种子发芽是温周期的一种类型。多数种子在一定的交替变化的温度下发芽更好。一定范围内，昼夜温差较大，对植物生长、品质影响良好。

植物长期适应于一年中温度、水分节律性变化，形成与此相适应的植物发育节律称为物候。发芽、生长、现蕾、开花、结实、果实成熟、落叶休眠等生长发育阶段称为物候期。

2.4.2.4　非节律性变温

春秋两季寒流侵袭，常使温度剧降，夏季午间持续高温，都会严重危害幼苗、幼树及外域树种的生存。

(1)低温危害

①寒害　又称冷害，指气温降至 0℃以上植物所受到的伤害。热带、亚热带植物，在气温 0~10℃就能受到寒害。还有些热带树种，在 0~5℃时，即在形态、生理和生长方面产生伤害。W. Larcher 把这类植物称为冷敏感植物。寒害可分两类：直接伤害和间接伤害。直接伤害指气温骤变造成的伤害。如冷空气入侵，温度急剧降到 0~10℃，在 1~2d 内，就能在植物体上看到伤痕。间接伤害是缓慢降温造成的危害，从植物形态结构上 1~2d 内还看不出变化，1 周左右才出现组织萎蔫，甚至脱水等。寒害的原因是低温造成植物代谢紊乱，膜性改变和根系吸收力降低等。

②冻害　温度降低到冰点以下，植物组织发生冰冻而引起的伤害称冻害。冰点以下，植物细胞间隙形成冰晶，冰的化学势、蒸汽压比过冷溶液低，水从细胞内部转移到冰晶处，造成冰晶增大细胞失水。原生质失水收缩，盐类等可溶性物质浓度相应增高，引起蛋白质沉淀。当水与原生质一旦分离，酶系统失活，化学键破裂，膜透性改变和蛋白质变性，从而导致植物明显受害。

③冻拔　又称冻举，是间接的低温危害，由土壤反复、快速冻结和融化引起。强烈的辐射冷却使土壤从表层向下冻结，升到冰冻层的水继续冻结并形成很厚的垂直排列的冰晶层。针状冰能把冻结的表层土、小型植物和栽植苗抬高 10cm，冰融后下落。从下部未冻结土层拉出的植物根不能复原到原来位置。经过几次冰冻、融化的交替，树苗会被全部拔出土壤。遭受冻拔危害的植株易受风、干旱和病虫危害。冻拔是寒冷地区更新造林的危害之一，多发生在土壤黏重、含水量高、土表温度容易剧变的立地。

④冻裂 多发生在日夜温差大的西南坡上的林木。下午太阳直射树干，入夜气温迅速下降，由于干材导热慢，造成树干西南侧内热胀、外冷缩的弦向拉力，使树干纵向开裂。受害程度因树种而异，通常向阳面的林缘木、孤立木或疏林易受害。冻裂不会造成树木死亡，但能降低木材质量，并可能成为病虫入侵的途径。东北的山杨、核桃楸、栎、椴等受害重，南方的檫树也常受害。

⑤生理干旱 这是另一种与低温有关的间接伤害。冬季或早春土壤冻结时，树木根系不活动。这时如果气温过暖，地上部分进行蒸腾，不断失水，而根系又不能吸水加以补充，时间长了就会引起枝叶干枯和死亡。其次，低温还能伤害芽和1年生枝顶端，从而影响树形和干形，甚至使乔木变为灌木状。

(2)高温危害

大多数高等植物的最高点温度是35~40℃，只比最适点温度略高。温度达到45℃以上，植物就会死亡。植物种类不同，所能忍受的最高温度也不同。旱生植物、热带沙漠的肉质植物和热生境的C_4草本植物耐热性比中生植物高。高温危害主要是皮烧和根颈灼伤。

①皮烧 强烈的太阳辐射，使树木形成层和树皮组织局部死亡。多发生于树皮光滑树种的成年树木上，如成、过熟龄的冷杉常受此害。受害树木树皮呈斑状死亡或片状剥落，给病菌侵入创造条件。

②根颈灼伤 土表温度增高，灼伤幼苗根茎。松柏科幼苗当土表温度达40℃就要受害。夏季中午强烈的太阳辐射，常使苗床或采伐迹地土表温度达45℃以上，而造成这种危害。灼伤使根颈处产生宽几毫米的缢缩环带，因高温杀死了输导组织和形成层而致死。

一般树木受害除与极端温度有关外，还与温度升降速度、升降幅度和极温值持续时间有关。

2.4.3 树种对极端温度的适应

(1)树种对低温的适应

树种对低温忍耐和抵抗的特性称为树种的耐寒性。长期生活在低温环境中的植物通过自然选择，在形态、生理和行为方面表现出很多明显的适应特征。

①在形态方面适应 北极和高山植物的芽及叶片经常有油脂类物质保护，芽具鳞片，植物器官具蜡粉和密毛，树皮具木栓组织，植株矮小，呈匍匐状、垫状或莲座状等，这种形态有利于保持较高的温度，减轻严寒的影响。

②在生理方面适应 生活在低温环境中的植物常通过减少细胞中的水分和增加细胞中的糖类、脂类和色素等物质来降低植物的冰点，增加抗寒能力。通过调节植物体细胞内物质变化和细胞内形态结构变化，在极端低温突然降临和冬季到来后可安全度过。实验证明，无论对抗冻或抗冷，植物体内的内源脱落酸(ABA)含量增加，而赤霉素含量则减少。同时在低温出现和内源脱落酸含量增加后，钙信号系统完成抗寒信息的传递并启动抗寒基因的表达。如可溶性糖、氨基酸、蛋白质含量增加，磷脂和不饱和脂肪酸增加，过氧化物酶、同工酶、抗坏血酸等增

加；同时植物生长减缓，糖类消耗减少。结果是膜透水性增强、细胞器及膜稳定性增强，冰点下降，保水力和原生质弹性增强，稳定性增强，抗光氧化能力增强。最终耐寒性强的植物表现为生长停止，维持一定光合作用，呼吸作用稳定，忍受细胞内外结冰等抗寒力提高。

③在行为方面适应 细胞内形态结构发生变化，如核膜孔关闭，叶绿体膜呈波浪形，线粒体内嵴增多，大液泡分隔为小液泡，质膜内陷与液泡相连；在低温季节来临时及时转入休眠；极地植物和高山植物在可见光谱中的吸收带较宽，能吸收更多的红外线，增强植物的耐寒性。

树木的耐寒性随树木的年龄、树木部位及土壤含氧量而变化。树木壮龄阶段的耐寒性强于幼龄；茎和粗枝的耐寒性高于花、叶、芽和幼枝的耐寒性；土壤含氮丰富，树木耐寒性差，土壤含钾丰富，树木耐寒力强。

(2)树种对高温的适应

树种对高温的生态适应性与其原产地密切相关。旱生树种比中生树种抗高温，如胡杨、梭梭、沙枣等树种原产地为荒漠草原，其耐高温能力远较紫穗槐、柽柳、垂柳强。

树种抗高温性因植物种类而变化。相同树种不同生长发育阶段抗高温性亦不同，休眠期最强，生长发育初期最弱，以后渐强。

树种对高温的适应主要表现在形态和生理两个方面。在形态适应方面，有些植物体表具有密生绒毛、鳞片，能过滤一部分阳光；有些植物体呈白色、银白色、叶片革质发亮，可反射部分太阳光；有些植物叶片垂直排列，使叶缘向光，温度较高时，叶片折叠，减少光的吸收面积；有些树木茎干具有发达的木栓层，具有隔绝高温、保护植物体的作用。在生理适应方面主要是增加细胞内糖或盐的浓度，降低含水量，从而使原生质浓度增加，增强了原生质的抗凝结能力，同时细胞内水分减少，植物代谢减缓，抗高温性增强；其次是靠旺盛的蒸腾作用调节植物体表温度。某些植物具有反射红外线的能力，夏季反射的比冬季多，这也是避免植物体受高温伤害的一种适应。

林业生产常常采用灌溉、遮阴和树干涂白等措施削弱高温的有害影响。

2.4.4 温度与树种分布

由于温度影响树种生长发育，因而制约了树种的分布；另外树种长期生活在一定的温度范围内，不仅需要一定的温度量，而且还需要有一定的温度变幅，形成了温度的生态类型。

根据植物对温度变幅的适应能力将植物分为广温植物和窄温植物两大类。广温植物能适应较大的温度变幅，如松、桦、栎能在 -5~55℃温度范围内生活。相反，窄温植物对温度要求严格，生活在特定温度条件下，温度分布范围狭窄。窄温植物又分为高温窄温植物和低温窄温植物。前者仅能在高温条件下生长发育而最怕低温，如椰子、可可等；后者仅能在低温范围内生长发育而最怕高温，如偃松、兴安落叶松等。

2.5 水分因子

水是生物体的重要组成成分，植物体内一般含水量为60%~80%，风干的种子含水量在6%~10%，有些果实含水量高达92%~95%。植物的一切代谢活动，包括光合作用、蒸腾作用，有机物的水解反应，养分吸收、运输、利用，废物的排除和激素的传递都必须借助于水才能进行；水分维持了植物细胞和组织的膨压，使植物器官保持直立状态，具有活跃的功能；蒸腾作用消耗大量的水分，调节缓和了植物体表温度状况。水分在蒸散过程中对生物的热量调节和热能代谢意义重大，水分的形态、数量、持续时间决定水分的可利用性，因此它影响森林的更新、分布、生长和发育以及产量。可见水对于植物极为重要。但是陆地表面淡水资源缺乏和分布不均匀，因此，陆生生物面临的主要问题是如何减少水分散失和保持体内水分平衡。

2.5.1 不同形态的水及其生态意义

水是气候因子，同时又是土壤因子。水在大气、土壤中的形态、数量及其动态都对森林产生重要的影响。大气中的水汽可见的(如云和雾)和不可见的扩散在整个大气中。大气水汽含量通常用相对湿度来表示。相对湿度影响光照条件、植物蒸腾、物理蒸发。当相对湿度下降时，树木蒸腾速率提高。相对湿度过高，不利于树木传播花粉，易引起病害。相对湿度是森林火灾危险性等级的重要指标，当降低到40%~45%以下，森林火灾危险性增大。当水汽以雾的状态运动时，遇到树木或其他植物，极易凝结在植物体表面上，成为土壤水分的一种补充。在热带由雾增加的降水量占全年降水量的比例较大；而干旱区雾、露水可缓和干旱引起的植物枯萎，对沙生植物生长发育尤为重要。

降水一般不为树木直接吸收，树木吸收的水分来自土壤，而降水是土壤水分补给的主要来源。生长期降水的生态效应取决于降水强度、持续时间、频度和季节分配，以强度小、持续时间长的降水量效果好。

不同树种由于生长特点差异对降水的反应不同。落叶松、水杉、杨树的生长为持续型，从早春至晚秋都在生长，而油松、栎则为短速型(5~6月进行)，故后者要求春季降水较多。此外树木胸径和树高生长对降水反应不尽一致。研究表明，胸径生长与生长期间降水量呈正相关，树高生长不仅取决于生长期间降水量，而且与上一年降水量特别是秋、冬季降水量密切相关。

$pH<5.6$的降水(雨、雪或雾、露、霜)称为酸雨。酸雨含大量H^+、高浓度SO_4^{2-}和NO_3^-等阴离子。酸雨的形成与空气污染物SO_2等有关。

降雪除补充土壤水分，还有保温、防止土壤冻结过深和伤害树木根系，使幼苗、幼树安全越冬等功能，但雪有时会引起雪折、雪倒和雪压。

冰雹，融化后可增加土壤水分，但易造成树木机械损伤。

2.5.2　植物对水分胁迫的生态适应

在生物圈中水的分布是不均匀的，由此形成不同类型的植物对水分因子的要求各不相同，形成各种水分生态类型。

2.5.2.1　植物水分的生态类型

根据植物对水分的依赖程度，可把植物分为以下几种生态类型：

(1)水生植物

水生植物的适应特点是通气组织发达，以保证体内对氧气的需要；叶片常呈带状、丝状或极薄，有利于增加采光面积和对 CO_2、无机盐的吸收；植物体弹性较强和具抗扭曲能力以适应水的流动；淡水植物具有自动调节渗透压的能力，而海水植物则是等渗的。水生植物有 3 种类型：

①沉水植物　整个植株沉没在水下，为典型水生植物。根系退化或消失，表皮细胞可直接吸收水中气体、营养物质和水，叶绿体大而多，适应水中弱光生境，无性繁殖器官较有性繁殖发达。如狸藻、金鱼藻等。

②浮水植物　叶片漂浮水面，气孔通常只生于叶上表皮，维管束和机械组织不发达，无性繁殖速度快，生产力高。如浮萍、睡莲、眼子菜等。

③挺水植物　植物体大部分挺出水面，如芦苇、香蒲等。

(2)陆生植物

包括湿生、中生和旱生 3 种类型：

①湿生植物　抗旱能力弱，不能长时间忍受缺水。生长在光照弱、湿度大的森林下层，或生长在光照充足、土壤水分经常饱和或过饱和的生境。前者如热带雨林的附生植物(如蕨类、兰科植物)和秋海棠等，后者如毛茛、灯心草等。

乔木树种还有赤杨、落羽杉、枫杨、垂柳、乌桕、池杉、水松等，其特点主根系不发达，须根、气生根或膝状根发达，叶片大而薄，控制蒸腾的能力弱，叶子摘后迅速凋萎。

②中生植物　适于生长在水湿条件适中的生境，其形态结构和适应性介于湿生与旱生植物之间，为种类最多、分布最广、数量最大的陆生植物。乔木树种有红松、落叶松、云杉、冷杉、桦、槭、紫穗槐和水杉等。

③旱生植物　泛指生长在干旱的环境中，经受较长时间的干旱仍能维持水分平衡和正常生长发育的一类植物。多分布在干旱的草原和荒漠地区，旱生植物的种类特别丰富。如沙棘、柽柳等。

在自然界，由于土壤水分条件的不规则变动，植物种及其发育阶段对水分要求的差异，几乎所有植物都不同程度地受到水分胁迫。水分胁迫分水分不足和水分过剩两个方面。

2.5.2.2　植物对水分不足的适应

旱生植物长期适应干旱环境，在形态或生理上有多种多样的适应特征。按旱生植物对干旱的适应方式可分为：

(1)避旱植物

避旱植物指短命植物(ephemeral plants)以种子或孢子阶段避开干旱的影响。其主要特征是个体小、根茎比值大、短期完成生命史。降雨后，当土壤水分满足植物需要时，几周内便完成萌发、生长、开花和结实等全部生长发育阶段。它们没有抗旱植物的形态特征，不能忍耐土壤干旱。

(2)抗旱植物

根据树木耐旱性适应途径，抗旱植物耐旱表现可分为高水势延迟脱水耐旱和低水势忍耐脱水耐旱两种方式。

①高水势延迟脱水耐旱　在干旱胁迫条件下，为了保持高的组织水势，树木或减少水分丧失或保持水分吸收延迟脱水的到来。其主要表现在根系发达，气孔下陷，落叶、缩小叶面积，栅栏组织、叶脉、角质层发达，如赤桉比蓝桉耐旱性更强，因赤桉具有深而广的根系，当表层土壤干旱时，能从深层土壤吸收水分；植物体表面积不发达；气孔开闭控制体系功能强，气孔和保卫细胞对光照和水分变化极敏感；贮藏水分、输水能力强；植物在干旱时能抑制分解酶活性，维持转化酶和合成酶的活性，以保证最基本的代谢反应。

②低水势忍耐脱水耐旱　在低水势的条件下，树木耐脱水的机理：其一维持膨胀以提供树木在严重水分胁迫下生长的物理力量；其二原生质及其主要器官在严重脱水时伤害很轻或基本不受伤害。其中膨压的维持依赖渗透调节(细胞水分减少，体积变小和细胞内溶质增加)和具有高的组织弹性；原生质方面主要是原生质的耐脱水能力，如叉枝沙蒺藜、金合欢的原生质耐脱水性相当强。此外就细胞特性而言，细胞小(容积/表面积)、细胞水势低(液泡小、固体贮藏物质多)，耐旱力强。

旱生树种最重要的是生理特性，即原生质的少水性(耐脱水能力)和低水势，而形态特征只是辅助特征。总之，由于树木维持体内水分平衡和保持膨压的能力总是有限的，因此树木最终的耐旱能力还是取决于细胞原生质的耐脱水能力。

2.5.2.3　植物对水分过剩的适应

大气 O_2 含量为21%(体积比)，通气不良的土壤空气中，O_2 含量不足10%；通气排水良好的土壤中，O_2 含量为10%~21%；而水中溶解 O_2 含量仅为大气的1/30左右。所以土壤水分过剩往往与通气不良相联系，此时树种耐涝性的反应是抗缺氧。

正常生长的植物既需要有充足的水分供应，又需要不断与环境进行气体交换，气体交换常发生在根与土壤中的空气之间，当水把土壤中的孔隙填满后，这时气体交换就无法再进行了，植物就会因缺氧而发生窒息，以至可能被淹死。根必须在有 O_2 的条件下才能进行有氧呼吸，如果因水淹而缺氧，根就不得不转而进行无氧代谢。土壤中无氧或缺氧会导致化学反应产生一些对植物有毒的物质。

长时间水淹会引起顶梢枯死或死亡，树木对洪涝所作出的反应与季节、水淹持续时间、水流和树种有关。生长在平原上的树木和生长在低地的硬木树种对季节性短时间的洪水泛滥有着极强的忍受性。静止不流动的水比富含氧气的流水对这些树木所造成的损害更大。根被水淹的时间如果超过生长季节的一半，大多数树木通常就会死亡。

经常遭受洪涝的植物往往会通过进化产生一些适应性，这些植物大都具有气室和通气组织，氧气可借助通气组织从地上枝和茎干输送到根部，如水百合一类的植物，其通气组织遍布整株植物，老叶中的空气能很快地输送到嫩叶中去。叶内和根内各处都有彼此互相连通的气室，这种发达的通气组织几乎可占整个植物组织的一半。在寒冷和潮湿的高山薹原，有些植物在叶内、茎内和根内也有很多类似气室的充气空间，可保证把氧气输送到根内。

另外还有一些植物，特别是木本植物，原生根在缺氧时会死亡，但在茎的地下部分会长出不定根。所谓不定根是由水平根上或茎基不定芽萌发而长成的，它们在功能上替代了原生根，在有氧的表层土壤内呈水平分布。

有些树木能够永久性地生长在被水淹没的地区，其典型代表是水松、落羽杉、池杉、红树、柳树和水紫树。水松可常年生长在池沼中，有明显隆起的膝状根和气生根，较落羽杉更耐水淹。落羽杉生长在积水的平坦地区，形成了特殊的根系，即出水通气根。红树也有出水通气根，它有助于气体交换并能在涨潮期间为根供应氧气。

2.5.3 森林对水分的调节作用

降落在森林的水量，与空旷地相比显著不同，森林对降水量进行重新分配，即林冠截留、滴落与茎流、土壤吸持、森林蒸散、林地枯枝落叶吸收和径流流失。

2.5.3.1 林冠截留

降水(雨)首先为树木枝叶、树干吸附和滞留，当表面张力与重力失去均衡，其中一部分受重力或风力影响从树上滴下，称为滴落；或沿树干流到地面，称为茎流；还有一部分降水直接穿过林冠间隙落到林地，称为穿透雨。滴落量、茎流量、穿透雨量之和称为林内雨量；林冠上部或旷地雨量称为林外雨量。林外降水量减去林内降雨量为林冠截留量(包括降雨期间林冠蒸发量)。

截留量大小取决于林冠结构、树种组成、年龄、密度等，以及降水强度、频度、降水量等因子。

2.5.3.2 入渗土壤的水

降水向土壤中渗透的过程，称为入渗(infiltration)。在这一过程中，降水首先接触到森林地被物层，森林死地被物能保持自重 1~5 倍的水分，可防止雨滴击溅土壤。因此，在暴雨雨滴击溅下，无地被物保护的土壤，结构破坏，抗蚀力急剧降低，表层土壤被水所饱和呈泥浆状态，堵塞土壤孔隙，影响入渗并产生径流。

枯枝落叶层最大持水量减去自然状态时的含水量，可得到枯枝落叶层截留量或持水量，不同森林的枯枝落叶层截留量有一定差异，约在 2.0~6.0mm 间，随着林龄增加，枯落物积累加厚，截留量也相应提高。

下渗速度在地表的不同部位差异较大。孔隙小而少的地方下渗速度较慢；孔隙大而多的地方下渗速度较快。

倾斜地面下渗量，可用一段时间内的降雨量与地表径流量(包括地面贮水量)之差表示。单位面积、单位时间的入渗雨量称渗入速率或强度(infiltration rate)，以 mm/h 表示。通常入渗率在初期很大，称为初渗率；初渗率在短时间内即急剧下降，最后趋于稳定，称为终渗率或稳渗率。

林地的终渗率高，入渗量占降水量的比例大，这是因为林地土壤结构好，孔隙度大。由于森林的存在，树木根系和土壤间形成管状的粗大孔隙，土壤动物的活动也形成粗大孔隙，加之植物为土壤提供了大量的有机物质，改善了土壤结构，增加了粗、细孔隙比例，因此林地土壤孔隙度比无林地好得多，也就更利于入渗。另一方面，林地地面有枯落物覆盖，减轻了雨滴的冲击，土粒不致分散，从而长期保持土壤孔隙不会被堵塞。林地入渗率高，可减少流量和增加植物可利用水量。

枯落物层被破坏、放牧对地表的践踏和破坏、采伐机械的碾压、草根盘结度大、火灾烧毁枯落物和疏水层的产生等都会显著影响入渗率。

2.5.3.3 蒸发散

土壤水经森林植被蒸腾和林地地面蒸发而进入大气，森林这种蒸腾与蒸发作用称为蒸发散(evapotranspiration)。地域性蒸发散量与太阳分布、水分环境和植被类型有密切关系。

水从植物组织的生活细胞，通过气化或蒸发作用而进入大气称为蒸腾。森林的蒸腾应包括林木、下木和活地被物的蒸腾，但以林木为主。蒸腾还分为气孔蒸腾和角质层蒸腾，从量上看，以气孔蒸腾为主，一般角质层蒸腾不及气孔蒸腾量的 1/10。蒸腾量与叶面积、温度、空气饱和差和风有密切关系。

森林蒸发散的另一种形式是林地地面蒸发，如果林内地表温度高于近地面的气温，土壤水将会变成水汽散放于大气。蒸发需要两个先决条件，即太阳辐射能或热量、土壤底层同表层间保持连续的水柱，后者与土壤质地结构有关。裸露沙地和中等质地土壤，开始蒸发快，一旦表层水蒸干，以后蒸发变慢，而几厘米以下的土壤水分可依然接近田间持水量。

森林覆盖使到达土壤表面的能量减少，故林地蒸发较弱。另外，死地被物隔断了土壤矿物层的上升水柱，也减少了地面蒸发，所以林内地表蒸发较无林地显著减少。但幼龄林，特别是未郁闭前，地表蒸发仍很大，应及时采取除草、松土、覆盖等措施，减少水分消耗。

森林蒸发散，除上述林木蒸腾和林地地面蒸发外，还应包括林冠截留水的蒸发。

2.5.3.4 地表径流

小集水区内，水的液态输出主要是径流。降水或融雪强度一旦超过下渗强度，超过的水量可能暂时留在地表，当地表贮留量达到一定限度时，即向低处流动，成为地表水流而汇入溪流，这个过程称为地表径流(surface flow)。强烈的地表径流会造成土壤冲刷和洪水，给工、农业生产和人民生活带来灾难性后果。森林可以显著减少地表径流，其主要原因有以下两点：

①林地死地被物能吸收大量降水，使地表径流有所减少。林地死地被物吸收水量的多少与死地被物性质和立地条件有关，一般吸水可达自重的40%~260%。

②森林土壤疏松、孔隙多、富含有机质和腐殖质，水分容易被吸收和入渗。同时地表径流受树干、下木、活地被物和死地被物的阻挡，流动缓慢，有利于被土壤吸收和入渗，使地表径流减弱。

2.5.3.5　森林涵养水源和保持水土的作用

自然条件下，水总是流向低洼地。在流动过程中，所经之地，若无森林植被的保护，必挟带一些泥沙、石砾，造成水土流失。有森林覆盖，即可减少地表径流，使之转变为土壤径流和地下水。森林起到蓄存降水、补充地下水和缓慢进入河流或水库、调节河川径流量、在枯水期仍能维持一定量的水位的作用。森林的此种功能称为涵养水源(图 2-2)。

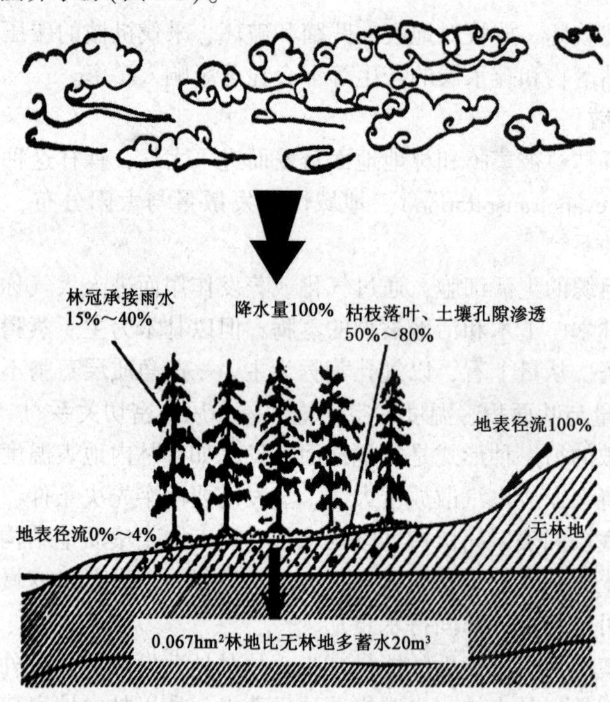

图 2-2　森林涵养水源示意(丁建民等，1985)

森林防止土壤侵蚀能力的大小还取决于：地被物吸持水分的能力、减弱雨滴能量的程度、植物根系对土壤的固持作用、枯枝落叶层对地表径流的阻拦和过滤功能。

2.6　大气因子

大气指地球表面到高空 1 100km 或 1 400km 范围内的空气层。大气层中的空气分布是不均匀的，越往高空，空气越稀薄。在地面以上约 12km 范围内的空气层中，空气的重量约占整个大气层重量的95%左右，温度特点上冷下热，空气对流活跃，形成风、云、雨、雪、雾等各种天气现象，这就是对流层。大气污染主要发生在对流层的范围内。

空气是复杂的混合物，在标准状态下按体积计算，N_2 占 78.08%，O_2 占 20.95%，氩占0.93%，CO_2 占0.032%，其他为 H_2、O_3 和氦及灰尘、花粉等。

上述空气成分中以 CO_2 和 O_2 的生态意义最大。CO_2 是绿色植物光合作用的主要原料，O_2 是一切生物呼吸作用的必需物质，氮转化为氨态氮将是绿色植物重要的养分。因此，大气是森林赖以生存的必需条件，没有空气就没有生机。

工业革命之后，空气成分的相对比例变化及有毒有害物质的排放，引起了严重的大气污染，了解污染物对森林危害的机制、后果和森林的净化作用、监测功能，是污染生态学涉及的重要内容。此外，空气流动所形成的风，对森林亦有重要的生态作用。

2.6.1 大气成分的生态作用

2.6.1.1 CO_2 的生态作用

生物界是由含碳化合物的复杂有机物组成，这些有机物都是直接或间接通过光合作用制造出来。据分析，植物干重中碳占45%，氧占42%，其中碳和氧均来自 CO_2。地球上陆生植物每年大约固定 200×10^8 ~ 300×10^8 t 碳，而森林每年约固定 150×10^8 t 碳并以 CO_2 形式转化为木材，森林固碳量占陆地总生产量50%~75%。所以 CO_2 对树木的生长和森林生产量形成十分重要。

大气圈是 CO_2 的主要蓄库和调节器，大气的 CO_2 浓度平均为0.032%，随时间变化呈现年、日周期变化的特点。在森林分布地区，由于光合作用的时间变化规律，CO_2 浓度与此呈现相适应的变化规律，即生长季 CO_2 浓度降低，休眠季节 CO_2 浓度增加；CO_2 浓度昼夜变化在林内最高值出现在夜间地表，最低值出现在午后林冠层。

植物可以吸收大量的 CO_2，但大气圈的 CO_2 不仅未减少，反而逐步增加，这是因为动植物呼吸、枯枝落叶分解，加之煤、石油燃烧和火山爆发，大气 CO_2 浓度由一百多年前的0.029%增加到20世纪80年代的0.032%，90年代中期达0.035%，估计到2100年，人类每年向大气中释放的 CO_2 将会达到 300×10^8 t，这就意味着 CO_2 在空气中的含量将增加2倍。大气中 CO_2 浓度的增加会通过温室效应影响地球的热平衡，使地球温度上升。

温室效应是指由于大气中 CO_2、CH_4、O_3、氟里昂(CFC)等气体的含量增加而引起地面升温的现象。太阳辐射透过大气，其中大部分到达地面，地表由于吸收短波辐射后，再以长波的形式向外辐射，大气中的 CO_2 和水汽等允许短波辐射穿过大气，但却滞留地面反射的红外长波辐射，导致地表和大气下层的温度增高。这种效应与大气中的温室气体的含量有关。温室气体是指能引起温室效应的气体，如 CO_2、水蒸气、CH_4、O_3、N_2O、CFC 等。

若全球平均温度增加4~5℃以上，则会引起高山、两极冰盖融化，海平面上升，全球大气环流将发生难以预料的变化。海洋是 CO_2 另一蓄库，海洋含碳量比大气约高 60 倍，因为化石燃料燃烧释放 50%~60% 的 CO_2 溶解于水体而流入海洋，此外还有浮游植物呼吸、有机质分解和地面淋溶增加了海水中的 CO_2 含量；海洋的碳酸盐沉淀又减少了海洋的 CO_2 含量。高纬度地区海洋通过深层“寒流”将大量吸收大气的 CO_2 并将其输送到热带地区，从而完成了全球水陆 CO_2 的循环。

2.6.1.2　O_2 的生态作用

O_2 主要来源于绿色植物的光合作用，有少量来源于大气层中的光解作用。O_2 除部分转化为 O_3 外，其余都参与生物呼吸代谢活动。生物通过氧化代谢产物释放出所需的能量。大气中 O_2 平均含量很高，并很少发生变化，可以满足绿色植物光合作用的需要。

对森林而言，由于土壤中根系、动物、真菌、细菌消耗大量的 O_2，而扩散补充过程却异常缓慢，土壤含氧量不足将影响林木根系的呼吸代谢，此情况尤以土壤板结、积水更为突出。

2.6.1.3　CO_2 和 O_2 的平衡

人口密集、工厂林立，使空气中 CO_2 含量不断增加。当 CO_2 浓度达到 0.05%，人会呼吸困难，若增至 0.2%~0.6%，人就会明显受害。

CO_2 增加必然消耗大量的 O_2。当 CO_2 浓度增加和 O_2 浓度减少到一定限度，就会破坏 CO_2 和 O_2 的平衡，对动植物生长发育和人们的生活、健康带来危害。

绿色植物是 CO_2 和 O_2 的主要调节器。植物通过光合作用每吸收 44g CO_2，就能产生 32g O_2。据统计，1hm^2 森林每天能吸收 1t CO_2，放出 0.73t O_2。营造森林不仅能美化环境，还能调节环境中的 CO_2 和 O_2 平衡，净化空气，创造适合人类需要的空气环境。

2.6.2　大气污染与植物的生态关系

大气污染是环境污染的一个方面，相当数量的大气污染物是人类卓越才能施展过程中的一种不幸。现代工业的发展不仅带来了巨大的物质财富，同时也带来了环境污染。当向空气中排放的有毒物质种类和数量越来越多，超过了大气的自净能力时，便产生了大气污染。

大气污染是指大气中的烟尘微粒、SO_2、CO、CO_2、碳氢化合物和氮氧化合物等有害物质排入大气，达到一定浓度和持续一定时间后，破坏了大气原组分的物理、化学性质及其平衡体系，使生物受害的现象。大气污染由大气污染源、大气圈和受害生物 3 个环节组成。

大气污染源中的有毒物质流动性强，随气流飘落到极远的地方，且能污染土壤、水体。例如在终年冰雪覆盖的南极洲定居的企鹅体内，已经发现了 DDT 的残留量。

大气污染物种类约有 100 种，通常分为烟尘类、粉尘类、无机气体类、有机化合物类和放射性物质类。烟尘类引起的大气污染最明显、最普遍，尤以燃烧不完全出现的黑烟更严重。烟尘是一种含有固体、液体微粒的气溶胶。固体微粒有烟尘、粉尘等，液体微粒有水滴、硫酸液滴等。粉尘类指工业排放的废气中含有许多固体或液体的微粒，漂浮在大气中，形成气溶胶，常见的如水泥粉尘、粉煤灰、石灰粉、金属粉尘等。无机气体类为大气污染物质中的大部分，种类很多，如 SO_2、H_2S、CO、O_3、NO_x、NH_3、HF、Cl_2 等。此外，CO_2 浓度剧增后，会引起温室效应和酸雨。有机化合物类是有机合成工业和石油化学工业发展的附属品。进入大气的有机化合物如有机磷、有机氯、多氯联苯、酚、多环芳烃等，它们来自工业废气，有的污染物进入大气发生系列反应形成毒性更大的污染物。放射性物质类是指放射性物质如铀、钍、镭、钚、锶等尘埃扩散到大气中，降落地面后经化学、生物过程，导致食物污染。

2.6.2.1 森林受害机制及其症状

大气污染物对树木的危害，主要是从气孔进入叶片，扩散到叶肉组织，然后通过筛管运输到植物体其他部位。影响气孔关闭和光合作用、呼吸作用和蒸腾作用，破坏酶的活性，损坏叶片的内部结构；同时有毒物质在树木体内进一步分解或参与合成过程，形成新的有害物质，使树木的组织和细胞坏死。

大气污染危害一般分为急性危害、慢性危害和隐蔽危害。急性危害指在污染物高浓度影响下，短时间使叶面产生伤斑或叶片枯萎脱落；慢性危害指在低浓度污染物长期影响下，树木叶片褪绿；隐蔽危害指在低浓度污染物影响下，未出现可见症状，只是树木生理机能受损，生长量下降，品质恶化。

毒性最大的大气污染物有 SO_2、HF、O_3、Cl_2 等。SO_2 进入叶片，改变细胞汁液的 pH 值，使叶绿素去镁，抑制光合作用；同时与同化过程中有机酸分解产生的 α-醛结合，形成羟基磺酸，破坏细胞功能，抑制整个代谢活动，使叶片失绿。HF 通过气孔进入叶片，很快溶解在叶肉组织溶液内，转化成有机氟化合物，阻碍顺乌头酸酶合成，还可使叶肉组织发生酸性伤害，导致叶脉间出现水渍斑。O_3 能将细胞膜上的氨基酸、蛋白质的活性基因和不饱和脂肪酸的双键氧化，增加细胞膜的透性，大大提高植物呼吸速率，使细胞内含物外渗。

2.6.2.2 森林受害的环境条件

大气污染对森林危害程度除与污染物种类、浓度、溶解性、树种、树木发育阶段有关外，还取决于环境中的风、光、湿度、土壤、地形等生态因子。

(1)风

风对大气污染物具有自然稀释功能。风速大于 4m/s，可移动并吹散被污染的空气；风速小于 3m/s，仅能使污染空气移动。就风向而言，污染源上风的污染物浓度要比下风向低。

(2)光照

光照强度影响树木叶片气孔的开闭。白天光照强、气温升高，气孔张开；夜间光照弱、气温低，气孔关闭。通常有毒气体是从气孔进入植物体内，所以树木的抗毒性夜间高于白天。

(3) 降雨和大气湿度

降雨能减轻大气污染。但在大气稳定的阴雨条件下，叶片表面湿润，易吸附溶解大量有毒物质，从而使树木受害加重。

(4) 地形

特殊的地形条件能使污染源扩大影响，或使局部地区大气污染加重。如海滨或湖滨常出现海陆风，陆地和水面的环流把大气污染物带到海洋，污染水面。又如山谷地区常出现逆温层，而有毒气体的相对密度一般都大于空气，故有毒气体大量集结在谷地，发生严重污染。国外发生的几起严重的污染事件，多形成于谷底和盆地地区(表 2-4)。

表 2-4　国外几次严重的大气污染事件与地形的关系

事　件	地形及污染源	主要污染物	受害情况
比利时马斯河谷事件(1930 年 12 月)	山谷，无风，有逆温层、烟雾，有铁厂、锌厂、金属加工厂	SO_2、氟化物、飘尘	几千居民患呼吸道感染，有 60 多人死亡
美国多诺拉事件(1948 年 10 月)	山谷，无风，有逆温层、烟雾，有硫酸厂、锌厂、铁厂、电线厂	SO_2	有 43% 的居民患呼吸道疾病
英国伦敦事件(1952 年 12 月)	河谷平地，无风，有逆温层、烟雾，人口稠密，湿度高达 90%	飘尘、SO_2	4 天内死亡 4 000 人，事件后 2 个月又陆续死亡8 000人
美国洛杉矶事件(1954 年)	海岸盆地，微风，有逆温层、烟雾，人口多，汽车多，烧油多	汽车排出废气 CO，氮氧化物、O_3、醛类化合物等	75% 的居民患眼病

2.6.2.3　森林的抗性

森林的抗性指在污染物的影响下，能尽量减少受害，或受害后能很快恢复生长，继续保持旺盛活力的特性。

树种对大气污染的抗性取决于叶片的形态解剖结构和叶细胞的生理生化特性。据研究，叶片的栅栏组织与海绵组织的比值和树种的抗性呈正相关；叶片气孔数量多但面积小，气孔调节能力强，树种的抗性较强；抗性强的树种气体的代谢能力弱，光合作用亦较弱，但在污染条件下，能保持较高的光合能力。此外，在污染条件下，抗性强的树种细胞膜透性变化较小，能增强过氧化酶和聚酚氧化酶的活性，保持较高的代谢水平。

就树种的抗性而言，常绿阔叶树 > 落叶阔叶树 > 针叶树。

确定树种抗性强弱的方法，主要有野外调查、定点对比栽培和人工熏气。

2.6.2.4　林木的监测作用

众所周知，大气污染可利用理化仪器进行监测。依据某些植物种对大气污染物种类和浓度的敏感反应，也可达到相同的监测目的。例如，许多指示植物对污染物的反应比动物和人敏感得多，SO_2 浓度为0.000 1% ~0.000 5%时，人会闻到气味；0.001% ~0.002%时，人才会受刺激、咳嗽、流泪，而紫花苜蓿处在 SO_2 浓度为0.000 03%几小时，就会出现受害症状。有机氟毒性极大(气体)，但无色无臭，某些植物却能及时作出反应。所以利用某些对大气污染物特别敏感的指示植物来监测指示环境的污染程度，既经济又可靠。

指示植物能反映环境污染对生态系统的影响强度和综合作用。环境污染物质对生态系统产生的复(综)合影响，并非都可用理化方法直接测定。例如几种污染物共存，其影响分为增效作用(如 SO_2 与 O_3、NO_2 与乙醛共存时对树木的影响)和颉颃作用(如 SO_2 与 NH_3 共存时对树木的危害)。

指示植物能检测出不同的大气污染物，植物受不同的大气污染物的影响，在叶片上往往出现不同的受害症状。根据植物体表(叶片)受害症状可初步判断污染物的种类。指示植物能反映出一个地区的污染历史。

监测大气污染的指示植物，必须敏感且易产生受害症状，才能及时反映大气污染程度。此外，大气污染的指示植物还应具备下列特性：受害症状明显，干扰症状少；生长期长，能不断长出新叶；栽植、繁殖管理容易；有一定的观赏和经济价值。

2.6.2.5　森林的净化效应

森林的净化效应通过两个途径实现：其一，吸收分解转化大气中的毒物，通过叶片吸收大气毒物，减少大气毒物含量，并使某些毒物在体内分解转化为无毒物质；其二，富集作用，吸收有毒气体，贮存在体内，贮存量随时间不断增加。

(1)吸收有毒气体

在森林呼吸和光合代谢生理过程中，有毒气体被吸收转化为毒性较小的物质(降解)或富集于植物体内，从而降低空气中有毒气体的浓度。如柳杉每年每公顷吸收720kg SO_2，其吸收量、吸收速率与湿度有关。吸收速率在相对湿度80%时比10%~20%时快5 ~10倍。SO_2 被叶片吸收，在叶内形成亚硫酸和毒性极强的亚硫酸根离子，后者被植物体本身氧化转变为毒性减小至1/30的硫酸根离子。不同树种对有毒气体的吸收能力不同。

(2)滞尘作用

据统计，许多工业城市每年每平方千米降尘量为500t，个别高达1 000t。森林能降低大气中的粉尘量在于：森林降低风速；叶表面粗糙，多绒毛、分泌黏液和油脂，滞尘力较强，且滞尘后经雨水淋洗又可恢复滞尘功能。

各树种的滞尘力差别很大，如桦树比杨树大2.5倍，而针叶树比杨树大30倍。

(3)杀菌作用

森林的滞尘作用，减少了细菌的载体，使细菌不能在空气中单独存在和传播；森林分泌植物杀菌素(挥发性物质如萜烯类)，可杀死周围的细菌。据试验，若将0.1g稠李冬芽磨碎，1s便能杀死苍蝇。

林木中分泌植物杀菌素很强的种类有：新疆圆柏、冷杉、稠李、松、桦、橡、槭、椴。城市绿化树种中杀菌力很强的种类有：复叶槭、白皮松、稠李、雪松及圆柏属植物。

(4)吸收 CO_2 放出 O_2

CO_2 和 O_2 平衡与否在重工业城市尤为严重，绿色植物由于其特有的代谢过程(光合作用)，对恢复和保持大气中 CO_2 和 O_2 的平衡发挥着重要作用。据不完全统计，$1hm^2$ 阔叶林在生长季每天能生产 720kg O_2，吸收约 1t 的 CO_2。

(5)减弱噪音

噪音是人们不喜欢或不必要的声音。如果没有污染物质，噪音就不会积累，其能量最终转变为空气中的热能，传播距离一般不远。20 世纪 80 年代左右，噪音被公认为一种污染，主要影响人类的休息和睡眠、损伤听觉、引起疾病。

树木控制噪音的作用在于：风吹树叶沙沙作响和鸟语虫鸣所产生的压制效应；树叶、枝条和树干分散噪音，林地对噪音进行强有力的吸收。所以森林减弱噪音是森林各成分的综合结果。

研究指出：阔叶树减弱噪音的能力强于针叶树。利用防护林带可衰减、遮挡、吸收噪音。园林绿地减弱噪音的效果与声源、植被、气象 3 个因素密切相关，其中主要取决于植物的种类、密度和搭配，一般由乔灌木、草坪、绿篱配置一定宽度(3 ~ 7m)的绿化带对噪音衰减可达 3.5 ~ 7.5dB。

2.6.3 风与植物的生态关系

由于大气层和地表在全球范围内对太阳辐射能吸收的差异，导致了不同地区大气和近地层的温度差和气压差，从而产生大气运动，形成了风。风与植物的生态关系表现为风对植物的影响和森林的防风效应两个方面。

2.6.3.1 风对植物的影响

风的作用不仅表现为直接影响植物(如风媒、风播、风折、风倒、风拔等)，同时还能影响气候因子(降水、温度、湿度、CO_2 浓度)和土壤因子，从而间接影响植物。

风对植物的影响主要表现在以下 3 个方面：

(1)风影响植物的生长、生理活动与形态

强风能降低植物生长量。实验证明：树高生长量在风速 10m/s 时比 5m/s 时低 1/2，比静风区低 2/3。植物矮化的原因之一是强风能降低大气湿度，破坏树体内水分平衡，使成熟细胞不能扩大到正常的大小，结果所有器官组织都小型化、矮化和旱生化(叶小、革质、多绒毛、气孔下陷等)；原因之二是根据力学定律，凡是一端固定的受力均匀的物体所受的扭弯力(风力)越大，则从自由一端向固定一端直径增加的趋势亦越大。自然界树木受强风影响而矮化的规律非常明显。如近海岸、极地、高山树线或森林草原过渡带，树木的高度逐渐变矮。

强风还能形成畸形树冠。在盛行强风的地方，树木常常长成畸形，乔木树干向背风方向弯曲，树冠向背风面倾斜，形成所谓“旗形树”(图2-3)。

树木适应强风的形态结构常和适应干旱的形态结构相似。强风导致植物蒸腾加快，出现水分亏缺，形成树皮厚、叶小而坚硬等减小水分蒸腾的旱生结构。强风区生长的树木，尤以背风区根系发达。

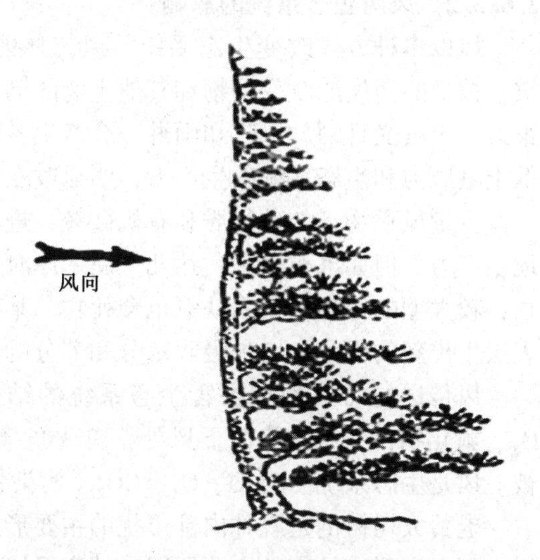

图2-3　畸形树(旗形树)(曲仲湘，1983)

(2)风影响植物繁殖

风影响植物花粉的传播、种子和果实的散布。借助于风力的帮助完成授粉的植物称为风媒植物。风媒植物的花不鲜艳，数目很多，呈柔荑花序或松散的圆锥花序，花丝很长，伸出于花被之外，易被风吹动而传粉；花粉粒小、数量很多。裸子植物花粉粒附生一对气囊而且有更大的浮力。风媒花雌蕊特别发达，柱头伸出花被之外，有羽毛状突起，增加柱头授粉面积，使花粉易被吸附。

有些风媒花植物如榛、杨、柳、榆等，花先叶开放，利于借助风力授粉。风媒花是较原始的一种适应类型。

有些植物借助风力传播种子和果实。种子和果实或很轻，如兰科、石楠科、列当科等种子，每粒重量 <0.002mg；或具冠毛，如菊科、杨柳科、萝藦科、铁线莲属、柳叶菜属；或具翅翼，如紫葳科、桦属、榆属、槭属、白蜡属、梓属。此外，沙漠草原地区著名的风滚植物在秋季种子成熟时全株呈球状，茎基断裂(多年生植物)或连根拔起(1年生植物)，被风吹动，到处散播种子。

(3)风的破坏力

风对植物的机械破坏作用(指折断枝、干、拔根等)的程度，主要决定于风速、风的阵发性和植物种的特性、环境特点等。陆地风速 >10m/s，树枝有被折断的危险。阵发性风的破坏力特别强。不同树种抗风力不同。材质坚硬、根系深的树种抗风力强；材质软脆、树冠大、易感染病腐、根系浅的树种抗风力弱，如山杨、椴树易风折，云杉易遭风倒。树种的抗风力还取决于环境特点。生长在肥沃深厚土壤的树木，抗风力强于生长在黏重、潮湿、通气不良和冻土层上的树木。通常热带、亚热带树种根系发达，抗风力强；藤本植物能经受台风的侵袭。生长在寒冷地区针叶林树种，根系浅、树干长、树冠集中于树木上部，抗风力弱。风害还与地形关系密切。某些地形会使风速加强。易发生风害的地形部位和立地如岭顶、山上半坡、山肩、主山脊缺口、峡谷、林中风道和林缘。

2.6.3.2 风对生态系统的影响

风以多种方式改变生态系统。风传播的病原和害虫，能毁灭全部或部分植被，植被的消失能改变动物和其他生物的栖息地和食物来源。如果植被破坏面积很大，土壤受日晒、风吹和雨淋，会产生各种不利影响。土壤表土的风蚀，能降低土壤肥力和生态系统的生产力，明显改变一个生态系统的功能。

少量风积物，如矿物质和有机微粒，进入生态系统，可作为肥料，而提高立地生产力。但如沉积太多，达几十厘米厚时，许多植物便遭受危害，小型植物死亡，较大型的植物因根系缺氧也会死亡。某些沙生植物适应风积物的堆积，能在表层生出新的根茎，增加吸收水分和养分的能力。

风传送的污染物会损害生态系统的结构和功能。各种类型的风，把 SO_2、O_3、氟化物传送到污染源下风处，首先危害或杀死敏感植物，甚至危害全部植被。风是生态系统中 H_2O、O_2、CO_2、污染物输入输出和循环的主要动力。

老龄大树树倒是森林内部干扰的主要形式，风加剧了这一过程，这是原始林树木死亡和形成林窗的主要原因。林窗形成后，可被周围树木的生长所填充，林窗处的立地条件也会有所变化。

2.6.3.3 森林群落的防风效应

植物能减弱风力，降低风速。降低风速的程度主要决定于植物的体型大小、枝叶繁茂程度。防风能力一般为：乔木＞灌木＞草，阔叶树＞针叶树，常绿阔叶树＞落叶阔叶树。

森林群落的防风效应可以从理论上得到解释。气流在运行时，受森林阻挡，在防风林的向风面空气积聚，形成一个犹如气枕的高气压。不同的林带结构具有不同的防风效应。紧密结构的林带，向风面气压增高，形成弱风区，风受林冠上面空气的压缩，由林带顶部越过。林带背风面形成的弱风区，比迎风面大得多，紧贴林缘处风力最小，形成一个低压区，使在林带上部前进的气流迅速下降，而向相反方向回旋，产生旋涡。林带愈紧密，愈不通风，风下降的角度愈大，同时林带背风处风速恢复到原来的速度更快，有效防护距离较短。而透风结构的林带，迎风面弱风区比密林小，背风面林缘处风速还是较大，当风速继续前行时，风速不断降低，到达一定距离，风速最小，以后风速不断增加到与空地一致。由于树木摩擦分裂和不同方向的风相互碰撞，力量(能量)相互削弱，使风速减缓，弱风区增大。对于疏透结构的林带，林带防风效果取决于疏透度(林带纵断面的透光面积与纵断面积的比)。一般疏透度在 0~0.5 时，随着疏透度的增大，有效防护距离和防风效应都增加，疏透度为 0.5 时防风效果最好，其后有所下降，所以疏透结构林带有较好的防风效果。防风效果还与树高成正比，防护林愈高，防护效果愈好。

此外，森林群落还可改善小气候，改善生态环境，这在我国西部生态建设中占有重要的地位。

2.7 土壤因子

土壤是岩石圈表面能够生长植物的疏松表层，是陆生植物的生活基质，它提供了植物生活所必需的矿质元素和水分，所以土壤是生态系统中物质与能量交换的重要场所，同时又是生态系统中生物和无机环境相互作用的产物。

对森林而言，土壤是森林生长发育的基地，既满足森林正常生长发育对肥力的要求，又提供了生存的场所。

土壤肥力系指及时满足植物对水、肥、气、热要求的能力。它是林木速生丰产的基础，是土壤物理、化学、生物特性的综合表现。所以研究土壤的生态意义应首先着眼于土壤的物理、化学和生物性质。

2.7.1 土壤对林木的影响

2.7.1.1 土壤的物理性质与林木生长

土壤物理性质，包括母岩、土层厚度、土壤质地、土壤结构和土壤孔隙度等。讨论母岩、土层厚度旨在说明土壤潜在的 pH 值和矿质元素含量的变化以及树木根系可分布的空间范围和水分养分的贮量；讨论土壤质地则说明土壤水分、空气和热量的变化规律。

(1)母岩

土壤是母岩分化而形成的，岩石分化物影响土壤的物理、化学性质，如土壤质地、土壤结构、水分、空气、热量、养分、pH 值等。例如花岗岩、片麻岩属粒状结晶岩，风化物富含硅酸，常形成砂壤或壤质土，通透性良好，N、P、K、Ca、Mg 含量丰富，呈微酸反应；石灰岩风化形成的土壤富含钙，质地黏重，常呈中性或微碱性反应。母岩不同还影响森林树种的优势程度，我国华北山地，砂岩、页岩形成的酸性土上，油松占优势，而石灰岩形成的微酸至碱性土壤上，油松渐少而以侧柏等占优势。

(2)土层厚度

土层厚度影响土壤养分、水分总贮量和根系分布的空间范围，所以土层厚度是决定森林生产力的重要因素。影响土层厚度的因素很多，如土壤母质的运积方式，下层石砾、硬盘、永冻层、地下水、盐积层、砂积层的分布。山地条件下，还与地形、坡度、坡向和坡位有关。

土层厚度影响森林组成、结构、林木生长和森林生产力。如华北山地土层浅薄的阳坡往往只有油松，稍厚处生长辽东栎、蒙古栎，而在深厚土壤上才生长有椴、白蜡、槭等。

(3)土壤质地

组成土壤矿质颗粒的相对比例或重量百分比称为土壤质地。根据质地可将土壤区分为砂土、壤土和黏土三大类。砂土颗粒组成较粗，含砂粒多、黏粒少，土壤黏结性小，孔隙多且大，土壤疏松，通气透水良好，蓄水性差，保肥性差；壤土质地均匀，砂、粉、黏粒大致等量混合，通气透水，保水保肥；黏土以黏粒、粉粒较多，砂粒少，质地黏重，保水保肥能力强，通气透水性差。例如，云杉在排水不良和通气差的黏土中，根系浅并易发生风倒；但生长在砂壤土上，根系发育良好。

(4) 土壤结构

土壤结构指土壤颗粒的排列方式(或状况)。如团粒状、块状、柱状、核状、碎屑状，其中以团粒结构最理想，可协调土壤水分、空气、养分关系，改善土壤理化性质。森林死地被物所形成的腐殖质可与矿物颗粒互相黏结成团聚颗粒，能促进良好结构的形成。森林凋落物的组成和土壤动物的活动(如蚯蚓)对土壤结构有重要影响。森林内发育良好的土壤结构，由于森林采伐后遭受雨淋将受到破坏。例如山地森林皆伐后变为农耕地，最初 1~2 年内因为土壤有良好的结构，雨水可以渗透下层而无严重冲刷，但长期耕作下去，破坏了土壤结构，土壤就不断被冲刷而变贫瘠。

(5) 土壤水分

土壤水分来源于降水、灌溉和地下水补给。它不仅对林木本身必需，且养分只有溶于水才能被吸收。土壤水分过多，则土壤 O_2 缺乏，CO_2 过剩，抑制根呼吸和养分吸收，根系易腐烂；土壤水分缺乏，会使树木发生永久萎蔫，有机质分解剧烈，土壤贫瘠化。

(6) 土壤空气

土壤空气影响根系呼吸、生理机能和土壤微生物的种类、数量和分解。土壤空气中 CO_2 含量相对较高是由于植物、动物、微生物呼吸和有机质分解的结果；CO_2 会降低 pH 值、影响土壤养分的有效性。若土壤 O_2 低于最低水平，某些细菌为获得 O_2 而把硝酸变为亚硝酸。

(7) 土壤温度

土壤温度直接影响植物根系生长、吸水力，从而影响全株生长。土壤温度还制约着土壤中多种理化和生物作用的速度，从而间接影响植物生长。不同植物对土壤温度要求不同。温带木本植物根系生长的最低温度在 2~5℃，芽开放前，根已开始生长，一直延续到晚秋。温暖地区的植物，根系生长要求温度较高，如柑橘类的根在 10℃以上才能生长。根生长的最适土壤温度为 20~25℃。土壤冻结，根的生长也停止。永冻层的土壤中，根系都很浅。大兴安岭的泥炭藓类沼泽地上，常有多年冻土或季节性冻层，藓类年年生长和死亡，泥炭积累加厚，冻层随之上升，生长在其上的落叶松根系也逐渐死亡，埋在藓类中的树干可长出不定根，代替下部死亡的根系。土壤温度高低，还影响根系形态。例如，土壤温度 19℃时，刺槐侧根的形成受到抑制，在 33℃时主根生长受到影响，欧洲赤松也有同样的结果。红杉幼苗根系在土壤温度 18℃时生长最好，8℃时根短而粗，28℃时根变细且较少。北方长期形成的土壤冻层，土壤温度低，养分少，林木根系浅，局限在土壤表层。

土壤温度影响植物的吸水力和水分在土壤中的黏滞性。植物从温暖土壤中吸水要比冷凉土壤中吸水更容易。温度低时，植物原生质对水的透性降低而减少吸水，低温使根生长速度变慢，减少了吸收表面积和利用水的能力。许多草本和木本植物，零上几度的温度就会大大降低水分的吸收。温暖地区的菜豆、番茄、黄瓜、南瓜等，温度低于5℃，即停止吸水。而冻土地带的植物和一些森林乔木树种，可从略高于0℃的土壤里吸水。土壤温度低于 -1℃，土壤中毛管水冻结，水就不能进入植物体了。

2.7.1.2 土壤化学性质与林木生长

(1)土壤酸碱度

土壤酸碱度是土壤各种化学性质的综合反映。它对土壤中各种营养元素的转化和释放、土壤有机质的合成和分解、土壤微生物的活动和土壤动物等都有着重要的影响。土壤酸碱度常用pH值表示。根据pH值可把土壤分为酸性土(pH < 6.5)、中性土(pH 6.5~7.5)、碱性土(pH > 7.5)。

pH值影响土壤养分的有效性。在酸性条件下，化学风化作用强烈，许多营养元素被淋失，使有效性降低；在微酸和中性条件下，腐殖化作用和生物活性最旺盛，所以一般pH6~7时，土壤养分的有效性最强，最有利于植物生长；在碱性条件下，土壤溶液浓度大，渗透压高，限制了许多植物的生存。

土壤pH值还影响土壤微生物活动。酸性土壤中，一般不利于细菌的活动。根瘤菌、氨化细菌、硝化细菌大多生长在中性土壤中，在酸性土壤中难以生存。真菌比较耐酸碱，所以植物的一些真菌病常在酸性或碱性土壤中发生。

森林群落的种类成分和结构，影响土壤pH值。针叶树叶片含灰分少，多含树脂和单宁等酸性物质，所以针叶林下的土壤常呈酸性反应。阔叶树叶片含灰分较多，林下土壤酸度较弱。

(2)土壤无机元素

土壤无机元素包括植物生长不可缺少的7种大量元素(N、P、K、Ca、Mg、S、Fe)和6种微量元素(B、Cu、Zn、Mo、Mn、Cl)，它们主要来源于土壤中矿物质和有机质的分解。腐殖质是无机元素的贮藏库，通过矿质化过程从腐殖质中缓慢地释放可供植物利用的养分。植物对各种元素的需求量不同，通过合理的施肥，可以有效地提高林木的产量和质量。

(3)土壤有机质

土壤有机质由生物遗体、分泌物、排泄物以及它们的分解产物组成，包括非腐殖质和腐殖质两大类。非腐殖质是原来动、植物组织及其部分分解的产物。腐殖质是土壤微生物分解有机质时，重新合成的具有相对稳定的多聚体化合物。

土壤腐殖质是植物营养的重要碳源和氮源，土壤中99%以上的氮素是以腐殖质形式存在的。腐殖质也是植物所需各种矿质营养的重要来源，它能与某些微量元素形成络合物，提高这些元素的有效性。土壤腐殖质还是异养微生物的重要养料和能源，它能增加土壤微生物的活性，改善植物营养状况。有的腐殖质如胡敏酸还是一种植物生长激素，可促进种子发芽、根系生长，也可促进植物吸收养分能力和增强代谢活动。土壤有机质能改善土壤的物理和化学性质，有利于团粒结构的形成，能有效地调节植物对土壤水、肥、气、热的要求，从而促进植物的生长。

土壤有机质含量是土壤肥力的一项重要指标。一般来讲，土壤有机质含量越多，土壤动物和微生物的种类、数量也越多，土壤肥力就越高。

森林土壤和荒原土壤有机质含量较高，但这类土壤一经开垦后，有机质逐渐被分解消耗，又得不到足够的补充，于是生态环境中的养分循环失去平衡，有机质含量迅速降低，环境退化严重时出现荒漠化。生产上常用施加有机肥料来提高土壤肥力，确保稳产高产。我国近年来的退耕还林还牧工程，在生态环境建设中发挥了重要的作用。

2.7.1.3　土壤生物与林木的生长

土壤生物包括土壤中的微生物、动物、植物根系，它影响有机质积累、粉碎、分解、养分的释放，从而影响林木生长。

(1) 土壤微生物

土壤微生物指生活在土壤中的细菌、真菌、放线菌和藻类。据报道，1g 肥沃土壤中含真菌几千至几十万个；放线菌几十万至几百万个；细菌几百万至几千万个。

森林土壤中微生物种类多，数量大，对林木产生重大影响。

微生物是生态系统中的分解者或还原者，它们使有机物质腐烂，释放出养分，促成了养分的循环。土壤微生物直接参与土壤矿质化和腐质化过程。矿质化作用是复杂的有机物分解为简单无机物的过程，矿质化的结果，释放出无机养分，供植物吸收利用。含氮的有机物质如蛋白质等，在微生物的蛋白水解酶作用下，逐步降解为氨基酸(水解过程)，氨基酸又在氨化细菌等微生物的作用下，分解为 NH_3 或铵化合物(氨化过程)。腐殖质化作用是动植物残体经微生物分解转变为多元酚、氨基酸和糖类等中间产物，这些产物又在微生物分泌的酶的作用下重新合成为含氮的高分子化合物即腐殖质，腐殖质在土壤中比较稳定，利于养分积蓄。但在一定条件下(如改善通气条件)，它又会缓慢分解，释放出养分供植物利用。

土壤中的某些细菌、真菌与某些植物形成根瘤和菌根，可以改善土壤营养状况。

根瘤是一种根瘤细菌，从根毛侵入后发育成瘤状物。它可固定气态氮，为寄主提供可利用的氮素(氨态氮)。具根瘤的植物有豆科植物，如紫穗槐、胡枝子、锦鸡儿、槐树、合欢、皂角，以及一些非豆科植物，如赤杨、胡颓子、沙棘、悬钩子、苏铁、金钱松等。

菌根是土壤中真菌与树木根系的共生体，即菌丝侵入树木根的表层细胞壁或细胞腔内形成一种特殊结构的共生体称菌根。形成菌根的真菌称为根菌，具有菌根的植物称为菌根植物。植物供给根菌以碳水化合物，根菌帮助根系吸收水分和养分。不同的根菌作用也不同，有些根菌有固氮性能，能改善植物的氮素营养；有的根菌分泌酶，能增加植物营养物质的有效性；有的根菌能形成维生素、生长素等物质，有利于植物种子发芽和根系生长。

根据真菌菌丝在根系着生状况，可分为外生型、内生型、内外兼生型3类。

外生型菌根：由担子菌、子囊菌和藻状菌形成，菌丝在根表面形成密厚的根套，仅侵入根外层细胞之间而不进入细胞腔内。外生型菌根可扩大根系吸收面积。如松、云杉、桦、榆、栎、山杨等多数乔灌木树种等的菌根属于这种类型。

内生型菌根：主要由藻状菌的 *Endogone* 属形成，菌丝不形成菌套，伸进根表皮和表皮细胞之内和其间。如柳杉、茶、山茶、竹、扁柏、南洋松等和兰科、禾本科、百合科草本植物，以及苔藓、蕨类等生有内生菌根。内生菌根的寄生范围远比外生菌根广泛。

内外兼生型菌根：多由子囊菌形成，兼有外生菌根和内生菌根的特点，这类菌根在根表面具有发育较好的菌套和在皮层组织间具有"哈蒂氏网"，还在细胞内具有各种形状的吸器结构。

当然，土壤微生物对土壤肥力和植物营养也有不利的一面。如有些土壤微生物是引起植物致病的病原菌；在某些条件下，有些微生物的活动能引起养分损失，如反硝化细菌，在通气不良的条件下，可引起氮的挥发损失；还有些微生物分解活动所产生的有毒物质或还原性物质有害于植物。

(2) 土壤动物

土壤动物通常分为：大型，体长大于10mm，如脊椎、软体、节肢动物和蚯蚓；中型：体长在0.2~10.0mm，如螨、弹尾虫、大型线虫；小型：体长小于0.2mm，如线虫、原生动物、较小的螨。

土壤动物综合作用为机械粉碎。纤维素和木质素经嚼食后，分解为排泄物，可供微生物再分解利用。如蚯蚓取食有机物和泥土，然后将排泄物排于土表或洞穴，其排泄物含有 N、C、Ca、Mg、P 等。

(3) 林木根系

林木根系死亡后，增加土壤下层的有机物质和阳离子交换量，促进土壤结构形成；根系腐烂后其孔道可改善土壤通气性，利于重力水下排；根系的分泌物、根围的微生物均能促进矿物和岩石的分化。根围(rhizosphere)指微生物种群数量和种类组成受根影响的土壤范围，是植物与土壤相互作用的主要场所。

2.7.2 森林对土壤的影响

森林土壤系指森林植被下发育的土壤，是相对于草原、荒漠或其他植被类型下发育的土壤而言。一般来说，森林土壤受人为干扰较小，土壤剖面保持较完整；土表积累有深厚的森林凋落物，土壤剖面中根系和石砾含量较多，含有大量依赖于森林生存的土壤生物。此外，树木根系是森林土壤区别性的组成成分，影响土壤肥力的变化，如土壤中营养物质的积累和消耗、腐殖质的聚积，土壤结构的形成及土壤微生物的活动。森林的根系是防止水土流失，减少泥石流的重要因素。

2.7.2.1 森林土壤的形成与剖面构造

森林土壤的形成依赖于母质、气候、生物、地形和时间五大自然成土因素。

母质是岩石及其风化产物，是形成土壤的基质；气候是直接的水、热和空气条件；地形重新分配气候因素；生物有机体通过生命代谢活动进行物质的合成与分解，丰富土壤的基质，以有机物的方式积累化学能；时间是上述成土过程的累积因素。此外，森林土壤发生还取决于 3 种特有的成土因素，即森林凋落物、林木根系和依赖于现有森林的特有的土壤生物。

土壤的形成过程就是建立在地质大循环和生态系统内营养物质的生物循环的基础上。岩石因风化裂解，释放出各种矿质元素，随降水不断被淋洗，随地表径流或进入地下水，或最终汇入海洋。流入海洋的泥沙、矿质元素经沉积作用形成沉积岩。在地壳的上升运动中，沉积岩由海底变为大陆，重新进行分化和淋溶过程，即植物矿物质营养元素在大陆与海洋间循环变化的过程，称为地质大循环。

植物在母岩疏松表层上的定居和进行的生命代谢活动，将可溶性养分积累和保存下来。当植物枯死或部分脱落后，有机残体经分解又将矿质营养释放出来，一部分重新进入地质大循环，另一部分可被植物再度吸收利用。植物及其他生物不断吸收利用和积累营养物质的过程称为营养物质的生物循环。

在森林环境条件下，形成了特有的森林土壤剖面构造。土壤剖面是从地表向下挖掘直至母质的一段垂直切面。典型的森林土壤剖面从上到下可划分为 O、A、B、C 4 个层次。O 层为森林土壤枯落物层，根据分解程度分为 L、F、H 3 个亚层。L 层为分解较少的枯枝落叶层；F 层为半分解的枯枝落叶层；H 层为分解强烈的枯枝落叶层，已失去原有植物组织形态。A 层为腐殖质层，B 层为淀积层，C 层为母质层。

土壤形态是土壤的外部特征。土壤形成后，各层的差异主要反映在形态特征上。主要形态特征有颜色、质地、结构、湿度、紧实度、孔隙度、新生体、侵入体、根系含量、石砾含量等。通过野外观察土壤剖面的形态特征，可以判断出土壤的一些重要性质。

2.7.2.2　森林凋落物和森林死地被物对森林土壤的影响

(1) 森林凋落物

森林对土壤的影响表现为森林凋落物、林木根系和依赖现有森林生存的特有土壤生物区系的 3 种成土因素的影响，使森林土壤有别于其他类型的土壤，其中研究最多的是森林凋落物。一年中降落到地表的叶片、小枝、花、果、树皮及森林其他残体统称为森林凋落物。森林凋落物是土壤有机质的主要来源。按干重计，森林凋落物各成分占总重量的百分比：叶为 60%～70%，非叶凋落物为 27%～31%，下层林木的凋落物量变化较大，平均为 9%。所以凋落物中数量最多的是上层林木的叶片。

森林每年归还凋落物于林地的数量因气候带(纬度)、树种组成、林龄、土壤条件而变化，一般变动于 0.5～12t/hm^2 之间，平均为 2～4t/hm^2。凋落物年降落量一般随纬度降低而增加；常绿树种较落叶树种的森林凋落物约高 13%；土壤条件越肥沃，凋落物数量越多。森林郁闭前，凋落物随林龄增加而增加。就营养元素含量而言，一般阔叶树凋落物每年归还土壤的主要营养元素较针叶树多。

(2)森林死地被物

森林死地被物层是由森林当年的、累积的凋落物、生物残骸和在某种程度上分解了的有机残余物组成的层次。森林死地被物蓄有大量的有机质、氮和矿质元素，是土壤养分的主要来源。当死地被物分解转变为土壤腐殖质越充分时，对森林影响越良好；当土壤通气不良、分解作用缓慢、大量死地被物积聚并泥炭化，便促进营养物质的强烈淋溶，或变为不易被植物吸收的化合物，则对林木和土壤有害。

死地被物覆盖在土壤矿质层上面，以O层表示，分为软腐殖质和粗腐殖质两种类型。软腐殖质：L、F层比例小，H层松软，粒状结构，与矿质层界线不明显，细菌、软体动物多，真菌少，C/N比值低，中性或微酸性反应，通气和透水性良好。粗腐殖质：L、F层比例大，H层分解不良，结构紧密，与矿质层界线明显，细菌、软体动物少，真菌多，C/N比值高，酸性反应，通气和透水性差。

死地被物种类和分解速率因树种组成和立地条件的不同而异。针叶林死地被物多呈酸性反应(含难分解的木质素、树脂，氮素、灰分元素含量少)，限制细菌活动，分解缓慢，易形成粗腐殖质；而阔叶林则相反，易形成软腐殖质。气候条件寒冷潮湿(同时土壤潮湿，温度低)，通气不良，分解缓慢，易形成粗腐殖质；气候条件温暖湿润，土壤湿度适中，温度高，通气性良好，分解迅速，易形成软腐殖质。森林凋落物和森林死地被物分解的快慢，直接影响土壤矿质化和腐殖化过程，影响土壤肥力。

2.7.2.3 森林经营对土壤的影响

土壤具有潜在的森林生产力，是森林生态系统中最不易更新的成分。森林经营活动者应主要依靠现有土壤资源生产林木和多种林副产品。森林经营活动会对土壤产生各种影响，其影响如下：

(1)破坏土壤

森林采伐会破坏土壤表层。轻者翻动森林死地被物，重者失去整个表土层。破坏的主要因素是集材和采伐等。

(2)影响土壤稳定性

皆伐对土壤的破坏不仅局限在表层的翻动。在陡坡，会使土壤失去稳定，产生大量土体坡移(塌落、滑动和岩屑崩落)。坡度大、集材道和皆伐的地方更易发生。

(3)土壤有机质、养分的损失和化学性质的变化

森林采伐后，没有植被的蒸腾作用，生态系统水文特征有明显变化。通常是增加夏季溪流流量，溶于溪水中的离子浓度明显提高，许多有机无机微粒物质，也大量随溪水流出。

(4)土壤温度的变化

皆伐后，土壤温度发生明显改变，其程度取决于矿质土壤的裸露状况，以及采伐后地表积累有机物的厚薄。冬季寒冷地区，树木生长受矿质土解冻晚、升温慢的影响，根系分布局限在表面的有机质层中，土壤裸露后，养分缺乏、林木营

养不良或生长缓慢。夏季，死地被物层很容易干燥失水，使实生苗受到旱害或死亡。矿质土层的裸露和森林死地被层厚度的下降，对提高土温和增加植物产量都是有益的。矿质土壤的裸露，还可降低白天土壤表面的极端温度，这对实生苗生长有利。

(5) 土壤物理性质的变化

采伐使用的重型机械能改变土壤结构、孔隙度、孔隙大小的分布、通气状况、保水能力等。变化程度大小受机械设备类型、原木重量、重物压过土壤的次数和土壤含水状况的影响。死地被物层的丧失，裸露的矿质土更易压实或受雨水冲刷，使表土失去原有结构。几厘米厚的无结构表土层，就足以改变土壤的入渗率，导致地表径流和土壤侵蚀。

合理的森林经营活动，能改善土壤理化性质和提高肥力水平。如抚育间伐、合理混交(目的树种与改良土壤树种或豆科、非豆科固氮植物或菌根树种混交)、林地排水、保护和改善森林死地被物等，均能提高土壤肥力和森林生产力。

2.8　地形因子

地形对于森林是一个间接生态因子，通过改变气候、土壤等条件而影响森林植物。我国现有森林植被多分布在地形起伏变化较大的地带，因此，研究地形变化与森林分布、生长发育的生态关系，显得非常重要。

2.8.1　地形的概念

地形是指地球表面的形态特征。地球表面有海洋、陆地之分，其中陆地有高山、平原、盆地、沙漠和丘陵。尽管成因各异，但都是在一定的地质、历史条件下，在地质内营力(造山、造陆运动)和地质外营力(水蚀和风蚀)共同作用下形成的，表现出一定的外貌形态。把这些不同规模的不断变化着的起伏系统称为地形。

2.8.1.1　按空间位置分类

大陆地形按地壳表面的水平和垂直方向空间位置的不同，一般分为山地、丘陵、高原、平原和盆地 5 种类型。据统计，在我国的陆地中，山地约占33%，高原约占26%，平原约占12%，丘陵约占10%，盆地约占19%。

(1) 山地

山地又可按其海拔高度和相对高度的不同区分为：

①极高山　海拔高度在 5 000m 以上，相对高度大于 1 000m。

②高山　海拔高度超过 3 000m，相对高度在 1 000m 以上，山形高峻，尖峰峭壁。

③中山　海拔高度为 1 000 ~ 3 000m，相对高度为 500 ~ 1 000m，有山脉形态，但分割较碎。

④低山　海拔高度为500～1 000m，相对高度为200～500m，外形平缓，其山顶、山脊呈圆形或棱形。

(2)丘陵

海拔高度在500m以下，相对高度在50～100m，地表相当起伏，地形破碎，山麓与邻近平原逐渐过渡，且坡度不大的称为丘陵。地表特征是古侵蚀面或沉积面保留部分平坦，其余部分崎岖。

(3)高原

一般海拔在1 000m以上，地表特征是地势起伏不大，但边缘陡峭；山峦起伏，凹凸不平。

(4)平原

平原的海拔高度多数小于200m，相对高度通常不超过50m，地表特征是平坦，偶有浅丘、孤山。

(5)盆地

盆地是周围高、中间低的地形，盆心与盆周高差在500m以上，地表特征是内流盆地地势平坦，外流盆地分割为丘陵。

2.8.1.2 按面积范围分类

在实践中，通常还根据地形面积范围的大小，划分为巨地形、大地形、中地形、小地形和微地形等5个等级。

①巨地形　水平距离数十至数百千米，垂直高度数百米至数千米的广大范围的地形，如蒙新高原、秦巴山地、南岭山地等。

②大地形　水平距离数百米至数十千米，垂直高度数十米至数百米范围内的地形，如山系的支脉、山前丘陵、分水岭、山间盆地等。

③中地形　水平距离数十米至数百米，垂直高度数米至数十米范围内的地形，如孤山、丘陵、山岭的脊部、平原或盆地中的洼地等。

④小地形　宽度2～50m，高差2m至数米范围内的地形，如小洼地、小沙丘、切割沟、冲积堆、山坡上明显的突起等。

⑤微地形　宽度1～2m，高差1～2m或稍大范围内的地形变化，如蚁类、鼠类活动所造成的或由根系、倒木所引起的微小地形变化。

我国地域辽阔，地形类型丰富多彩，有气势磅礴的高原，巍峨的崇山峻岭，群山环抱的大型盆地，浩瀚的沙漠，宽广无垠的平原，奔流不息的江河，绵延万里的海岸，浩瀚宽阔的海域以及星罗棋布的岛屿。不仅有常见的构造地貌、河流地貌、海岸地貌，而且有现代冰川和古代冰川遗迹，冻土和冰缘地貌，沙漠戈壁和泥石流等各种地貌类型。此外还有在一定气候条件下，反映特殊岩性的岩溶地貌、黄土地貌和花岗岩地貌。

2.8.2 地形因子的生态意义

尽管对地形因子在生态环境分类中的位置存在不同看法，但一般认为地形因子主要通过改变光、热、水、土壤和风等自然条件间接作用于植物。生态因子的

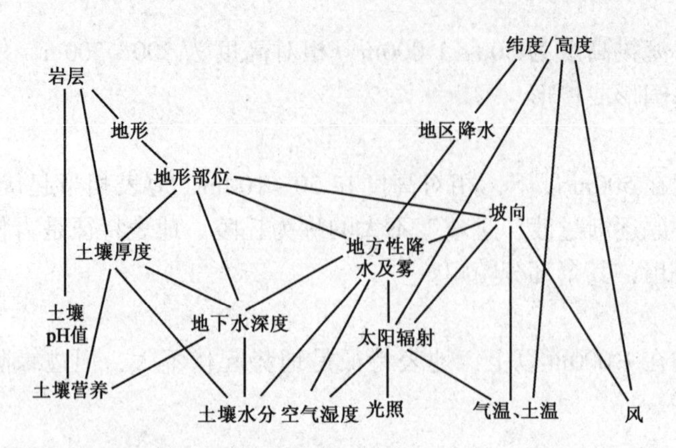

图 2-4　环境要素等级系统中地形条件的作用(武吉华 等, 1995)

空间分布和组合受地形条件所制约(图 2-4)。

不同的海拔、阴坡阳坡、迎风坡背风坡、陡坡缓坡、山顶(脊)山麓乃至小地形的起伏等，在不同的气候条件下形成不同的生境类型。如较高山顶处空气稀薄，大气透明度高，长短波辐射强，致使气温变化大，风力强劲，蒸发剧烈，以物理风化为主，成土作用差，植物一般表现为耐寒、耐旱、耐贫瘠、抗风、抗紫外线等生理生态习性及株矮根壮等形态特征。

地形条件本身规模大小悬殊，加上所处的大环境有别，生态意义各不相同，但却共同为创造组合多样化自然环境奠定基础。它限制了森林植物的分布，又促进了生态类群的分化。

2. 8. 3　地形对森林的影响

2. 8. 3. 1　巨大山脉对森林分布的影响

绵延百里或千里的山脉，高耸入云的山峰是气流活动的天然屏障。因此，山脉走向对气候的影响较大，对温度和降水量的影响尤为显著，虽然一山之隔，但气候有较大的差异。我国地处季风气候区，东西走向的山脉阻止暖气团北上及冷气团南侵，在山北冷气团受阻而积聚，在山南暖气团被抬升冷却致雨，形成山北干冷、山南湿热的不同气候，并在植被特征和群落结构上反映出来。这类山脉北有天山和阴山，中有昆仑山和秦岭，南有南岭，它们都是我国气候上和植被上重要的天然界限。如秦岭山脉东西直延数百千米，海拔高度在 2 000m 左右，主峰太白山 3 767m，对南北气候交流起着重要隔离作用，加剧了山南与山北因纬度而引起的气候差异，成为我国亚热带与暖温带的天然界线。杉木、枫香、马尾松、苦槠、樟树、棕榈等树种的天然分布都只限于秦岭以南地区。秦岭南坡的地带性植被属落叶阔叶与常绿阔叶混交林，北坡则属于落叶阔叶混交林。在经济树木方面，南坡的汉中有柑橘类亚热带水果生产，北坡的渭河河谷，这些果树却不能安全越冬。南岭山脉也有类似的作用，它由一系列近东西走向的山地组成，北来的冷气团常常受阻于岭北。这样南岭以南可以发展某些热带作物，具有热带环境特点，南岭以北热带作物不能越冬，具有亚热带环境特点。

山脉的走向对降水的影响也很大。我国的大陆降水主要靠东南季风从太平洋带来的水汽，因此与东南季风成一定交角的大山脉，常是我国水分分布的天然界线。山脉的迎风面或临海面(东面或东南面)地形雨较多，湿度较大；山脉的背风面(西面或西北面)属于雨影区，降雨较少，气候较干燥。如大兴安岭以东降水量在400mm以上，属于森林区，是我国重要的林业生产基地，而大兴安岭以西降水量急剧减少到300mm以下，属草原区或森林草原区，以牧业为主，发展林业的主要任务是营造防护林和固沙林。海南五指山的东南坡(迎风坡)年降水量约3 000mm，而西部(背风坡)只有约800mm。新疆中部的天山和西藏南部的喜马拉雅山都是东西走向的山脉，天山使南北疆的气候和植被有明显的差异，但却与秦岭相反。南疆干旱酷热，北疆严寒而稍湿润。南疆年降水量在100m以下，许多地方仅20mm左右，是我国最干旱的地带；北疆的年降水量超过200mm，阿尔泰山、天山山地可达600mm，天山北坡海拔1 200~2 700m为森林带，而南坡是草原带。其原因是该地区的降水主要靠北冰洋的气流所提供。

山地对气团的阻隔和抬升，因山体的情况而异。山愈高，对气团阻隔和抬升作用愈大；山体愈完整，其屏障和抬升作用愈大，山脉两侧的气候和植被的差异也愈显著。山体对气团的屏障和抬升作用不仅在大地形中反映出来，在中地形中也存在，不过其作用较小，影响的范围较窄。

2.8.3.2 山地地形对森林的影响

山地地形错综复杂，导致综合环境条件的多样性。因此，山地的各种气象要素都随着坡向、坡位、坡度、海拔高度等地形因子的变化而发生较大的变化。因此，在局部范围内就会出现气候、土壤和植物群落的差异。

(1)坡向

坡向不同，则辐射强度和日照时数不同，使不同坡向的光、热、水和土壤条件有较大的差异。我国处于北半球，北坡日照时间短，辐射强度也小，所获得的辐射总量比南坡小，尤以冬季为甚，且愈往北，南北坡的这种差异愈大。在一定坡度范围内，南坡所获得的总光能平均为北坡的1.6~2.3倍。由于光照条件的差异，南坡的温度高于北坡，湿度低于北坡，蒸发量大于北坡，同时，土壤的物理化学风化都较强，有机物分解迅速、积累少，土壤较北坡干燥和贫瘠。因此，南坡的植被多是喜温、喜光、耐旱的种类；北坡则多是耐寒、耐阴、喜湿的种类。一般在早春南坡的植被开始萌动早于北坡的植被。但在低纬度地区，南北坡生境的差异随着纬度的降低而减小，甚至消失。

在湿润气候条件下，如果水分能够保证，一般来说树木的生长南坡优于北坡，但在水分经常缺乏的地区，南坡的树木生长比北坡差。例如，在华北低山区，因为土壤干燥，油松生长南坡比北坡差。而在西北地区更干旱的情况下，南坡的水分不足，难以维持森林生长发育要求时，就为草原所占据。对于具体的树种来说，在不同坡向上的生长情况，取决于树种的生物学和生态学特性以及当地的气候条件。由于南北坡综合环境条件的差异，还使树种的垂直分布发生一定的变化。同一树种和森林类型的垂直分布在北坡常低于南坡。同一山体，南坡的植物群落中常有较南的（喜暖的）成分，北坡则有较北的（耐寒的）种类。在树种的分布区内，北方的树种在其南界可分布到山的北坡，南方树种在其北界可分布到山的南坡。南坡是南方树种的北界，北坡是北方树种的南界，这就是阿略兴提出的植物先期适应法则。这种现象在地形起伏较小、植被破坏不大的平原孤山表现最为突出。因此，在引种造林时，南种北移栽在南坡，北种南移栽在北坡，这样可以调节树种对生态环境的要求。

东坡和西坡的生态条件界于南坡和北坡之间，但东坡较接近于北坡，常称为半阴坡，西坡更接近于南坡，常称为半阳坡，东北、西北坡为半阴坡，东南、西南坡为半阳坡。

（2）坡位

坡位是指山坡不同的部位。一般都把山坡划分为上坡（包括山脊）、中坡和下坡 3 个部位。有时还将山脊与上坡分开，下坡与山麓分开，而把一个山坡划分为山脊、上坡、中坡、下坡和山麓（山谷）5 个部位。坡位体现了相对高度的差异。

山坡有凸形、凹形和直形 3 种基本形状。凸形坡排水好，土壤较干燥，土层较浅薄；凹形坡则是汇水的，土壤较湿润，土层较厚。在一个山坡上，山脊和上坡常是凸形的，中坡则可能是凸凹相间的复式坡面，下坡则通常是平直的。因此，坡位的变化实际上是阳光、水分、养分和土壤条件的变化。从山脊到山麓，坡面上所获得的阳光不断减少，水分和养分则逐渐增加。整个生境朝着阴暗、湿润的方向发展，土壤逐渐由剥蚀过渡到堆积，土层厚度、有机质含量、水分和养分的含量等都随着相对高度的减少而增加。因此，在植被没有被破坏的坡面上，可以看到从山脊到山麓分布着对水肥条件要求不同的一系列树种。喜肥沃湿润的树种分布于坡的下部，而耐瘠薄干旱的树种分布于山脊和上坡。这种情况在陡坡尤为突出。在不同坡位上由于生态因素的变化，树木生长情况也有较大的差异。但是也有例外的情况，如当山坡的坡度较大，山脊又比较平坦开阔时，山脊的土壤常较山坡的深厚，这样山脊的林分要比山坡的林分生长得好些。

（3）坡度

坡度是指坡面的倾斜程度。一般将坡度分为 6 个等级，即平坡（5°以下）、缓坡（6°~15°）、斜坡（16°~25°）、陡坡（26°~35°）、急坡（36°~45°）和险坡（45°以上）。

不同坡度的山坡，因太阳的投射角度的不同，其所获得的太阳辐射也有所不同，气温、土温及其他生态因子也随着发生变化。

坡度的影响，主要表现为坡度愈大则水分的流失愈严重，土壤受侵蚀的可能性也愈大，结果使土壤变得浅薄而贫瘠。实验证明，水的流速与坡度成正比，即坡度越大，坡面越长，径流水的流速也越大，它所能带走的泥沙量也就越多。这样，在凸形坡面上，坡长和坡度同时增加时，下坡将受强烈侵蚀；在凹形的坡面上，因上坡陡而下坡较平缓，中坡受侵蚀最剧烈，下坡较轻。

一般来说，平坡土壤深厚肥沃，宜于农作物和一些喜肥、水树种的生长，但在高纬度地区，如地下水位高或排水不良，则易于沼泽化，不利于树木的生长。

缓、斜坡一般土壤肥沃，排水良好，最宜于树木生长。陡坡土层薄，石砾多，水分供应不足，树木生长较差，生产力低。在急险坡上，常发生塌坡和坡面滑动，基岩裸露，林木稀疏而低矮。

(4)海拔

海拔是山地地形变化最明显，对树木生活影响最大的因素。在山地海拔每升高100m，气温平均下降0.5~0.6℃。在一定范围内，空气湿度和雨量随海拔的升高而增加，如位于江西庐山山麓的九江，年降水量为1 406mm，而庐山山顶则达到2 528mm；位于泰山山麓的泰安，年降水量为725.7mm，而泰山山顶则为1 163.8mm。但超过一定限度后降水量又有所下降。

海拔不同，土壤发育的条件有别。高海拔地区因温度低而湿度大，土壤微生物活动受阻，有机质分解较慢而积累较多，淋溶和灰化过程加强，土壤酸度较高。

在山地，由于不同高度有不同的气候土壤条件，相应出现不同的森林植被带。因为不同的树种对气候土壤条件有一定的要求，所以，在山地各树种都有一定的垂直分布范围。总的趋势是愈往高处，北方的耐寒的成分逐渐增加，达到一定高度后，由于温度太低，风力太大，而不宜于树木生长，所以高山上存在着树木分布上界，即高山树木线。

(5)沟谷宽度

沟谷宽度也称山坡的开阔度，即沟谷的深度与宽度的比例。凡沟谷的宽度大于深度，两谷坡的坡度较平缓，谷底较宽阔的称为宽谷。宽谷的通风和光照条件良好，两谷坡的生态条件主要看各谷坡的坡向和坡度，一般来说，不同的谷坡林木生长有较明显的差别。凡沟谷的宽度小于深度，两谷坡坡度较陡，谷底狭窄的称为狭谷。狭谷两谷坡不管其坡向坡度如何，光照强度和光照时间都明显减少，因而具有较阴凉、湿润的特点，两谷坡上植被的差异也较小。对谷底来说，宽谷因受光照时间长，所获得的热辐射多，故较狭谷热而干；一些很深的狭谷，甚至在一天之内完全得不到直射的阳光，生境极其阴暗而潮湿。

坡向、坡位、坡度、海拔高度和谷宽等地形因素，既有其特定的生态作用，又受一定的地形复合体的影响。山地条件下，正是由于这些地形因子的多种配合，使山地的生境变得非常复杂，在很小的范围内就可遇到不相同的生境，适于不同的树种生存，这就是山区植被比平原地区复杂得多的原因所在。可以说，山区条件缓和了种间的矛盾，对植物起到“避难所”的作用，有利于大量植物种的生存。同时山区生境的复杂性，使同种的个体处于不同的条件下生长，容易产生新的变异，因此，山区也可能成为孕育和培育新种的环境。

2.8.3.3 河谷地形对植物的影响

河谷是一种长条状延伸的倾斜地，其长度远远超过宽度。在横断面上可以分出：河床、河漫滩与阶地三部分；在纵剖面上可划分出上游、中游和下游。一般上游河谷狭窄，水流急；中游河谷宽展，河漫滩与阶地较发育；下游多形成弯曲或汊河；河口多形成三角洲。

河谷扩大了气团的影响范围。山谷河口是气团的主要通道，如横断山南北走向，温暖湿润的印度洋季风沿山谷深入到云贵高原，致使河谷两侧分布着热带亚热带植物。又如，在长江上游的汉中盆地，由于温暖湿润的太平洋气团的深入，而出现了柑橘和棕榈等。

河谷是生物的隐蔽所或生物迁移的向导。如林区的一些灌木和草甸植物，常沿河谷深入到草原地区；在大兴安岭西南麓，森林草原常沿河谷深入到山地针叶林区。

河谷的水分状况显著不同于平地和山坡，尤其是河漫滩，主要是因为河水的补给。因此，河谷中常分布着从沼泽、草甸一直到地带性植被的各种群落类型。

由于河谷中生活条件的多样性，致使河谷中的动物复杂而丰富，尤其在冬季，分水岭缺少避风害的条件，食物又缺乏，所以兽类和鸟类多在冬季到来之前迁到河谷中居住。由于河谷有多种栖息地，不但保证动物在多雪的冬季能找到食物，而且可以使不同自然地带的动物迁移到河谷地段。此外，动物也像植物一样，可沿着河谷远远迁移到它的相邻地带，如泰加林的动物可以沿河谷向北进入冻原，向南侵入草原。

2.9 火因子

火是一种在短时间内使有机物质迅速碳化，释放热量的物理化学过程。陆地生态系统除极端湿润、寒冷和酷热的生境外，火灾都是经常有规律地发生的，如寒温带针叶林、温带落叶阔叶林和温带草原等。据研究，北欧泰加林、加拿大、阿拉斯加北部森林每百年发生两次火灾；大兴安岭北部火灾轮回期约 110～120 年，南部约为 30～40 年，分布该地区的松、栎、杜鹃花科树种为典型适应火的树种或依赖火的植物。林火的发生发展规律、对生态系统的影响及林木的适应方式都是火生态研究的重要课题。

2.9.1 火的发生条件与林火类型

2.9.1.1 林火的发生条件

林火发生条件有可燃物、助燃物和火源，通常称为林火燃烧三要素。

①可燃物　由生物量积累而成，包括地上叶、枝、干和地下根系、森林死地被物层、土壤中泥炭以及森林经营中采伐剩余物。

②助燃物　指氧气。燃烧需要充足的氧气，才能持续不断地进行下去。

③火源　包括自然火源和人为火源两种。自然火源指雷击火、泥炭自燃、火山活动等；人为火源包括生产用火（烧荒、打防火线、机具喷火、焚烧采伐剩余物）和非生产用火（吸烟、烧火、生活用火）。

2.9.1.2 林火类型

（1）按林火发生空间位置分类

根据林火的火烧部位、强度、速度和林木受害程度的差异，将林火分为地表火、地下火和树冠火 3 种类型。

①地表火 指沿林地表面蔓延，以烧毁死地被物和林下植物为主的林火，也能烧伤林木干基，露出根系。蔓延速度每小时几十米至1km 以上。据我国东北统计，地表火占火灾总数的94%。地表火可影响林木生长，造成幼林死亡和林木枯死并引发病虫害。发生地表火后，植物能否由地下各种繁殖体再萌发，取决于火灾时热量向土壤中传导和辐射的深度，以及繁殖体在土壤中的分布。

②地下火 指土壤腐殖质层或泥炭层燃烧的火灾，地表只有烟雾基本见不到火焰。地下火蔓延速度慢、温度高、持续时间长、破坏力大，可烧死树木、休眠种子和其他繁殖体，使植被再生的时间推迟。地下火多发生在高纬度地区，特别干旱的针叶林下和森林沼泽。

③树冠火 强风中发生的地表火，若遇针叶幼树、采伐剩余物、下木、枯立木，即可烧及树冠而引发树冠火。树冠火温度可达900℃，烟雾能升至几千米，蔓延速度达5~25km/h。严重的树冠火，可烧毁土壤矿物质以上所有有机物质。强风中，树冠火可能仅烧毁林木的叶子、小枝，并快速通过林冠，使树干保存下来。这种树冠火很少影响森林枯落物。树冠火发生后，有些树种由于树冠的燃烧而死亡，如樟子松、马尾松、云杉等；而另一些树种却能萌发出叶子和枝条，如落叶松、白桦等。

(2)按林火过火面积分类

林火又可按烧及面积分为火警、火灾、大火灾、特大火灾等。关于大面积森林火灾，由于难以控制、损失严重、具有灾害性，各国都很重视，但规定的标准不一。

(3)按林火是否可控分类

林火还可按是否有控制分为用火和火灾。

用火是在人为控制下，在指定地点进行安全用火并达到预期的经营目的和效果，它是森林经营的一种措施或手段，如烧除采伐剩余物、烧除林下植物，以促进更新等。

森林火灾主要发生在干旱季节，各气候区旱季出现的时期不同，赤道带的雨林，气候终年高温、高湿、降水量大、全年无干旱期，植物体含水量高，森林死地被物分解快积累少，一般不发生火灾。亚热带气候有明显干、湿季之分，旱季是火灾发生期。中、高纬度的温带和寒温带，季风气候特征明显。夏季多雨湿润，冬季积雪，不易发生森林火灾。春、秋两季干旱、多风、相对湿度低是火灾易发生季节，其中又以春季火灾危险性更大。

2.9.2 火对土壤的影响

森林植被类型和枯落物是影响土壤性质的重要因素。火灾中由于这二者被不同程度地烧除，故火灾也是土壤性质发生变化的重要原因，这些变化有时有害，有时可能有益。火对土壤的影响，可从土壤的物理、化学和生物等性质的变化加以说明。

2.9.2.1 物理的变化

(1) 土壤含水率

火灾减少了森林叶面积，从而降低了林冠蒸腾和截留的水分散失。对于黏质地土壤，土壤会变湿，甚至出现沼泽化。对于粗质地土壤，其含水量决定于枯枝落叶和腐殖质含量，二者含水多少对土壤水分和植物生长有影响，有机质被烧掉，土壤会变得更加干燥。枯落物层与腐殖质层之间的水分梯度大时，轻微的地表火只能烧掉枯落物层，下层不会受影响，对土壤理化性质影响不大。

(2) 土壤温度

火灾对土壤温度有着短期和长期的影响。燃烧期间释放的能量，对土壤温度产生短期效应，表层土温可高达 1 000℃。但由于森林枯落物的隔热特性，热量的穿透深度通常有限，所以大多数火烧迹地，于火后当年或翌年植物即有萌生能力。火烧期间所释放的能量，短期内可大幅度增加局部地区或小环境的气温。长期影响一般包括增加土壤的温度。火灾后，黑色的土壤表面能增加对太阳光的吸收，土表有机物质的减少，能促进热的传导进入矿质土层。森林采伐后地表失去遮荫使土温升高，而剩余物火烧后，又再次更多地增高了土温。这种影响甚至会深入到地下 20cm 的矿质土层。土温的增加，对枯落物分解有利，可提高土壤肥力，促进繁殖体的萌发和增加草食动物的食物及营养价值。

2.9.2.2 化学的变化

(1) pH 值

有机物质燃烧时，形成阴离子如 Cl^- 和阳离子如 Ca^{2+}、K^+ 和 Mg^{2+}，在燃烧时阴离子的损失量要比阳离子大。火烧残留的灰分含有大量可溶性碱土金属氧化物，能很快合成碳酸盐。这些碳酸盐具有碱性反应能中和土壤的酸性。结果，火烧后土壤的 pH 值增加，其增加的程度和持续时间决定于火灾强度、有机物的烧失量及土壤的缓冲力。

(2) 土壤有机质

火对土壤的最重要影响之一是烧掉了有机物。通常地表火仅烧掉森林死地被物的表层，这是因为燃烧需要氧和深层死地被物太湿太紧。地下火产生的热量对未燃的湿有机物有熏蒸和干燥作用而使其随后燃烧。混在矿质土壤中的有机物通常不受火烧影响，但在强度大的火灾中，由于热量向矿质土层的辐射和传导，能毁坏胶体有机物。

土壤表层有机物损失程度，取决于火灾发生期间、强度和可燃物的湿度。春季，地被物仍很湿时，发生的火灾可能仅燃烧掉新的凋落物而对 F 和 H 层影响不大。强度高的秋季火灾能烧掉干燥立地岩石上 50cm 厚的有机物质。

(3) 养分的含量和可利用性

火使土壤发生各种化学变化，如燃烧有机物，以 CO_2 的形式输出碳，温度 300℃以上，N 会挥发，大于 500℃时，K 也会大量挥发，许多其他养分元素，以飘尘的形式随烟雾从火区移出。高强度的火灾常伴有大风和对流柱，则会使大量的飘尘和养分从火烧区移出。低和中等强度的森林火灾，燃烧物质所含元素的大部分仍留在火烧区，其后可随径流而移出火烧区，也可被淋洗到矿质土壤中或被植物利用。

火可使含在有机物中植物不可利用的养分变为可利用形式，所以，虽然火以气化挥发、飘尘和径流淋洗等方式使养分含量下降，但火可促进养分的可利用性。火后较高的养分可利用性，对森林活地被物有利。

2.9.2.3 生物的变化

燃烧期间土温的增加，对土壤动物有很大影响。火灾发生期间，L 和 H 层中，小型和中型土壤动物的活动受抑制并引起死亡。H 层下部和 L、F、H 层未燃烧的局部地块存活下来的动物，几年内会有增多而得以恢复。一些研究指出，火对土壤动物的影响与火的频度有关，每年进行规定火烧的松树林地，螨等土壤动物的多度明显减少，而 5 年进行一次规定火烧的林地，不会产生土壤动物长期的数量变化。在夏天，虽然小型土壤动物因干燥和高温已向下迁移到较冷湿的矿质土层，但强烈火灾使地表积累的有机物全部烧除，这些小型土壤动物可能在火灾后的数年内明显减少或消失。火灾使微生物种群减少，但在第一次降雨后明显增加，这是因为火灾后 pH 值增加，减少了微生物间的竞争和提供了养分的可利用性。

2.9.3 火对植物的影响和植物的适应

大多数生态系统，尤其是温带、具有旱季的热带森林和草原地区，火是重要的生态因子。北美的许多生态学家认为：植物对火，就像其他限制因子一样，进化为不同的适应型，进而可划分成依赖火的、耐火的或适应火的植物种、森林和生态系统。Odum 按上述观点，从植物能量分配的角度，把依赖火或耐火种分为两个火生态基本类型：

①再萌芽型　该类植物把大部分能量分配到地下贮藏器官，而很少用到生殖结构(花不明显、花蜜少、种子少)，地上部分被火烧死后能快速更新。

②火后大量结实型　与前者相反，这类植物产生大量种子，火后即快速发芽。

火能影响植物生长发育的各个阶段(营养、开花、结实和休眠等)，所以植物也有相适应的对策。

(1)营养阶段对火的适应

主要表现在以下 3 个方面：

①抗火树皮　抗火树皮是树木对地表火和地下火最普遍的适应之一。如我国大兴安岭的兴安落叶松、北美西部的落叶松、北美黄杉和黄松，以及被子植物，如桉树和栎等。由于长期受火刺激，即使是中、壮龄林木也可见到像成熟林木一样很厚的树皮，甚至树干基部膨大。关于树皮厚度与抗火性的关系，有两种意见：有些研究者主张，无论树皮含水量和结构如何，其导热性种间差异不大，所以树皮越厚抗火性越强；另一些研究者已证明，树皮的热穿透率有广泛的种间差异。树的保护作用与其燃烧性和恢复快慢有关，恢复慢的树种更易受到下次火灾的危害。

②减少易燃性 植物一些器官能减低火的扩散和强度，降低火灾的损失。一些阔叶树含水量很多，树脂和挥发油含量少，所以一般要比含树脂多的针叶树具更大的抗火性。针阔混交林比针叶纯林抗火性强，原因是阔叶树隔断了林冠可燃物的连续性。

③保护芽 植物被火烧去叶子、枝条，甚至全部地上枝后继续生长和恢复分枝的能力不同。一些针叶树种，如兴安落叶松、刚松、红杉和阔叶树种白桦等，能以不定芽或潜伏芽的萌发，代替被火烧去的叶子和枝条。这种习性在种间也有差异，对同一种，中、幼年个体的反应比老年者强。许多阔叶乔木树种、灌木、草本植物能从地下部未受害的芽发出新植株，如山杨林地上部分烧死后，能从土表侧根(水平根)不定芽发出根蘖。红杉、栎类等许多阔叶树会从火烧木干基的潜伏芽形成萌芽条。根状茎植物对火的损害有很强的抵抗力并在火后快速萌芽，如柳兰和蕨类，火后迅速占据火烧迹地是这一适应的典型例子。

(2)繁殖阶段对火的适应

主要表现在以下两个方面：

①提早开花结实 多年生植物减少从萌发到结实的时间。如北美的扭叶松，5 年生时就能结实。在频繁周期性发生林火的地区，火淘汰了不定期开花的种。另外，火能刺激开花结实，这是因为火后植物的 C/N 增加，促进开花结实。火后温度增加，光、水分和养分竞争减弱，燃烧的烟雾中含有乙烯，这些都是刺激火后植物开花结实的内外因素。

②种子散布 已发现扭叶松、北美短叶松和黑云杉是闭果树种，即球果成熟后果鳞被松脂粘连而不能开裂，只有等发生火灾时，火能熔化松脂而使果鳞开裂，然后种子脱落散布。

(3)火对发芽的影响

干旱地区一些灌木，如金合欢、熊果和盐肤木种子，种皮很硬可长期在土壤中休眠，受热后才发芽，火可使种子直接受热，火烧掉庇荫植物后，可使种子暴露在充足阳光下而间接受热。许多植物种子，在矿质土壤上发芽更好，而在死地被层中的发芽不如前者，这是因为矿质土壤的水分和温度条件较好，也可能是植物代谢产物积累在土壤表层，抑制种子发芽。火能烧除这些植物和积累在土壤表层的抑制物质，而使以前被抑制的种子在火后得以发芽。

可根据火后各树种枯死数量的比例及其他指标比较树种的耐火性。欧亚大陆泰加林带的优势树种是落叶松、云杉、松、桦。它们耐火性大小的顺序是：落叶松、松、桦、云杉。我国东北、西南林区主要树种抗火性大小顺序如下：

①东北林区

针叶树：落叶松、樟子松、红松、鱼鳞云杉、红皮云杉、沙冷杉、臭冷杉。

阔叶树：栎、水曲柳、核桃楸、黄波罗、桦、榆、色木槭、杨、椴、槐、柳。

②西南林区

针叶树：云南松、高山松、思茅松、落叶松、马尾松、杉木、云杉、冷杉。

阔叶树：木荷、桤木、漆树、栓皮栎、木棉、杨、滇榆、高山栎、柳、桉。

2.9.4 火对生态系统的影响

火对植物、土壤和动物的影响，会引起生态系统过程的变化，对生态系统的能量流动和物质循环产生影响。

2.9.4.1 能量流动

火烧期间，系统增加了能流输出。火能大量毁灭地上部生物量，甚至全部烧掉。火后能增加残留在土壤上有机物的分解作用，迅速增加养分的有效性(即可溶性的灰分)。火后植物种类的改变和土壤条件的改善，会增加植物总初级生产量。火烧后最初几年生物量积累很少，短命植物首先生长，随后被多年生草本和灌木代替。这一期间，主要积累地下部分生物量，只有当树木又侵入时，地上部生物量才开始大量积累。紧接火灾之后，可能没有食草动物，但随着草本和灌木初级生产力的增加，食草动物产量也增加，通常还会高于火烧前的数量。

2.9.4.2 物质循环

火明显改变森林的生物地球化学循环。养分以烟雾和飘尘形式输出。改变植被和土壤，使火烧迹地森林水文状况发生变化，如减少入渗，大量降水以地表径流形式输出，径流把灰分直接冲入溪水和河流，使养分发生再分配。

森林火烧产生的烟雾，主要成分是 CO_2 和 H_2O，约占 90%~95%，此外还有 CO、氮氧化物(NO_x)等，占 5%~10%。1t 可燃物燃烧可产生 $CO_2$36.8m^3(约 1.36t)，这会增加大气中 CO_2 的含量。

火灾期间，有机物燃烧过程中，以烟雾和飘尘形式损失的养分很难测定。有些研究已报道，火烧期间以挥发形式大量损失氮素，而草本植物的燃烧会失去大量磷。这些元素或化合物不会持续地从燃烧的生态系统输出，其中有些随降雨或干沉降形式落在火场或附近。

火灾后，生态系统化学元素的贫乏，会形成荒地，尤其是土层薄、肥力低的立地。

复习思考题

一、名词解释

环境 生物圈 生态因子 生态幅 光周期现象 光补偿点 光饱和点 叶片适光变态 光合有效辐射 温周期 生理干旱 林内雨量 截留量 大气污染 温室气体 温室效应 疏透度 风媒植物 根瘤 菌根 森林凋落物

二、思考题

1. 如何理解生物和森林的环境、地球环境是由哪几部分构成的?
2. 简述生态因子作用的基本规律。
3. 简述光的时空变化规律及其生态作用。
4. 试比较阴生叶与阳生叶的形态解剖和生理特征。

5. 试指出植物的日照生态类型。
6. 说明树种耐阴性的鉴别途径和影响因素。
7. 试说明陆地表面温度的时空变化规律。
8. 试述树种耐寒性和抗高温性的机理。
9. 评述树种抗旱性的机理。
10. 指出水生植物的生态类型。
11. 说明森林对降水的重新分配过程及生态意义。
12. 简述主要大气成分的生态意义。
13. 说明大气污染物的种类及其主要特征。
14. 简述森林的净化效应。
15. 概述风的生态效应。
16. 简述森林群落的防风效应。
17. 试说明土壤的物理、化学和生物性状的生态意义。
18. 简述森林土壤的基本特征以及森林对土壤的生态影响。
19. 简述地形的生态意义。
20. 试述山地对森林的影响。
21. 简述林火的生态效应及植物的生态适应。
22. 试述林火对森林生态系统功能的影响。

本章推荐阅读书目

1. 生态学. 李博主编. 高等教育出版社，2000.
2. 森林生态学. 第 2 版. 李景文主编. 中国林业出版社，1994.
3. 植物生态学. 第 2 版. 曲仲湘等. 高等教育出版社，1983.
4. 普通生态学. 第 2 版. 尚玉昌编著. 北京大学出版社，2002.
5. 植物生理生态学. W. Larcher. 李博等译. 科学出版社，1985.
6. 植物生態生理学. 佐伯敏郎监訳，W. Larcher. Springer-Verlag，1999.

第3章　种群及其基本特征

【**本章提要**】种群具有许多不同于个体的群体特征，如出生率、死亡率、增长率、年龄结构、性比、空间分布格局。本章通过对种群数量动态过程、种群调节以及生态对策的剖析，使学生在种群层次上更进一步地了解生物与环境的相互关系。

种群生态学(population ecology)是研究生物种群与环境之间相互关系的科学。种群不仅是构成物种的基本单位，而且也是构成群落的基本单位。

种群是人类利用与保护或控制生物物种的对象。因此，种群生态学与生态环境建设和物种保护有着密切的关系，涉及珍贵、稀有和濒危物种的保护与开发，以及有害生物的控制。

3.1　种群的基本概念

在自然界中，生物很少以孤立的个体形式长期存在，它或多或少、直接或间接地依赖别的生物而存在。生物也只有形成一个群体才能繁衍后代。因此，个体必须依赖群体而存在，群体则是个体发展的必然结果。

种群(population)是同一物种占有一定空间和一定时间的个体集合群。种群这个术语在生物学科中广泛应用，除生态学外，在进化论、遗传学和生物地理学中也经常使用。

种群虽是由许多个体集合而成，但并不是个体的简单组合。种群具有自己独特的性质、结构，特别是具有自动调节的能力，以适应空间和时间上的变化。因此，种群既反映了构成它的个体的特性，也反映了它构成群落的特性。种群的研究既有助于个体研究的深化，又是群落及生态系统研究的基础。

种群是物种(species)具体的存在单位、繁殖单位和进化单位。一个物种通常可以包括许多种群，不同种群之间存在着明显的地理隔离，长期隔离的结果有可能发展为不同的生态种(ecospecies)，甚至产生新的物种。如油松从河南、山东向北分布到辽宁、内蒙古，其分布比较广阔，显然不能说它们是一个种群，可能因地理隔离、人为作用、生境分化等影响，在种内形成不同的类群。它们在形态上、生理上或生态习性上分别表现出显著的差异，并随着生态环境的长期特化逐渐显现出变异现象。所以，物种的进化是通过种群表现出来的，种群亦是物种进化的单位。

事实上，种群的空间界限和时间界限并不是十分明确的，除非种群栖息地具有清楚的边界，如岛屿、湖泊等。因此，种群的空间界限常常由研究者根据调查的目的予以划定。如油松种群可以抽象地泛指森林中的全部油松林，也可以具体指森林中一小块油松林。生长在不同地段内的同种各个集合体，可以理解为一个种群，也可以理解为彼此独立的种群。这样，种群可以作为抽象的概念在理论上加以应用如种群生态学、种群遗传学理论和种群研究方法，也可以作为具体的研究对象又分为自然种群和实验种群，实验种群指实验室内饲养或培养的一群生物。

种群可以由单体生物(unitary organism)或构件生物(modular organism)组成。在由单体生物组成的种群中，每一个体都是由一个受精卵直接发育而来，个体的形态和发育都可以预测，如哺乳类、鸟类、两栖类和昆虫都是单体生物的例子。相反，由构件生物组成的种群，受精卵首先发育成一结构单位或构件，然后发育成更多的构件，发育成分支结构的形式和时间是不可预测的，大多数植物，水绵和珊瑚是构件生物。高等植物通过积累构件而生长。通常构件包括叶子、芽和茎，花也是一种类型的构件。一些构件生物，如树木和海扇，主要垂直生长，而有根状茎的草和结硬壳的海绵沿基质侧面扩散生长。构件生物各部分之间的连接可能会死亡和腐烂，这样就形成了许多分离的个体，这些个体来自于同一个受精卵，并且基因型相同，这样的个体被称为无性系分株(ramets)。

种群除了与组成种群的个体具有类似的生物学特性外，如生长、分化(性别等)、进化、死亡等，还具有个体所不具备的群体特性，例如出生率、死亡率、平均寿命、年龄结构和性比等。这些都说明了种群的整体性和统一性。概括地说，作为群体属性，自然种群应具有以下三个主要特征：①空间特征，即种群有一定的分布区域和分布方式；②数量特征，即种群具有一定的密度、出生率、死亡率、年龄结构和性比；③遗传特征，即种群具有一定基因组成，即系一个基因库，以区别其他物种，但基因组成具有随着时间改变其遗传特性的能力，即进化、适应能力。

种群由个体组成，但具有自己独立的特征、结构和功能，种群是组成群落和生态系统的基本成分。种群生态学就以生物种群及其环境为研究对象，研究这些群体属性，包括种群的基本特征、数量动态及调节规律，林木种内与种间关系。种群生态学的主要任务是研究生物种群的数量结构变化及变化的原因，要定量地研究种群的出生率、死亡率、迁入率和迁出率，以便能够了解是什么因素影响着种群波动的范围及种群发生变化的规律，了解种群波动所围绕平均密度的变化以及了解种群衰落和绝灭的原因。了解的目的是为了能够控制种群。与种群生态学有密切关系的种群遗传学(population genetics)研究种群的遗传过程，包括遗传变异、选择、基因流、突变和遗传漂变等。20 世纪 60 年代，很多生物学家认识到研究种群生态学和种群遗传学的局限性，发现种群个体数量动态和遗传特性动态有密切的关系，并力图将两个独立的分支学科有机地整合起来，从而提出了种群生物学。生态遗传学和进化生态学就是在这种思想影响下迅速发展起来的。进化理论的基本原理之一是自然选择作用于生物个体，而种群通过自然选择而进化，因此，种群生态学与种群遗传学有着密切的关系。特别是近年来随着分子生物学的渗透而于1992年诞生的分子生态学的发展，对种群生物学问题的研究有了较大的进展。

自然条件下，任何种群都不是孤立存在，而是与生态系统中的其他生物有密切关系，为了研究的方便，分析研究对象限定为单种种群。

3.2 种群的基本特征

种群虽然是由个体组成的，但种群具有个体所不具有的特征。从个体到种群有一个质的飞跃，在群体水平上，表现出新的特征，即种群具有个体所不具备的各种群体特征。

3.2.1 种群密度

种群密度(density)是指单位面积或体积内种群的个体数量，也可以是生物量或能量。在调查分析种群密度时，首先应区别单体生物和构件生物。因为个体数只能反映单体生物的种群大小，对构件生物就必须进行两个层次的数量统计，即合子产生的个体数(它与单体生物的个体数相当)以及组成每个个体的构件数。由于生物的多样性，具体数量统计方法随生物种类或栖息地条件而异。密度通常代表单位面积(或空间)上的个体数目，但也有用每片叶子、每个植株、每个宿主为单位的。此外，如果研究者对进化个体(evolutionary individual)的数量感兴趣，就应当考虑无性系的数量。许多植物都是无性繁殖，个体本身就是一个无性系的“种群”，因此研究植物种群动态，必须重视个体水平以下的构件组成“种群”的意义，这是植物种群与动物种群的重要区别。

种群密度的统计首先就是划分研究种群的边界，森林呈大面积连续分布，种群边界不明显，所以在实际工作中往往需要研究者根据需要自己确定种群边界。森林中种群个体大小或经济价值相差悬殊，为经营上的方便，需要分层统计种群密度，如森林经营中，林分密度一般仅指检尺直径以上的林木种群密度，不包括幼苗和幼树的密度，有时在森林更新调查时，单独统计幼苗密度和幼树密度，分析和评价森林的更新状况。

林木种群密度统计是建立在样地(标准地)的基础上，例如，在某一样地(面积为0.25hm^2)油松的数量为100株，可以推出该区油松的种群密度为400株/hm^2。样方必须具有代表性，并通过随机取样来保证结果可靠，同时用数理统计方法估计变异和显著性。但森林中下木和草本植物因是丛生多分枝或个体矮小，不易查数，通常不以单位面积上植株个体数计量种群密度，多采用多度(调查样地上个体的数目多少)或盖度(植物枝叶覆盖地面的百分数)反映种群的密度，它们只能采用目测估计法，填写调查的种群属于何等级。因为森林中下木和草本植物的种类和数量对森林更新有很大影响。

在种群生态学上，密度不是按种的分布区计算，而是依据其在分布区内最适生长的空间计算，这种密度称为生态密度(ecological density)，而把全分布区内的平均密度称为粗密度(crude density)以示区别。例如，一片面积为 $10hm^2$ 的马尾松林，林木总株数为 30 000 株，但其中有 $2hm^2$ 的面积为裸露的岩石，$2hm^2$ 的水域面积，因此，实际分布有马尾松林的面积只有 $6hm^2$。则该马尾松林的粗密度为3 000株/hm^2、生态密度为 5 000 株/hm^2。

当进行森林群落分析时，还应了解各种植物种群的相对数量，即种群的相对密度。相对密度(relative density)是指一个种群的株数占样地内所有种群总株数的百分比。例如，样地上有 50 株林木，其中 30 株是红松种群，那么红松的相对密度是 30/50 = 0. 60 或 60%。

种群密度一方面反映了种群的数量或大小；另一方面反映了种群个体所占有的空间面积。它关系到种群对光能(能流)和营养物质(物流)利用效率，直接影响到种群及群落的生产力，是提高单位面积产量的关键因素之一，林学家常把森林的管理和林地质量评价，建立在林木密度调查的基础上。种群密度过大时，每一种生物都会以特有的方式作出反应，如森林自然稀疏；另一方面，种群密度也有一个最低限度，种群密度过低时，使种群的异性个体不能正常相遇和繁殖，会引起种群灭亡，表现出产量过低。但是种群密度的上限主要是由生物的大小和该生物所处的营养级而决定的。一般来说，生物越小，单位面积中的个体数量就越多。例如，$1hm^2$ 森林中，可容纳幼树的数量就比大树的数量多。生物所处的营养级越低，种群的密度也就越大。又如，同样是 $1hm^2$ 的森林，其中植物的数量比食草动物多，而食草动物的数量又比食肉动物多。因此，合理密植，在农业、林业生产实践中具有重要的意义。

影响种群大小或密度的因素主要有：

①种群的繁殖特性　各种生物的繁殖力不同，如微生物几个小时可繁殖数代；草本植物一般 1 ~ 3 年结实一次，乔木可能几年才结实一次。

②种群的结构　如一个种群内不同年龄的个体或不同性别的个体比例。

③种内和种间的关系　即种内遗传变异和物种自然选择等。

④物理环境因子　如光照、温度、水分、土壤、大气和火等。种群密度的高低在多数情况下取决于环境中可利用的物质和能量的多少。当环境中拥有可利用的物质和能量最丰富，环境条件最适应时，某种群可达到该环境下的最大密度，这个密度称为“饱和点”。维持种群最佳生长状况的密度，称为最适密度。最大密度和最适密度是林业经营、作物栽培、动物饲养、鱼类养殖应首先考虑的问题，也是人类自身生存所必须考虑的问题。密度是种群特征的一个重要参数。密度决定着种群的能流、资源的可利用性、种群内部生理压力的大小以及种群的散布和种群的生产力。

3.2.2 种群的空间结构

种群内由于生境的多样性，以及种内个体之间的竞争，每一种群在一定空间中都会呈现出特定的分布形式。种群内个体在生存空间的分布方式或配置特点，称为种群的空间分布格局(spatial pattern)或内分布型(internal distribution pattern)。它是由种群的生物学特性，种内、种间关系和环境因素的综合影响所决定的。

3.2.2.1 种群的分布格局类型

种群个体的空间分布格局大致可分为3种类型：均匀型(uniform)、随机型(random)和集群(成群)型(clumped)(图3-1)。

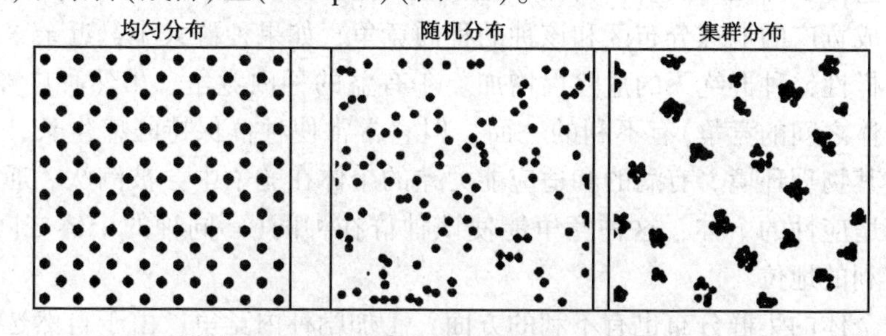

图3-1 种群个体空间分布型或格局(仿Smith，1980)

(1)随机分布

每一个个体在种群领域中各个点上出现的机会是相等的，并且某一个体的存在不影响其他个体的分布。随机分布在自然界不很常见，只有当环境均一，种群个体间没有彼此吸引或排斥的情况下，才能出现随机分布。用种子繁殖的植物，在初入侵到一个新的地点时，常呈随机分布。

(2)均匀分布

种群内个体在空间上是等距离分布形式。均匀分布是由于种群内个体间的竞争所引起的，例如森林中植物为竞争阳光(林冠)和土壤中营养物(根际)，沙漠中植物为竞争水分。干燥地区所特有的自毒(autotoxin)现象，以阻止同种植物籽苗的生长是导致均匀分布的另一个原因。人工林属于均匀分布，但它是由于人为均匀栽植而形成的。

(3)集群分布

种群内个体在空间的分布极不均匀，常成群、成簇、成块或呈斑点状密集分布，这种分布格局即为集群分布，也叫成群分布和聚群分布。集群分布是自然界最常见的内分布型。

集群分布形成的原因是：①种群的繁殖特点。从母树上散布种子，落在附近，种子长成植株，形成群状；有些植物果实内含有多粒种子，如松树球果，这些种子长成植株总是非常靠近，是簇状；植物的无性繁殖，形成密集的团聚，如伐根萌芽和根蘖形成的集群。②资源分布不均匀造成环境条件的差异。如天然过熟林中，老树因枯死风倒或雷击等原因所形成的林中空地(林窗)中更新起来的幼苗、幼树；局部地形的微起伏和土壤条件的局部差异。③种内种间的相互作用。它们之间有可能是直接的有利作用，或间接的互为环境。④动物对植物种子的收集和贮藏能导致植物的集群生长。

种群个体的集群分布是对自然的长期选择和适应的结果，它有许多有利的方面：①具有保护作用。在恶劣的环境如大风和高温中，植物能相互保护。如果正好处于树木线之下的森林被大面积砍伐，则这一地区的许多成熟林常常很难更新，因为风、夏季高温以及冬季低温的共同影响，使得天然更新或人工造林非常困难。②利于繁殖。许多物种的种群大小和密度必须超过一个低限，才能繁殖和生存。③增加个体间的基因交流，丰富遗传多样性。群聚促成种群的遗传变异和多态性，遗传多样性增加了种群内不断的变化和难以预测的环境中的生存能力，有助于形成宽广的地理分布区和该种的种内竞争，如果种群太小，近亲繁殖会降低遗传多样性，种群绝灭的危险性增加。④有益的种内竞争。虽然种内竞争(同种不同个体之间的竞争)有不利的一面，但它常常使种群保持旺盛生长，并能很好地适应其物理环境。有病的和适应能力差的个体在竞争中会被淘汰。通过在种内选择高适应性的个体，这种竞争能使该种群在种间(不同种的个体之间)竞争中处于有利的地位。

种群个体的集群分布也有不利的方面：①加剧种内竞争。由于自然选择会减少种间竞争，因此个体在与其同种不同个体的竞争中所遭受的不利影响，常常比与其他种的个体的竞争中受到的不利影响更严重。正如达尔文(1859)所说："同种不同个体之间的竞争永远是最激烈的，因为它们常活动于同一区域，需要同样的食物，遭受同样的危险"，种群内个体过分拥挤能导致多种竞争。林分密度大的森林中的林木，为伸展枝条所需的空间而竞争，为光照、土壤水分和土壤养分而竞争，为所需的根系空间而竞争。干旱环境中过密的森林，其整个种群的生长势可能低下，因为其中任何个体都不能得到足够的资源以战胜其相邻个体。②导致环境恶化。由于种内个体密度的不断增加，在高密度下，没有哪个个体可得到足够的营养。对资源利用的普遍重叠程度，导致环境恶化，结果是急剧地减少个体数。③疾病的传播。寄生物、捕食动物以及病原生物，一般以其寄生或被捕食动物的高密度聚集中获益不少，被攻击者越多，被攻击者之间的接触越频繁，就越能促使病原生物或寄生物的扩散和生长。因此，在混交林中，病虫害的传播速度常常比纯林中低得多。④个体间的相互干预。如果种群内个体过分密集，个体之间的接触非常频繁，林内树干挤压能造成树冠摩擦，损害形成层，影响林木个体的正常生长。

同一种群的分布格局并不一定局限于某一种固定的形式，有些种群在不同的发育阶段可能有不同的分布格局。如当某一种群初时侵入，依靠种子自然撒播而呈随机分布；随后则因无性繁殖形成集群分布，最后可能因为竞争或其他原因又变为随机分布或均匀分布。因此，应对种群的自然属性与环境之间的关系进行全面地综合分析，才能对种群的分布格局和动态有较全面系统的认识。

3.2.2.2 种群分布格局的检验

(1)相邻个体最小距离法

种群空间格局的检验方法很多，如果种群的密度和个体间的最小距离能够精确测量，则可采用相邻个体最小距离(nearest-neighbor distance)法检验内分布型。

$$D = \frac{1}{2N^{1/2}} \tag{3-1}$$

式中 D——个体间最小距离的理论值；

N——种群密度。

$$d = (\sum d_i)/n \tag{3-2}$$

式中 d——个体间最小距离的观测值；

d_i——第 i 个随机选择的个体与相邻个体的最小距离；

n——观测次数。

$$J = d/D \tag{3-3}$$

式中 J——种群分布型的判别指标。

当 $J=1$ 时，为随机分布；当 $J<1$ 时，为集群分布；当 $J>1$ 时，为均匀分布。

(2)空间分布指数法

种群分布格局的检验还可以用空间分布指数(index of dispersion)法检验分布型。空间分布指数由方差/平均数比率即 $I=S^2/\overline{m}$。如图 3-1 中的分布区分成许多小方块，进行样方取样和统计分析，如果个体是均匀分布，则各方格内个体数量相等的，方差应该等于零，所以 $S^2/\overline{m}\approx 0$；同样如果小方块中个体是随机分布，则样方中个体数出现频率将符合泊松分布序列 $S^2/\overline{m}=1$；如果个体是集群分布，则样方中含很少个体数的样本和含较多个体数的样本的出现频率将较泊松分布的期望值高，从而 $S^2/\overline{m}$ 的值明显大于 1。因此，$I=0$ 属均匀分布；$I=1$ 属随机分布；$I>1$ 属集群分布。

其中

$$\overline{m} = \frac{\sum f_x}{n}$$

$$S^2 = \frac{\sum (f_x)^2 - [(\sum f_x)^2/n]}{n-1} \tag{3-4}$$

$$I = \frac{S^2}{\overline{m}}$$

式中 x——样方中某种个体数；

f——含 x 个体样方的出现频率；

n——样本总数。

集群分布又可进一步按种群本身的分布状况划分为均匀群、随机群和集群群，后者具有两级的集群分布。

内分布型的研究是静态研究，比较适合于植物、定居或不太活动的动物。构建生物的构件包括地面的枝条系统和地下的根系系统，其空间排列是一重要生态特征，对种群个体的适应和生存具有重要意义，例如在林冠层中，植物个体的枝叶系统的排列决定着光的摄取效率。同样土壤中根系分支的空间分布决定着水和营养物的获得。另外，枝叶系统是“搜索”光的，根系系统是“逃避”干旱的，这与动物依赖活动和行为进行搜索和逃避不同，靠的是控制构件生长的方向。

植物重复出现的构件的空间排列，可以称为建筑学结构(architecture)，它是决定植物个体与环境相互关系和个体间相互作用的多层次的等级结构系统。构件建筑学结构的特征，主要视分支的角度、节间的长度和芽的死亡、休眠和产生新芽的概率。例如，草本植物可分为密集生长型和分散生长型两类。密集生长的草类，其节间短，营养枝聚集成簇，如生草、丛草类；分散生长型的草类，节间长，构件间相距较远，如车轴草。所以植物生态学应进一步强调个体和构件的空间排列。

3.2.3　种群的年龄结构和性比

3.2.3.1　种群的年龄结构

种群的年龄结构(age-structure)是指种群内个体的年龄分布状况，即各年龄或年龄组的个体数占整个种群个体总数的百分比结构。它是种群的重要特征之一。年龄结构直接关系到一个种群当前的出生率、死亡率和繁殖特点，对种群的未来发展有重要影响。了解种群的年龄结构，可以预测种群的发展趋势。研究种群的年龄结构对深入分析种群动态和进行预测预报具有重要价值。

(1)种群年龄结构的基本类型

一般用年龄金字塔(age pyramid)的形式来表示种群的年龄结构。年龄金字塔是以不同宽度的横柱从上到下配置而成的图(图 3-2)，横柱高低位置表示从幼年到老年的不同年龄组，宽度表示各年龄组的个体数或在种群中所占的百分比。按锥体形状，可划分为 3 个基本类型。

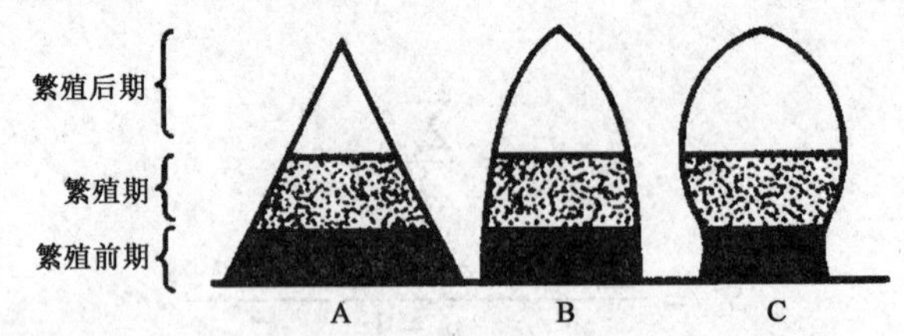

图 3-2　种群年龄金字塔(仿 Kormondy，1976)

A. 增长型　B. 稳定型　C. 衰退型

①增长型种群(increasing population)　锥体呈典型金字塔形，基部宽，顶部狭，表示种群有大量幼体，而老年个体较少，种群的出生率大于死亡率，是迅速增长的种群。

②稳定型种群(stable population)　锥体形状呈钟形，老中幼比例介于增长型和衰退型种群之间，种群的出生率和死亡率大致相平衡，即幼、中个体数大致相

同，老年个体数较少，代表稳定型种群。

③衰退型种群(declining population) 锥体呈壶形，基部比较狭，而顶部比较宽，种群中幼体比例减少而老体比例增大，种群的死亡率大于出生率，种群的数量趋于减少。

(2)种群年龄结构的基本生活时期

根据植物种群中个体的生长发育阶段，可以划分为以下几个基本生活时期：

①休眠期 植物以具有生活力的种子、果实或其他繁殖体(块根、地下茎)处于休眠状态之中。

②营养生长期 从繁殖发芽开始到生殖器官形成以前。这个时期还可细分为幼苗、幼年(幼树)、成年3个时期。

③生殖期 这一时期的特点是植物的营养体已基本定型，性器官成熟，开始开花结实，多年生多次结实的木本植物进入生殖期后，每年还要继续增加高度、粗度和新的枝叶，在每年的一定季节形成花、果和种子，但体形增长速度渐趋平缓。

④老年期 种群的个体到达老年期时，即使在生长良好的条件下，营养生长也很滞缓，繁殖能力逐渐消退，抗逆性减弱，植株逐渐趋向死亡。

这4个时期所占时间的长短，因植物种类不同而异，同一种类因所处生境条件的不同亦有差异。

在许多植物种类中，年龄结构仅能为种群提供有限的描述。因为其生长率是不可预测的，与年龄没有密切关联，一些植物可能比同种同龄的其他个体长得更大。在这些情况下，个体大小群(size classes)如生物量、覆盖面积或者树木胸高直径在生态学研究中可能比年龄更有效。

构件生物种群的年龄结构有个体年龄和组成个体的构件年龄两个层次。作为构件生物，植物体的年龄结构是由年轻的、正在生长发育和参与繁殖的部分与衰老的部分组成的，并且，叶、枝、根的活动性也随着年龄变化而变化。如果对所有叶子不加区别，就会忽略这样一个事实，其他生物如食草动物会对它们区别对待。

林木种群的个体寿命长，而且树种寿命差异较大，划分龄级组时间尺度不同，针叶树和硬阔叶树20年为一个龄级，软阔叶树10年为一个龄级，萌生起源和速生树种5年为一个龄级甚至更短。将林木种群年龄结构分为同龄林或异龄林结构，人工林多数为同龄林，而天然林以异龄林较多。同龄林是组成树木的年龄基本相同，如果有差异，其差异范围在一个龄级之内。自然条件下，同龄林一般是在裸地上，具有喜光、耐干旱的先锋树种所形成，种群难于连续更新，往往是上层林木衰老，林冠疏开(林窗)，种群才得以更新，如桦木林和山杨林。异龄林是组成种群的林木年龄差异较大，有几个龄级的林木生存，由具有耐阴、喜湿的耐阴及中性树种所形成，林冠下可以正常更新，如云杉林、红松林。这样当裸地被先锋树种所占据，立地对该种群又是适宜，若不考虑其他种的种子来源，其该种群不断增长，成为增长型种群。喜光树种形成同龄林，到成熟后缺少同种更新幼苗幼树，常被其他树种所替代，将成为衰退型种群。异龄林种群能在林冠下自行更新，不断有幼树到达主林冠层，基本是稳定型种群。

3.2.3.2 性比

性比(sex ratio)指一个种群的所有个体或某年龄组的个体中雌性与雄性的个体数目的比例。性比是种群结构的重要特征之一，它对种群的发展有较大的影响，如果两性个体的数目相差过于悬殊，不利于种群的生殖。种群的性比同样关系到种群的出生率、死亡率和繁殖特点。大多数生物种群的性比接近 1∶1。植物中虽多数种是雌雄同株，没有性比问题，但某些雌雄异株植物如银杏、杨树等其性比可能变异较大，因此研究这些植物的性比具有重要意义。与性比相关联的因素，还有个体性成熟的年龄，也是影响种群繁殖的内在因素。

3.2.4 种群的出生率与死亡率

3.2.4.1 出生率

出生率(natality)是指种群在单位时间内产生新个体数占总个体数的比率。出生是泛指生物产生新个体的过程，不管它是有性生殖(分娩、孵化或种子发芽)，还是无性繁殖(分裂或分蘖等)。出生率有绝对出生率和相对出生率两种表示方法：

$$\begin{aligned} &\text{绝对出生率 } B = \Delta N_n / \Delta t \\ &\text{相对出生率 } b = \Delta N_n / (N \cdot \Delta t) \end{aligned} \tag{3-5}$$

式中 N——种群的总个体数；

ΔN_n——新生的个体数；

Δt——时间增量。

一般的出生率是以相对出生率来表示，例如某一种现有个体数为 1 000，在 100 d 内，新出生的个体数为 300，则每天平均生长率为：$b = 300/1\,000 \times 100 \times 100\% = 0.3\%$。此外，种群的出生率也可以用特定年龄出生率(age-specific natality)表示，即按不同的年龄组计算其出生率，不仅可以知道整个种群的出生率，而且可以知道不同年龄或年龄组在出生率上的差异。

出生率分为生理出生率(physiological natality)和生态出生率(ecological natality)。生理出生率又称最大出生率(maximum natality)，是指种群在理想条件下，无任何生态因子的限制，繁殖只受生理因素决定的最大出生率。对于某个特定种群来说，生理出生率是一个常数，当然完全理想的环境条件即使在实验室里也很难建立，它的意义在于是一个常数，以便与实际的观察数作比较，因此在应用的时候，必须说明测定的条件。生态出生率又称实际出生率(realized natality)，是指在一定时期内，种群在特定环境条件下实际繁殖的个体数。

3.2.4.2 死亡率

死亡率(mortality)代表一个种群的个体死亡情况。死亡率同出生率一样，也可以用特定年龄死亡率(age - specific mortality)表示，即按不同的年龄组计算。

死亡率也可分为生理死亡率(physiological mortality)和生态死亡率(ecological

mortality)。生理死亡率又称最小死亡率(minimum mortality)，是指在最适条件下个体因衰老而死亡，即每个个体都能活到该种群的生理寿命，因而使种群死亡率降到最低。对野生生物来说，生理死亡率同生理出生率一样是不可能实现的，它只有理论意义和比较意义。由于受环境条件、种群本身大小、年龄组成的影响以及种间的捕食、竞争等，实际死亡率远远大于理想死亡率。

生态死亡率是指在一定条件下的实际死亡率，可能有少数个体能活到生理寿命，最后死于衰老，但大部分个体将因饥饿、疾病、竞争、被寄生、恶劣的气候条件或意外事故等原因而死亡。

死亡是生物种群的一种必然现象，死亡率受环境条件、种群密度等因素的影响，环境条件恶劣，种群死亡率高，反之死亡率低。种群密度大，死亡率高，反之死亡率低。种间的竞争、捕食也是影响种群死亡率的最直接的主要原因。在农、林业生态系统之中，种群死亡率不仅受自然因素的影响，还受人为因素(输入、输出、干扰、调控)的影响。

除此以外，用存活率(survival rate)表示常比死亡率更有实用价值，生态学家对存活率更感兴趣，即存活个体数比死亡个体数更重要，假如用 d 表示死亡率，则存活率等于 $1-d$。因此存活率通常以生命期望(life expectancy)来表示，生命期望就是种群中某一特定年龄个体在未来所能存活的平均年数。

3.2.5 生命表

把观测到的种群中不同年龄个体的存活数和死亡数编制成表，称为生命表(life table)。它反映了种群发展过程中从出生到死亡的动态变化，最早应用于人口统计(human demography)，主要在人寿保险事业中，用来估计不同年龄组人口的期望寿命。由珀尔(Raymond Pear，1921)引入普通生物学。随着统计科学的发展和年龄鉴定技术的进步，生命表愈来愈广泛地应用于动植物的研究。

3.2.5.1 动态生命表

动态生命表(dynamic life table)是根据对同年出生的所有个体存活数目进行动态监测的资料编制而成，这类生命表也称为同生群生命表(cohort life table)。这种生命表对植物比较合适，因为植物固定不动，可以对每个个体进行标记和作图，通过跟踪观察一个特定个体群，如 $1hm^2$ 样地上某树种幼苗的存活情况，直至全部死亡而建立。但是乔木树种因其寿命很长，要做到连续跟踪记载难度较大。

康内尔(Conell，1970)对某岛固着在岩石上的甲壳动物，生活在海滨潮间带的藤壶(*Balanus glandula*)从1959—1968年10年的精心观察编制出藤壶生命表(表3-1)。

表中，x：按年龄分阶段划分的单位时间期限，如年、月、日等；

n_x：x 期开始时的存活数；

l_x：x 期开始时的存活率；

d_x：从 x 到 $x+1$ 的死亡数；

表 3-1　藤壶的生命表

年龄(a) x	存活数 n_x	存活率 l_x	死亡数 d_x	死亡率 q_x	L_x	T_x	生命期望 e_x
0	142.0	1.000	80.0	0.563	102	224	1.58
1	62.0	0.437	28.0	0.452	48	122	1.97
2	34.0	0.239	14.0	0.412	27	74	2.18
3	20.0	0.141	4.5	0.225	17.75	47	2.35
4	15.5	0.109	4.5	0.290	13.25	29.25	1.89
5	11.0	0.077	4.5	0.409	8.75	16	1.45
6	6.5	0.046	4.5	0.692	4.25	7.25	1.12
7	2.0	0.014	0	0.000	2	3	1.50
8	2.0	0.014	2.0	1.000	1	1	0.50
9	0	0	–	–	0	0	–

注：$l_x = n_x/n_0$，$d_x = n_x - n_{x+1}$，$q_x = d_x/n_x$，$e_x = T_x/n_x$。引自 Krebs，1978。

q_x：从 x 到 $x+1$ 的死亡率；

e_x：x 期开始时的生命期望或平均余年。

T_x 和 L_x 栏一般可不列入表中，但为计算 e_x 方便需要 T_x 和 L_x 栏。L_x 是从 x 到 $x+1$ 期的平均存活数，即 $L_x = (n_x + n_{x+1})/2$。T_x 则是进入 x 龄期的全部个体在进入 x 期以后的存活个体总数，即 $T_x = \sum L_x$，例如，$T_0 = L_0 + L_1 + L_2 + L_3 + \cdots$，$T_1 = L_1 + L_2 + L_3 + \cdots$，$e_x = T_x/n_x$。

从这个生命表可获得三方面信息：

①存活曲线(survivorship curve)　以 $\lg n_x$ 栏对 x 栏作图可得存活曲线。存活曲线直观地表达了该同生群的存活过程。Deevey(1947)曾将存活曲线分为 3 个类型(图 3-3)。

Ⅰ型：曲线凸型，表示在接近生理寿命前只有少数个体死亡，即几乎所有个体都能达到生理寿命。如大型兽类和人的存活曲线；藤壶、一些耐阴的阔叶树种的存活曲线接近这一类型。

Ⅱ型：曲线呈对角型，各年龄死亡数相等。许多鸟类、中性树种和一些耐阴树种的存活曲线接近这一类型。

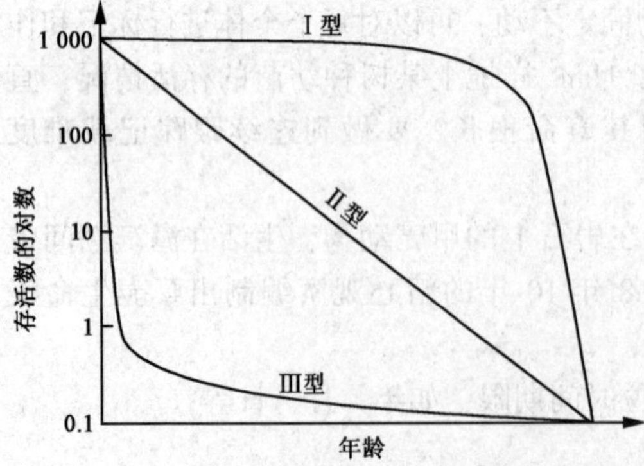

图 3-3　存活曲线的 3 种基本类型
(仿 Krebs，1985)

Ⅲ型：曲线凹型，幼年期死亡率较高。如鱼卵、真菌的孢子、喜光树种的存活曲线属于这一类型。

②死亡率曲线　以 q_x 栏对 x 栏作图。藤壶在第一年死亡率很高，以后逐渐降低，接近老死时死亡率迅速上升。

③生命期望　e_x 表示该年龄期开始时平均能存活的年限，即预期还能活多少年。e_0 为种群的平均

寿命。

3.2.5.2 静态生命表

静态生命表(static life table)是根据某一种特定时间对种群作一年龄分布(结构)的调查，它适用于世代重叠的生物，并掌握各年龄组的死亡率(数)再用统计学处理而编制的生命表。

静态生命表能够反映出种群出生率和死亡率随年龄而变化的规律，但却无法分析死亡的原因，也不能对种群密度制约过程的种群调节作定量分析。依据静态生命表，也难以建立更详细的种群模型，但它的优点是很容易使我们看出种群的生存对策和生殖对策，而且比较容易编制。

可根据种群普查时，如 $1hm^2$ 的某种林分在普查时的年龄分布进行调查分析统计。

动态生命表和静态生命表的关系可用图 3-4 来表示。图中纵坐标表示年龄，横坐标表示时间。连续追踪 t_0，t_1，…时段中所繁殖的动植物就是动态生命表。因此，动态生命表也称为特定年龄生命表或水平生命表(age-specific or horizontal life table)。图中表示的根据 t_1 时间所作年龄结构的生命表就属于静态生命表，也称特定时间生命表或垂直生命表(time-specific or vertical life table)。

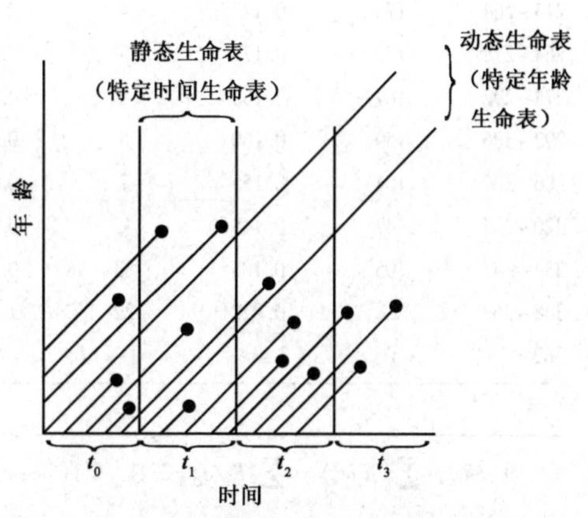

图 3-4 动态生命表和静态生命表的关系

(仿 Begon & Mortimer，1981)

同生群生命表中个体经历了同样的环境条件，而静态生命表中个体出生于不同年(或其他时间单位)，经历了不同的环境条件。因此，编制静态生命表等于假定种群所经历的环境条件是年复一年没有变化的，但实际上并非如此。由此有的学者对静态生命表持怀疑态度，但在难以获得动态生命表数据时，如果应用得法，还是有价值的。

3.2.5.3 综合生命表

前述简单生命表虽有很多栏，但核心是 l_x 栏(或 n_x 栏，l_x 栏是标准化了的 n_x)，其他各栏均可由它导出。综合生命表除 l_x 栏，增加了 m_x 栏，m_x 栏可称为生育力表(fecundity schedule)，它描述了各年龄的出生率。综合生命表还增加了 k_x 栏，k_x 栏表示各年龄组死亡率的指标，有的学者称为致死压力(killing power)，它由 l_x 导出，即 $k_x = \lg l_x - \lg l_{x+1}$。综合生命表同时包括了存活率和出生率两方面数据，将各年龄的 l_x 与 m_x 相乘，并累加起来，即可估计出一个非常有用的 $R_0 = \sum(l_x m_x)$值，称为净增殖率(net reproductive rate)，同时 R_0 还代表种群在生命表所包括特定时间中的世代净增殖率。在 1 年生生物中(没有重叠世代)，R_0 表示种群在整个生命表时期中增长或下降的程度，$R_0 > 1$，种群增长；$R_0 = 1$，种群稳定；$0 < R_0 < 1$，种群下降。在表 3-2 中 R_0 值为 2.41，表明小天蓝绣球(*Phlox drummondii*)种群在增长。该生命表在种子发芽前进行种子数量统计以后，定期统计植物数量直至全部开花和死亡，其中各栏的符号和含义与前面表 3-1 藤壶生命表一样，只是 x 是以日为单位，a_x 栏与 n_x 栏完全相当。

表 3-2　小天蓝绣球的综合生命表

日龄组 (a) x	各日龄组开始的存活数 a_x	各日龄组开始的存活率 l_x	各日龄组的死亡数 d_x	各日龄组的死亡率 q_x	$\lg l_x$	k_x	各日龄组总产籽数 F_x	平均每个体产籽数 m_x	$l_x m_x$
0~63	996	1.000	329	0.005		0.003	–	–	–
63~124	668	0.671	375	0.009	–0.17	0.006	–	–	–
124~184	295	0.296	105	0.006	–0.53	0.003	–	–	–
184~215	190	0.191	14	0.002	–0.72	0.001	–	–	–
215~264	176	0.177	4	0.001	–0.75	<0.001	–	–	–
264~278	172	0.173	5	0.002	–0.76	0.001	–	–	–
278~292	167	0.168	8	0.003	–0.78	0.002	–	–	–
292~306	159	0.160	5	0.002	–0.80	0.001	53.0	0.33	0.05
306~320	154	0.155	7	0.003	–0.81	0.001	485.0	3.15	0.49
320~334	147	0.148	43	0.021	0.83	0.011	802.7	5.46	0.80
334~348	105	0.105	83	0.057	0.98	0.049	972.7	9.26	0.97
348~362	22	0.022	22	1.000	1.66	–	94.8	4.31	0.10
362~	0	0	–			–	–	–	
							2 408.2		2.41

注：$R_0 = \sum(l_x m_x) = \sum F_x/a_0 = 2.41$。引自 Begon 等，1986。

从 m_x 栏看到，该植物有很长的繁殖前期，繁殖期开始生育力较低，以后逐渐升高，一旦到生育力高峰后就迅速下降，个体也接近死亡。l_x 栏说明前 184 天种群稀疏很快，中期死亡不多，开花后迅速死亡。正是出生率和存活数的联合变化，形成了 F_x 栏，它代表了各日龄组的总产籽数，所以 $\sum F_x$ 是该调查种群经一世代后的总产籽数。用此栏数字估计 R_0 值与 $l_x m_x$ 栏估计的是一样，$R_0 = 2.41$ 表示经过一世代，小天蓝绣球的种子数平均增长到原来的 2.41 倍。

3.2.5.4　图解生命表

图解生命表(diagrammatic life table)是描述种群生死过程的另一种方式，尤其是对生活史比较复杂的种类。图解生命表最初用于高等植物(Begon & Mortimer 1981)，具有清晰、直观的特点。图 3-5 的 3 个方块表示 1 年生高等植物的种子、幼苗和成株 3 个时期，三角表示 3 个时期间的转化系数，如 P 为存活率、F 为结籽率。

该图解生命表清晰表明生活史各阶段的生死过程。如 $t+1$ 时间的成株 N_{t+1} 有明显两个来源：①前一时间成株数 N_t 的存活个体数，即 $N_t \times P$；②N_t 的结籽数，经萌发并得以成长的个体数，即 $N_t \times F \times g \times e$。综合①、②得

$$N_{t+1} = (N_t \times P) + (N_t \times F \times g \times e)$$

不言而喻，这个模型假定没有迁入和迁出。这类图解生命表一般适用于世代

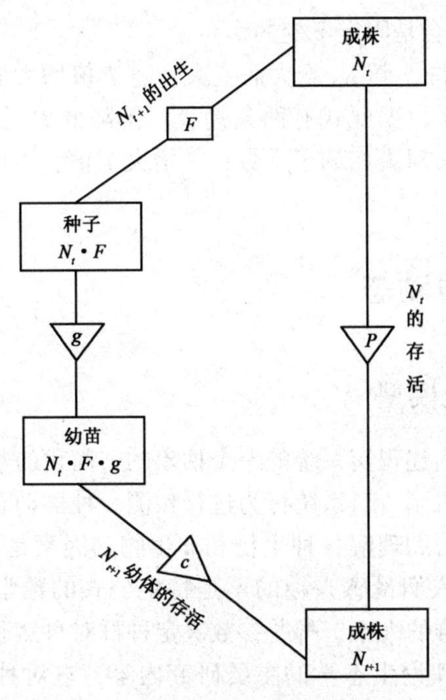

图 3-5 高等植物典型的图解生命表

(仿 Begon & Mortimer, 1981)

不相重叠的 1 年生生物。

3.2.6 种群增长率 r 和内禀增长率 r_m

种群的实际增长率称为自然增长率(natural rate of increase)，用 r 表示，不考虑种群的迁入和迁出，自然增长率可由出生率和死亡率相减计算出。世代的净增率 R_0 虽是很有用的参数，但由于各种生物的平均世代时间并不相等，进行种间比较时 R_0 的可比性并不强，两种群增长率(r)则显得更有应用价值。r 可按下式计算：

$$r = \ln R_0 / T \tag{3-6}$$

式中 T——世代时间(generation time)。

世代时间是指种群中子代从母体出生到子代再产子的平均时间。用生命表资料可估计出世代时间的近似值，即

$$T = (\sum x l_x m_x) / (\sum l_x m_x)$$

自然界的环境条件在不断变化着，当环境条件有利时，r 值可能是正值，条件不利时，可能变为负值。因此，长期观察某种群动态时，自然增长率 r 值是很有用的指标。但是为了进行比较，人们经常在实验室不受限制的条件下观察种群的内禀增长率(innate rate of increase)，用 r_m 表示。按 Andrewartha 的定义，r_m 是具有稳定年龄结构的种群，在食物不受限制，同种其他个体的密度维持在最适水平，环境中没有天敌，并在某特定的温度、湿度、光照和食物等的环境条件组配下，种群的最大瞬时增长率。因为实验室条件下并不一定是“最理想的”，所以

由实验测定的 r_m 值不会是固定不变的。

从 $r=\ln R_0/T$ 来看，r 随 R_0 增大而变大，随 T 值增大而变小。例如，计划生育的目的是要使 r 变小，据此式有两条途径：①降低 R_0 值，即，使世代增长率降低，这就要求限制每对夫妇的子女数；②增大 T 值，可以通过推迟首次生殖时间或晚婚来达到。

3.3　种群的数量动态

3.3.1　种群的增长模型

数学模型是用来描述现实系统的一个抽象的、简化的数学结构。人们用数学模型描述系统的内在机制，对系统行为进行预测。种群动态模型是自然种群动态和规律的简明描述，帮助理解各种生物和非生物的因素是怎样影响动态变化的。在数学模型研究中，人们最感兴趣的不是特定公式的数学细节，而是模型的结构，哪些因素决定种群的大小，哪些参数决定种群对自然和人为干扰的反应速度等。种群动态模型是理论生态学的主要研究内容，它对种群生态学做出了重要贡献。

3.3.1.1　种群在无限环境中的指数增长模型

一个以内禀增长率增长的种群，其种群数目将以指数方式增加，只有在种群不受资源限制的环境下，这种现象才会发生。尽管种群数量增长很快，但种群增长率不变，不受种群自身密度变化的影响，这类指数生长称为与密度无关的种群增长(density - independent growth)或种群的无限增长。指数增长模型可分为两类：

(1)*离散世代生物种群的指数增长*

所谓离散世代生物，就是种群各个世代不相重叠，如许多1年生植物和昆虫，种群增长是不连续的，种群没有迁入和迁出，种群的增长为几何级数方程。即

$$N_{t+1}=R_0N_t \tag{3-7}$$

式中　N_t——t 世代种群大小；

N_{t+1}——$t+1$ 世代种群大小；

R_0——世代净增率(周限增长率)。

如果种群以 R_0 速率年复一年地增长，即

$$N_t=N_0R_0^t$$

将方程式 $N_t=N_0R_0^t$ 两侧取对数，即

$$\lg N_t=\lg N_0+t\lg R_0$$

这是直线方程 $y=a+bx$ 的形式，因此以 $\lg N_t$ 对 t 作图，就能得到一条直线，其中 $\lg N_0$ 是截距，$\lg R_0$ 是斜率。

R_0 是种群离散增长模型中的重要参数，$R_0>1$，种群上升；$R_0=1$，种群稳定；$0<R_0<1$，种群下降；$R_0=0$，雌体没有繁殖，种群在下一代灭亡。

(2)重叠世代生物种群的指数增长

所谓重叠世代生物，就是种群各个世代彼此重叠，如寿命很长的树木、人和多数兽类、生活史极短的世代完全重叠的菌类，其种群增长是连续的，种群没有迁入和迁出，种群的增长可用微分方程描述。

假定种群生活在无限的环境中(不受资源和空间的限制)，在很短时间 d_t 内种群的瞬时出生率为 b，死亡率为 d，种群大小为 N，则种群的每员增长率(per-capita rate of population growth) $r=b-d$，它与密度无关，即

$$dN/dt=(b-d)N=rN$$

其积分式：

$$N_t=N_0e^{rt}$$

例如，初始种群 $N_0=100$，r 为0.5/年，则1年后种群数量为 $100e^{0.5}=165$；2年后种群数量为 $100e^{2\times0.5}=272$；3年后种群数量为 $100e^{3\times0.5}=448$。

以种群 N_t 对时间 t 作图，得到种群的增长曲线[图3-6(b)]，显然曲线呈"J"字形，但以 $\lg N_t$ 对 t 作图[图3-6(a)]，则变为直线。

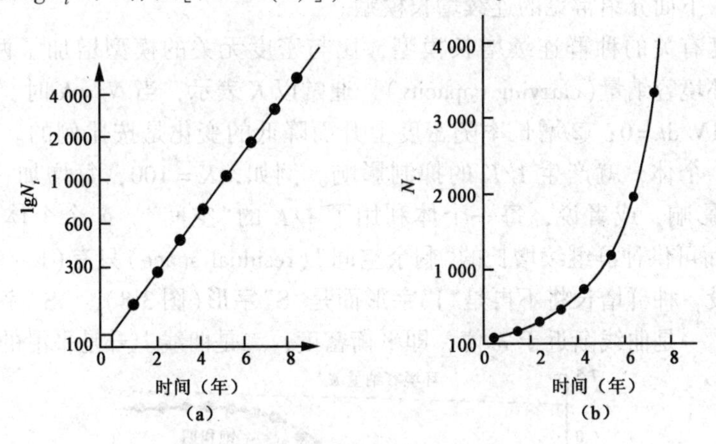

图3-6 种群增长曲线(仿 Krebs，1978)

(a)对数标尺 (b)算术标尺

$N_0=100$，$r=0.5$

r 是一种瞬时增长率(instantaneous rate of increase)，$r>0$，种群上升；$r=0$，种群稳定；$r<0$，种群下降。

3.3.1.2 种群在有限环境中的逻辑斯谛增长模型

因为环境是有限的，生物本身也是有限的，所以大多数种群的"J"字形生长都是暂时的，一般仅发生在早期阶段，密度很低，资源丰富的情况下，而随着密度增大，资源缺乏，代谢产物积累等，由竞争、疾病、胁迫等引起的环境压力势必影响到种群的增长率 r，使 r 降低。图3-7为不同方式培养酵母(*Saccbaromyces cerevisiae*)细胞时酵母实验种群的增长曲线，每3h换一次培养基，代表种群增长所需营养物资源不受限制时的状况，显然此时的种群增长曲线为呈"J"字形的指数增长。随着更换培养液的时间延长，种群增长逐渐受到资源限制，增长曲线也渐渐由"J"字形变为"S"字形，这就是下面介绍的种群在有限环境下的增长曲线。

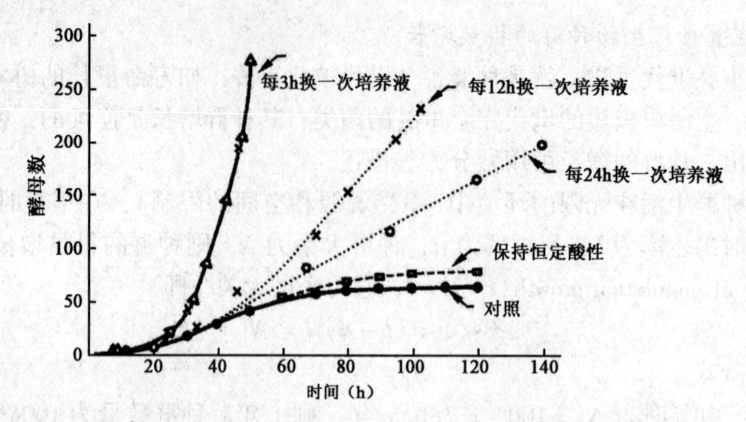

图 3-7 酵母群的增长曲线(仿 Kormondy，1996)

受自身密度影响的种群增长称为与密度有关的种群增长(density-dependent growth)或种群的有限增长。种群的有限增长同样分为离散增长模型和连续增长模型两类。下面介绍常见的连续增长模型。

与密度有关的种群连续增长模型，比与密度无关的模型增加了两点假设：①有一个环境容纳量(carrying capacity)，通常以 K 表示，当 $N_t = K$ 时，种群为零增长，即 $dN/dt = 0$；②增长率随密度上升而降低的变化是按比例的。最简单是每增加一个个体，就产生 $1/K$ 的抑制影响。例如，$K = 100$，每增加一个个体，产生 0.01 影响，或者说，每一个体利用了 $1/K$ 的“空间”，N 个个体利用 N/K“空间”，而可供种群继续增长的“剩余空间”(residual space)只有$(1 - N/K)$，按此两点假设，种群增长将不再是“J”字形而是“S”字形(图 3-8)。“S”字形曲线有两个特点：一是曲线渐近于 K 值，即平衡密度；二是曲线上升是平滑的。

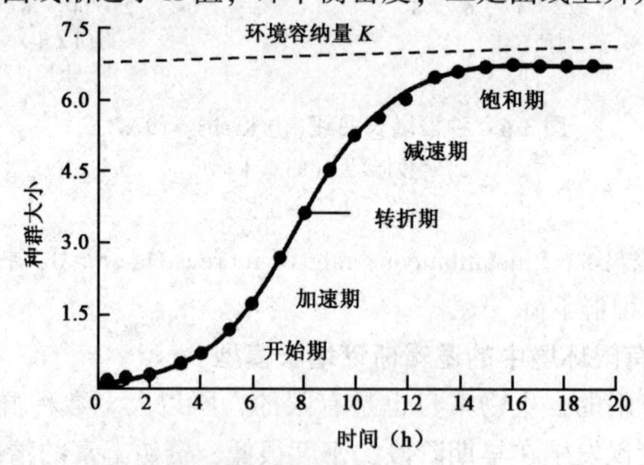

图 3-8 种群增长模型(仿 Kendeigh，1974)

产生“S”字形曲线的最简单数学模型可以指数增长方程乘上一个密度制约因子$(1 - N/K)$，就得到生态学发展史上著名的逻辑斯谛方程(logistic equation，或称阻滞方程)，是 1838 年由 Verhurst 提出的，即

$$\frac{dN}{dt} = rN\left(1 - \frac{N}{K}\right) = rN\left(\frac{K - N}{K}\right) \tag{3-8}$$

其积分式为：
$$N_t = \frac{K}{1 + e^{a - rt}} \tag{3-9}$$
式中 a——参数，其值取决于 N_0，是表示曲线对原点的相对位置。

在种群增长早期阶段，种群大小 N 很小，N/K 很小，因此，$1 - N/K$ 接近于1，所以抑制效应可以忽略不计，种群增长实质为 rN 呈几何增长。然而，当 N 变大时，抑制效应增加，直到 $N = K$ 时，$1 - N/K = 0$，这时种群增长为零，种群达到了稳定的大小不变的平衡状态。

逻辑斯谛曲线常划分5个时期：①开始期(initial phase)。也可称为潜伏期(latent phase)。此期间种群个体最少，密度增长缓慢，这是因为种群数量在开始增长时还很低。②加速期(accelerating phase)。随个体数增加，密度增长逐渐加快。③转折期(inflecting phase)。当个体数达到饱和密度一半(即 $K/2$)时，密度增长最快。④减速期(decelerating phase)。密度增长逐渐减慢。⑤饱和期(asymptotic phase)。种群密度达到环境容纳量(K)而饱和。

逻辑斯谛方程的两个参数 r 和 K，均有重要的生物学意义。如前所述，r 表示物种的潜在增殖能力，K 是环境容纳量，即物种在特定环境中的平衡密度。但应该注意 K 同其他生态学特征一样，也是随环境条件(资源量)改变而变化。

逻辑斯谛方程的重要意义是：它是许多两个相互作用种群增长模型的基础；它是农业、林业、渔业等领域确立最大持续产量(maximum sustained yield)的主要模型；模型中两个参数 r、K 已成为生物进化对策理论中的重要概念。

3.3.1.3 植物种群动态模型

植物种群有下列4个特点，它直接影响了植物种群动态模型的建立，使其与动物种群动态模型有明显的不同。

第一，自养性。植物是自养生物，大部分植物都需要少数几个相同的资源，如光、水、营养物。有时候多达上千种植物群落中同时依赖于这些营养物，各种植物在自养性上没有什么区别。

第二，定居性和空间上相互关系。植物是定居的，获得资源都局限于定居地周围，因此植物间的相互作用都具空间局限性特点。植物种群动态在本质上与空间有密切关系，或者说，植物种群的平均增长率是空间分布的函数。同时，空间异质性对于植物种群有很大影响，甚至包括小尺度空间异质性对单个种子发芽的影响。

第三，生长的可塑性。前面已经提到，植株间生物量相差很大，因此其产籽数量可相差若干数量级。

第四，营养繁殖。许多植物，包括某些群落中的优势种有营养繁殖的能力。同一合子发育的个体(genet)上的许多构件(ramet)之间彼此有竞争资源的现象。

植物种群动态的模型研究，尚处于发展的早期。下面仅介绍2个模型：

(1) Tilman 模型

Tilman 模型是一种捕食者—被食者模型的扩展。Tilman 把植物的密度视为捕食者的密度，而非生物资源视为被食者，从而建立了下面模型：

$$dN_i/dt = N_i[f_i(R) - m_i]$$
$$dR_j/dt = g_j(R_j) - \sum_i N f_i(R) h_{ij}(R) \tag{3-10}$$
$$(i = 1,2,\cdots,Q;\ j = 1,2,\cdots,k)$$

式中 N_i——第 i 种密度；

$f_i(R)$——出生率；

m_i——死亡率；

R_j——第 j 种资源；

$g_j(R_j)$——该种资源在没有植物存在时的填补量或减少量；

$h_{ij}(R)$——形成 i 植物个体所需要的资源量。

(2)Skellam 模型

这是考虑植物个体空间位置和个体间空间相互作用的模型。模型把生境划分为许多独立的小室，各小室内只具有一个成熟的个体，但加入了各小室之间的资源竞争，其模型为：

$$\Delta X_i = -d_i X_{it} + \sum_J d_j X_{jt} P_{ij} \quad (i = 1,2,\cdots,Q) \tag{3-11}$$

式中 X_{it}——第 i 种在 t 时占有小室的比例；

d_i——i 种的死亡率；

P_{ij}——i 种占有由于 j 种死亡而变空的小室的概率。

3.3.2 自然种群的数量动态

野外种群不可能长期地连续地增长。要掌握种群动态规律，必须有长期的种群数量变动记录。自然界生物种繁多，而有长期种群动态记录的不多，主要是一些具重大经济价值物种。研究种群动态的目的，使人类更好地利用和保护生物资源。

一种生物进入和占领新栖息地，首先经过种群增长和建立种群，以后可出现不规则的或规则的(即周期性)波动，也可能较长期地保持相对稳定；许多种类有时会出现骤然的数量猛增，种群大暴发，随后又是大崩溃；有时种群数量会出现长时期的下降(称为衰落)，甚至死亡。

3.3.2.1 种群增长

自然种群数量变动中，“J”字形“S”字形增长均可以见到，但曲线不像数学模型中所预测的光滑、典型，常常表现为两类增长型之间的中间过渡型。例如，澳大利亚昆虫学家 Andrewartha 曾对生活在玫瑰上的蓟马(*Thrips imaginis*)种群进行长达 14 年的研究(图 3-9)。他发现，在环境条件较好的年份其数量增加迅速，直到繁殖结束时增加突然停止，表现出“J”字形增长，但在环境条件不好的年份则是“S”字形增长。对比各年增长曲线，可以见到许多中间过渡型。因此，“J”字形增长可以视为是一种不完全的“S”字形增长，即环境限制作用是突然发生的，在此之前，种群增长不受限制。

高等植物一个单株的构件数，如鹿角漆树(*Rhus typhina*)不同年龄的顶生枝数量，其增长也是“S”字形(图 3-10)。

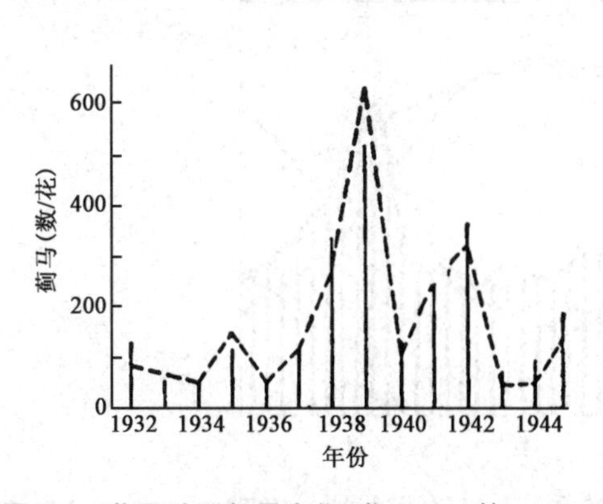

图 3-9 蓟马种群数量变化(仿 Begon 等，1986)
(柱高示观测值，虚线示通过计算的预测值)

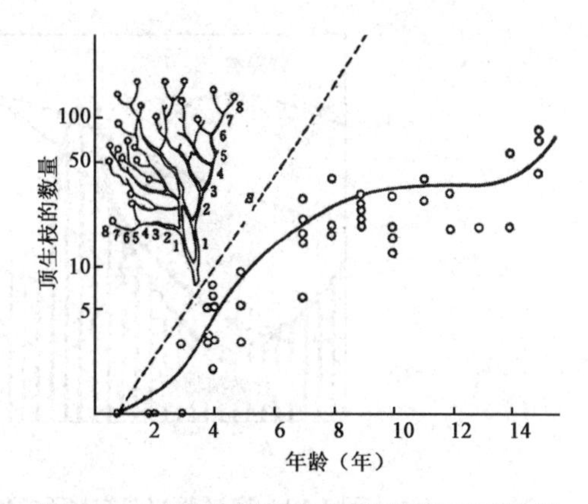

图 3-10 鹿角漆树顶生枝数量的“S”形增长
(仿 Harper，1977)

3.3.2.2 季节消长

对自然种群的数量动态，首先应区别一年内(季节消长)和年间变动。1 年生草本植物北点地梅(*Androsace septentrionalis*)种群个体数有明显的季节消长(图 3-11)。8 年间，籽苗数为 500~1 000 株/m^2，每年死亡 30%~70%，但至少有 50 株以上存活到开花结实，产出次年的种子。因此，各年间的成株数量变动很少。

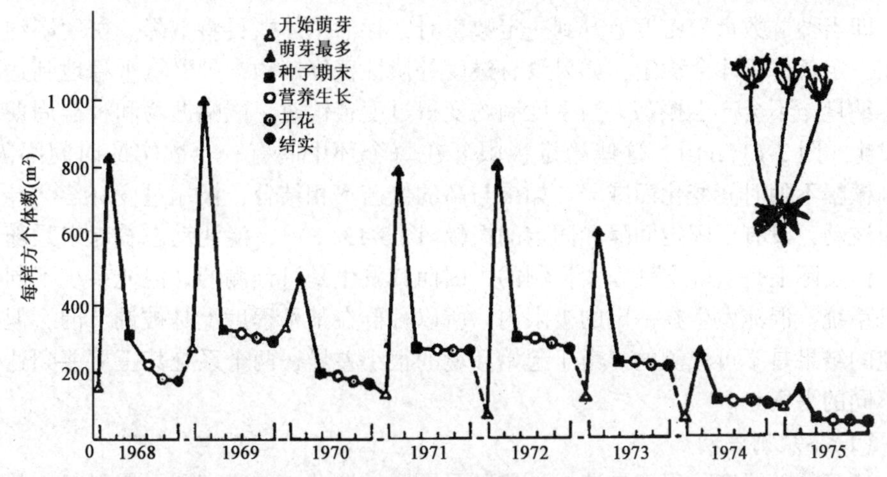

图 3-11 北点地梅 8 年间的种群数量变动(仿 Begon 等，1986)

季节性消长，主要是环境季节性变化引起的，如海洋强光带的硅藻种群的季节变化(图 3-12)，往往每年有春秋两次密度高峰称为“开花”(bloom)。其原因是冬季的低温和光照减少，降低了水体的光合强度，营养物质随之逐渐积累；到春季水温升高、光照适宜，加之有充分营养物，使具巨大繁殖能力的硅藻迅速增长，形成春季数量高峰。但是不久以后营养物质耗尽，水温也可能过高，硅藻数量下降；以后营养物质又有积累，形成秋季较高的数量高峰。这种典型的季节消长，也会受到气候异常和人为的污染而有所改变。掌握其消长规律，是水体富营养化预测和防治所必须的。

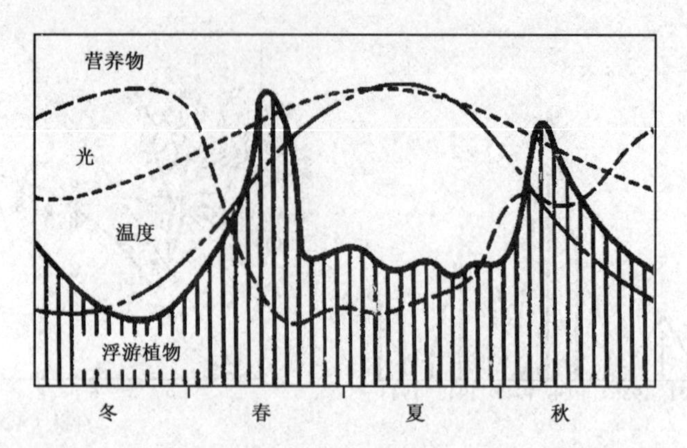

图3-12 海洋强光带硅藻种群的季节变化(仿骆世明，1987)

3.3.2.3 种群的波动

大多数真实的种群不在或完全不在平衡密度保持很长时间，而是动态的和不断变化的。因为以下几个原因，种群可能在环境容纳量附近波动：①自然界环境的随机变化。因为随着环境条件如天气的变化，环境容纳量就会相应地变化。②时滞或称为延缓的密度制约。在密度变化和密度对出生率和死亡率影响之间导入一个时滞，在理论种群中很容易产生波动，种群可以超过环境容纳量，然后表现出缓慢的减幅振荡直到稳定在平衡密度[图3-13(a)]。③过度补偿性密度制约，即当种群数量和密度上升到一定数量时，存活个体数目将下降。密度制约只有在一定条件下才会稳定，如果没有过度补偿性密度制约，种群将平稳地到达环境容纳量，不会产生振荡。当密度制约变得过度补偿时，减幅振荡和种群周期就会发生［图3-13(b)]，这些稳定极限环在每个环中间有一个固定的时间间隔，并且振幅不随时间变化而减弱。如果与高的繁殖率相结合，极端过度补偿会导致混沌波动，没有了固定间隔和固定的振幅[图3-13(c)]，混沌动态看起来是随机的，但实际上是受确定性因素控制的，因而其发生是可预测的。混沌系统不同于随机系统，混沌发生在一定的极限内，所以种群在某种程度上是被调节的，但是混沌的结果是不可预测的。由于起始环境的很小差异，两个系统甚至可能到达非常不同的平衡点。

(1)不规则波动

环境的随机变化很容易造成种群不可预测的波动，如冻害、干旱引起的数量

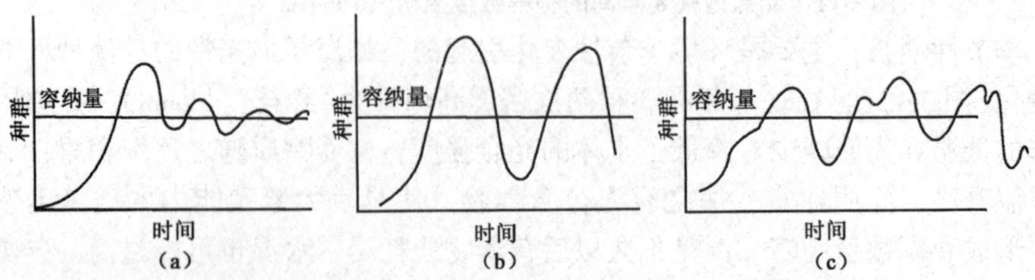

图3-13 种群波动类型(仿 Mackenzie 等，1998)

(a)减幅振荡 (b)稳定极限周期 (c)混沌动态

波动。许多实际种群，其数量与好年和坏年相对应，会发生不可预测的数量波动。小型的短寿命生物，比起对环境变化忍耐性更强的大型、长寿命生物，数量更易发生巨大变化。藻类是小型短寿命的，而且繁殖很快，它们对环境变化很敏感。图3-14所示，藻类种群波动主要是由于温度变化以及由其带来的营养物获得性的变化而造成的。

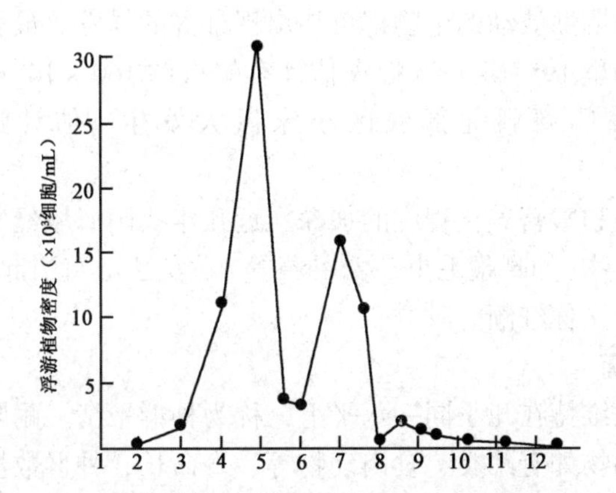

图3-14 Wisconsin 绿湾中藻类数量随环境的变化(仿 Mackenzie 等，1998)

马世骏(1985)探讨过大约1 000年有关东亚飞蝗(*Locusta migratoria manilensis*)危害和气象资料的关系，明确了东亚飞蝗在我国的大发生没有周期性现象，同时指出干旱是东亚飞蝗大发生的原因。1913—1961年东亚飞蝗动态曲线(图3-15)是各年发生级数变化序列图。通过分析还明确了黄淮等大河三角洲的湿生草地，若遇到连年干旱，使土壤中蝗卵的存活率提高，是造成大发生的原因。在深入研究东亚飞蝗生态学的基础上，我国基本控制了蝗灾。

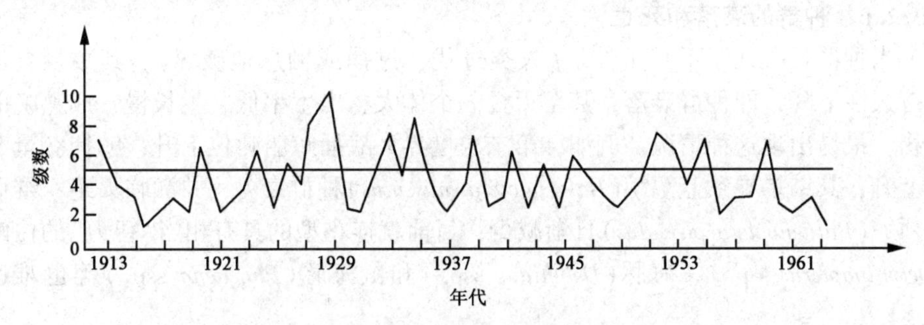

图3-15 1913—1961年东亚飞蝗洪泽湖蝗区的种群动态曲线
(引自马世骏，丁岩钦，1965)

(2)周期性波动

种群的周期性波动，包括季节性波动和年波动。在一些情况下，捕食与食草作用等导致延缓的密度制约会造成种群的周期性波动。经典的例子为旅鼠、北极狐的3~4年周期和美洲兔、加拿大猞猁的9~10年周期。几乎每一本动物生态学书都有关于这两类周期性波动的描述，生态学者对周期性数量波动的讨论也特别热烈。根据30多年资料，我国黑龙江伊春林区的小型鼠类种群，也有明显3~4

年周期，主要是优势种棕背䶄(*Cletnrionomys rufocanus*)每遇高峰年的冬季就造成林木危害，尤其是幼树，对森林更新危害很大；并且，其周期与红松结实的周期性丰收相一致。根据以鼠为主要食物的黄鼬(*Nustela sibirica*)的每年毛皮收购记录，证明黄鼬也有 3 年周期性，但高峰比鼠晚一年。

3.3.2.4　种群暴发

具不规则或周期性波动的生物都可能出现种群的暴发。最著名的暴发见于害虫、害鼠。如索马里 1957 年一次蝗灾估计有蝗虫约 160×10^8 只之多，总重量达 5×10^4t;1967 年我国新疆北部农区小家鼠大发生，估计造成粮食损失达 1.5×10^8kg。

随着水体污染和富营养化程度的加深，近几年我国海域经常发生赤潮。赤潮是水中一些浮游生物(如腰鞭毛虫、裸甲藻等)暴发性增殖引起水色异常的现象，主要发生在近海，又称红潮。

3.3.2.5　种群平衡

种群较长期地维持在几乎同一水平上，称为种群平衡。耐阴的顶极树种如云杉、冷杉，大型动物如有蹄类、食肉动物等，寿命长，种群数量稳定。

在种群生态学发展史中，有的学者强调种群的变化与变动性，另一些学者强调种群的平衡和稳定性。强调变动性的学者认为，种群中始终有出生和死亡，总是处在永恒不断变化之中，即使具有周期性的种群也不能具有绝对严格的周期。强调稳定性的学者则认为，每个种群一般均有一平均密度和平衡水平，当种群数量偏离此水平时，种群就有重新返回原有水平的倾向，即使具有强烈数量波动特点的种类，如旅鼠和北极狐等，其种群的周期性(即几乎定期的升降)也可看作是一种稳定性。

3.3.2.6　种群的衰落和死亡

当种群长久处于不利条件下(人类过伐、过捕或栖息地破坏)，其数量会出现持久性下降，即种群衰落，甚至灭亡。个体大、出生率低、生长慢、成熟晚的生物，最易出现这种情况。例如，第二次世界大战捕鲸船吨位上升，鲸捕获量节节上升，其结果导致蓝鳁鲸(*Balaenoptera musculus*)种群衰落，并濒临灭绝；继而长须鲸(*Balaenoptera physalus*)日渐减少；目前就连小型的具有相当“智力”的白鲸(*Delphinapterus* ssp.)、海豚(*Delphinus* ssp.)和鼠海豚(*Phocaena* ssp.)等也难逃厄运。

种群衰落和灭亡的速度在近代大大加快了。究其原因，不仅是人类的过度捕杀，更严重的是野生动物的栖息地被破坏，剥夺了物种生存的条件。种群的持续生存，不仅需要有保护良好的栖息环境，而且要有足够的数量达到最低种群密度。因为过低的数量会因近亲繁殖而使种群的生育力和生活力衰退。

3.3.2.7　生态入侵

由于人类有意识或无意识地把某种生物带入适宜其栖息和繁衍的地区，该生物种群不断扩大，分布区逐步稳定地扩展，这种过程称为生态入侵(ecological invasion)。如紫茎泽兰(*Eupatorium adenophorum*)原产墨西哥，新中国成立前由缅甸、越南进入我国云南，现已蔓延到25°33′N 地区，并向东扩展到广西、贵州境内，它常常连接成片，发展成单种优势群落，侵入农田，危害牲畜，影响林木生长，成为当地“害草”。仙人掌原产美洲，有数百种，其中26种被引入澳大利亚作为园艺植物，于1839年引进做篱笆的仙人掌（*Opuntia stricta*）因扩展迅速，1880年后成为一大危害，在1890年危害面积为$4\times10^4 km^2$，1920年达$23.5\times10^4 km^2$，1925年已为$24.3\times10^4 km^2$，其中有一半面积生长茂盛，高出地面1～2m，行人难以通行。由于防治费用高昂，每公顷每月需25～100美元，故多被废弃为荒田，直到1925年从原产地引进天敌穿掌螟（*Cactoblastic cactorum*）才使危害得以控制。

3.4 种群调节及生态对策

3.4.1 种群调节

3.4.1.1 种群调节作用

当种群数量偏离平衡水平上升或下降时，有一种使种群返回平衡水平的作用，称为种群调节。种群调节使种群具有一定的稳定性，能够减少波动，保持在一个稳定的数量上。在自然界中，种群密度的极端值是很少达到的，因为有一系列的机制限制种群的增长。种群调节以种群密度为基础，但有时种群数量的变动与密度无关，而是受外界因素的影响，所以通常把影响种群调节的各种因素分为两大类，即密度制约和非密度制约因素，而对种群的调节作用分别称为密度制约作用和非密度制约作用。

（1）密度制约作用

密度制约因素是指与种群密度相关的因素，如死亡率、出生率等。随着种群密度的上升，死亡率升高，或生殖力、出生率下降或迁出率升高。密度制约作用包括生物间的各种相互作用，如捕食、竞争、寄生等。这种调节作用不改变环境容纳量，通常随密度逐渐接近上限而加强。

（2）非密度制约作用

非密度制约因素是指与种群本身密度大小无关的因素。对于陆域环境来说，这些因素包括光照、温度、风、降雨等非生物的气候因素。这种非密度制约作用是通过环境的变动而影响环境容纳量，从而达到调节作用。

在实际研究中，这两类因素往往相互联系，难以分开。例如气候影响食物供给，食物影响出生率，从而影响种群密度，种群密度决定于生物与环境关系的各个方面，并由此影响生物的密度（图3-16）。

3.4.1.2 种群调节理论

种群的这种调节是通过种群本身内在的增长势和环境对种群增长的限制这两个反向力之间的平衡而达到的。种群本身内在增长势就是种群的内禀增长率，它在不受限制的条件下，对任何种群都可导致指数增长，另一方面种群的大小受气

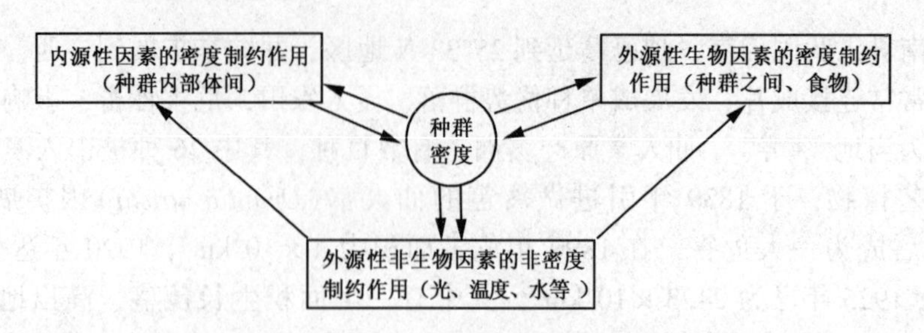

图 3-16　种群密度制约因素与非密度制约因素相互作用影响种群密度
（仿李振基，2000）

候、资源、竞争者、捕食者、寄生者或疾病等环境因素所决定，以上两方面的作用，表现为出生率和死亡率的平衡。因此，影响出生率和死亡率、迁入和迁出的一切因素，都同时影响种群的数量动态变化，于是生态学家提出了许多不同的假说来解释种群的动态机制。

(1)气候学论

气候学论强调非密度制约因素，提出气候是调节昆虫种群密度的因素。如以色列的 F. S. Bodenheimer(1928)认为，天气条件通过影响昆虫的发育和存活决定种群密度。证明昆虫早期死亡率的 85%~90% 是由于气候条件不良而引起的。气候学论多以昆虫为研究对象，认为生物种群主要是受对种群增长不利的短暂气候所限制。因此，从来就没有足够的时间增殖到环境容纳量所允许的数量水平，不会产生食物竞争。

(2)生物学论

生物学论主张捕食、竞争、寄生等生物过程对种群调节起决定作用。如澳大利亚生物学家 A. J. Nicholson 虽然承认非密度制约因子对种群动态有作用，但认为这些因子仅仅是破坏性的，而不是调节性的。他举例说明：假设一昆虫种群世代增加 100 倍，而气候变化消灭了 98%，那么该种群仍然要每世代增加 1 倍，但如果存在一种昆虫的寄生虫，其作用随昆虫密度的变化而消灭了另外的 1%，这样种群数量得以调节并能保持稳定。在这种情况下，寄生造成的死亡率虽小却是种群的调节因子。

Smith 支持 Nicholson 的观点，指出种群呈现出两个主要的种群增长现象：一是随时间变化的趋势，另一个是这一变化围绕一个平均密度而变化的趋势。这一平均密度是某一特定环境的特征，不同的环境其平均密度不同。Smith 认为，在决定种群平均密度的诸因子中，寄生物、捕食动物，以及疾病起了最为重要的作用。

强调食物因素对种群的调节也可以归入生物学论。例如，英国的鸟类学家 D. Lack(1954)认为，种群调节原因可能有 3 个：食物的短缺、捕食和疾病，其中食物是决定性的。Pitelka(1964)与 Schultz(1964)提出营养恢复假说(nutrient recovery hypothesis)，说明在阿拉斯加荒漠上，旅鼠(*Lemmus trimucronatus*)的周期性变化是植食动物与植被间相互作用所导致的，在旅鼠数量很高的年份，食物资源被大量消耗，植被量减少，食物的质(特别是含磷量)和量下降，幼鼠因营养条件恶化而大量死亡以致种群数量下降，低种群密度使植被的质和量逐步恢复，种群数量再回升，周期大约 3~4 年。

(3)协调派的折衷观点

20 世纪 50 年代气候学派和生物学派发生激烈论战，但有的学者提出了折衷的观点。如 A. Milne 即承认密度制约因子对种群调节的决定作用，也承认非密度制约因子具有决定作用。他把种群数量动态分成了 3 个区：极高数量、普通数量和极低数量。在对物种最有利的条件下，种群数量最高，密度制约因子决定种群数量；在环境条件恶劣的条件下，非密度制约因子左右种群数量变动。折衷观点认为，气候学派和生物学派的争论反映了他们工作地区环境条件的不同。

(4)自动调节学说

上述学派的研究焦点都集中在外源性因子，主张自动调节的学者则将研究焦点放在动物种群内部，即内源性因子，其特点包括强调种内成员的异质性，异质性可能表现在行为上、生理上和遗传性质上；认为种群密度的变化影响了种内成员，使出生率、死亡率等种群参数变化；主张把种群调节看成是物种的适应性反应，它经自然选择，带来进化上的利益。

3.4.1.3 林分密度调节

同龄纯林中，郁闭的林分随着年龄的增长，单位面积林木株数不断减少的现象，称为森林的自然稀疏。这一事实普遍存在于任何树种的所有森林中(表 3-3)，林木株数减少的过程中，单位面积林木蓄积量及总生物量不断增加，直到成熟为止。同一树种生长在基本相似的立地条件上，幼年阶段其种群密度相差甚大，但当林分自然成熟后，其密度基本相近。

林分种群调节属密度制约调节，植物是定居的自养性生物，生长可塑性大，当一个树种独占某一生境时，随着个体的生长，占据的空间和资源的需求增加。这时林分种群面临两种选择：一是降低每株林木获得水分、养分及光照的能力，以每株林木的缓慢生长，换取现有种群数量(密度)不变。林木缓慢生长的结果是抵抗自然灾害的能力下降，在生态环境大幅度波动下(如干旱)，种群可能崩溃。二是任何生态系统自然进化的方向是增加稳定性，因此选择不断减少林木株数来保证林分稳定性，把有限的资源集中到优良个体上。林木个体的遗传性存在差异，这种差异在种子阶段就存在，大粒饱满的种子往往形成强壮的幼苗，林地土壤非均匀性及微生境的异质性，与林木个体遗传性结合，为林木分化提供了基本条件。因而，生长弱的个体不仅得不到足够营养物质满足生长发育的需要，而且环境空间也愈来愈小，适应能力和竞争能力的减弱，使它们逐渐死亡而被淘汰，使所保留的林木扩大生长空间，这个过程从林分郁闭起一直到自然成熟始终连续进行。

林分密度调节的核心是自然稀疏，即不断减少林木株数调节生长和繁殖。林木密度调节是一种进化适应，当立地条件对林木生长极端不利时，林木生长受到物理环境的强烈抑制，林分始终不郁闭，林木间没有竞争，这时表现不出密度调节，如大兴安岭的苔藓落叶松林，当永冻层距地面很近时，由于土壤低温，林木

表 3-3 小兴安岭阔叶红松林和云杉林自然稀疏过程 株/hm²

林龄(a)	林分		
	阔叶红松林（Ⅱ地位级）	阔叶红松林（Ⅳ地位级）	云杉林
30	7 333	9 444	
40	5 490	6 667	11 195
50	4 047	4 780	7 280
60	3 013	3 447	4 626
70	2 294	2 690	3 024
80	1 797	2 148	2 066
90	1 443	1 760	1 517
100	1 181	1 460	1 198
110	992	1 238	978
120	833	1 067	829
130	709	938	723
140	609	833	652
150	533	759	598
160	473	700	555
170	428	656	521
180	391	615	495
190	361	583	474
200	334	572	456
210	312	565	439
220	292	554	425

注：引自李景文，森林生态学，1992。

生长十分缓慢，林木枝叶稀疏。影响林木死亡的因素是外因作用，与林分密度无关，非密度制约因素起主要作用。树种生长在较好的生境上才出现密度调节，这时林分充分郁闭，发生空间和资源的竞争，密度调节才发挥作用。林分密度越大，营养物质供应越紧张，林木间的竞争越激烈，密度调节表现越明显，单位时间死亡的林木株数就越多。相同密度的同龄纯林在不同立地条件上，密度调节发生的时间和强度有差异。良好的立地条件，林木生长迅速，旺盛生长的林木需要更多的营养物质和空间，密度调节生长的时间较早，调节高峰出现得早，单位时间死亡的林木株数多。喜光树种形成的林分，自然稀疏早、强度大，调节高峰出现得早。

林木生长对密度有较大可塑性反应，孤立木有庞大的树冠，树高与直径比值小，树干尖削度大；密林中林木树冠狭小，树高与直径比值较大，干形良好。同理，密林中单株林木结实量少，种子质量欠佳，生长的可塑性反应还表现在下一个世代的更新与生长，密林下更新的幼苗幼树生长缓慢，在长达 46 年中没有直径生长(Dobenmer，1965)。连续自然稀疏的结果使林分成熟时，单位面积林木株数减少。虽然密度有较大的变幅，单位面积上种子产量仍保持相对稳定，林木通过外部形态变化进行调节，如红松，成熟前有明显的顶端优势，但成熟时，中央顶枝生长缓慢，侧枝加速生长，出现所谓“平头”，增大树冠体积、产生更多球果，弥补成熟时单位面积株数少，可能导致的球果产量下降。

另一种情况，暂时观察不到自然稀疏的发生，小面积上，当乔木树种幼中龄个体在地面上的分布非常均匀，土壤微生境条件差异也很小，或者接近相等时，所有个体都受到强烈的抑制，林木个体生长潜力差异不能表现出来，激烈分化和自然稀疏在短期内观察不到。但这种现象不能长久维持，可能有两种结果：一是出现外伤性干扰或有害因子作用时全部毁灭，另外可能终将出现分化和稀疏。

林分的密度效应在林业生产中具有极大的重要的实际指导意义。人们试图找出树种的各年龄阶段的适宜密度，定量地表示密度与产量关系，用以指导林业生产。

3.4.2 生态对策

生物的生活史(life history)就是指从出生至死亡所经历的全部过程。生活史的关键组分是身体大小(body size)、生长率(growth rate)、繁殖(reproduction)和寿命(longevity)。生物在其漫长的进化中，分化出各种各样的生物有机体。不同种类的生物生活史类型存在巨大变异。一些种类能活至成百上千年，如红豆杉(*Taxus baccata*)，一些个体巨大如大象、鲸和加利福尼亚红杉(*Sequoia sempervirens*)，一些个体寿命短且身体微小如真菌、大肠杆菌等。生物在生存斗争中而朝不同方向进化获得的生存对策称生态对策(bionomic strategy)或生活史对策(life history strategy)。例如，生殖对策、取食对策、逃避捕食对策、扩散对策等。而*r*-对策和*K*-对策关系到生活史整体的各个方面。

3.4.2.1 *r*-对策和*K*-对策

R. H. MacArthur(1962)总结了前人对生物生活史的研究，认为热带雨林的气候条件稳定，自然灾害较为罕见，动物的繁衍有可能接近环境容纳量，即近似于逻辑斯谛方程中的饱和密度(K)。故在稳定的环境中，谁能更好地利用环境承载力，达到更高的K值，对谁就有利。相反，在环境不稳定的地方和自然灾害频繁发生，只有较高的繁殖能力才能补偿灾害所造成的损失。故在不稳定的环境中，谁具有较高的繁殖能力将对谁有利。通常用来表达繁殖力的测度之一是内禀增长率r_m，所以居住在不稳定环境中的物种，具有较大的r_m是有利的。有利于增大内禀增长率的选择称为*r*-对策，有利于竞争能力增加的选择称为*K*-对策。R. H. MacArthur和E. O. Wilson(1967)又从物种适应性，进一步把*r*-对策的物种称为*r*-策略者(*r*-strategistis)，*K*-对策的物种称为*K*-策略者(*K*-strategistis)，他们认为，物种总是面临两个相互对立的进化途径，各自只能选择其一，才能在竞争中生存下来。美国生态学家E. R. Pianka(1970)将*r*-对策和*K*-对策理论推广到一切有机体，并将两种选择的特征总结于表3-4。

表 3-4 *r*-对策和 *K*-对策的某些相关特征

项 目	*r*-对策	*K*-对策
气候	多变，不确定，难以预测	稳定，较确定，可预测
死亡	具灾变性，无规律	比较有规律
	非密度制约	密度制约
存活	幼体存活率低	幼体存活率高
数量	时间上变动大，不稳定	时间上稳定
	远远低于环境承载力	通常临近 *K* 值
种内、种间竞争	多变，通常不紧张	经常保持紧张
选择倾向	1. 发育快	1. 发育缓慢
	2. 增长力高	2. 竞争力高
	3. 提高生育	3. 延迟生育
	4. 体型小	4. 体型大
	5. 一次繁殖	5. 多次繁殖
寿命	短，通常少于 1 年	长，通常大于 1 年
最终结果	高繁殖力	高存活力

注：引自 Pianka，1970。

r-策略者是新生境的开拓者，但存活要靠机会，所以在一定意义上，它们是机会主义者(opportunist)，很容易出现“突然的暴发和迅速的破产”。*r*-策略者个体小，寿命短，对后代的“投资”不注重其质量，更多是考虑数量。在植物中，1 年生植物和农田杂草、原生和次生裸地的先锋种属于 *r*-策略者。而 *K*-策略者是稳定环境的维护者，在一定意义上，它们又是保守主义者(conservatism)，当生存环境发生灾变时很难迅速恢复，如果再有竞争者抑制，就可能趋向灭绝。*K*-策略者个体大，寿命长，高的竞争能力以及对后代的巨大“投资”，因为它们硕大的体型对环境灾变缺乏相应的适应能力。因此，*K*-策略者要良好的生长，必须在稳定的生境条件下，进化方向是在稳定条件下增强种间竞争能力，选择大型个体是有利的，但种的扩散能力低，进化压力使种群保持或接近 *K* 值，种群增长率 *r* 较小，而保持高的存活率，必须在防御机制上给予很大“投资”，占有较大比例能量，用于生长繁殖的能量少，但利用能量的效率高，如秃鹰能做长距离的滑翔。大多数森林树种属于 *K*-策略者。

自 *r*-*K* 对策理论和概念提出以来，有关学者开展了广泛的研究。在实际应用中，这一理论既用于较大类群之间的比较，也用于近似物群之间的比较，甚至于同一物种之内不同类型和不同生境个体之间的比较。例如，森林树木和大型哺乳动物具有 *K*-对策特征，而 1 年生植物和昆虫一般具有 *r*-对策特征。支持 *r*/*K* 二分化的一个很好的例子来自两种香蒲属植物(*Typha* sp.)分别在美国得克萨斯州和北达科他州，北达科他州的 *T. angustifolia* 与得克萨斯州的 *T. domingensis* 相比经历冬季高死亡率和低竞争，如 *r*/*K* 学说预测的那样，*T. angustifolia* 较 *T. domin-*

gensis 成熟更早(44d/70d)、体形较矮(162cm/186cm)，并且结果更多(每株 41 个/8 个)。同一植物种群的不同个体，在不同立地条件上的生长，亦有不同生态对策趋向。在研究蒲公英生活史时，发现 3 个种群中可识别出 4 个独立的无性系，分别称为 A、B、C、D，A、B、C 在 3 个种群中都出现，D 未出现在干扰最大的立地上，研究者认为 A 是典型的 *r*-对策种，在严重干扰的立地(小路)上最丰富，在稳定的立地(老牧场)上最少，A 在单一栽培时有较高的繁殖产量，D 是典型的 *K*-对策种，它在干扰最小种群中最丰富，B 和 C 处在中间状态。从极端的 *r*-策略者到极端 *K*-策略者之间，中间有很多过渡的类型，有的更接近 *r*-对策，有的更接近 *K*-对策，这是一个连续的谱系，可称为 *r*-*K* 连续体(*r*-*K* continuum of strategies)。

另外，同一物种分布在不同生态梯度上也可形成一种 *r*-*K* 连续特征。例如，云杉在低海拔属于偏 *r*-对策，中海拔为 *K*-对策，中高海拔为偏 *K*-对策，高海拔为 *r*-对策(江洪，1992)。

但是，也有许多事例不支持 *r*/*K* 二分法，例如，在所有大小相似的动物中，蚜虫具有较高的种群增长率(表明它们是 *r*-策略者)却生育较大型的后代(一个 *K*-对策特征)。现在一般不认为 *r*/*K* 理论是错误的，而认为这是一种特殊情况，被具有更广预测能力的更好的模型所包含。

r-对策和 *K*-对策在进化中各有其优缺点。*K*-对策种群竞争性强，数量较稳定，一般稳定在 *K* 附近，大量死亡或导致生境退化的可能性较小，但一旦受危害造成种群数量剧烈下降，在动物保护中应特别注意。相反，*r*-策略者死亡率甚高，但高 *r* 值使种群能迅速恢复，而高的扩散能力还可使其迅速离开恶化环境，在其他地方建立新的种群。*r*-策略者的高死亡率、高运动性和连续地面临新环境，更有利于形成新物种。

3.4.2.2　*R*-、*C*-和 *S*-对策的生活史式样

20 世纪 70 年代后期，英国生态学家 J. P. Grime 等在 *r*-对策和 *K*-对策的基础上对生活史式样的分类作了有益的补充。除上面提到的 *r*-对策和 *K*-对策概念外，还提出了多种划分生境的方案，以试图建立一种连接生境与生活史的模式。这些分类方案必须能够划分所有生境，并且要从正在讨论的生物的角度出发来分类。因为一个生境是均质性还是异质性的，是良好还是恶劣的，会因所讨论的生物的不同而不同。

例如，可将生境划分为导致高繁殖付出(高-CR)的生境和导致低繁殖付出(低-CR)的生境。在高-CR 生境(那里竞争激烈，或对小型成体捕食严重)，任何由于繁殖而导致的生长下降都会使未来繁殖付出高代价。因此可预期，在高-CR 生境中生活的物种，其繁殖会在达到一个适度的身体大小以后才开始。与此相反，在低-CR 生境(此处竞争弱，大型个体处在较强的捕食压力下，或死亡率很高而且是随机的)，推迟繁殖没有任何优势。

“两面下注”(“bet-hedging”)理论根据对生活史不同组分(出生率、幼体死亡

率、成体死亡率等)的影响比较不同生境。如果成体死亡率与幼体死亡率相比相对稳定，可预期成体会“保卫其赌注”，在很长一段时期内生产后代(也就是多次生殖)，而如果幼体死亡率低于成体，则其分配给繁殖的能量就应该高，后代一次全部产出(单次生殖)。

Grime 的 CSR 三角形是对植物生活史的三途径划分，这比 r/K 二分法应用更广些。这种划分有两个轴，一轴代表生境干扰(或稳定性)，另一轴代表生境对植物的平均严峻度。植物的潜在生境有 3 种类型：①低严峻度、低干扰；②低严峻度、高干扰；③高严峻度、低干扰。需要明确的是，生物在高严峻度、高干扰生境，如活跃的火山和高移动性的沙丘，是不能生活的。这 3 种生境的每一种都支持特定的生活史对策(图 3-17)。低严峻度、低干扰生境支持成体间竞争能力最大化的生活史对策(C-对策)；低严峻度、高干扰生境支持高繁殖率，这是杂草种类特有的杂草对策(R-对策)；高严峻度、低干扰生境，如沙漠，支持胁迫忍耐对策(S-对策)。

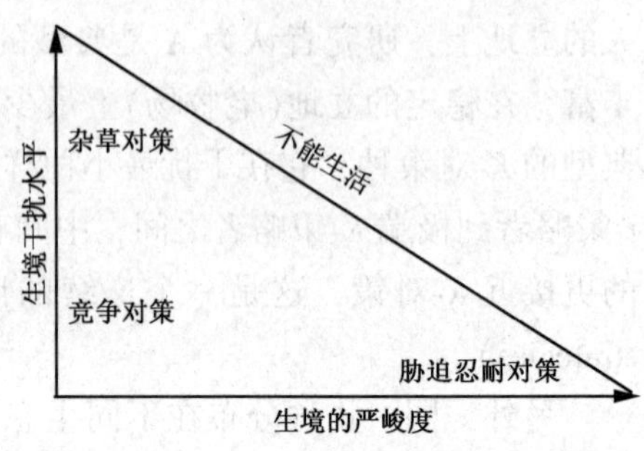

图 3-17 Grime 的 CSR 生境和植物生活史分类法(仿 Mackenzie 等，1998)

复习思考题

一、名词解释

种群　种群密度　生态密度　年龄结构　性比　生态出生率　生态死亡率　种群增长　生态入侵

二、思考题

1. 种群有哪些重要的群体特征？
2. 试述 logistic 增长过程及其应用。
3. 种群调节理论有哪些学派？各学派所强调的种群调节机制是什么？
4. 林业生产中如何应用林分密度调节理论经营管理森林？
5. 试比较 r-选择和 K-选择的主要特征。
6. 种群空间分布格局有哪些类型？

本章推荐阅读书目

1. 森林生态学. 李景文主编. 中国林业出版社，1992.
2. 生态学. 李博主编. 高等教育出版社，2000.
3. 普通生态学(上册、下册). 尚玉昌，蔡晓明编著. 北京大学出版社，1992.

4. 植物种群学. 王伯荪，李鸣光，彭少麟著. 高等教育出版社，1989.

5. 基础生态学. 孙儒泳，李庆芬等主编. 高等教育出版社，2003.

6. *Instant Notes in Ecology*. Mackenzie A，Ball A S and Virdee S R. BIOS Scientific Publishers Limited，1998.

第4章　群落种内与种间关系

【本章提要】生物在自然界长期发育与进化的过程中，表现了以食物、资源和空间关系为主的种内与种间关系，它们主要以竞争、捕食、寄生、共生而发生相互作用，种间不断协同进化，以适应改变了的外部环境条件。了解它们关系之间的复杂性，有利于培养学生对生物群落的创建、控制、利用和管理能力。

森林是由植物、动物和微生物构成的一个生物群落。不同生物共同生活在同一环境里，彼此必然发生着相互作用。群落种群内个体间的相互关系称为种内关系(intraspecific relationship)，而将生活于同一生境中的所有不同物种之间的关系称为种间关系(interspecific relationship)。

种内个体间或物种间的相互作用可根据相互作用的机制和影响分类。主要的种内相互作用是竞争(competition)、自相残杀(cannibalism)和利它主义(altruism)等，而主要的种间相互作用是竞争、捕食(predation)、寄生(parasitism)和互利共生(mutualism)(表4-1)。

表4-1　种内个体间物种间相互关系分类

关系类型	种间相互作用(种间的)	同种个体间相互作用(种内的)
利用同样有限资源、空间	竞争	竞争
摄食另一个体的全部或部分	捕食	自相残杀
个体紧密关联生活，具有互惠利益	互利共生	利它主义或互利共生
个体紧密关联生活，宿主付出代价	寄生	寄生*

注：*种内寄生相对稀少，可能与互利共生难以区别，特别在个体相互关联的情况下。

通常，种群的相互关系比较复杂，其复杂性主要受下列因素影响：种群的密度和个体生长发育状况；种群内部和种群之间个体和个体的直接影响；群落内部的环境变化，如地上部分小气候环境和地下部分土壤环境的变化；以及植物本身的生态幅、地理分布、生活型、竞争能力，植物分泌物，隐蔽作用，寄生作用等，所有这些都会直接、间接地影响种群内部和种群之间个体的相互关系。

从理论上讲，林木的种内、种间存在多种多样关系。但是，种之间发生的相互作用对一方没有影响，而对另一方有益如偏利共生(commensualism)，或者有害如偏害共生(amensualism)。以相互作用的影响是正(+)、负(-)，还是中性(0)为基础划分相互作用可能会更方便(表4-2)。

表4-2 根据影响结果对种间相互作用进行的分类

相互作用的类型	物种A	物种B	作用的特征
竞争	-	-	两种相互竞争，带来负面影响
捕食与寄生	+	-	物种A是捕食者或寄生者
互利共生	+	+	对两种都有利
偏利共生	+	0	物种A受益，物种B无影响
偏害共生	-	0	物种A受抑制，物种B无影响
中性作用	0	0	两种彼此不受影响

4.1 竞争

竞争是指在同种(种内竞争)或异种(种间竞争)的两个或更多个体间，由于它们的需求或多或少地超过了当时空间或共同资源供应状况，从而发生对于环境资源和空间的争夺，而产生的一种生存竞争现象。

4.1.1 种内竞争

同种个体间发生的竞争称种内竞争(intraspecific competition)。由于同种个体通常分享共同资源，种内竞争可能会很激烈。但种内资源需求可能存在年龄差异，它们对资源利用的普遍重叠程度，意味着种内竞争是生态学的一种主要影响力。从个体看，种内竞争可能是有害的，但对整个种群而言，因淘汰了较弱的个体，保存了较强的个体，种内竞争可能有利于种群的进化与繁荣。

物种内个体之间的竞争极其普遍地存在于自然界中。种内竞争明显受密度制约，在有限的生境中，种群的数量越多，对资源的竞争就越激烈，对每个个体的影响也越大，死亡率可能会升高而出生率下降。但是，在某些情况下，特别是在种群密度很低时，出生率可能会随密度而增长，而死亡率会下降。由于物种内竞争和密度是紧密相连的，即无论何时产生竞争，它都既来源于密度又作用于密度。因此，种内竞争具有调节种群数量的动态趋势。

4.1.1.1 密度效应

植物种群内个体间的竞争，主要表现为个体间的密度效应(density effect)，反映在个体产量和死亡率上。在一定时间内，当种群的个体数目增加时，就必定会出现邻接个体之间的相互影响，称为密度效应或邻接效应(the effect of neighbors)。植物生长的可塑性大，这种可塑性一方面表现在个体的生长对外部非生物环境的响应，另一方面表现在种群内个体之间存在密切关系。如在植物稀疏、环境条件良好的情况下，枝叶茂密，构件数很多；相反在植株密生和环境不良的情况下，可能只有少数枝叶，构件数很少。

表示密度效应的方法主要有以下2种。

(1)最终产量恒定法则

在一定范围内，当条件相同时，不管初始播种密度如何，最后产量差不多都是一样的，即最终产量恒定法则(law of constant final yield)。澳大利亚生态学家C. M. Donald(1951)对三叶草(*Trifolium subterraneum*)的密度与产量作了一系列研究后，证实了这个法则。图4-1表示单位面积上三叶草的干物质产量与播种密度的关系。其中，由图4-1(a)可以看出在密度很低时干物质随播种密度增加，但很快就趋于稳定；由图4-1(b)可以看出从萌芽初期到181天，都呈现出不同播种密度产量恒定的规律。

最终产量恒定法则可用下式表示

$$Y = \overline{W} \times d = K_i \tag{4-1}$$

式中 $\overline{W}$——植物个体平均重量；

d——密度；

Y——单位面积产量；

K_i——常数。

最终产量恒定法则形成的原因是在高密度情况下，植株之间对光、水、营养物等资源的竞争十分激烈；在有限的资源中，植株的生长率较低，个体变小。

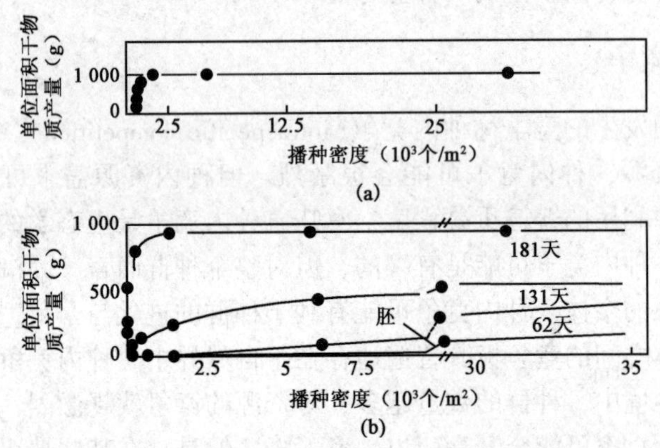

图4-1 三叶草单位面积干物质产量与播种密度之间的关系

(引自Harper，1977)

(a)开花后的三叶草 (b)在不同发育阶段上的三叶草

(2) -3/2自然稀疏法则

随着播种密度的提高，种内竞争不仅影响到植株生长发育的速度，也影响到植株的存活率。在高密度的样方中，有些植株死亡了，这一过程称为自然稀疏(self-thinning)。日本学者Yoda等(1963)把自然稀疏过程中存活个体的平均单株干重($\overline{W}$)与种群密度(d)之间的关系用下式来表示：

$$\overline{W} = Cd^{-a} \tag{4-2}$$

两边取对数： $\lg\overline{W} = \lg C - a\ \lg d$

英国生态学家 J. L. Harper(1981)等对黑麦草(*Lolium perenne*)的研究发现，a 为一个恒值等于 3/2，因此 $\overline{W} = Cd^{-3/2}$ 被称为 - 3/2 自然稀疏法则。White 等(1980)对 80 多种植物的自然稀疏作用进行测定，包括藓类、草本和木本植物等，都表现为 -3/2自然稀疏现象。

此关系式还适用于林分中的林木平均单株树干材积(V)与最大密度(d_m)之间的关系：

$$V = Kd_m^{-a} \tag{4-3}$$

式中 K，a——常数。

但通常 a 值变动不大，在 3/2 = 1.5 上下变动，这条线叫最大密度线，表示单株材积能够长成最大时的最大密度。日本几个树种平均单株干材积(V)的最大密度(d_m)线如下：

柳杉 $V = 1.527 \times 10^6 d_m^{-1.94}$

扁柏 $V = 1.517 \times 10^5 d_m^{-1.74}$

落叶松 $V = 1.046 \times 10^4 d_m^{-1.50}$

常数 a 表示直线的斜率，此值与树种耐阴性有关，喜光树种较耐阴树种更接近 3/2。

4.1.1.2 生态型

种群内不同个体属性在形态、生理、行为和生态方面几乎是一样的，因而竞争是最激烈的。自然选择的压力就迫使种群内个体发生变异、分化，扩大其分布范围。

同物种植物(树种)的不同个体群分布和生长在不同的生境里，由于长期受到不同生境条件的影响，在植物的生态适应进化过程中，就发生了不同个体群之间的变异和分化，形成了一些在生态学上互有差异的、异地性的个体群。这些差异在自然选择的过程中通过遗传性被固定下来，形成了在生态特性上有差异的不同个体群类型称为生态型(ecotype)。生态型的名词和概念是瑞典学者 Turesson(1922)提出的："一个种对某一特定生境发生基因型反应的产物"。简言之，生态型就是同种植物中生态学特性具有某些差异的类型。一般地说，生态分布区域广的种类生态型也多，具有更多生态型的种就能够更好地适应于广阔范围的生态环境变化。对树种的生态型研究直接关系到树种的选择、育种和引种工作，具有很重要的生产实践意义。

生态型主要有以下 3 大类型。

(1)气候生态型

当树种分布区扩展或栽种到不同气候地区，主要由于长期受气候因子的影响所形成的生态型。例如，在我国亚热带分布很广的马尾松(*Pinus massoniana*)可分为 4 个类型：北亚热带地理类型、中亚热带地理类型、南亚热带地理类型和四川盆地丘陵地理类型。

不同的气候生态型在形态、生理、生化上都表现有差异，如对光周期、温周期和低温春化等却有不同的反应。分布在南方的生态型一般表现短日照类型，北方的生态型表现长日照类型。海洋性生态型要求较小的昼夜温差，大陆性生态型则要求较大的昼夜温差。南方的生态型种子发芽对低温春化没有明显要求，北方的生态型种子如不经低温春化，就不能打破休眠。在生化上，如乙醇酸氧化酶的活性也随气候类型(特别是温度)而异，大陆性生态型的酶活性随气温增加而加强的程度比海洋性生态型明显。这些生理反应都与其所在地区的气候特点有关。

(2)土壤生态型

主要是长期在不同土壤条件下分化形成的生态型。例如，牧草鸭茅(*Dactylis glomerata*)生长在河滩地上和碎石堆上，由于土壤水分状况不同，形成两种不同的生态型。河滩上的牧草鸭茅，植株高大、叶肥厚、颜色绿、生长旺盛、刈草后易萌发、产量高；碎石堆上的牧草鸭茅，植株矮小、叶小、颜色较淡、萌生力极弱、产量也很低。在生理上也有差别，前者的细胞渗透压较后者为低。

(3)生物生态型

主要是在生物因子的作用下形成的生态型。例如同一种杨树的抗病虫能力不同。又如生活在不同植物群落中的稗子(*Echinoohloa crusgalli*)，由于植物的竞争，在水稻田中茎秆直立，常与水稻同高，也差不多同时成熟，而生活在其他地方如牧场条件下则茎秆矮小。开花期迟早是两种不同的生物生态型。

4.1.1.3 他感作用

他感作用(allelopathy)也称异株克生，通常指一种植物通过向体外分泌代谢过程中的化学物质，对其他植物产生直接或间接的影响。这个概念是德国学者H. Molich于1937年提出的，已被大多数研究者所接受。这种作用是生存竞争的一种特殊形式，种内、种间关系都有此现象，如北美的黑胡桃(*Juglans nigra*)，抑制离树干25m范围内植物的生长，彻底杀死许多植物，其根抽提物含有化学物质苯醌，可杀死紫花苜蓿和番茄类植物；香蒲(*Typha latifolia*)发生种内竞争性异株克生，群落中心枝叶枯萎；加利福尼亚灌木鼠尾草(*Salvia lencophylla*)产生挥发性萜类，这种萜类为土壤黏粒所吸收，进入土壤表面，使土壤不适宜其他植物的生长。当湿润年度来临时或在火灾发生后，这种萜类物质大部分被冲洗或驱散，则1年生草类繁茂生长起来。

他感作用是进化过程中形成的一种普遍现象，它存在于各种气候条件下的各种群落中。他感作用中产生的化学物质以挥发气体的形式释放出来(这种情况多见于干旱地区)或者以水溶物的形式渗出、淋出或被分泌出来，它可能由地上部分或地下部分的活细胞释放，也可能来自它们的分解或腐烂以后。他感作用中植物的分泌物称为克生物质，对克生物质的提取、分离和鉴定已做了大量研究工作。

克生物质的毒害作用可能有不同方式，如抑制种子发芽，妨碍固氮菌的活动，或阻碍菌根的形成。例如，帚石楠(*Calluna vulgaris*)可使锡特云杉在英国造林失败，因为其克生物质可抑制云杉菌根的形成，因而栽植的云杉生长很慢，将帚石楠去除以后，云杉就能形成菌根，并且生长良好。蕨(*Ptericlium aquilium*)对很多树种的生长不利，这里既有对光、营养和水分的竞争的原因，也有由蕨渗出的酚酸对林木根系生长不利的原因。沙漠上的一些植物在遇到缺水胁迫时会产生自毒现象，从而利用有限的水分，避耐干旱，保持该物种的生存和繁衍。

他感作用具有重要的生态学意义：①对农林业生产和管理具有重要意义，如农林业的胁地现象就是由于他感作用使某些作物、果树不宜连作造成的。如早稻就是不宜连作的农作物，其根系分泌的对－羟基肉桂酸，对早稻幼苗起强烈的抑制作用，连作时则长势不好，产量下降；桃树根中发现扁桃苷，分解时产生苯甲醛，严重毒害桃树的更新生长。②他感作用对植物群落的种类组成有重要影响，是造成种类成分对群落的选择性以及某种植物的出现引起另一类消退的主要原因之一。如银胶菊原产于墨西哥，是一种产橡胶的草本植物，它群生时，不但本身生长不好，而且对周围植物产生很大的影响，这是因为银胶菊植物根系分泌出反肉桂酸，抑制自身及其他植物生长。③他感作用是引起植物群落演替的重要内在因素之一。在美国东部阔叶林中的研究表明，黄桦(先锋树种)幼苗的根生长要受到糖槭(顶极群落树种)幼苗的抑制，这种抑制是由于槭树根尖分泌的一种物质造成的，在糖槭占据的地段，黄桦也很难更新，也可能是这种克生物质造成的。

他感作用对农业和林业的重要性日益显示出来。很多园艺种植者都知道烟草对很多观赏植物不利的现象。在农业中如何搭配作物，在林业生产中如何选择适宜的混交树种都有赖于对各物种之间他感作用的认识。

4.1.2 种间竞争

种间竞争(interspecific competition)是指两种或更多物种共同利用同样的有限资源时产生的相互竞争作用。当资源虽不短缺而两物种发生彼此直接干扰时，亦可发生种间竞争。竞争的能力取决于种的生态习性、生活型、生态幅和生态位。近缘物种的植物种群，无论在对资源的需要和获取资源的手段上，竞争十分剧烈，特别是密度过大时更为激烈。生活型相同的不同种类的植物之间，也常常发生剧烈的竞争。物种处于其最适生态幅时，具有最大的竞争能力，例如，有些分布很广的种类，只有在它的最适生境处(即最能充分发挥其竞争能力的地方)才占优势。个体或物种的生态位(niche)(它所处的条件、利用资源和它在那种环境里发生的时间)是决定该个体或物种与其他个体或物种竞争程度的关键，一般竞争的程度越激烈，生态位重叠程度越大。此外，植物的生长速率、个体大小、抗逆性及叶子和根系的数目、生长习性(1年生还是多年生)，以及植物产生萌蘖的能力等，也都会影响竞争能力。

4.1.2.1 竞争的类型

一般可把竞争区分为干扰性竞争和利用性竞争两种类型。

(1)干扰性竞争

干扰性竞争(interference competition)是指竞争个体间直接的相互作用，即一种生物借助行为排斥另一种生物使其得不到资源。干扰竞争的最明显的例子是动物为了竞争领域或食物而进行的打斗。另外，他感作用也是一种典型的相互干扰性竞争。

(2)利用性竞争

利用性竞争(exploitive competition)是指竞争个体不直接相互作用，即指一种生物所利用的资源对另一种生物来说非常重要，亦即两种生物同时竞争利用同一种资源。例如在很多生境中，蚂蚁、啮齿类动物和鸟类都以植物种子为食。

竞争的结果可能是两个种群或多个种群形成协调的平衡状态，或者一个种群取代另一个种群；或有一个种群将另一个种群赶到别的空间中去，从而改变原生态系统的生物种群结构。

竞争结果的不对称性是种间竞争的一个共同特点。某一个体的竞争代价常远高于另一个体。竞争杀死失败者是很普遍的，通过掠夺资源(使它们丧失资源)或通过干扰(直接杀伤或毒害它们)，竞争不对称(competive asymmetry)的例子大大超过对称性结果的例子。种间竞争的另一个共同特点是对一种资源的竞争能影响对另一种资源的竞争结果，如林分中林木间的竞争，林冠层中优势种减少了其他竞争者进行光合作用所需的太阳辐射能，这种对光的竞争也影响到根部吸收营养物质和水分的能力，也就是说，林木之间竞争中，根竞争与枝竞争之间有相互作用。

4.1.2.2 竞争排斥原理

苏联生态学家G. F. Gause(1934)首先用实验方法观察两个物种之间的竞争现象。他选择两种在分类上和生态习性上很接近的草履虫——双小核草履虫(*Paramecium aurelia*)和大草履虫(*P. caudatum*)进行实验。取两个种相等数目的个体，用同一种杆菌为饲料放在基本上恒定的环境里培养。开始时两个种都有增长，随后*P. aurelia*的个体数增加，而*P. caudatum*的个体数下降，16天后只有*P. aurelia*生存，而*P. caudatum*趋于灭亡(图4-2)。这两种草履虫之间没有分泌有害物质，主要是由于其中的一种增长快，而另一种增长慢，因竞争食物，增长快的物种排挤了增长慢的物种。其后，Park(1942，1954)用赤拟谷盗(*Tribolium castoneun*)和杂拟谷盗(*T. confusum*)混养所做的实验以及G. D. Tilman等(1981)用两种淡水硅藻和针杆藻所做的实验都得出了同样的结果。

这类实验说明：两个对同一资源产生竞争的种，不能长期在一起共存，最后导致一个种占优势，一个种被淘汰，这就是竞争排斥原理，或称之为Gause假说。

4.1.2.3 竞争的理论模型

美国学者Lotka(1925)和意大利学者Volterra(1926)分别独立地提出了描述种间竞争的模型，该模型是在Logistic方程的基础上建立起来的，它们具有共同的前提条件。

假定有两个物种，当它们单独生长时其增长形式符合逻辑斯谛模型，其增长方程是：

$$\text{物种1：}\quad \frac{dN_1}{dt}=r_1N_1\left(\frac{K_1-N_1}{K_1}\right)$$

$$\text{物种2：}\quad \frac{dN_2}{dt}=r_2N_2\left(\frac{K_2-N_2}{K_2}\right) \tag{4-3}$$

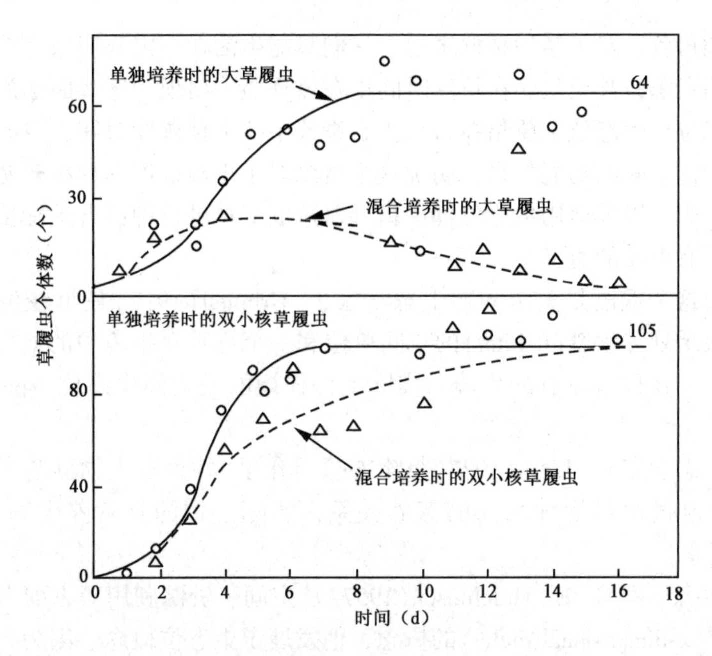

图 4-2 两种草履虫单独和混合培养时的种群动态

（引自李博等，1993）

式中 N_1，N_2——分别为两个物种的种群数量；

K_1，K_2——分别为两个物种种群的环境容纳量；

r_1，r_2——分别为两个物种种群增长率。

如果将这两种放置在一起，则它们就要发生竞争，从而影响种群的增长。设物种 1 和物种 2 的竞争系数为 α 和 β(α 表示在物种 1 的环境中，每存在一个物种 2 的个体，对于物种 1 种群的效应；β 表示在物种 2 的环境中，每存在一个物种 1 的个体，对于物种 2 种群的效应)，并假定两种竞争之间的竞争系数保持稳定，则物种 1、物种 2 在竞争中的种群增长方程为：

$$dN_1/dt = r_1 N_1 \left(\frac{K_1 - N_1 - \alpha N_2}{K_1}\right)$$

$$dN_2/dt = r_2 N_2 \left(\frac{K_2 - N_2 - \beta N_1}{K_2}\right)$$

从理论上讲，两个物种竞争的结果是由两个种的竞争系数 α、β、K_1、K_2 比值的关系决定的，可能有以下 4 种结果：

①$\alpha > K_1/K_2$ 或 $\beta > K_2/K_1$，两个物种都可能获胜；

②$\alpha > K_1/K_2$ 和 $\beta < K_2/K_1$，物种 1 将被排斥，物种 2 取胜；

③$\alpha < K_1/K_2$ 和 $\beta > K_2/K_1$，物种 2 将被排斥，物种 1 取胜；

④$\alpha < K_1/K_2$ 和 $\beta < K_2/K_1$，两个物种共存，达到某种平衡。

高等植物种群混合栽培或培养时所表现出的竞争结果都可以用 Lotka-Volterra 竞争方程来说明。

4.1.2.4 生态位理论与应用

生态位(niche)是生态学中的一个重要概念，指物种在生物群落或生态系统中的地位和角色。对于某一种群来说，它们只能生活在一定环境条件范围内，并利用特定的资源，甚至只能在特殊时间里在该环境中出现，这些因子的交叉情况描述了生态位。生态位主要指在自然生态系统中一个种群在时间、空间上的位置及其相关种群之间的功能关系。明确这个概念对于正确认识物种在自然选择进化过程中的作用，以及运用生态位理论指导营造混交林进行种群合理配置，提高森林生产力具有重要的意义。

生态位这个术语是美国动物生态学家 J. Grinnell(1917)最早在生态学中使用，用来表示划分生境(habitat)的空间单位和一个物种在生境中的地位。他认为生态位是一个物种所占有的生境。实际上，强调的是空间生态位(spatial niche)的概念。

英国生态学家 C. Elton(1927)将生态位看作是“物种在生物群落中的地位与功能作用”他强调是物种之间的营养关系，实际上指的是营养生态位(trophic niche)的概念。

美国生态学家 G. E. Hutchinson(1957)从空间、资源利用等方面考虑提出了 n 维生态位(n-dimensional niche)的概念，他发展了生态位概念。因为环境变量是多维的(三维变量成为体积)，所以把 n 维生态位称为超体积生态位(hyper volume niche)，假设影响有机体的每个条件和有机体能够利用的每个资源都可被当作一个轴或维，在此轴或维上，可以定义有机体将出现的一个范围，同时考虑一系列这样的维，就可以得到有机体生态位的一个增强了的定义图。举例说，苍头燕雀能耐受的温度范围与许多别的种互相重叠，然而考虑猎物大小和觅食高度是更多的维，就把苍头燕雀的生态位与其他许多种的生态位区分开来(图4-3)。n 维超体积理论在实践中有一个弱点，即不可能确定是否全部维都已经被考虑了，尽管如此，它是一个有用的概念。

另外，Hutchinson 还提出了基础生态位(fundamental niche)与实际生态位(realized niche)的概念。一个物种能够占据的生态位空间，是受竞争和捕食强度影响。一般来说，没有竞争和捕食的胁迫，物种能够在更广的条件和资源范围内得到繁荣，这种潜在的生态位空间就是基础生态位，即物种能栖息的理论上的最大

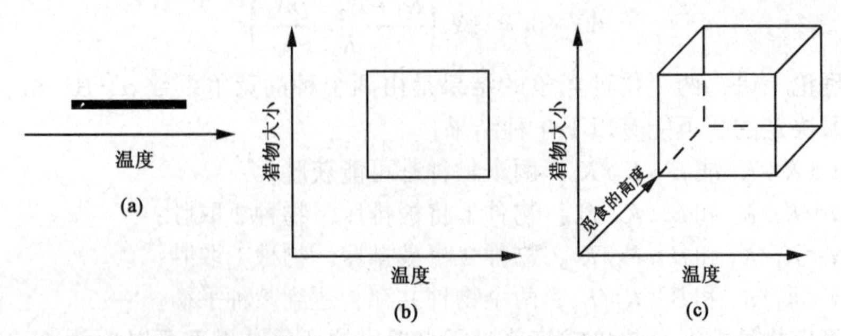

图4-3 一种鸟的生态位维度(仿 Mackenzie 等，1998)

(a)一维的生态位，覆盖温度耐受度 (b)二维生态位，包括温度和猎物大小 (c)三维生态位，包括温度、猎物大小和觅食的高度

空间。然而物种暴露在竞争者和捕食者面前是很正常的事，很少有物种能全部占据基础生态位，一物种实际占有的生态位空间叫做实际生态位。

竞争对于基础生态位的影响可以用一个经典的实例来说明：植物生态学家 Tansley 研究了两种拉拉藤：石楠拉拉藤(*Galium saxatile*)生长在酸性土壤上，而细长拉拉藤(*G. pumilium*)则生长在石灰性土壤上。当单独生长时，两个种在两类土壤上都能繁荣，但当两种在一起生长时，在酸性土壤中细长拉拉藤被排斥，而石楠拉拉藤在石灰性土壤中被排斥，这类实例到处可见。很多二叶松在自然条件下一般分布于干旱贫瘠的生境，而肥沃湿润的生境则被栎、槭、椴等阔叶树占据，可是在人工造林中，如果我们将松树栽植在肥沃湿润条件下，它们也能正常生长，而且生长得很好。这个例子说明，松树自然分布的生境大致说明其实际生态位，而人为栽植，它能适应的范围(即基础生态位)要广得多，在自然界中每个种都有它的分布区和适应范围，靠人工繁殖并排除竞争和其他不利的关系，可扩大其栽培范围和生态幅度。显然，竞争影响了被观察到的实际生态位。另外互利共生也影响有机体的实际生态位，但它与竞争者和捕食者不同，互利共生者的存在倾向于扩大实际生态位，而不是缩小它。比较极端的情况是专性互利共生，如许多兰科植物与其真菌菌根的互利共生，单个种的生态位是不存在的，因为兰科植物如果没有菌根就不可能生长。

美国学者 R. H. Whittaket(1970)认为，生态位是每个种在一定生境的群落中都有不同于其他种的自己的时间、空间位置，也包括在生物群落中的功能地位，并指出生态位的概念与生境和分布区的概念是不同的，生境是指生物生存的周围环境，分布区是指种分布的地理范围，生态位则说明在一个生物群落中某个种群的功能地位。

E. P. Odum(1971)将前人有关生态位的概念进行了综合，认为物种的生态位不仅决定于它们在哪里生活，而且亦决定于它们如何生活以及如何受到其他生物的约束。生态位概念不仅包括生物占有的物理空间，还包括它在群落中的功能作用，以及它们在温度、湿度、土壤和其他生存条件的环境变化梯度中的位置。

不同的生物物种(如动物、植物)在生态系统中的营养与功能的关系上各占据不同的地位，由于环境条件的影响，它们的生态位也会出现重叠与分化。不同生物在某一生态位维度上的分布，可以用资源利用曲线表示，该曲线常呈正态曲线(图 4-4)，表示物种具有的喜好位置及其散布在喜好位置周围的变异度。如图 4-4(a)中各物种的生态位狭，相互重叠少，$d > w$，表示物种之间的种间竞争小；图 4-4(b)中各物种的生态位宽，相互重叠多，$d < w$，表示种间竞争大。

比较两个或多个物种的资源利用曲线，就能全面分析生态位的重叠和分离情形，探讨竞争与进化的关系。如果两个物种的资源利用曲线完全分开，那么还有某些未被利用的资源。扩充利用范围的物种将在进化中获得好处；同时，生态位狭的物种，激烈的种内竞争更将促使其扩展资源的利用范围。由于这两个原因，进化将导致两物种的生态位靠近，重叠增加，种间竞争加剧。另一方面，生态位越接近，重叠越多，种间竞争就越激烈，将导致一物种灭亡或生态位分离。总

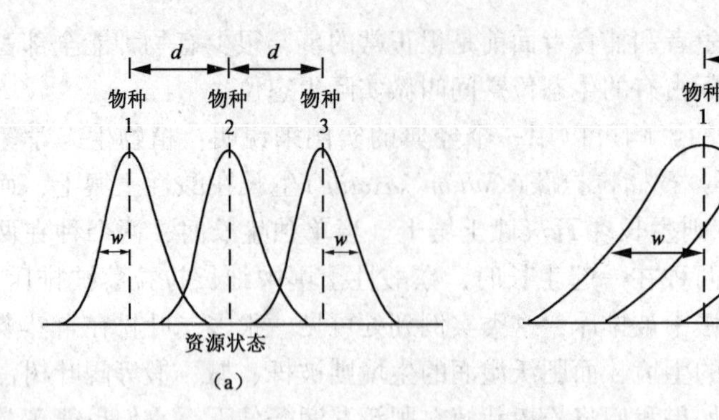

图4-4　3个共存物种的资源利用曲线(仿 Begon 等　1986)

之，种内竞争促使两物种生态位接近，种间竞争又促使两物种生态位分离，这是两个相反的进化方向，那么，物种要共存，需要多少生态位分化呢？竞争物种在资源利用分化上的临界阈值称为相似性极限(limiting similarity)。在图4-4中 d 表示两物种在资源谱中的喜好位置之间的距离，w 表示每一个物种在喜好位置周围的变异度，May 等(1974)的分析结果表明，$d/w=1$ 可大致地作为相似性极限。

将前面讲述的竞争排斥原理与生态位概念应用到自然生物群落，则有以下一些要点：

①一个稳定的群落中占据了相同的生态位的两个物种，其中一个种终究要灭亡；

②一个稳定的群落中，由于各种群在群落中具有各自的生态位，种群间能避免直接的竞争，从而又保证了群落的稳定；

③一个相互起作用的、生态位分化的种群系统，各种群在它们对群落的时间、空间和资源的利用方面，以及相互作用的可能类型方面，都趋向于互相补充而不是直接竞争。

因此，由多个种群组成的生物群落，要比单一种群的群落更能有效地利用环境资源，维持长期较高的生产力，具有更大的稳定性。

4.2　捕食作用

捕食作用，即一种生物摄取其他种生物个体的全部或部分为食的关系。前者称为捕食者(predator)，后者称为猎物或被食者(prey)。因此，这一广泛的定义包括：①“典型的捕食者”，在袭击猎物后迅速杀死而食之；②食草者，逐渐杀死对象生物(或不杀死)且只消费对象个体的一部分；③寄生者，与单一对象个体(寄主)有密切关系，通过寄生，生活在寄主的组织中。捕食者也可分为以植物组织为食的食草动物(herbivores)，以动物组织为食的食肉动物(carnivores)以及以动植物两者为食的杂食动物(omnivores)。同时，两种类型的被捕食者都有保护自己的身体结构设置(如椰子或乌龟的厚壳)和对策，植物主要利用化学防御(chemical defenses)，而动物则形成了一系列行为对策(behavioral strategies)。一方面，不同的捕食对策需要在不动的、具有化学防御性的被捕食者与能动而行为复杂的、但是美味的被捕食者之间进行权衡，从而在肉食者与草食者之间形成了进化趋异。另外，捕食者的食物变化很大，一些捕食者是食物选择性非常强的特化种(specialist)，仅摄取一种类型的猎物；而另一些是泛化种(generalist)，可吃几种类型的猎物。草食性动物一般比肉食性动物更加特化，或是吃一种类型食物的单食者(monophagous)，或是以少数几种食物为食的寡食者(oligophagous)，它们集中摄食具有相对防御性化学物质很少的几种植物。而草食性动物中的泛化种(或广食者，polyphagous)可通过避免取食毒性更大的部分或个体，而以一定范围的植物种类为食。动植物寄生者(parasite)都是特化种。

4.2.1 捕食者与猎物

4.2.1.1 捕食者与猎物的协同进化

捕食者与猎物的相互关系是经过长期的协同进化逐步形成的。为得到食物，捕食者必须首先搜寻猎物，然后捕食，所以捕食者形成了一整套适应性特征，如锐齿、利爪、毒腺或其他武器，诱惑追击，集体围猎，以提高捕食效率，以便更有力地捕食猎物。相反，猎物也形成了一系列行为对策，如保护色、警戒色、拟态、假死、集体抵御等以逃避被捕食。自然选择对于捕食者在于提高发现、捕获和取食猎物的效率，而对于猎物在于逃避、防止被捕食的效率，显然这两种选择是相互对立的。在捕食者与猎物的协同进化过程中，常会见到一种重要倾向，即有害的“负作用”倾向于减弱。在自然界中，捕食者将猎物种群捕食殆尽的事例很少。精明的捕食者大都不捕食已到繁殖年龄的猎物个体，因为这会降低猎物种群的生产力。被食者往往是猎物种群中老年或体弱患病、遗传特性较差的个体，捕食作用为猎物种群淘汰了劣质，从而防止了疾病的传播及不利的遗传因素的延续。人类利用生物资源，从某种意义上讲也要做“精明的捕食者”，不要过分消灭猎物，不然会导致许多生物资源灭绝。

捕食者与猎物的相互关系是生态系统长期进化过程中形成的复杂关系，它们是一对“孪生兄弟”，作为天敌的捕食者有时变成了猎物不可缺少的生存条件。不同生物种群之间存在的这种捕食者与猎物的关系，往往在对猎物种群的数量和质量上起着调节作用。例如，1905 年以前，美国亚利桑那州 Kaibab 草原的黑尾鹿(*Odocoielus nemlionus*)种群保持在4 000 头左右的水平，这可能是美洲狮和狼的捕食作用产生的平衡，因为食物不形成限制因素。为了发展鹿群，政府有组织地捕猎美洲狮和狼群数量，鹿群开始上升，到1918 年约40 000 头，1925 年，鹿群数量达到最高峰，约有 10 万头，但由于连续 7 年的过度利用，草场极度退化，鹿群的食物短缺，结果使鹿群数量猛降。这个例子说明，捕食者对猎物的种群数量起到了重要调节。

在自然环境中，捕食者与猎物的关系受许多因素的影响，往往是多种捕食者和多种猎物交叉着发生联系。如果捕食者是多食性的，它就可以选择多种不同的食物，给自身带来更多的生存机会，也具有阻止被食者种群进一步下降的重要作用。相反，就被食者而言，当它的密度上升较高时，也会引来更多的捕食者，从而阻止其数量继续上升。例如，猫头鹰多以鹌鹑为食，当鹌鹑变少时，即转食啮齿类动物；在草原上，鼠类多的年份，以鼠为主要食物的黄鼠狼、狐狸、鹰等，有效地阻止鼠类种群数目的继续上升。

4.2.1.2 Lotka-Volterra 捕食者—猎物模型

从理论上说，捕食者和被捕食者的种群数量变动是相关的，当捕食者密度增大时，被捕食者种群数量将下降；而当被捕食者数量降低到一定水平后，必然又会影响到捕食者的数量，随着捕食者密度的下降，捕食压力的减少，被捕食者种群又会再次增加，这样就形成了一个波动的种间数量动态(图4-5)。

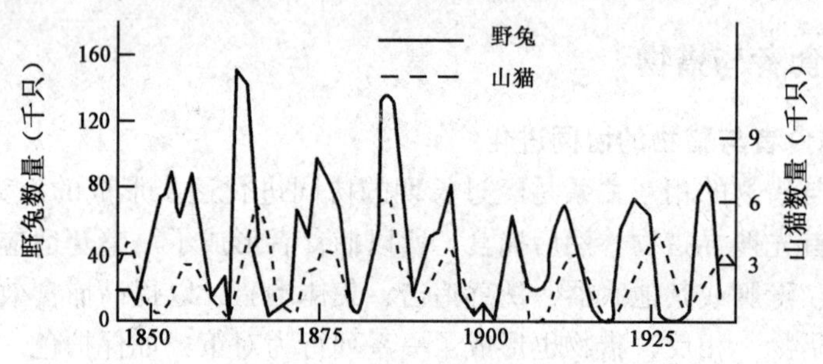

图4-5 野兔和山猫的数量动态(仿 Macluilk，1937)

狭义概念的捕食者和被食者种群作用模型是 Lotka(1925)和 Volterra(1926)提出的，它的基本内容是：

对于被食者，可以假定在没有捕食的条件下，种群数量按几何级数增加：

$$\frac{dN}{dt} = r_1 N \tag{4-4}$$

式中 N——种群数量；

r_1——被捕食者在没有捕食者时的瞬时增长率。

对于捕食者，可以假定在没有被食者的条件下，种群数量按几何级数减少：

$$\frac{dp}{dt} = -r_2 p \tag{4-5}$$

式中 p——捕食者密度；

r_2——捕食者在没有被食者时的瞬时死亡率。

假定捕食者和被食者共存于一个有限的空间内，那么被食者的种群增长率因捕食而降低，其降低程度还随捕食者密度而变化，因此，被食者的种群方程可描述为：

$$dN/dt = (r_1 - \alpha p)N$$

同样，捕食者种群的增长率也将依赖于被食者的种群密度，捕食者种群方程可描述为：

$$dp/dt = (-r_2 + \beta N)p$$

式中，α 是测度捕食压力的常数，即平均每一捕食者捕食猎物的常数。可以设想如果 $\alpha = 0$，那么 $-\alpha pN$ 这一项等于零，那就表示被食者完全逃脱了捕食者的捕食。α 值越大，就表示捕食者对于被食者的压力越大。因此，α 可以被称为捕食压力常数。β 是测度捕食者利用被食者而转化为更多的捕食者的效率常数。这个值越大，捕食效率越大，对于捕食者种群的增长的效应也就越大。因此，β 可以称为捕食效率常数。

4.2.1.3 自然界中捕食者对猎物种群大小的影响

捕食者是否真能够调节其猎物种群的大小呢？目前有两种主要观点：

其一，有许多实例表明捕食者和食草动物对其猎物种群密度没有多大影响。主要因为：①任一捕食者的作用，只占猎物种群总死亡率的很小一部分，因此去除捕食者对猎物种群仅有微弱影响。如许多捕食者捕食田鼠，蛇仅是捕食者之一，所以去除蛇对田鼠种群数量影响不大。②捕食者只是利用了对象种群中超出环境所能支持的部分个体，所以对最终猎物种群大小没有影响。

其二，捕食者对猎物种群有致命性的影响。最有代表性的是向热带岛屿上引入捕食者后所导致的多种群灭绝。例如，太平洋关岛上引入林蛇后，有10种土著鸟消失或数量大大下降。在这些例子中猎物种群劣势很大，因为其没有被捕食的进化历史，也就没有发展相应的反捕食对策。然而，当猎物种群长期处于捕食者的捕获之下时，捕食的影响力也会很大。

4.2.1.4 猎物密度影响——功能反应

随着猎物密度的增加，捕食者可以捕获更多的猎物或可以较快地捕获猎物，直到最大，这种现象叫做捕食者的功能反应(functional response)。

功能反应的概念最早被 M. E. Solomon (1949) 提出，后来又被 C. C. Holling 详尽地进行过研究。Holling 提出了3种不同的功能反应类型(图4-6)：Ⅰ型功能反应是指每个捕食者所捕获的猎物数量随猎物密度的增加而呈线性增长，直达最大值为止。Ⅱ型功能反应是指每个捕食者所捕获的猎物是以递减的速度增加，直达最大值为止。Ⅲ型功能反应是指每个捕食者开始时所捕获的猎物很少，然后呈"S"形增长，并趋近于一个较高的渐近线。

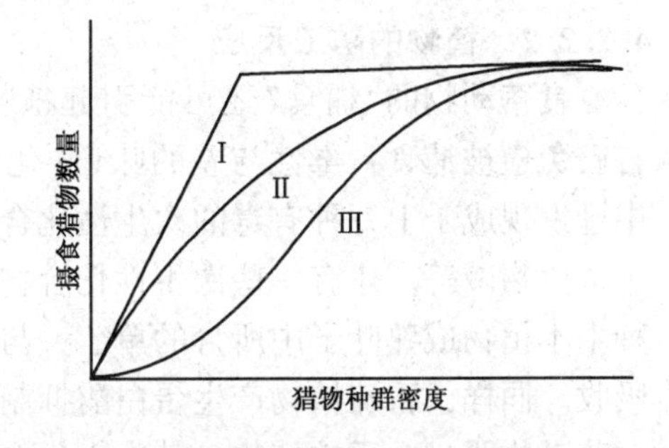

图4-6 捕食者对猎物密度的功能反应类型
(仿 Macenzie 等，1998)

4.2.2 食草作用

食草是广义捕食的一种类型。其特点是：①被食者只有部分机体受损害，通常捕食者只采食植物的某一部分，留下的部分能够再生；②植物本身没有逃脱食草动物的能力。

4.2.2.1 食草动物对植物的危害及植物的补偿作用

植物受食草动物捕食的危害程度随损害的部位、发育阶段的不同而异。在生长季早期，栎叶被损害会大大减少木材量，而在生长季晚期时，叶子受损害对木材产量可能影响不大。啮齿类动物和鸟类每年消耗大量乔灌草种子，在一定程度上控制着某些植物种群的数量。

有时食草动物与植物种群的数量变化，是一种激烈升降的变动。加拿大东部针叶林中生活的棕色卷蛾(*Choristoneura fumiferana*)一般每隔35~40年有一次大发生，棕色卷蛾食香脂冷杉的芽、花和针叶。大发生时，香脂冷杉的叶子被大量取食，林木濒于死亡，冷杉种群数量下降。如果只从周期性数量高峰来看，卷蛾是很多冷杉死亡的一种主要因素，但实际上，卷蛾的大发生与冷杉林的成熟有关，易受卷蛾危害的是成熟冷杉林分，幼树一般不易受卷蛾的攻击，老龄林木枯死后，林冠疏开，其冷杉幼树加速生长，很快到达主林冠层，因此自然条件下棕色卷蛾消长变化有助于森林更新。

林木的结实特性及种子和果实的大小、颜色等是长期协同进化的结果，也是对环境压力的适应表现，这包括对动物捕食的适应。大粒种子一般不是年年大量结实，存在结实间隔期，假若年年大量结实，捕食者会年复一年地依靠丰富食物增长种群数量，对树木来说将是灾难性的。

植物在被动物取食而受损害时，并不完全是被动的，而具有各种补偿机制。例如，植物的一些枝叶在受损害后，自然落叶减少而整株的光合效率可能加强。受害植物可能利用贮存于各组织和器官中的糖类得到补偿，或改变光合产物的分布，以维持根枝比的平衡。植物的受伤枝可能掉落，也可能将其糖类运输到未受伤害枝叶得到补偿。

4.2.2.2 植物的防卫反应

食草动物的“捕食”还可能引起植物的防卫反应，植物主要以两种方式保护自己免遭被捕食：毒性与差的味道(化学防御)；防御结构(机械防御)。在植物中已发现成千上万种有毒的次生性化合物，如马利筋中的强心苷、烟草中的尼古丁、生物碱等。还有一些次生性化合物无毒，但会降低植物的食物价值。如许多种木本植物成熟叶子中所含的单宁，与蛋白质结合，使其难以被动物捕食者肠道吸收。同样，番茄植物产生蛋白酶抑制因子，可抑制草食者肠道中的蛋白酶。被食草动物脱过叶子的植物，其次生化合物水平会提高，例如，欧洲白栎(*Quercus robur*)树冠25%的脱叶使剩余叶上的采叶蛾幼虫死亡率大大增加。防御结构在各种水平上都存在，从叶表面可陷住昆虫及其他无脊椎动物的微小绒毛(经常带钩或具有黏性分泌液)到大型钩、倒钩和刺，如荨麻(*Urtica dioca*)、大蔷薇(*Rosa canina*)、冬青树(*Iler aquifolium*)和金合欢属(*Acacia*)植物阻止哺乳类食草动物。上述防御结构也可在脱叶的植物中被诱导出来，如被牛啃食后的悬钩子的皮刺较未啃食过的长而尖。

4.2.2.3 植物和食草动物的协同进化

在进化过程中，植物为防止食草动物的取食，发展了防卫机制，另一方面食草动物在进化过程中产生了相应的适应性，如形成特殊的酶进行解毒，出现了专性捕食者，如烟草天蛾不怕尼古丁，专食烟叶；澳大利亚的袋熊、袋貂以及许多昆虫都食有毒的桉叶。可见，植物保护剂只能抵制多食性捕食者，而不能抵制与被食者共同进化的专性捕食者。

具有多种天敌的植物在进化中的一个重要趋势是逐渐成为只有一种天敌、一种专性捕食者的植物。对于植物来说，是一种选择有利性。多食性捕食者可以在根除了一种被食者后，再去捕食其他被食者，而专性捕食者不能做到这一点，当它们使被食者减少到一定程度以后，它们自己也会随之减少，这样又给植物以重新繁殖的机会。

共同进化中，物理的相互作用比化学的相互作用更加明显。可以普遍看到植物以小刺、软毛组织以及组织加厚等形式的机械防御的一些例子，足以说明植物与食草动物已发生的相互作用具有进化的长期性和关系的紧密性。

自然界亦存在相反的适应。植物能以各种方式取食昆虫和小动物，尽管这种食虫植物在自然界并不多见，全世界仅有500种左右，却代表着植物与动物协同进化的另一种形式。

4.2.2.4 植物与食草动物种群的相互动态

植物—食草动物系统也称为放牧系统(grazing system)。在放牧系统中，食草者与植物之间具有复杂的相互关系，简单认为食草动物的牧食会降低草场生产力是错误的。如在乌克兰草原上，曾保存500hm^2 原始的针茅草原，禁止人们放牧。若干年后，那里长满杂草，变成不能放牧的地方，其原因是针茅的繁茂生长阻碍了其嫩枝发芽并大量死亡，使草原演变成了杂草草地。放牧活动能调节植物的种间关系，使牧场植被保持一定的稳定性。但是，过度放牧也会破坏草原群落。McNaughton曾提出一个模型，用以说明有蹄类放牧与植被生产力之间的关系(图4-7)。

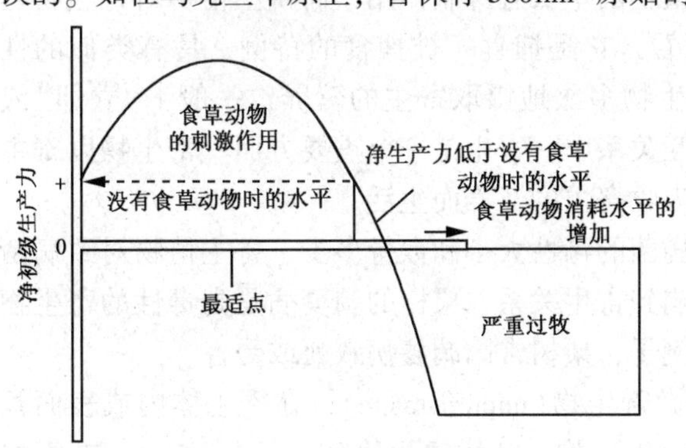

图4-7 食草动物的食草作用对植物净生产量影响的模型
(仿孙儒泳等，1999)

图4-7表明，在放牧系统中，食草动物的采食活动在一定范围内能刺激植物净生产力的提高，超过此范围净生产力开始降低，然后，随着放牧强度的增加，就会逐渐出现严重过度放牧的情形。该模型对牧场管理者具有重要意义。

Caughley(1976)曾提出一个植物—食草动物相互作用放牧系统的种群相互动态模型，其基本思想与Lotka-Volterra的捕食者—猎物模型相同，但Lot-

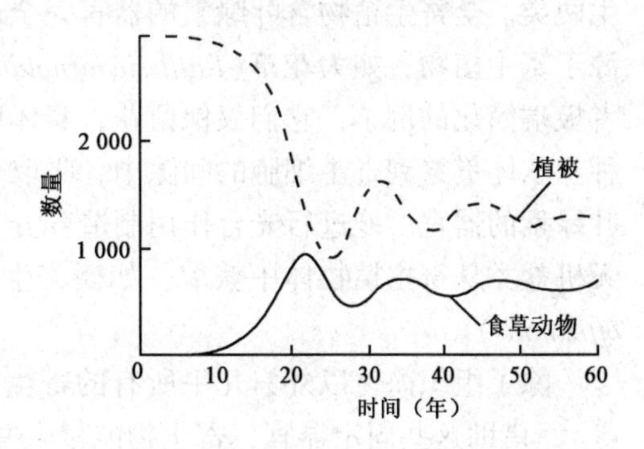

图4-8 植物—食草动物种群相互动态模型
(仿Kreds，1985)

ka-Volterra 是以指数增长描述猎物增长，而 Caughley 是以逻辑斯谛方程描述植物种群增长。图 4-8 所模拟出的是植物和食草动物两个种群的相互动态过程。

在一个生态系统中，捕食者与被捕食者一般保持着平衡，否则生态系统就不能存在，如果捕食者对猎物有害影响过分，则会导致一个和两个种群灭绝。尤其是具有两个负相互作用的种群，以往曾分别在不同的生态系统中，之后它们结合在一起时，有害作用就表现强烈，这是因为该系统对新来的生物还缺乏合适的调节机制或调节机制很弱所致。

4.3 寄生与共生

4.3.1 寄生

寄生是指一个种(寄生物)寄居于另一个种(寄主)的体内或体表，靠寄主体液、组织或已消化物质获取营养而生存。由于这样的营养关系，寄生物使寄主植物的生长减弱，生物量和生产量下降，最后使寄主植物的养分耗竭，并使组织破坏而致死，因而，寄生物对寄主植物的生长有抑制作用，而寄主植物对寄生物则有加速生长的作用，从这方面来看，它是捕食—被捕食的特例，具有类似的性质。捕食者通常杀死猎物，而寄生物多次地摄取寄主的营养，一般不“立即”或直接杀死寄主。在植物之间的相互关系中，寄生是一个重要方面。寄生物以寄主的身体为定居的空间，并完全靠吸收寄主的营养而生活。

在寄生关系中，寄生物或致病菌的毒性大小和数量多少、寄主植物对致病菌的抗性强弱以及环境条件都会影响到寄生关系。栗树的凋萎病是高毒性的寄生物对一个无抗性的寄主植物的突出例子，栗树常因凋萎病致死或受害。

寄生物可以分为两大类：①微寄生物(microparasite)，在寄主体内或表面繁殖，主要有病毒、细菌、真菌和原生动物；②大寄生物(macroparasite)，在寄主体内或表面生长发育，但其增殖要通过感染期，从一个寄主到另一个寄主，多数在细胞间隙(植物)生长。营寄生生活的高等植物，可明显地分为全寄生和半寄生两类。全寄生植物含叶绿素的器官完全退化，无光合作用能力，因此营养全来源于寄主植物，如大花草(*Rafflesia arnoldii*)、白粉藤属(*Cissus*)是有花植物寄生者极端简化的例子，它们仅保留花，身体所有其他器官都变为丝状的细胞束，这种丝状体贯穿到寄主细胞的间隙中，吸取寄主植物的营养。半寄生植物仅保留含叶绿素的器官，能进行光合作用制造养分，但根系发育不良或完全没有根，水和无机盐类从寄主植物体中获取，如槲寄生(*Viscum coloratum*)和小米草(*Euphrasia officinalis*)。

除了组织简化以外，几乎所有的寄生植物都出现专性固定器官(吸盘、小钩等)，借助这些固定器官，寄生物能侵入并固定在寄主植物体内或体表。

很多寄生植物还具有非常大的繁殖能力和很强的生命力，在没有碰到寄主时，能长期保持生活力，一旦碰到寄主植物，又能立即恢复生长，营寄生生活。

如寄生在很多禾本科植物根上的玄参科独脚金属(*Striga*)植物，一株可产生50万个种子，可保持生命力20年不发芽，但一旦碰到寄主植物时，其种子就开始发芽生长，并侵入和寄生在寄主根中。

多数的寄生植物只限于寄生在一定的植物科、属中，即寄生具有一定的专性，这类寄生植物为专性寄生植物，如菟丝子属(*Cuscuta*)和列当属(*Orobanche*)中的很多种，常寄生在三叶草、亚麻、柳树、向日葵、大麻、苎麻等植物上。由于寄生具有一定的专性，所以寄生物和寄主常常是协同进化。

4.3.2 共生

4.3.2.1 偏利共生

两个不同物种之间共生，对一方有利而对另一方无害的关系，称为偏利共生。

自然界中的附生现象，即一种植物定居在另一植物体的表面，附生植物与被附生植物只在定居的空间上发生联系，它们之间没有营养物质的交流。如在热带和亚热带森林中，附生在树木上的地衣、苔藓、蕨类、兰花、仙人掌等植物，它们本身能自养，通过自身的光合作用制造自己所需的有机养料，所需的矿质元素、水分从降水、尘埃和腐烂树皮中获得。

一些攀缘藤本植物，本身茎不能直立，利用其他的树干作为机械支撑，从而获得更多的光照，这些植物主要存在于热带、亚热带潮湿的森林中，这也是一种偏利共生。

偏利共生关系很易过渡为其他的互利共生和寄生关系。如果附生植物产生的营养物质被雨水淋溶到树干下面并进入宿主周围的土壤中，被宿主吸收利用，则将会形成互利共生的关系。如果附生植物的根扎入树皮下面的韧皮部和木质部中并发育形成吸收器官，则会形成寄生关系，如在热带森林中，榕树可在一个宿主的树冠中萌发，用它的附生根，紧缠树干，并迅速长出气生根，到达地面变粗，结果使宿主生长受到严重的影响，同时榕树日益在宿主上面扩展，使宿主被遮阴，得不到充足的光照和养分，最后死亡，人们称热带森林中的这类植物为“绞杀植物”。

4.3.2.2 互利共生

两种生物生活在一起，两者相互有利，甚至达到彼此之间相互依赖的程度，这种现象称为互利共生。自然界中生物之间互利共生的现象非常普遍，形式也多种多样，概括来说主要有3类：

(1)连体互利共生

地衣、菌根、根瘤(固氮菌和豆科植物等根系的共生)等都是连体互利共生的典型例子，其两种生物长期接触，紧密结合在一起。

地衣是藻类和真菌的共生体，藻类进行光合作用，菌丝吸收水分和无机盐，两者结合，相互补充，共同形成一个统一的整体，生活在岩石或树干这样严酷的环境条件。

菌根是真菌和高等植物根系的共生体，真菌从高等植物根中吸收碳水化合物和其他有机化合物，或利用其根系分泌物，而又供给高等植物氮素和矿物质，二者互利共生。很多菌根植物在没有菌根时就不能正常生长或发芽，例如松树在没有与它共生的真菌的土壤里，吸收养分很少，以致生长缓慢乃至死亡。在缺乏相应真菌的土壤上造林或种植菌根植物时，可以在土壤内接种真菌，或使种子事先感染真菌，便能获得显著的效果。同样，某些真菌如不与一定种类的高等植物根系共生，也将不能存活。

在异养的固氮微生物和不能利用大气氮的自养植物之间存在着互利共生的关系。根瘤即是由于根瘤菌属(*Rhizobium*)的细菌侵入到豆科植物的根中形成的。细菌由宿主处得到一个庇护所并且取得碳水化合物作为能量来源，而宿主植物则取得氮的来源，并因此可以在氮素缺乏的条件下生存。除豆科植物和根瘤菌属的共生外，放射线菌亦具与高等植物形成共生的特性。放射线菌类中的弗兰克氏菌属(*Frankia*)可侵入非豆科植物的根毛并形成根瘤，其固氮速度可等于或超过由根瘤菌在豆科植物上形成的根瘤。已知非豆科植物中有131属160种可有根瘤，其中在林业生产中最重要的是赤杨和弗兰克氏菌属的关系，将赤杨作为混交树种提高林地生产力，在林业上日益受到重视。除根瘤外，还有叶瘤，这种现象常见于热带地区的植物。据不完全统计，叶瘤植物达370余种，茜草科的九节属(*Psychotria*)、茜木属(*Paretta*)和紫金牛科的朱砂根属(*Ardisia*)，以及薯蓣科的薯蓣属(*Dioscorea*)等都是常见的叶瘤植物。

动物与微生物之间互利共生的例子很多，如反刍动物与其胃内的微生物间形成了一种互利共生的关系，微生物既帮助了反刍动物消化食物，自身又得到了生存。

(2)非连体互利共生

动物界有很多这种共生关系，两种生物不是长期结合在一起，而只有间断性的接触，蚂蚁和蚜虫之间的关系常受到人们的注意。另外，授粉是非连体互利共生的关系，大多数开花的双子叶植物，依靠传粉者(pollinator)，可能是昆虫、鸟、蝙蝠或小型哺乳动物在植物间传递花粉。通常传粉者通过接受花蜜、油或花粉为食来获益。一些植物—传粉者的关系包含紧密的配对相互作用，两种互相依赖，如丝兰属植物与丝兰蛾科(Rodoxidea)昆虫以及无花果树与无花果寄生蜂之间所发生的关系。但是大多数植物—传粉者的关系比上述的更松散，接受任一花粉者花蜜和花粉的植物都有一个范围，该范围在整个季节中随可获得的花的种类变化而改变。

除传粉，种子散布是另一类动物与植物之间的非连体共生。气流可非常有效地传播很小的种子，但大型种子仅能靠水流传播(如椰树种子)或靠动物散布。啮齿动物、蝙蝠、鸟类和蚂蚁都是重要的种子传播者。一些特化的种子传播者是种子采食者，它们摄食种子，但通过掉落、贮存或丢失种子帮助种子的散布，尽管这种种子丢失可能是偶然性的，但这种关系对双方还是相互有益的。另一些种子传播者包括食水果动物，它们摄食新鲜水果，但排除或去除种子，热带森林中

75%的树种生产新鲜水果，其种子由动物散布。植物进化了这些富含能量的水果作为“报酬”来吸引食水果动物的取食，食水果动物—植物的关系通常是松散的，一些不同动物种类可取食同一种植物的水果。

(3)防御性互利共生

有一些互利共生为其中一方提供对捕食者或竞争者的防御。一些种类的草，如普通的多年生黑麦草(*Lolium perenne*)与麦角真菌(*Claviciptacae fungi*)之间有互利共生关系，真菌生长在植物组织内或在叶子表面，生产具有很强毒性的植物碱，保护草免受食草者和食种子者的危害。蚂蚁—植物互利共生很普遍。许多植物在树干或叶子上有称作花外蜜腺的特化腺体，为蚂蚁提供食物源，该腺体分泌富含蛋白质和糖的液体。在许多种金合欢树中，蚂蚁也通过生活在树的空隙中得到物理保护。蚂蚁为其宿主提供对抗草食者很强的防御，并且有力地进攻任何入侵者。Janzen(1967)实验中把蚂蚁从金合欢树和 *Tachygali* 树上移走，这些树受到食草动物的取食水平大大提高，证明了蚂蚁的保护作用。

4.4 种间协同进化

一个物种的进化达到成熟会改变作用于其他生物的选择压力，引起其他生物也发生变化，这些变化反过来又会引起相关物种的进一步变化，这种相互适应、相互作用的共生进化的关系即为种间协同进化(co-evolution)。

捕食者和猎物之间的相互作用可能是这种协同进化的最好实例。捕食对于捕食者和猎物都是一种强大的选择压力，捕食者为了生存必须获得狩猎的成功，而猎物为了生存则必须获得逃避捕食的能力。在捕食者的压力下，猎物必须靠增加隐蔽性、提高感官的敏锐和疾跑来减少被捕食的风险。所以，瞪羚为了不成为猎豹的牺牲品就会跑得越来越快，但瞪羚提高了的奔跑速度反过来又成了作用于猎豹的一种选择压力，促使猎豹也增加奔跑速度。捕食者或猎物的每一点进步都会成为一种选择压力促进对方发生变化，即种间协同进化。

昆虫与植物之间的相互作用同捕食者与猎物之间的相互作用非常相似。昆虫取食植物造成严重的损害，这对植物来说可能是一个强大的选择压力，如何逃避取食，对长命植物来说，由于更容易受到昆虫攻击，它们必须发展其他的防御方法。很多植物靠物理防御阻止具有刺吸式口器昆虫的攻击，如表皮加厚变得坚韧、多毛和生有棘刺等，还有一些植物则发展了化学防御。

大型食草动物的啃食活动可对植物造成严重的损害，这无疑对植物也是一个强大的选择压力，在这种压力下，很多植物都采取了俯卧的生长方式或长得很高大。几乎所有的植物都靠增强再生能力和增加对营养生殖的依赖适应食草动物的啃食。最耐啃食的草本植物，其生长点都不在植物的顶尖而是基部，这样食草动物的啃食就不会影响它们的生长。

在寄生关系中，一种适应性很差的寄生物常遭到寄主的排除或致寄主于死命，在这两种情况下，寄生物都会死亡。相反，一种适应性很强的寄生物只带给寄主很小的损害，使寄主不仅可以忍受而且能较好地生存下去，这样寄生物本身的延续也就有了保障。寄生物与寄主之间这种协同进化肯定将导致一种彼此干扰最小的平衡状态，这种关系甚至会逐渐发展成一种互惠关系。

种间互利共生的协同进化可能发生在不同情况下，或来自寄生物—寄主或捕食者—猎物之间的关系，或发生在没有协作或相互利益的紧密共栖者之间。例如，昆虫传粉可能起始于昆虫从风传播花上偷食花粉，然后双方的协同进化使双方从这种关系中获益。这样，在植物—传粉者关系中，增强的传粉成功的优势产生出吸引昆虫的花(鲜艳的颜色、香味、花蜜)，但是互利共生也可能“恶化”为一方对另一方利益非平衡的剥削——寄生。例如，许多兰花不为其传粉者提供任何好处，而是通过气味、形状和色彩模式来模仿昆虫雌体以引诱昆虫落到花上(特别是蜜蜂和黄蜂)，这是互利共生关系进化变为寄生关系的一个例子。

复习思考题

1. 何谓种内与种间关系？种间关系有哪些基本类型？
2. 种内竞争与种间竞争有何异同点？
3. 生物密度效应的基本规律有哪两个？其主要特征是什么？
4. 什么是他感作用？研究他感作用有什么意义？
5. 什么是竞争排斥原理？试举例说明。
6. 什么是生态位？试举例说明。
7. 谈谈捕食者对猎物种群的影响。
8. 共生有哪些基本类型？
9. 何谓种间协同进化？试举例说明。

本章推荐阅读书目

1. 森林生态学. 第2版. 李景文主编. 中国林业出版社，1994.
2. 普通生态学. 孙儒泳，李博等主编. 高等教育出版社，1993.
3. 植物种群生态学. 周纪纶，郑师章主编. 科学出版社，1993.
4. 基础生态学. 孙儒泳，李庆芬等编著. 高等教育出版社，2003.
5. *Instant Notes in Ecology*. Mackenzie A，Ball A S and Virdee S R. BIOS Scientific Publishers Limited，1998.
6. *Plant Strategies and Vegetation Processes*. Grime J P. Chichester：Wiley，1979.

第5章　森林群落结构特征

【本章提要】本章介绍了植物群落的基本特征、森林群落的植物种类组成、种类的数量特征及种类关联分析方法。叙述了森林群落的生活型结构、层片、垂直结构与外貌特征。解释了边缘效应的概念、特征及与物种多样性的关系。分析了影响群落组成和结构的环境、生物因素及干扰类型。

5.1　森林群落的概念

5.1.1　群落

在自然界中，任何植物都极少单独生长，几乎都是聚集成群的。植物群居在一起，在植物和植物之间就发生了复杂的相互关系。就高等植物而言，这种关系包括生存空间、各植物体对光能的利用、对水分和矿质养分的利用，植物分泌物的彼此影响，以及植物之间附生、寄生和共生的关系等。另一方面，群居在一起的植物受环境影响的同时，又作为一个整体影响一定范围的外界环境，并在其内部形成特有的“植物环境”(包括小气候和土壤)；这种“改变了的”环境又反过来影响植物的本身。因此，群居在一起的植物并非杂乱无章的堆积，而是一个有规律的组合，在环境相似的不同地段有规律地重复出现。

早在1807年，近代植物地理学的创始人 Alexander Humboldt 就注意到自然界植物的这种分布规律。1890年，丹麦植物学家 E. Warming 在《植物生态学》一书中指出：一定的种所组成的天然群聚即群落；形成群落的种实行同样的生活方式，对环境有大致相同的要求，或一个种依赖于另一个种而生存，种与种之间关系密切。1908年，俄国的地理植物学家 B. H. Сукачёв 将植物群落定义为：“不同植物有机体的特定结合，在这种结合下，存在植物之间以及植物与环境之间的相互影响”。

综上所述，植物群落可定义为：在特定空间或特定生境下，具有一定的植物种类组成及其与环境之间彼此影响、相互作用，具有一定的外貌及结构，包括形态结构与营养结构，并具特定的功能的植物集合体。森林群落就是具有一定树木种类组成的植物群落。

5.1.2 群落的性质

虽然生态学家们认识到生物都以多种形式的有机集群存在，但对于群落单元的划分及群落的客观实体性仍有争议。生态学界存在两派截然对立的观点，即机体论观点和个体论观点。

5.1.2.1 机体论观点

机体论观点认为群落是客观存在的实体，是有组织的生物系统，像有机体和种群那样。

机体论观点把群落和有机体相比拟，强调组成群落的各个种是高度结合的，相互依存的，一个群落从其先锋阶段到稳定的顶极阶段和有机体一样有其出生、生长、成熟、繁殖和死亡，群落的这种生活史虽然是复杂的，但却是一个真实的过程。强调群落在很多方面表现为整体性，认为群落是自然单位，它们和有机体一样具有明确的边界，而且与其他群落是间断的、可分的，它们独立存在，可重复出现。

5.1.2.2 个体论观点

个体论观点认为群落并非自然界实体，而是生态学家为了便于研究，从一个连续变化着的植被连续体中，人为确定的一组物种的集合。

个体论观点认为组成群落的种群具有“独立性”，即各个种都是单独对外界因素起反应，并作为独立的一员进入群落，它们在不同的群落之间往往互相交织，而以不同的比例出现在不同的群落中。种群的分布决定于环境的变化，环境条件在空间上和时间上都是不断变化的，由环境变化而引起的群落的差异性是连续的。所以，群落是连续的，群落之间不具有明显的边界，群落的划分是人为的。

这两种观点对生态学研究的影响都很大，从机体论观点出发，建立了群落单元演替顶极学说和相应的研究方法；从个体论观点出发，建立了梯度分析的理论和方法。

5.1.3 群落的基本特征

生物群落是一定地段或生境中各种生物种群所构成的集合。无论群落是一个独立单元，还是连续系列中的片段，由于群落中生物的相互作用，群落都不是其组成物种的简单相加，而是一定地段上生物与环境作用的一个整体。生物群落都具有以下共同特征：

①具有一定的种类组成　每个群落都是由一定的植物、动物、微生物种群组成的。因此，种类组成是区别不同群落的首要特征。一个群落中种类成分的多少及每种个体的数量，是度量群落多样性的基础。

②具有一定的群落结构　群落除了具有一定的种类组成外，还具有一定的形

态结构和营养结构。例如，生活型组成、种的分布格局、成层性、季相、捕食者和被捕食者的关系等。

③具有一定的外貌　一个群落中的植物个体，分别处于不同高度并具有不同密度，从而决定了群落外部形态。在植物群落中，通常由其生长类型决定其高级分类单位的特征，如森林、灌丛或草丛的类型。

④形成群落环境　生物群落对其居住环境产生重大影响，并形成群落环境。如森林中的环境与周围裸地就有很大的不同，包括光照、温度、湿度与土壤等都经过了生物群落的改造。即使生物非常稀疏的荒漠群落，对土壤等环境条件也有明显改变。

⑤不同物种间存在相互影响　群落中的物种有规律地共处，即在有序状态下共存。一个群落必须经过生物对环境的适应和生物种群之间的相互适应、相互竞争，形成具有一定外貌、种类组成和结构的集合体。

⑥具有一定的动态特征　生物群落是生态系统中具有生命的部分，生命的特征是不停地运动，群落也是如此。其运动形式包括季节动态、年际动态、演替与演化。

⑦具有一定的分布范围　任何一个群落都只能分布在特定地段或特定生境中，不同群落的生境和分布范围不同。无论从全球范围看，还是从区域角度讲，不同生物群落都遵循一定的规律分布。

⑧具有特定的群落边界特征　在自然条件下，有的群落有明显的边界，有的边界不明显。但在多数情况下，不同群落间存在过渡带，被称为群落交错区，并导致明显的边缘效应。

5.2 森林群落的组成

5.2.1 森林群落的植物种类组成

任何一个森林群落都是由一定树木及相关的植物种类组成，可把组成一个森林群落的全部植物种类称为该森林群落的种类组成。一个详细的群落种类组成名单是这个森林群落的最基本的特征之一，也是森林群落研究工作的第一步。

森林群落种类组成名单之所以有价值，一方面是因为每个植物种都有一定的生态幅度，它和环境以及和其他植物种之间都有一定的相互关系，能够表达出一定生境特征和森林群落内部的生活状况；另一方面，每个植物种都有它的演化历史，有它的发展和分布的演变过程，因此，一个森林群落的种类组成不仅可以反映有关生境条件的状况，而且也反映着该群落的历史渊源和更为广阔的空间上的联系。要调查森林群落种类组成，最简单的办法就是在这个群落地段上进行种类统计，但是由于一个森林群落地段所占的面积常常很大，种在群落内分布也很不均匀，人们既不能对整个群落地段进行全面统计，也不能只在一块很小的面积上进行调查用以代表整个群落的种类组成，这就产生了一个统计面积适当大小的问题。因此，生态学家提出了最小面积的概念。所谓最小面积，也就是说至少要有这样大的面积才能包含组成群落的大多数植物种类。由于森林群落的结构是由这些植物种类所形成，所以在最小面积上也能表现出森林群落结构的主要特征。

最小面积的确定通常采用在群落中央逐步成倍扩大样方面积[如图5-1(a)]，统计面积扩大增加的种数(表5-1)，用种的数目与样方面积增加的关系，绘制出种—面积曲线，即以种的数目作纵坐标，样方的面积作横坐标，把每次调查种的数目和样方面积的关系标绘在坐标图中，各个点的连线即构成了种—面积曲线[图5-1(b)]。曲线的特征是，起初陡峭上升，而后慢慢趋于平缓，这是因为开始的样方中出现许多种，而后来扩大的样方中增添的种数就不多了，曲线开始平缓的一点即群落的最小面积，这一点固然可以凭观察从图上看出来，但是由于曲线的形式随横纵坐标的比例而定，这使转折点的主观判断较为困难。解决的办法是事先设定，当面积增加10%、种的总数也只增加10%时，取样面积已足够。这个点可以在曲线上机械地确定，即通过坐标图上的原点，到代表10%的种和10%的样方面积所标出的点间画一条直线，然后与这条线平行地在曲线上画一切线，这样不管曲线的形状如何，切点就是10%的相关数，为了更精确地取样，这个点可以按增加10%的样方面积、对增加5%的种数来判定。

表5-1　随着样方面积扩大增加的种数

小样方号	面积(m^2)	种　类	种数小计
1	4	木荷、檵木、马银花、乌饭、山鸡椒、光叶菝葜、算盘子	7
2	8	短柄枹、赤楠、石斑木、羊角藤	11
3	16	盐肤木、木青、玄参科一种	14
4	32	映山红、茅栗、菝葜	17
5	64	石栎、苦槠、老鼠矢、青皮木、柃木、栀子、刺柏、南烛	25
6	128	冻绿	26
7	256	山矾、马尾松、冬青	29

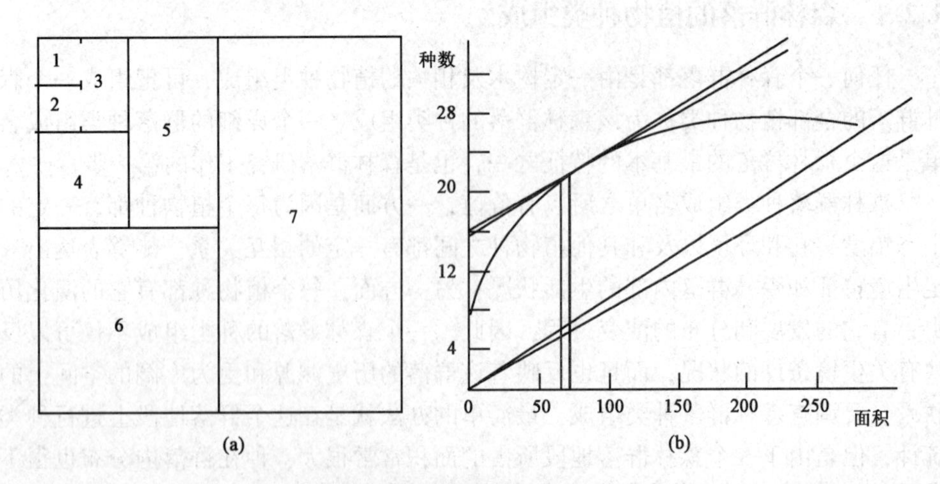

图5-1　确定群落最小面积的程序(仿宋永昌)

(a)成倍扩大样方面积，记录出现的种数　(b)种—面积曲线

一般而言，环境条件越优越，植物种类越多，最小面积就越大。例如，在西双版纳南部热带雨林群落的最小面积至少为 2 500m²，其中包含组成群落的主要高等植物 130 种左右；而东北小兴安岭红松林的最小面积约为 400m²，包含的主要高等植物有 40 种左右。表 5-2 综合了不同国家、学者对各类森林研究时所建议的样方最小面积。

表 5-2 不同国家和学者建议的森林植被研究时的最小面积 m²

Whittaker(1978)		国外森林调查的标准		中国常用标准	
热带沼泽雨林	2 000～4 000	英国国家调查	400	热带雨林	2 500～4 000
热带次生雨林	200～1 000	美国(锯材、杆材)	400～800	南亚热带森林	900～1 200
混交落叶林	200～800	瑞典国家调查	138	常绿阔叶林	400～800
温带落叶林	100～500	芬兰国家森林调查	1 000	温带落叶阔叶林	200～400
		日本木材调查	500～2 000	针阔混交林	200～400
		加拿大木材调查	800～1 000	东北针叶林	200～400
		德国木材调查	100～500	灌丛幼年林	100～200

5.2.2 物种组成的性质分析

不同的森林群落，其植物种类组成的数目有所差异，它们均属于一定的科、属，以我国亚热带常绿阔叶林为例，群落的类型虽然极为多样，但是组成群落的主要植物种类均属壳斗科、樟科、山茶科、木兰科和金缕梅科。

根据各植物种的生物地理群落过程和在群落中的地位及数量特征可以把森林植物种划分为以下几种群落成员型。

5.2.2.1 优势种和建群种

对群落的结构和群落环境的形成有明显控制作用的植物种称为优势种(dominant species)。它们通常是那些个体数量多、投影盖度大、生物量高、体积较大、生活能力强，即优势度较大的种。森林群落中，乔木层、灌木层、草本层和地被层分别存在各自的优势种。例如兴安落叶松林中：乔木层中的优势种为兴安落叶松(*Larix gmelinii*)；灌木层的优势种主要有兴安杜鹃(*Rhododendron dauricum*)、偃松(*Pinus pumila*)、杜香(*Ledum palustre* var. *angustum*)、柴桦(*Betula fruticosa*)、笃斯越橘(*Vaccinium uliginosum*)、越橘(*Vaccinium vitisidaea*)；草本层中常见的优势种有红花鹿蹄菜(*Pyroda incarnata*)、二叶舞鹤草(*Maianthemum bifolium*)、七瓣莲(*Trientalis europaea*)、薹草(*Carex* spp.)、兴安青茅(*Deyeurum turczninowii*)、裂叶蒿(*Artemisia laciniata*)、大叶柴胡(*Bupleurum longiradiatum*)等；地被层主要为藓类植物，如桧叶金发藓(*Polytrichum juniperinum*)、毛梳藓(*Ptilium cristacastrensis*)、沼泽皱蒴藓(*Aulacomnium palustre*)、白齿泥炭藓(*Sphagnum girgensohnii*)、赤茎藓(*Pleurozium schreberi*)、高山石蕊(*Cladonia aipetris*)等。

其中，优势层(乔木层)的优势种起着构建种群的作用，常称为建群种。如兴安落叶松林的建群种为兴安落叶松。

如果群落中建群种只有一个，则称为“单建种群落”或“单优势种群落”。如果具有两个或两个以上同等重要的建群种，就称该群落为“共建种群落”或“共优势种群落”。热带森林，几乎全是共建种群落；北方森林和草原则多为单建种群落。

优势种对整个群落具有控制性影响，如果把群落中的优势种去除，必然导致群落性质和环境的变化；若把非优势种去除，只会发生较小的或不显著的变化。因此不仅要保护那些珍稀濒危植物，而且也要保护那些建群植物和优势植物，它们对生态系统的稳定起着举足轻重的作用。

5.2.2.2 亚优势种

亚优势种(subdominant species)是指个体数量与作用都次于优势种，但在决定群落性质和控制群落环境方面仍起一定作用的植物种。在复层群落中，它通常居于较低的下层，如兴安落叶松林中常有混生数量不等的白桦(*Betula platyphylla*)、蒙古栎(*Quercus mongolica*)、樟子松(*Pinus sylvestris* var. *mongolica*)等乔木树种，这些树种在乔木层中成为亚优势种。

5.2.2.3 伴生种

伴生种(companion species)为群落中常见种，它与优势种相伴存在，但在决定群落性质和控制群落环境方面不起主要作用。伴生种在一些群落中出现，而在另一些群落中可能不出现。如兴安落叶松林中常有崖柳(*Salix xerophil*)、多叶大刺蔷薇(*Rosa acicularis*)、赤杨(*Alnus japanica*)等伴生。

5.2.2.4 偶见种

偶见种(occasional species)是那些在群落中出现频率很低的物种，多半数量稀少，如兴安落叶松林中偶尔可以见到红皮云杉(*Picea koraiensis*)、长尾接骨木(*Sambucus perinularis*)、宽萼铁线莲(*Clematis platysepala*)、钝叶单侧花(*Ramischia obtusata*)等。偶见种可能偶然地由人们带入或随着某种条件的改变而侵入群落中，也有可能是衰退中的残遗种。有些偶见种的出现具有生态指示意义，有的还可作为地方性特征种看待。

5.2.3 种类的数量特征

有了所研究群落的、完整的生物物种名录，只能说明群落中有哪些物种，要进一步说明群落特征，还必须研究不同种的数量关系。对物种组成进行数量分析是近代群落分析技术的基础。

5.2.3.1 种的个体数量指标

(1) 多度

多度(abundance)是表示一个种在群落中的个体数目。植物群落中植物种间的个体数量对比关系，可以通过各个种的多度来确定。多度的统计方法通常有两种：一种是个体的直接计算法，即记名计算法；另一种是目测估计法。一般对于植物个体数量多而植物体形小的群落(如灌木、草本群落)，或者在概略性的踏查中，常用目测估计法。而对树木种类或者在详细的群落研究中，就常用记名计算法。

记名计算法就是在一定面积的样地中，直接清点各种群的个体数目，然后计算出某种植物与同一生活型的全部植物个体数目的比例。

目测估计法是按预先确定的多度等级估计单位面积上个体的多少，多用于群落内草本植物的调查。常用的等级划分和表示方法见表 5-3。国内多采用 Drude 的 7 级制多度。

表 5-3 几种常用的多度等级

Drude		Clements		Braun-Blanquet	
Soc(Sociales)	极多	D(Dominant)	优势	5	非常多
Cop^3(Copiosae)	很多	A(Abundant)	丰富	4	多
Cop^2	多	F(Frequent)	常见	3	较多
Cop^1	尚多	O(Occasional)	偶见	2	较少
Sp(Sparal)	尚少	R(Rare)	稀少	1	少
Sol(Solitariae)	少	Vr(Very rare)	很少	+	很少
Un(Unicum)	个别				

(2)密度

密度(density)指单位面积上的植物株数，用公式表示为：

$$d = \frac{N}{S} \tag{4-6}$$

式中 d——密度；

N——样地内某种物种的个体数目；

S——样地面积。

密度的倒数即为每株植物所占的样地面积。

在群落内分别计算各个种的密度，其实际意义不大。重要的是计算全部个体(不分种)的密度和平均面积。在此基础上，又可以推算出个体间的距离：

$$L = \sqrt{\frac{S}{N}} - D \tag{4-7}$$

式中 L——平均株距；

D——树木的平均胸径。

密度的数值受到分布格局的影响，而株距则又反映了密度和分布格局。在规则分布的情况下，密度与株距的平方成反比。但在集中分布情况下则不一定如此。一般对乔木、灌木和丛生草本以植株或株丛计数，根茎植物以地上枝条计数。样地内某一物种的个体数占全部物种个体数的百分比称为相对密度(relative density)。某一物种的密度占群落中密度最高的物种密度的百分比称为密度比(density ratio)。

(3)盖度

盖度(coverage)是指植物地上部分垂直投影面积占样地面积的百分比，即投影盖度。投影盖度作为群落结构的一个重要指标是因为：一方面它标志植物所占的水平空间面积，另一方面它在一定程度上反映着植物同化面积的大小。盖度除了用植物地上部分的植冠投影表示外，有时也用植物基部的覆盖面积表示，这种盖度称为基盖度。对于森林群落常以树木胸高(1.3m处)断面积计算。盖度可分为分盖度(种盖度)、层盖度(种组盖度)和总盖度(群落盖度)。林业上常用郁闭度表示林木层盖度。群落中某一物种的分盖度占所有分盖度之和的百分比称为相对盖度。某一物种的盖度与盖度最大物种的盖度比称为盖度比(coverage ratio)。

在欧洲常用盖度等级来表示植物种的盖度，通常采用5级制，常见的盖度等级有两种见表5-4。

表5-4 欧洲常见的两种盖度等级

盖度等级	Hult Sernander	Braun-Blanquet
5	单位面积中占覆盖1/2以上	单位面积中占覆盖3/4
4	单位面积中占覆盖1/4～1/2	单位面积中占覆盖1/2～3/4
3	单位面积中占覆盖1/8～1/4	单位面积中占覆盖1/4～1/2
2	单位面积中占覆盖1/16～1/8	单位面积中占覆盖1/20～1/4
1	单位面积中占覆盖1/32～1/16	单位面积中占覆盖1/20以下

可以根据盖度等级计算出盖度系数，例如根据Braun－Blanquet的盖度等级有：

等级	盖度	平均数
5级	100%～75%	87.5
4级	75%～50%	62.5
3级	50%～25%	37.5
2级	25%～5%	15.0
1级	5%以下	2.5
+		0.1

然后，根据以下公式计算出某一植物的盖度系数：

$$a = \frac{\sum_{i=1}^{s} np_i}{m} \times 100 \tag{4-8}$$

式中 a——盖度系数；

n——该物种在某一盖度级的出现次数；

p_i——第i盖度级的平均数；

m——被统计的样地总数。

在Braun-Blanquet的研究中，常把各种植物的盖度系数列在群落表上，以显示该植物在群落中的重要程度。

对于单株植物，盖度常用冠幅表示。以乔木为例，如果树冠是接近圆形的，那么该树的冠幅以通过树干顶部(树冠中心)的直径表示，如直径为2m，则冠幅为2m×2m；如果树冠为椭圆形，冠幅则为以树干顶部为中心相互垂直的长短二直径的乘积。

(4)频度

频度(frequency)即某个物种在调查范围内出现的频率。常按包含该种个体样方占全部样方数的百分比计算：

$$频度 = \frac{某物种出现样方数}{样方总数} \times 100\%$$

通常将频度划分为5个等级：A级——频度为1%~20%；B级——频度为21%~40%；C级——频度为41%~60%；D级——频度为61%~80%；E级——频度为81%~100%。

把一个群落内所有的种都归到各自的等级中，这样就可得到群落内种的频度分布。1934年，丹麦学者C. Raunkiaer根据8 000多种植物的频度统计，编制了一个标准频度图解(如图5-2)。从图中可以看出：属于A级的种有53%；B级的种有14%；C级的种有9%；D级的种有8%；E级的种有16%。根据这一数据得出的“频度定律”是：A > E > B > C > D。许多研究者对它进行验证，结果不论植被类型如何，基本上是一致的。A级通常频度较高，因为大多数群落中稀见的种总是较多的，E级也较高，这是因为它们都是群落中的优势种，如果样地面积扩大，在一定的限度内，A级和E级将增加，B、C、D级将相应减少。频度级只有是同等面积的样方才能进行比较。

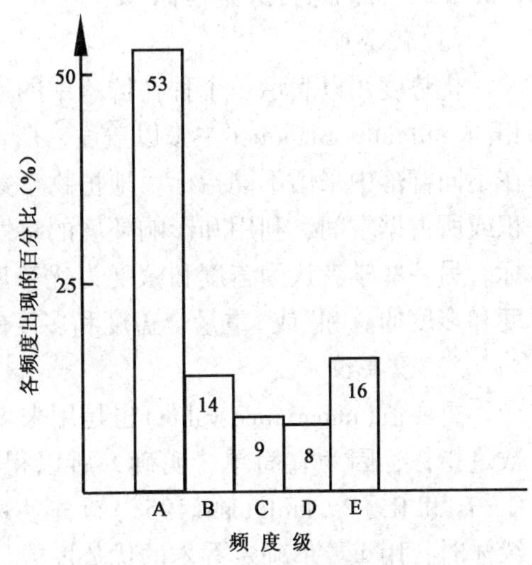

图5-2 Raunkiaer的标准频度图解

(5)高度

高度(height)常作为测量植物体体长的一个指标，测量时取其自然高度或绝对高度，藤本植物则测其长度。某种植物高度与最高种的高度之比为高度比。

(6)体积和重量

森林群落内，植物体积(volume)和重量(weight)是标志植物种产生的物质数量的具体指标。在森林经营中，计算木材的生产量(材积)就是通过对树干体积的计算而得出的。单株树木的体积等于胸高断面积、树高和形数三者的乘积，即

$$M = \sum G \times H \times f \tag{4-9}$$

式中 M——林地蓄积量；

$\sum G$——树木胸高断面积总和；

H——林木平均高度；

f——形数。

群落中，植物有机物部分的重量是测定整个群落生产力的重要手段。不同植物种类的个体重量变化范围很大。重量在很大程度上和体积成正比，但是由于各种植物种类所累积的有机物质不同，相同体积的植物在重量上仍有差异。重量的测定常常针对群落中某种植物的某一部分，或是果实的重量，或是叶子的重量，在林业上对干、根的称重比对果实的称重更重要。测定重量的方法，一般在采割后直接称重；或者针对各个种，选少数大小合适的个体，作为样本称重，求其平均值，再乘以单位面积的个体数。植物的重量首先应在潮湿的状态下测定（湿重或鲜重），然后在干燥的状态下测定（干重），这样就可以了解到群落的总生产量和干物质生产量。

5.2.3.2 种的综合数量指标

（1）优势度

优势度用以表示一个种在群落中的地位与作用，但具体定义和计算方法不尽相同。Braun - Blanquet 主张以盖度、所占空间大小或重量来表示优势度，并指出在不同群落中采用不同指标。地植物学家 B. H. Сукачёв（1938）提出，多度、体积或所占据空间、利用和影响环境的特性、物候动态均应作为某个物种优势度指标。另一些学者认为盖度和密度为优势度的度量指标。也有的认为优势度即“盖度和多度的总和”或“重量、盖度和多度的乘积”，等等。

（2）重要值

重要值（importance value）也是用来表示某个种在群落中的地位和作用的综合数量指标，因为它简单、明确，所以得到普遍采用。重要值是美国学者 J. T. Curtis 和 R. P. McIntosh（1951）首先使用的，他们在 Wisconsin 研究森林群落连续体时，用重要值确定乔木的优势度或显著度（conspicuousness），计算公式如下：

$$重要值 = 相对密度 + 相对频度 + 相对优势度（相对基盖度）$$

（3）综合优势比

综合优势比（summed dominance ratio）是由日本学者召田真等（1957）提出的一种综合数量指标，其缩写形式为 SDR。包括二因素、三因素、四因素和五因素等四类。常用的为二因素的综合优势比（SDR_2），即在密度比、盖度比、频度比、高度比和重量比这 5 项指标中取任意 2 项求其平均值再乘以 100%。

5.2.4 种间关联

在森林群落中，常可以见到几个种类彼此贴近生长，而且是有规律地重复出现，这种结合的可能是由于地理分布范围相似但生活型不同而避免了种间个体的竞争；还有可能是一种植物依靠另一种植物遮阴，或者因营养物质如寄生植物和寄主等关系。这种结合可能很紧密，在立地中一定的种可以指示另一种的存在。有些种经常生长在一起，有的则互相排斥。如果两个种一块出现的次数比期望的更频繁，它们就具正关联；如果它们共同出现的次数少于期望值，则它们具负关联。正关联可能是因一个种依赖于另外一个种而存在，或两者受生物的和非生物的环境因子影响而生长在一起。负关联则是由于空间排挤、竞争、他感作用以及不同的环境要求。

不管引起种间关联的原因如何，它的确定是以种在取样单位中的存在与否估计的，因此，取样面积的大小对研究结果有重大影响。在均质群落中，可预期种间关联是随样本大小的增加而增大，达到某一点后则维持不变。

表达种对之间是否关联，常采用关联系数(association coefficient)，计算前先列出 2×2 列关联表，它的一般表达形式如表 5-5 所示。

表 5-5 2×2 列关联表

		种 B		
		+	−	
种	+	a	b	$a+b$
A	−	c	d	$c+d$
		$a+c$	$b+d$	n

表中 a 是两个种均出现的样方数，b 和 c 是仅出现一个种的样方数，d 是两个种均不出现的样方数。如果两物种是正关联的，那么绝大多数样方为 a 和 d 型；如果是负关联，则为 b 和 c 型；如果是没有关联的，则 a、b、c、d 各型出现的概率相等，即完全是随机的。

关联系数常用下面公式计算：

$$V=(ad-bc)/\sqrt{(a+b)(c+d)(a+c)(b+d)}$$

其数值变化是从 −1 到 +1。然后按统计学的 χ^2 检验法测定所求得关联系数的显著性。

随着种数的增加，种对的数目会按 $s(s-1)/2$ 方程迅速增加，式中 s 是种数。为了不只说明各种对之间是否关联，而且进一步说明它们之间的关联程度，常利用各种相关系数、距离系数或信息指数来叙述一个种的数量指标与另一个种或某一环境因子定量值的关系，计算结果可用半矩阵或星系图表示。

如果群落是自然界的客观实体，那么组成群落的各种群应通过相互作用彼此有机结合，形成一个有机网络，并且，这种相互作用是一种必然的关联。从理论上说，群落中全部种对的各种关联(正、负或无关联)可能出现的频率，可以按图 5-3 的顺序排列起来。

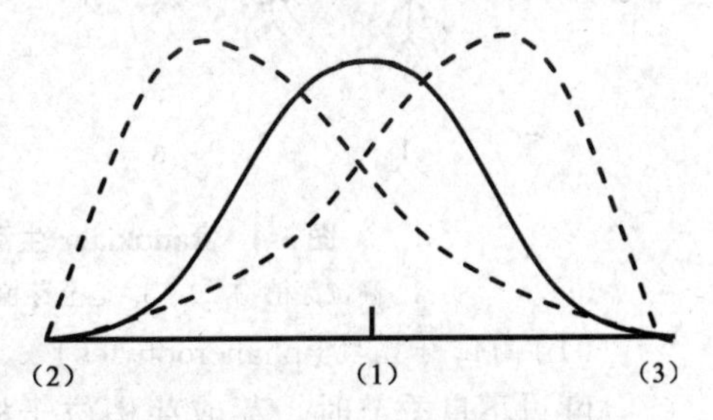

图 5-3 群落中各种相互关联类型的可能出现频率(Krebs，1985)

(1)无相互作用 (2)必然的负关联 (3)必然的正关联

必然的正关联可能出现在某些寄生物和单一宿主间，还有完全取食于一种植物的单食性昆虫间。大多数物种的生存只是部分依存于另一物种，像昆虫取食若干种植物，捕食者取食若干猎物。部分依存关系看来是自然群落中最常见的，其出现频率仅次于无相互作用的。

另一种极端是一物种的分布被另一物

种的竞争排斥作用所限制，这是一种可能形成群落间明确界限的机制。种间竞争只在生态学上相近的物种之间才出现，因此，还没有理由说明群落中全部物种都以竞争排斥相关联(负关联)。竞争排斥是群落中少数物种间的关联类型。

R. H. Whittaker认为，如果把群落中全部物种间的相互作用搞清楚，那么其类型的分布将是钟形的正态曲线，大部分围绕重点(无相互作用)，少数物种间关系处于曲线两端(必然的正关联和必然的负关联)。如果真实的情况是这样，那么种间相互作用还不足以把全部物种有机结合成一个"客观实体"(群落)，也就是说，从关联分析来看，群落的性质更接近于一个连续分布的系列，即个体论学派所主张的观点。

5.3 森林群落的结构和外貌

5.3.1 生活型结构

生活型(life form)是植物对外界环境长期适应的结果，特别是能反映特定气候区内各种植物的越冬方式。同一生活型的生物，不但体态相似，而且在适应特点上也是相似的。丹麦生态学家C. Raunkiaer选择休眠芽在不良季节的着生位置作为划分生活型的标准，根据这一标准，C. Raunkiaer把陆生植物划分为5类生活型，如图5-4所示。

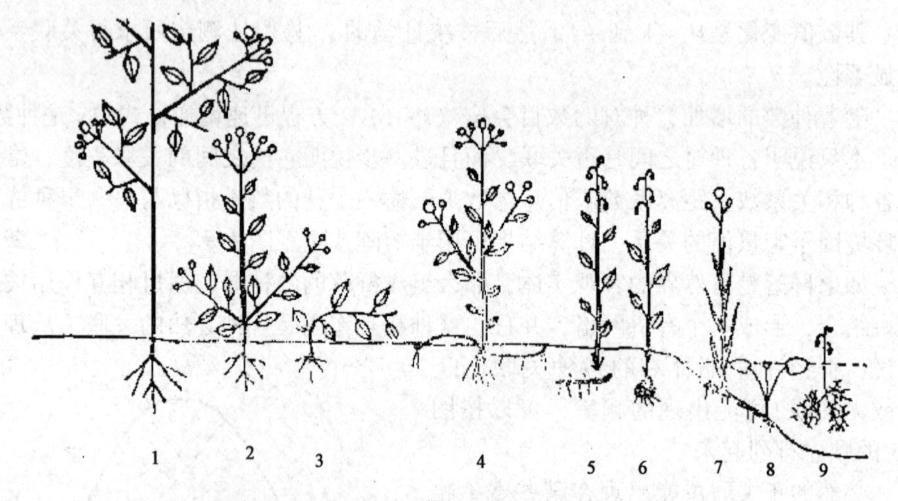

图5-4 Raunkiaer生活型图解(Raunkiaer，1934)

1. 高位芽植物 2、3. 地上芽植物 4. 地面芽植物 5~9. 隐芽植物

(1)高位芽植物(phanerophytes)

度过不良季节时，芽或芽梢位于植物体离地面较高的部位，通常为距地面25cm以上。如乔木、灌木，以及热带潮湿气候下的高大草本。依高度又可分为4个亚类，即大高位芽植物(高度>30m)、中高位芽植物(8~30m)、小高位芽植物(2~8m)和矮高位芽植物(0.25~2m)。

(2)地上芽植物(chamaephytes)

度过不良季节时，芽或芽梢位于地表或接近地表的枝条上，通常为地表到地上25cm处。在冬季积雪的地区，雪覆盖这些枝条；而不积雪的地区，这些枝条部分被地表的枯枝落叶所覆盖而受到保护。地上芽植物包括半灌木、垫状植物以及枝条平伏于地表的植物等。

(3)地面芽植物(hemicryptophytes)

又称浅地下芽植物或半隐芽植物。在不良季节，地上部分枯死，更新芽位于近地面土层内。地面芽植物在温带地区最占优势，以多年生草本植物为主。

(4)隐芽植物(cryptophytes)

又称地下芽植物。更新芽位于较深土层中或水中，多为鳞茎类、块茎类、根茎类多年生草本植物以及沼泽植物、水生植物等。

(5)1年生植物(therophytes)

在当年就完成生活周期，以种子的形式度过不良季节，在干旱的草原或荒漠中比较丰富。

按照以上生活型系统，就可以在一个群落中鉴定每种植物各属什么生活型。统计每一类生活型中的植物种类数目，求出百分率：

$$\text{某一生活型的百分率} = \frac{\text{群落中某一生活型植物种数}}{\text{群落中全部植物种数}} \times 100\%$$

把统计结果列成表或制成柱状图，即为群落的生活型谱。

通过不同气候区域或不同群落之间的生活型谱的比较，不仅可以看到各地区的环境特点，也可以看到各群落之间的结构差异。每一个群落都是由几种生活型的植物组成，其中有一类生活型占优势。高位芽占优势的群落，反映了群落所在地的气候温热多湿，更新部分暴露于外界不会遭到低温和干燥气候的危害；地面芽植物占优势的群落，反映了该地具有较长的严寒季节；隐芽植物占优势的群落，环境比较冷、湿；1年生植物占优势的群落，气候比较干旱。我国自然环境复杂多样，在不同的气候区域内，群落的生活型组成也各有特点(表5-6)，温带落叶阔叶林，高位芽植物占优势，地面芽植物次之，就反映了该群落所在地的气

表5-6 我国不同气候区植被的生活型谱

植被类型	生活型的百分率(%)				
	高位芽植物(Ph.)	地上芽植物(Ch.)	地面芽植物(H.)	隐芽植物(Cr.)	1年生植物(Th.)
热带雨林(云南西双版纳)	94.7	5.3	0	0	0
热带常绿阔叶林(滇东南)	74.3	7.8	18.7	0	0
温带落叶阔叶林(秦岭北坡)	52.0	5.0	38.0	3.7	1.3
寒温带暗针叶林(长白山西南坡)	25.4	4.4	39.6	26.4	3.2
温带草原(东北)	3.6	2.0	41.0	19.0	33.4
亚高山草甸(云南东北部)	6.0	0	74.0	13.0	7.0
高山冻荒漠(云南西北部)	0	30.0	54.0	16.0	0

候夏季炎热多雨，但有一个较长的严冬；而寒温带暗针叶林，地面芽植物占优势，隐芽植物次之，高位芽植物又次之，反映当地有一个较短的夏季，但冬季漫长，严寒而潮湿。

生活型谱除了可以反映不同气候区的不同森林群落外貌外，还能反映在同一个地区或一个山的阳坡和阴坡也存在着不同的生活型的相对差别。生活型谱因其从1年生植物、地面芽植物、地上芽植物到高位芽植物，有着不同的高度，从而又表现出空间上的成层性。

另外一些学者按植物体态划分生活型或生长型，R. H. Whittaker(1970, 1975)认为植物的形状类别即是生长型(growth form)。《中国植被》提出的生长型分类系统分为4级，第一级分为木本植物、半木本植物、草本植物、叶状体植物，第二级区分的特征为主轴木质化程度及寿命长短，第三、四级则按体态和发育规律进一步区分。下面列出了该系统的第一、二级分类：

Ⅰ. 木本植物

1. 乔木：具有明显主干，又可以分出针叶乔木、阔叶乔木，并进一步分出常绿的、落叶的、簇生叶的、叶退化的。

2. 灌木：无明显主干，又可以分出针叶灌木、阔叶灌木，并进一步分出常绿的、落叶的、簇生叶的、叶退化的。

3. 竹类。

4. 藤本植物。

5. 附生木本植物。

6. 寄生木本植物。

Ⅱ. 半木本植物

7. 半灌木与小半灌木。

Ⅲ. 草本植物

8. 多年生草本植物：又可分出蕨类、芭蕉型、丛生草、根茎草、杂类草、莲座植物、垫状植物、肉质植物、类短命植物等。

9. 1年生植物：又分冬性的、春性的与短命植物。

10. 寄生草本植物。

11. 腐生草本植物。

12. 水生草本植物：又分挺水的、浮叶的、漂浮的、沉水的。

Ⅳ. 叶状体植物

13. 苔藓及地衣。

14. 藻菌。

生长型也反映植物生活的环境条件，相同的环境条件具有相似的生长型。Shimper在1903年发现，在世界不同地区的相似环境区域重复出现相似的生长型植物。例如生活在非洲、北美洲、大洋洲和亚洲的许多荒漠植物，都有叶子细小等特征，虽然它们可能属于不同的科。细叶是一种减少热负荷和蒸腾失水量的适应。生活型与生长型决定群落的外貌。

5.3.2 植物的叶片

5.3.2.1 叶的特征

叶片是进行光合作用的重要器官，它在植物体的结构中不仅数量大，而且对环境的适应也表现得最为突出和多样，在群落结构和外貌中起着特别重要的作用。叶的特征主要表现为：

(1)叶的质地

叶的质地反映生境中光、温、水等因子的综合作用。按质地可以划分为：薄叶、草质叶、革质叶和厚革质叶。

(2)叶的大小

叶片大小与水分平衡密切相关。大叶比小叶更能阻碍空气的对流和热量散失，所以在太阳照射的条件下，大叶比小叶的叶温高、蒸腾量大；相反在荫蔽的条件下，大叶的叶温降低也较快，叶温影响光合速率，所以叶子大小与光合作用的效率有密切关系。

(3)叶的生活期

叶的生活期可区分为：常绿叶，在不利生长期也不脱落，至少可以保持两个生长季；夏绿叶，在寒冷季节时脱落；半常绿叶，寒冷季节时并不脱落，入春后大量脱落，并很快为新叶所代替；冬绿叶，在干旱夏季时脱落，冬季生长。

(4)叶的方位

叶在空间上的方位是植物个体生态生理学的重要特征，对群落结构有重要作用，它影响着群落内光强分布、最适叶面积指数以及植被蒸腾作用等。

(5)叶型和叶缘

叶型分单叶和复叶。叶缘分全缘和非全缘两种。

由于叶的特征能够较好地反映生境的水热状况，在群落结构的研究中，获得越来越多的重视。一般而言，水热状况良好时，叶大而薄，生活时期长。

5.3.2.2 叶面积指数

叶面积指数(leaf area index，LAI)是群落结构的一个重要指标，并与群落的功能有直接关系，一般定义为：

叶面积指数 = 总叶面积(单面计算)／单位土地面积

表5-7列出了一些主要植被类型的叶面积指数。

表5-7 主要植被类型的叶面积指数

植被类型	叶面积指数	植被类型	叶面积指数
热带雨林	10~11	冻原	1~2
落叶阔叶林	5~8	草原化荒漠	1
北方针叶林	9~11	农作物	3~5
草地	5~8		

注：引自Barbour，1987。

5.3.3 层片

层片(synusia)是瑞典植物学家H. Gams(1918)首创。他将层片划分为三级：第一级层片是同种个体的组合；第二级层片是同一生活型的不同植物的组合；第三级层片是不同生活型的不同种类植物的组合。显然，H. Gams的第一级层片指的是种群，第三级层片指的是植物群落。现在群落生态学研究中一般使用的层片概念，相当于H. Gams的第二级层片，即每一个层片均由同一生活型的植物所构成。

层片作为群落的结构单元，是在群落产生和发展过程中逐步形成的。地植物学家B. H. Cукачёв(1957)指出："层片具有一定的种类组成，这些种具有一定的生态生物学一致性，而且特别重要的是它具有一定的小环境，这种小环境构成植物群落环境的一部分。"层片与德国学者提出的生态种组有相似之处，但层片强调的是群落结构组分，而生态种组则强调其生态性质的指示作用。一般地讲，层片有以下特征：

①属于同一层片的植物是同一生活型类别。但同一生活型的植物只有其个体数量相当多，而且相互之间存在一定的联系才能组成层片。

②每一层片在群落中都具有一定的小环境，不同层片小环境相互作用的结果构成了群落环境。

③每一层片在群落中都占据一定的空间和时间，而层片的时空变化形成了植物群落的不同结构特征。

④在群落中，每一个层片都具有自己的相对独立性，而且可以按其作用和功能的不同划分为优势层片、伴生层片和偶见层片。

层片是群落的三维生态结构，它与层次有相同之处，但又有质的区别。例如，森林群落的乔木层，在北方可能属于一个层片，但在热带森林中可能属于若干不同层片。一般层片比层次的范围要窄，因为一个层次的类型可由若干生活型的植物所组成。例如，常绿夏绿阔叶混交林及针阔混交林中的乔木层都含有两种生活型。

5.3.4 群落的垂直结构

群落的垂直结构(vertical structure)，主要指群落的分层现象。植物群落在其形成过程中，由于环境的逐渐分化，导致对环境有不同需求的植物生活在一起，这些植物各有其生长型，其生态幅度和适应特点多少也有差异。它们各自占据一定的空间，并且它们的同化器官(枝、叶)、吸收器官排列在空中的不同高度和土壤的一定深度中。植物按照空间高度或土壤深度的垂直配置，形成了群落的层次，即群落的成层现象。

陆生群落的地上分层，与光的利用有关。森林群落的林冠层吸收了大部分光辐射，随着光照强度减弱，依次发展为林冠层、下木层、灌木层、草本层、地被层等层次(图5-5)。通常，温带落叶阔叶林地上成层现象最明显，寒温带针叶林地上成层结构简单，而热带森林的成层结构最为复杂。

林冠层是固定能量的主要场所，它对其他层次的形成和发育具有重要作用，下木层、灌木层、草本层和地被层的发育主要与林冠层的郁闭度有关。地被层主要由苔藓、地衣等构成。各个层次中又按不同高度再划分亚层。同一层内植物个体高度相差不应超过10%，例如在某一群落中，当一些乔木树种的平均树高为30m时，则树高在27~33m范围内的应属于同一林层，而另一些平均树高只有20m的则应划分到下一林层。同样在灌木和草本层中也可划分出若干亚层。

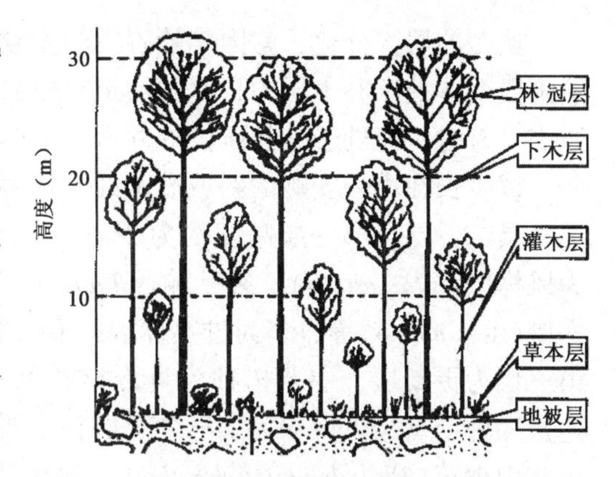

图5-5 森林群落的垂直分布

（仿R. L. Smith，1992）

成层结构是自然选择的结果，它显著提高了植物利用环境资源的能力。如森林群落中，上层乔木树种的林冠构成上层林冠，表面裸露于全光照之下，自此向下光照强度递减，光质也发生改变，但林下灌木层却能利用这些微弱的、光谱组成已被改变了的光。在灌木层下的草本层能够利用更微弱的光，草本层下还有更耐阴的苔藓层。

从树种对生态条件要求的角度来说，寿命长、树体高大、喜强光的树木占据上层，而寿命短、树体较矮、较耐阴的树木占据下层。不管上下两层是否属于同一树种，上层树木的年龄一般要大于下层。

按照植物的高度划分群落的垂直结构，不仅是形态特征方面的指标，同时也具有一定的生态意义。作为一个层次，都有它自己特殊的小生境和一定的植物种类与个体数量。同一层次的各种植物在生态习性上也比较接近。例如，我国热带雨林的上层乔木层，大多数是喜光、落叶和半落叶树种，且常具显著的板根，与下层树种的生活习性显然不同。

除上述层次外，还可以划分出一种特殊的成分，即层间植物（也叫层外植物），包括一些生长于其他植物之上的附生植物和寄生植物，以及虽然有自己的根系，但可攀绕于其他植物之上的藤本或攀缘植物。它们的存在和丰富程度与环境条件和森林类型直接相关。如高山湿度很大，林内附生的苔藓也特别发达，故有高山苔藓林之称。热带雨林中，由于高温、高湿，层间植物的发育达到了最丰富的程度，除了苔藓、地衣等附生植物和草质藤本植物外，还附生有蕨类植物和种子植物，如鸟巢蕨（*Neottopteris nidus*）、石斛（*Dendrobium* spp.）、吊兰（*Cissus rhombifolia*）、石柑子（*Pothos chinensis*）等。粗大的木质藤本更是热带森林的特色，有的直径粗达40cm，纵横攀缘并达到林冠上层。林内干燥的森林，层间植物则很贫乏，所能见到的通常只是一些附生于树干的地衣。附生植物如苔藓、地衣在树干所能达到的高度和所在部位与林内湿度和光照条件存在密切关系。

典型的层次分化，常因年龄阶段的差异而变得复杂起来。例如乔木树种，成熟阶段个体处于乔木层中，而其幼年阶段的个体则处于灌木层、草本层甚至苔藓层中。有时，将处于幼年阶段的乔木层个体统称为更新层。

以生长在小兴安岭的斜坡灌木红松林为例，它大多生长在阴坡缓坡处。林冠层多具二三层，第一层高度约为25～31m，红松(*Pinus koraiensis*)占优势，其余为风桦(*Betula costata*)、裂叶榆(*Ulmus lacinata*)、臭冷杉(*Abies nephrolepis*)和色木槭(*Acer momo*)等，多为过熟林木；第二层高度为16～19m，臭冷杉常占优势；第三层为更新层，主要树种为臭冷杉和色木槭等的幼树和幼苗。下木层相当发达，物种丰富，也可分为二三个亚层，主要种类有毛榛子(*Corylus mandshurica*)、东北山梅花(*Philadelphus schrenkii*)、刺五加(*Acanthopanax senticosus*)、瘤枝卫矛(*Euonymus pauciflorus*)、黄花忍冬(*Lonicera chrysantha*)、少刺大叶蔷薇(*Rosa acicularis*)、东北茶藨子(*Ribes mandshuricum*)等。草本层植被发达，种类多，常以圆齿蹄盖蕨(*Athyrium crenatum*)、黑水鳞毛蕨(*Dryopteris amurenis*)、毛缘薹草(*Carex pilosa*)和木贼(*Equisetum hyemale*)占优势，其他主要还有尖齿蹄盖蕨(*A. spinulosum*)、粗茎鳞毛蕨(*D. spinulosum*)、野芝麻(*Lamium album*)、金腰子(*Chrysosplenium* spp.)等。

林木的层次结构在林业上常称为林相，可分为单层林和复层林。前者只有一个乔木层，后者则具有两个以上的乔木亚层，目前的人工林和喜光树种所形成的纯林多为单层林，而由耐阴树种所形成的异龄林则多是复层林。在复层林中，有时林冠参差不齐形成梯状郁闭，这时亚层的划分就很困难。

复层林中，植株最多、盖度最大的层次称为主林冠层，它可能是乔木层中的第一层，也可能是第二层。主林冠层对森林环境如光照、温度、湿度、二氧化碳含量、地被物以及保水能力有很大影响。林冠内各层植物都分别占有适合其本身生长的小生境，而此小生境又依赖于其上面各层次特别是主林冠层的存在。发育完好的森林群落中，各个层次包括组成该层次的植物种类都具有相互适应和相对稳定性，亦即各个层次特别是下层对位于其上面的层次具有更大的依存性。如果上层林木被毁，必然导致林内环境条件的骤然改变，原来依附于上层林木而存在的下层植物自然也跟着大量消失，或为另外一些植物所代替。营造混交林或进行林内多层经营时，就必须充分考虑所选林木或经济植物的生态特性、所处层次以及相互间的适应能力和依存关系。

群落的地下成层性是由不同植物的根系在土壤中达到的深度不同而形成的，各层次之间的关系主要围绕水分和养分的吸收而实现。因此，地下成层现象与土壤的水分、养分、物理结构及植物的适应性有密切关系，也在一定程度上反映植物的竞争能力。

一般情况下，群落的地下根系层次常与地上的层次相对应，例如乔木的根系入土最深，灌木的较浅，草本的则多分布于土壤表层。乔木的根系又有深根性和浅根性，亦即直根系和侧根系之分。一般位于上层的喜光树种多属深根性，下层耐阴树种则多为浅根性，即不同层次内的乔木树种，其根系也分布在不同层次，从而可以更充分地利用土壤养分。

5.3.5 群落的水平结构

群落的水平结构(horizontal structure)是指群落的配置状况或水平格局，有人称之为群落的二维结构。经常可以发现，在森林群落中，某些地点植物种类的分布是不均匀的。例如，林下阴暗的地方有一些植物种类形成小型的组合；而在较明亮的地点是由另外一些植物种类形成的组合。群落内部这些小型的植物组合，可以叫做小群落，它们是整个群落的一部分。小群落形成的原因，主要是环境因素的不均匀性所致，如小地形和微地形的变化、土壤湿度和盐渍化程度的差异以及群落内部环境的不一致性等。

每一个小群落都具有其一定的种类成分和生活型组成。因此，它们不同于层片，而是群落水平分化的一个结构部分。小群落在二维空间中不均匀配置，使群落在外形上表现为斑块相间，我们称之为镶嵌性，具有这种特征的植物群落叫做镶嵌群落。每一个斑块就是一个小群落，它们彼此组合，形成了群落的镶嵌性。内蒙古草原上锦鸡儿(*Caragana rosea*)灌丛化草原是镶嵌群落的典型例子，在这些群落中往往形成1~5m呈圆形或半圆形的锦鸡儿丘阜。这些锦鸡儿小群落具有重要的生态意义和生产意义，它们可以聚积细土、枯枝落叶和雪，因而使其内部具有较好的水分和养分条件，形成一个局部优越的小环境，小群落内的植物较周围环境中返青早，生长发育好，有时还可以遇到一系列越带分布的植物。自然界中群落的镶嵌性是绝对的，而均匀性是相对的。

5.3.6 群落外貌和季相

群落的外貌(physiognomy)是认识植物群落的基础，也是区分不同植被类型的主要标志。群落的外貌是群落之间、群落与环境之间相互关系的反映。陆地群落常根据其外貌特征区分为森林、草原和荒漠等，森林又可以根据外貌特征区分为针叶林、夏绿阔叶林、常绿阔叶林和热带雨林等。

一年中气候变化是有规律的，群落中各种植物的生长发育也相应有规律地进行。森林群落中，优势和亚优势乔木树种及各层植物的物候变化使整个群落在不同季节里呈现出不同的外貌，即群落的季相。

温带地区四季分明，群落的季相变化十分显著，冬季是落叶和休眠期，群落的外貌呈现出一片光秃和灰色；春季各种植物开始发芽、抽叶；入夏后炎热多雨，植物进入生长旺季，整个群落呈现出浓绿色；秋季许多树种在落叶以前由浓绿逐渐变黄、变红，群落外貌鲜艳夺目。常绿针叶林的季相变化不及落叶林那样明显，主要表现在春季雄花序的开放和入秋后活地被植物的枯黄。常绿阔叶林，特别是热带雨林，季相变化更小，各种植物几乎没有休眠期，开花换叶不集中，终年都以绿色为主。但南方季雨林，由于受旱季的影响，上层乔木树种多集中于旱季(春季)落叶，而开花多集中于雨季来临之前。

群落的季相变化，其主要标志是群落主要层片的物候变化，特别是主要层片的植物处于营养盛期时，往往对其他植物的生长和整个群落有着极大的影响。而有时当一个层片的季相发生变化时，甚至能影响到另一层片的出现与消失，这种现象在北方的落叶阔叶林内最为显著。早春，由于乔木层的树木尚未长叶，林内有很大的透光度，林下出现一个春季开花的草本层片；入夏，乔木长叶，林冠荫蔽，早春开花的草本层片逐渐在林下消失。这一类随季节而出现的层片，称为季节层片。由于生长季节中出现依次更替的季节层片，群落的结构也发生了季节性变化。这就是说，群落的结构不仅表现为植物在空间上的配置，而且也表现为植物在时间上的配置，群落的季相则是这种季节性结构的表现形式。

群落中由于物候更替所引起的结构变化，又被称为群落在时间上的成层现象。

群落季相的研究方法是对群落中主要乔木树种的物候进行观察记载，与此同时还需要测定或收集当地的气象资料。通过一年或更长时间的观察，即可将所得资料按日期和物候期顺序加以整理排列。为了便于比较，可以把一种植物的物候进程编绘成一条物候谱带，谱带的长度要与所观察的月份相当，其宽度可以结合该种在群落中的多度或盖度的大小而增减，以便提供一个数量的概念。同一群落中各种植物的物候谱带放在一起就称为这个群落的物候总谱。

5.3.7 群落交错区与边缘效应

5.3.7.1 边缘效应的概念

当两个不同群落相邻存在时，群落之间可能有一个过渡带，这个过渡带是相邻生物群落的生态张力区，通常称为群落交错区(ecotone)，也称为生态交错区或生态过渡带。这种过渡带有的宽，有的窄；有的逐渐过渡，有的变化突然。当相邻群落在外貌差别很大时(如一个是森林群落，一个是草地或灌丛)，群落交错区最为明显。由不同优势树种构成相邻群落，或者森林与采伐迹地相邻时也存在这种交错区。在天然次生林区，就存在许多所谓"森林边缘"地带，群落交错的机会很多。次生群落与原生群落间、次生群落间、次生群落与人工群落间、人工群落间都有可能发生群落交错。森林与其他地带性植被的交错区称为森林线，森林线在高海拔地区最为明显，但是低海拔地区和极地也存在。

由于群落交错区生境条件的特殊性、异质性和不稳定性，使得相邻群落的生物可能聚集在这一生境重叠的交错区域中，使群落交错区往往包含两个或多个重叠群落中所有的一些种及一些交错区本身所特有的物种，这是由于交错区环境条件比较复杂，能为不同生态类型的植物定居，从而为更多的动物提供食物、营巢和隐蔽条件，不断增大了交错区中物种的多样性和种群密度。

早在20世纪70年代，野生动物学家Leopold(1993)就将在生态交错区内的物种种类和个体数目都比邻近生态系统里要多的这种现象，称为边缘效应(edge effect)。1942年，Beecher在研究群落的边缘效应长度与鸟类种群密度的关系后发现：在两个或多个不同生物地理群落交界处，往往结构复杂，出现了不同生境的种类共生，种群密度变化较大，某些物种特别活跃，生产力也较高，他把这种现象也称之为边缘效应(Beecher，1942)。在此之后，许多生态学家因研究对象、目的和角度有所不同，故赋予边缘效应不同的概念。我国生态学家马世骏先生吸收前人的成果，将边缘效应的定义从单纯地域性概念进行了扩展，定义为：在两个或多个不同性质的生态系统(或其他系统)交互作用处，由于某些生态因子(可能是物质、能量、信息、时间或地域)或系统属性的差异和协同作用而引起系统某些组分及行为(如种群密度、生产力和多样性等)的较大变化，称为边缘效应(马世骏，1990)。陈大珂、周晓峰等在研究混交林的过程中发现，由于树种不同，带状混交林中的边缘行的林木生长量有的增大，有的减小，如落叶松与水曲柳带状混交时，边缘带水曲柳的树高明显增加；而当红松与蒙古栎带状混交时，则出现完全相反的情况。

5.3.7.2　边缘效应的特征

边缘效应作为一种普遍存在的自然现象，具有其独特的特征。王如松和马世骏(1985)将边缘效应的特征归纳为：边缘效应带群落结构复杂，某些物种特别活跃，其生产力相对较高；边缘效应以强烈的竞争开始，以和谐共生结束，从而使得各种生物由激烈竞争发展为各司其能，各得其所，相互作用，形成一个多层次、高效率的物质、能量共生网络。边缘效应有其稳定性，按边缘性质一般可分为动态边缘和静态边缘两种。动态边缘是移动型生态系统边缘，外界有持久的物质、能量输入，此类边缘效应相对稳定，能长期维持其高生产力；静态边缘是相对静止型生态边缘，外界无稳定的物质、能量输入(阳光、水分除外)，此类边缘效应是暂时的，不稳定的。

5.3.7.3　边缘效应与物种多样性

边缘效应的概念就是基于不同植物群落之间生物的变异和密度增加而提出来的，即在不同植物群落边缘生物的变异和密度有增加的倾向。因此，有关植物的边缘效应的研究很多。有研究表明：在森林—农田的边缘效应带中，物种组成及群落结构与相邻生态系统内部差异很大，并且物种的密度和丰富度也比邻近群落高；同时发现边缘效应在不同坡向上有差别(Fraver，1994)，南坡的边缘效应明显高于北坡，在南坡边缘效应可伸入林内50m处，而在北坡则仅为10～30m。Luczaj等人(1997)在森林—草地的边缘效应区对菌类植物、苔藓植物和灌木的丰富度的研究证实，边缘表现出明显的正效应。另有研究证明，林缘植物的多样性和多度较森林内部的高，如奚为民等人(1993)对四川缙云山森林林窗边缘的研究结果表明，无论是处于亚热带针阔混交林中的林窗，还是处于常绿阔叶林中的林窗，以及在针阔混交林中处于不同发育阶段的林窗，其边缘皆由于边缘效应的作用而有增大物种多样性的趋势，而生态优势度的变化趋势表现了与物种多样性负相关的规律。具体而言，所有林窗中心区都表现了较小的物种多样性值和较大的生态优势度值，而在林窗边缘区上述两种组成结构数量指标则相反。例如，在针阔叶混交林前期，林窗样地中心区的植物物种平均数为5.90株/m^2，物种多样性指数和生态优势度分别为1.000和0.691；而该时期林窗边缘区物种多样性指数明显高于林窗中心区。在对栖息地片段化的研究中发现，森林残留地呈现出正效应(Harrison，1997)。如对加利福尼亚北部海岸木本群落的研究中发现，与连续林相比，片段地 α 多样性低 32%，但 β 多样性和 γ 多样性分别高 72% 和 17%。

5.4 影响群落组成和结构的因素

5.4.1 环境因素

群落的基本特征是植物与植物之间、植物与环境之间的相互关系，这些关系可以通过群落的结构反映出来。

环境因素中，气候条件对森林群落的结构影响最为明显。主要表现在：①对群落物种组成的影响。世界各地分布的森林群落由于各地的气候条件不一样，群落的组成种类和数量也有明显的差异。如热带雨林的种类数目明显的要高于北方针叶林，而且两种群落内的植物完全不一样。②对群落垂直结构的影响。如在热带雨林中，乔木层可以高达 30~40m 以上，一般可分为三层；以下是灌木层和稀疏的草本层，地面裸露，层外植株特别发达。而北方针叶林乔木层的高度明显要低，通常只有 20m 左右，只有一层；灌木层稀疏，但是草本层和地被层很发达，不具备层外植物。③对群落季相的影响。在热带由于全年气候均匀，群落几乎没有季相变化，而温带地区气候变化明显，群落的季相也特别显著。

气候在大尺度上，对群落结构的影响显著。从较小尺度上来说，环境因素对群落结构的影响也是明显的。以分布在小兴安岭的阔叶红松林为例，由于受到地理因素、立地条件等影响，群落的层次结构变异很大，生长在向阳陡坡的陡坡红松林，大部分只有乔木层和草本层，乔木层可以分为两层，草本植物稀少，种类简单；生长在斜坡向阳地的斜坡灌木红松林，具有发育整齐的主林层、下木层和草本层；生长在平缓山麓或谷地的谷地蕨类云冷杉红松林，主林层可以分为两层，下木层发育受到限制，草本层丰富，蕨类植物成片发展。

一般而言，群落的环境不是均匀一致的，空间异质性的程度越高，意味着有更加多样的小生境，所以能允许更多的物种共存。随着空间异质性的增加，物种多样性也随之增加。

植物群落研究中大量资料说明，在土壤和地形变化丰富的地方，群落会有更多的植物种，而平坦、同质土壤的群落多样性低。

5.4.2 生物因素

群落中，物种之间的相互作用对群落结构的影响是不可忽视的。特别是动物，它们通过传粉、传播种子、啃食、践踏、作穴等活动直接和间接影响群落的结构。例如在红松的生活史中，种子是唯一能被移动、扩散的一个阶段，它的分布对红松的分布格局有着重要意义。红松的球果大，成熟后果鳞不张开，或稍张开，露出种子但不脱落，并且红松种粒大而无翅，只能靠动物传播，因此红松的分布格局在很大程度上取决于这些动物的取食行为、活动范围和储藏食物习性的影响。又如，草原上生活的啮齿类动物在作穴过程中形成许多小土丘，改变了草原群落的小环境，从而间接地影响到群落的结构。

在生物因素中，竞争和捕食对群落结构的作用最为显著：

首先，种间竞争在形成群落结构的作用问题上，最直接的回答可能是在自然群落中对物种进行引种或去除实验，观察其他种的反应。例如，在 Arizona 荒漠中有 1 种可格卢鼠和 3 种囊鼠共存，其栖息的小生境和食性上彼此有区别，当去除其中 1 种，另 3 种中每种的小生境就有明显的扩大。T. W. Schoener 和 J. H. Cornell 等曾分别总结文献中报道的这类试验(分别达 164 例和 72 例研究)，平均有 90% 的例证证明有种间竞争，表明自然群落中竞争是相当普遍的。分析结果说明，海洋生物中有种间竞争的比例较陆地生物多，大型生物间较小型生物间的多；而植食性昆虫中竞争比例低(41%)，其原因是绿色植物到处都较为丰富，所以为食物资源而竞争的可能性比较小。

在森林群落中，林木的自然稀疏现象，是竞争对群落结构作用的最直接的体现。在森林中，同龄单层林分密度大，将引起个体树冠的强烈挤压和竞争，形成强烈自然稀疏，部分林木死亡。一般情况下，喜光树种自然稀疏强烈，保持高密度、高叶面积指数的时间比较短暂，难以长时间维持高生产力水平。中性和耐阴树种形成异龄复层林，加厚林冠层，加大林冠间竞争的总体空间，缓和竞争强度。

其次，捕食对形成群落结构的影响，视捕食者是泛化种还是特化种而异。对泛化种来说，捕食使种间竞争缓和，并促进多样性提高，但当取食强度过高时，物种数亦随之降低。对特化种来说，随被选食的物种是优势种还是劣势种而异，如果被选择的是优势种，则捕食能提高多样性，如果捕食者喜食的是竞争力弱的劣势种，那么随着捕食压力的增加，多样性就会呈现线性下降的趋势。

5.4.3 干扰与群落结构

5.4.3.1 干扰的类型

干扰(disturbance)是自然界的普遍现象。生物群落不断经受着各种随机变化的事件，正如 F. E. Clements 指出的：“即使是最稳定的群落也不完全处于平衡状态，凡是发生次生演替的地方都受到干扰的影响。”有些学者认为干扰扰乱了顶极群落的稳定性，使演替离开了正常轨道。而近代多数生态学家认为干扰是一种有意义的生态现象，它引起群落的非平衡特性，强调了干扰在群落结构形成和动态中的作用。纵观森林群落中的各种干扰方式，可归结如图 5-6 所示。

自然干扰是指群落发展过程中自发产生和自然因素造成的干扰。其中内生干扰是发生于森林生长发育后期的老朽枯倒，如 30~40 年生萌蘖山杨的枯倒。其他树种的枯倒也相类似，只不过年龄和个体更大，树倒中的作用力更强，让出的林冠空间更大。即使没有外界任何环境影响，树倒也是必然发生的，故称之为内生干扰。内生干扰除倒木本身让出空间外，还会压折、压倒周围的林木形成大小不一的林隙。外生干扰主要由自然因素造成，如火、风、久旱、雪、霜冻等。外生干扰会加剧内生干扰的进度和强度，从而形成更大的林隙。

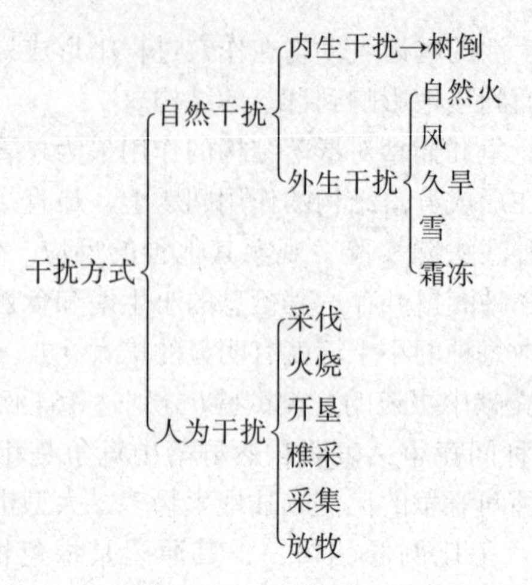

图 5-6 森林群落中的干扰(引自陈大珂)

人为干扰造成的群落特征差异更为复杂。人为干扰中的采伐、开垦、火烧等，是形成同龄林分的斑块镶嵌的主要原因，这类干扰能增加群落中萌生植株的比重。人为干扰多种多样，群落的反映也千差万别，难以用单项指标简单确定。从立地条件看，距离居民区远近仍是主要的指标，另外如土层的厚度，不但反映今后的生产力水平，也能表示以前干扰的强度和土壤环境的演变。在群落特征方面，如萌蘖的代数可反映干扰的程度。其他如林隙大小及分布、群落的单优程度、优势层高度、多样性指数、生产力、生物量等，都对人类干扰程度较为敏感。

5.4.3.2 干扰的性质

(1)干扰具有多重性

干扰对群落的影响表现为多方面，干扰的分布、频率、尺度、强度和出现的周期等成为影响景观格局和生态过程的重要方面。干扰的一般性质可以概括为表5-8。

表 5-8 干扰的一般性质

干扰的性质	含 义
分 布	空间分布包括地理、地形、环境、群落梯度
频 率	一定时间内干扰发生的次数
重复间隔	频率的倒数，从本次干扰发生到下一次干扰发生的时间长短
周 期	频率的倒数，从本次干扰发生到下一次干扰发生的时间长短
预测性	由干扰的重复间隔的倒数来测定
面积及大小	受干扰的面积，每次干扰过后一定时间内景观被干扰的面积
规模和强度	干扰事件对格局与过程或对生态系统结构与功能的影响程度
影响度	对生物有机体、群落或生态系统的影响程度
协同性	对其他干扰的影响(如火山对干旱；虫害对倒木)

注：引自陈利顶，2000。

(2)干扰具有较大的相对性

自然界中发生的同样事件，在某种条件下可能对群落形成干扰，在另外一种环境条件下可能是群落的正常波动。是否对群落形成干扰不仅仅取决于干扰的本身，同时还取决于干扰发生的客体。对干扰事件反应不敏感的自然体，或抗干扰能力较强的群落，往往在干扰发生时，不会受到较大影响，这种干扰行为只能成为系统演变的自然过程。

(3)干扰具有明显的尺度性

由于研究尺度的差异，对干扰的定义也有较大差异。如群落内部病虫害的发生，可能会影响到物种结构的变异，导致某些物种的消失或泛滥，对于种群来说，是一种严重的干扰行为，但对整个群落的生态特征没有产生影响。

在自然界，干扰的规模、频率、强度和季节性与时空尺度高度相关。通常，规模较小、强度较低的干扰发生频率较高，而规模较大、强度较高的干扰发生的周期较长。

(4)干扰又可以看作是对生态演替过程的再调节

通常情况下，群落沿着自然的演替轨道发展。在干扰的作用下，演替过程发生加速或倒退，干扰成为演替过程中的一个不协调的小插曲。最常见的例子如森林火灾，若没有火灾的发生，各种森林从发育、生长、成熟一直到老化，经历不同的阶段，这个过程要经过几年或几十年的发展，一旦森林火灾发生，大片林地被毁灭，火灾过后，森林发育不得不从头开始，可以说火灾使森林的演替发生了倒退。但从另一层含义上，又可以说火灾促进了森林系统的演替，使一些本该淘汰的树种加速退化，促进新的树种发育。干扰的这种属性具有较大的主观性，主要取决于人类如何认识森林的发育过程。在自然环境影响下，如全球变暖、地下水位下降、气候干旱化等，地球表面许多草地、林地将不可避免地发生退化，但在人为干扰下，如过度放牧、过度森林砍伐，将会加速这种退化过程，可以说干扰促进了生态演替的过程。然而通过合理的生态建设，如植树造林、封山育林、退耕还林、引水灌溉等，可以使其向反方向逆转。

(5)干扰经常是不协调的

干扰常常是在一个较大的景观中形成一个不协调的异质斑块，新形成的斑块往往具有一定的大小、形状。干扰扩散的结果可能导致景观内部异质性提高，未能与原有景观格局形成一个协调的整体。这个过程会影响到干扰景观中各种资源的可获取性和资源结构的重组，其结果是复杂的、多方面的。

(6)干扰在时空尺度上具有广泛性

干扰反映了自然生态演替过程的一种自然现象，对于不同的研究客体，干扰的定义是有区别的，但干扰存在于自然界的各个尺度的各个空间。在景观尺度上，干扰往往是指能对景观格局产生影响的突发事件，而在生态系统尺度上，对种群或群落产生影响的突发事件就可以看作干扰，而从物种的角度，能引起物种变异和灭绝的事件就可以认为是较大的干扰行为。

5.4.3.3 干扰与物种多样性

干扰对物种的影响有利有弊，在研究干扰对物种多样性影响时，除了考虑干扰本身的性质外，还必须研究不同物种对各种干扰的反应，即物种对干扰的敏感性。同样干扰条件下，反应敏感的物种在较小的干扰时，即会发生明显变化，而反应不敏感的物种，只有在较强的干扰下才会受到影响。许多研究表明，适度干扰下群落具有较高的物种多样性，在较低和较高频率的干扰作用下，群落中的物种多样性均趋于下降。这是因为在适度干扰作用下，生境受到不断地干扰，一些新的物种或外来物种，尚未完成发育就又受到干扰，这样在群落中新的优势种始终不能形成，从而保持了较高的物种多样性。在频率较低的干扰条件下，由于群落的长期稳定发展，某些优势种会逐渐形成，而导致一些劣势种逐渐淘汰，从而造成物种多样性下降。例如，草地上的人畜践踏，就存在这种特征。

连续的群落中出现缺口是非常普遍的现象，而缺口经常是由于干扰造成的。森林中的缺口可能由大风、雷电、砍伐、火烧等引起。干扰造成群落的缺口以后，有的在没有继续干扰的条件下会逐渐地恢复，但缺口也可能被周围群落的任何一个种侵入和占有，并发展为优势者，哪一种是优胜者完全取决于随机因素。当缺口的占领者死亡时，缺口再次成为空白，哪一种入侵和占有只是随机的。当群落由于各种原因不断地形成新的缺口，那么群落整体就有更多的物种可以共存，群落的多样性将明显提高。

干扰对群落中不同层和不同层片的影响是不同的。例如，一块云杉林在一次雪崩后40年内再未受到干扰，乔木层盖度稳步上升，林下禾草在干扰后前5年内盖度增加，随后逐渐减少，林下杂类草盖度在干扰后很快降低。另一块云杉林第一次雪崩干扰后每5年遇雪崩一次，在相同的40年中各层盖度与不受干扰地段显现出很大的差异。

干扰理论对应用领域有重要价值。要保护自然界生物的多样性，就不要简单地排除干扰，因为中度干扰能增加多样性。实际上，干扰可能是产生多样性的最有力的手段之一。冰河期的反复多次“干扰”，大陆的多次断开和岛屿的形成，都是物种形成和多样性增加的重要动力。同样，群落中不断地出现断层、新的演替、斑块状的镶嵌等，都可能是维持和产生生态多样性的有力手段。这样的思想应在自然保护、农业、林业和野生动物管理等方面起重要作用。例如，斑块状的砍伐森林可能增加物种多样性，但斑块的最佳大小要进一步研究确定。

复习思考题

1. 什么是生物群落？它有哪些主要特征？
2. 森林群落种类组成及其研究意义。
3. Raunikaer 频度定律说明了什么问题？
4. 何谓生活型？如何编制一地区的生活型谱？
5. 层次与层片有何异同？
6. 群落结构的时空格局及其生态意义是什么？
7. 什么是群落交错区？它的主要特征有哪些？

8. 影响群落结构的因素有哪些?

本章推荐阅读书目

1. 普通生态学. 孙儒泳, 李博, 诸葛阳等编. 高等教育出版社, 1993.

2. 植物生态学. 第2版. 曲仲湘, 吴玉树, 王焕校等编. 高等教育出版社, 1983.

3. 普通生态学. 李博主编. 内蒙古大学出版社, 1993.

4. 生态学概论. 曹凑贵主编. 高等教育出版社, 2002.

5. 森林生态系统定位研究. 第1集. 周晓峰主编. 东北林业大学出版社, 1991.

6. 普通生态学——原理、方法和应用. 郑师章, 吴千红, 王海波等编. 复旦大学出版社, 1993.

7. 森林生态学. 第2版. 李景文主编. 中国林业出版社, 1994.

第6章　森林群落演替

【本章提要】森林群落发生的过程包括迁移、定居、竞争和反应4个阶段。森林群落演替可根据不同原则划分为不同的演替类型。演替顶极学说主要有单元顶极论与多元顶极论。本章介绍了森林动态模型及林窗动态模拟方法，叙述了恢复生态学基本原理与生态恢复关键技术。

6.1　森林群落发生、发育的一般过程

6.1.1　森林群落发生的进程

森林群落的发生一般都具有迁移、定居、竞争、反应这样几个过程，不仅裸露地段的群落发生过程如此，而且在有植被覆盖的地段，一个新的群落的侵入过程也不例外。

6.1.1.1　迁移

从繁殖体开始传播到新定居的地方为止，这个过程称为迁移。繁殖体是指植物的种子、孢子以及能起繁殖作用的植物体的任何部分(如某些种的地下茎、具无性繁殖能力的枝和干以及某些种类的叶)。林木和其他植物的迁移能力决定于繁殖体的构造特征和数量。风播植物的种实，一般小而轻，或具膜翅、纤毛等。靠水力传播的种实，多数具有可使种实飘浮的气囊、气室。某些植物的种实具钩、刺、芒、黏液等，借以附着在动物或人的身上而传播。有些种实是靠果实成熟时弹裂的力量传播的。圆球形种实在山坡上可借重力作用滚动而增加传播距离。风滚型植物的植株呈球形，能够整株随风滚动传播。还有些具坚硬种皮的种子或可食的浆果，除靠自身重力传播外，还可依靠动物吞食后携带到新地方，随排泄至体外而实现传播。依靠风、水力和动物传播的，迁移距离往往可以很远；依靠自力传播或以地下茎、匍匐茎向新地段伸延的，距离都比较近。

繁殖体的数量，从另一方面反映了迁移的能力。繁殖体的巨大数量，不仅能弥补构造上迁移能力的不足，而且是对传播途中所受的损失、定居中生境的严酷以及竞争中处于弱势等因素的有力补偿。

6.1.1.2 定居

繁殖体迁移到新的地点后，进入定居过程。定居包括发芽、生长、繁殖三个环节。各环节能否顺利通过，取决于种的生物学、生态学特征和定居地的生境。

定居能否成功，首先决定于种子的发芽力(率)与发芽的条件，即发芽力保存期的长短，发芽率的高低，繁殖体所处生境中的水、温、空气诸因子的适宜与否和稳定程度。

其次是幼苗的生长状况。发芽时着生部位的水肥供给条件、温度的高低及变化、动物影响等都直接关系着幼苗的命运。裸露的土壤表面，有利于种子直接接触土壤并扎根生长；有地被物覆盖的地表(如枯枝落叶层、苔藓层或草被)，往往使种子不能直接接触土壤，不利于发芽和扎根生长。

繁殖是定居的最后一个环节。定居地的生境能够满足该种各发育阶段的生态要求，该种才能正常繁殖而完成定居的过程。具无性繁殖能力的种，在满足营养生长的条件下，才能实现定居。

6.1.1.3 竞争

在一定的地段内，随着个体的增长、繁殖，或不同种的同时进入，必然导致营养空间和水、养分等的竞争，结果是“最适者生”。

竞争者的能力决定于个体或种的适应性和生长速度。不同种类的生态学特性不同，对同生境的适应必定有差异。因此，在一定的生境中只能有最适应的一种或几种生存，其他种即使能在这里发芽、生长，也只能是短暂的，最终必将被排挤掉。同种的不同个体，即使年龄相同，由于遗传特性的好坏、所处生境的优劣，也同样会表现出竞争能力的强弱。遗传差、生活力弱或所处生境较劣的个体，必然生长逐渐落后，以致死亡。

群落中的不同植株，即使种类、年龄都相同，也必然会在形态(主要指高度和直径)、生活力和生长速度上表现出或大或小的差异，这种现象在森林群落中称为“林木分化”。林木分化反映出竞争能力的强弱，而剧烈的生存竞争，必然加速分化的进程。

竞争的结果，使森林群落随年龄的增加单位面积上林木株数不断减少，即谓森林群落“自然稀疏”。

6.1.1.4 反应

通过定居过程，群落内生物与非生物环境间的能量转换和物质循环不断进行，原来的生境条件逐渐发生相应的变化，这就是“反应”。这种变化是由初期侵入的种类引起的，这种变化了的生境往往不适于初期种类本身的生存而导致另外一些较适应种类的侵入，这就是另一个新群落形成的开始。

在自然界中，上述过程经常交织在一起，不易截然分开。一般来说，迁移和定居是顺序进行的，而竞争与反应则基本与定居同时发生，只不过初期在程度上不是那样激烈或明显。

6.1.2 森林群落发育时期

从一个群落形成到被另一个群落代替，每一个森林群落都有一个发育过程。

一般可以把这个过程划分为3个时期，即群落发育的初期、盛期和末期。

6.1.2.1 发育初期

群落建群种的良好发育是一个主要标志。由于建群种在群落发展中的作用，引起了其他植物种类的生长和个体数量上的变化。因此，一个群落的发育初期，种类成分不稳定，每种植物个体数量的变化也较大，群落的结构尚未定型，主要表现在层次分化不明显，每一层中的植物种类也不稳定。群落所特有的生境正在形成中，特点还不突出。同时，群落的生活型组成和植物的物候进程都还没有一个明显的特点表现。

6.1.2.2 发育盛期

到了这一发育时期，适应于群落生境的植物种类大多存在，并得到了良好的发育。因此，群落的植物种类组成相对的比较一致，这些种类在同一类型的其他群落中，分布也是均匀和具有其一致性，从而有别于不同类型的其他群落。其次，这一时期中群落的结构已经定型，主要表现在层次上有了良好的分化，每一层都有一定的植物种类，呈现出一种明显的结构特点。群落的生活型组成及季相变化，以及群落内生境都具有较典型的特点。如果群落的建群种是比较耐阴的种类，则在发育盛期还可以见到它们在群落中有良好的更新状况。

6.1.2.3 发育末期

在一个群落发育的整个过程中，群落不断对内部环境进行改造。最初，这种改造作用对该群落的发育起着有利的影响。但当这一改造作用加强时，则被群落改变了的环境条件往往对它本身发生不利的影响，表现在原来的建群种生长势逐渐减弱，缺乏更新能力。同时，一批新的植物侵入和定居，并且旺盛生长。由于这些原因，到了这个时期，植物种类成分又出现一种混杂现象，原来群落的结构和生态环境特点也逐渐发生变化。

一个群落的发育末期，必然孕育着下一个群落的发育初期。原有群落的特点，往往要延续到下一个群落开始进入发育盛期的时候才会全部消失。也正因为具有这种现象，人们才有可能根据对每一群落发育的研究，把演替上下阶段的群落连接起来。

6.2 森林群落演替的主要类型

运动和变化是森林生态系统最基本的特征之一。任一森林生态系统都随时间不停地发生变化，随时间推移优势树种发生明显改变引起整个森林组成的变化过程，这种现象就是森林演替。

森林演替是指在一定地段上，一种森林被另一种森林所替代的过程，是森林内部各组成成分间运动变化和发展的必然结果。白桦林下有云杉大量种源时，云杉常能在白桦林下更新，更新的幼苗幼树凭借耐阴特性进入主林层，树高超过白桦，这时枝叶浓密的云杉庇荫着白桦，白桦不耐荫蔽而逐渐死亡，最后形成云杉林。云杉林代替白桦林的过程，即为森林演替。

研究森林演替不仅具有重要理论价值，还具有很强的实践意义。人们经营森林的各种活动是对森林的直接干扰，不同的干扰方法和强度，结果不会相同。当干扰建立在对演替知识较多了解时，效果就会好，属自觉地干涉；对演替了解甚少的盲目干涉，常常产生不良的后果。所以，人们对森林的合理利用、改造和经营，都必须通过对群落动态规律的掌握才能实现。

森林群落演替类型的划分可以按照不同的原则进行，因而存在各种各样的演替名称。

6.2.1 按初始生境水分条件划分

(1)旱生演替

开始于裸露岩石、沙地等干旱基质上的原生演替称旱生演替。以岩石风化开始，最后形成森林为例，包括以下几个阶段：

①地衣植物群落阶段　在岩石表面首先出现地衣，其顺序为：壳状地衣→叶状地衣→枝状地衣，它们能利用短时期的少量水分进行生长，并能在较长的干旱时期休眠。它们分泌的有机酸能腐蚀岩面，为土壤的形成提供条件，其残体也参加到土壤的形成和积聚中去。岩面生境开始改变，为其他种类提供了立足之地。

②苔藓植物群落阶段　在地衣植物群落积集的少量土壤上，某些耐干旱的苔藓植物开始生长。它们具丛生性，能积聚更多的矿物质和有机质，土壤和水分条件进一步改善。

③草本植物群落阶段　当有了一定厚度的土壤并具有保持水分能力时，一些耐旱的1年生草本植物开始出现，接着是多年生草本的定居。这时土壤的积聚速度大大加快，水分条件、温度变化都比较稳定，土壤中的细菌、真菌和小动物的活动也增强。土壤条件逐步改善，耐旱的地衣和藓类日益衰退，草本植物也逐渐失去优势。

④木本植物群落阶段　在草本群落中首先出现一些较耐旱的喜光灌木，接着是比较耐极端环境的先锋树种出现，并逐渐形成森林。在林下，又出现耐阴的种类并定居下来，它们自身不断更新并逐步排挤掉在林下无法更新的先锋种类，形成比较稳定的群落。

在这个演替系列中，地衣和苔藓植物群落阶段延续的时间最长，能在这种严酷生境生长的植物种类甚少，它们矮小的植株影响和改造环境的作用微弱，只能随着土壤的发育而发育。

(2)水生演替

一般湖沼中，水深超过4m时，因光照和空气缺乏，体型较大的绿色植物无法生长，只有一些浮游生物活动。由于从湖岸上冲刷下来的矿物质淤积以及浮游生物大量的残体堆积，湖底逐步抬高，依次出现下列群落的演替系列：

①沉水植物群落阶段　水深1~3m，有金鱼藻(*Ceratophyllum*)、狸藻(*Utricularia*)、水车前(*Ottelia*)、苦草(*Vallisneria*)、茨藻(*Najas*)等属植物。

②漂浮植物群落阶段　水深1m左右，植物有睡莲(*Nymphaea*)、菱角(*Tra-*

pa)、水鳖(*Hydrpcharis*)、眼子菜(*Potamogeton*)等。这些植物的叶片漂浮在水面上，水面逐渐被它们布满，水下的沉水植物得不到光照而被排挤。由于丛密的漂浮植物的茎部的阻碍，更多的泥沙沉积下来。同时，这些植物的残体量更大，湖底更快淤高，有利于下一阶段植物的侵入。

③苇塘阶段　水更浅，浅水植物如芦苇(*Phragmites*)、香蒲(*Typha*)、茭白(*Ziania caduciflora*)等更替了漂浮植物，它们的躯体更高大，突出于水面，枝叶茂密，截阻泥沙能力更强，残骸也更多，水更快变浅，同样创造了对本身不利的生境。

④薹草草甸阶段　水位比苇塘阶段更浅，变为季节性积水，根茎很发达的薹草植物侵入，淤高和排干能力更强。如当地气候干旱，可能向草原发展；如比较湿润，则向灌丛、疏林发展。

⑤疏林阶段　一些耐水湿的灌木、乔木出现，如柳、山茱萸(*Cornus* spp.)、杨、赤杨等，有的形成茂密的灌丛。它们根系发达、繁殖快，继续淤积土壤并蒸腾大量水分，使地下水降低，并给地面庇荫，使草甸植物逐渐消失。

⑥中生森林阶段　先锋树种侵入并定居，而后土壤腐殖质积累丰富，分解良好，肥力增高，中生性或耐阴性的树种逐渐侵入，在林下不能更新的先锋树种被逐渐排挤掉。总的趋势是中生的、较耐阴的植物代替了湿生的、喜光的植物，而形成相对稳定的群落。

(3)中生演替

中生演替开始于具有一定肥力的土壤母质上，如火烧后发生大面积表层土壤侵蚀，母质层以上全部被冲失的地段或塌方，冲积物质的沉积等，都可成为中生演替系列的起点。以加拿大的不列颠哥伦比亚省沿岸水碳物为起点，从原生裸地到形成森林的演替系列为例说明如下：

①裸露矿质土阶段　这种矿质土是矿质颗粒混合物，这些颗粒都有融化的冰水使它们保持湿润，对植物侵占来说是一种有利的生境。

②草本植物阶段　在矿质土上常常草本植物首先取得优势，但在氮素非常贫乏的立地上，可能缺少草本植物先锋阶段。

③木本植物阶段　灌木首先侵入，如越橘属、接骨木属、悬钩子等。如果立地贫瘠，红赤杨可能更早地出现，由于有共生固氮根瘤菌，能在这种生境正常生长，且早期生长迅速，形成茂密植丛。北美黄杉(*Pseudotsuga menziesii*)、铁杉(*Tsuga* spp.)、北美乔柏(*Thuja plicata*)陆续更新生长，耐庇荫，最后终将被气候顶极群落的组成种铁杉所取代，形成稳定林分。

上述3种演替系列提供了群落原生演替的模式过程，反映了群落演替的实质是群落的组成种类的不断更替和由群落改造环境作用所引起的生境的不断变化，每一阶段群落总比上一阶段的结构更为复杂、更为稳定，对环境的利用更为充分，改造环境的作用通常也更强。

6.2.2 按演替起始裸地性质划分

(1)原生演替

开始于原生裸地上的植物群落演替称原生演替。原生裸地指以前从来没有植物生长的地段或原来存在过植被，但被彻底消灭，甚至植被下的土壤条件也不复存在。如在岩石露头的表面、沙丘、湖底、河底阶段上的演替。上述的旱生、水生、中生演替系列模式均以原生裸地为起点，都属于原生演替。

(2)次生演替

开始于次生裸地上的植物群落演替称次生演替。次生裸地是植物现已被消灭，但土壤中仍保留原来群落中的植物繁殖体。森林采伐后的皆伐迹地、开垦草原、火灾和毁灭性的病虫害，都能造成次生裸地。此外，原生森林群落受到外因破坏后，但并未达到裸地阶段所发生的演替亦称为次生演替。次生演替的一般特征为：

①次生演替发生的动力来自外部的干扰，人为或自然干扰均能消除原有植被，从而发生演替。次生演替起点的生境因保留原群落的繁殖体也能向裸地提供种源，所以次生裸地能较快地重新被植被覆盖，演替速度较快，当然这决定于干扰的类型、频度和强度等。

②干扰因素一停止，演替发展途径有3种(图6-1)。促进途径是植物种类成

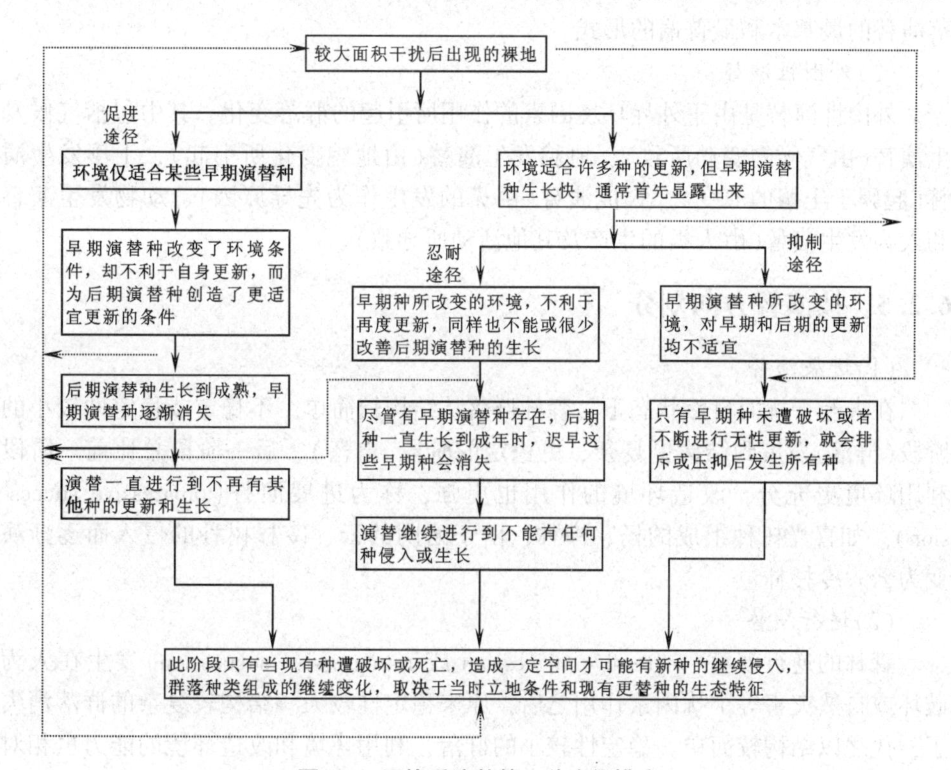

图6-1 干扰后演替的3种途径模式

(引自 Collnelle & Slatyer，1977)

分替代的演替方式；忍耐和抑制途径是植物种类成分初始共存的演替，晚期演替种出现在较早演替阶段上，出现时并不需要早期演替种的促进。

6.2.3 按演替延续的时间划分

(1)世纪演替

经历的时间相当长，一般按地质年代计算。它是指一个区域的植被类型(如森林、草原、荒漠等)的发展、演替过程，与植物区系的进化有关。

(2)长期演替

长期演替长达几十年，有时达几百年。森林群落采伐后的恢复演替可作为长期演替的实例。

(3)快速演替

在不多的几年间发生。撂荒地群落演替可以作为例子。

6.2.4 按控制演替的主导因素划分

(1)内因性演替

一个显著特点是群落中生物的生命活动结果首先使它的生境发生改变，然后被改造了的生境又反作用于群落本身，如此相互促进，使演替不断向前发展。一切源于外因的演替最终都是通过内因演替来实现，因此可以说，内因性演替是群落演替的最基本和最普遍的形式。

(2)外因性演替

外因性演替是由于外界环境因素的作用所引起的群落变化。其中包括气候发生演替(由气候的变动所致)、地貌发生演替(由地貌变化所引起)、土壤发生演替(起因于土壤的演变)、火成演替(由火的发生作为先导原因)、动物发生演替和人为发生演替(由人类的生产及其他活动所导致)。

6.2.5 按演替方向划分

(1)进展演替

在未经干扰的自然状态下，森林群落从结构较简单、不稳定或稳定性较小的阶段(群落)发展到结构更复杂、更稳定的阶段(群落)，后一阶段总比前一阶段利用环境更充分，改造环境的作用也更强，称为进展演替(progressive succession)。如喜光树种组成的杨、桦林，由于耐阴的云、冷杉树种的侵入而逐渐演变为云、冷杉林。

(2)逆行演替

森林的逆行演替(regressive succession 或 retrogressive succession)发生在人为破坏或自然灾害等干扰因素作用之后，原来稳定性较大、结构较复杂的群落消失了，代之以结构较简单、稳定性较小的群落，利用环境和改造环境的能力也相对减弱，甚至倒退到裸地。如耐阴的云、冷杉林经采伐或火烧后倒退到杨、桦林或灌丛、草地。当干扰因素消失后，则演替仍向着进展的方向发展。

(3)循环演替

进展演替和逆行演替都是定向演替，在演替模式中也存在局部循环演替，如美国新罕布什尔州相对稳定的北方硬阔叶林中，山毛榉、糖槭和黄桦的循环演替。山毛榉不能在自身林下更新生长，适于在糖槭林冠下更新，而糖槭只适于在黄桦林下更新，黄桦能在山毛榉林下良好地更新，并取代山毛榉，由此以山毛榉为优势的上层林木死亡后，就会产生一种小循环演替。黄桦种粒小散布快，首先进入林隙生长，之后糖槭在黄桦林下生长，短寿命的桦树死亡后，糖槭取而代之，这时山毛榉又进入糖槭林下，当糖槭死亡后，又形成了以山毛榉为优势的上层林冠。

6.3 演替顶极学说

演替顶极学说最早是由英美学派提出的，近几十年来，得到不断地修正、补充和发展。有关演替顶极理论主要有3种：单元顶极论、多元顶极论和顶极一格局假说。

6.3.1 单元顶极论

单元顶极论(monoclimax theory)在19世纪末、20世纪初就已经基本形成，这个学说的首创人是H. C. Cowle和F. E. Clements(1916)。F. E. Clements指出，演替就是在地表上同一地段顺序出现各种不同生物群落的时间过程。任何一类演替都经过迁移、定居、群聚、竞争、反应、稳定6个阶段，到达稳定阶段的群落，就是和当地气候条件保持协调和平衡的群落，这是演替的终点，这个终点就称为演替顶极(climax)。在某一地段上从先锋群落到顶极群落按顺序发育着的那些群落，都可以称作演替系列群落(sere)。F. E. Clements认为，在同一气候区内，无论演替初期的条件多么不同，植被总是趋向于减轻极端情况而朝向顶极方向发展，从而使得生境适合于更多的生物生长。于是，旱生的生境逐渐变得中生一些，而水生的生境逐渐变得干燥一些。演替可以从千差万别的生境上开始，先锋群落可能极不相同，但在演替过程中群落间的差异会逐渐缩小，逐渐趋向一致。因而，无论水生型的生境，还是旱生型的生境，最终都趋向于中生型的生境，并均会发展成为一个相对稳定的气候顶极(climatic climax)。

在一个气候区内，除了气候顶极之外，还会出现一些由于地形、土壤或人为等因素所决定的稳定群落。为了和气候顶极相区别，F. E. Clements将后者统称为前顶极(preclimax)，并在其下又划分了若干前顶极类型。

(1)亚演替顶极

由于任何一种原因(如火灾、采伐、过牧等)反复作用的结果，使演替长期地停留在紧接顶极阶段前的一个阶段，这个阶段可称为亚演替顶极阶段(subclimax)。例如，在美国东部阔叶林是演替顶极，但在其沿海平原，由于经常发生火灾，松树耐火烧，形成无限期稳定的松林，于是松林成了阔叶林演替顶极的亚演替顶极。

(2)偏途演替顶极

偏途演替顶极(disturbance climax 或 disclimax)也称为分顶极或干扰顶极。是由一种强烈而频繁的干扰因素所引起的相对稳定的群落，这样一种表面的演替顶极称为偏途演替顶极。例如，南方自然演替顶极的常绿阔叶林被人为干扰，彻底改造为人工杉木林，在人为的精心管理下成为表面稳定的群落，即是偏途演替顶极。

(3)前演替顶极

前演替顶极(preclimax)也称预顶极，是在一个特定的气候区域内，由于局部气候比较适宜而产生的较优越气候区的顶极。例如，草原气候区域内，在较湿润的地方，出现森林群落就是一个预顶极。

(4)超演替顶极

超演替顶极(postclimax)也称后顶极，是在一个特定气候区域内，由于局部气候条件较差(热、干燥)而产生的稳定群落。例如，草原区内出现的荒漠植被片段。

无论哪种形式的前顶极，按照 F. E. Clements 的观点，如果给予时间的话，都可能发展为气候顶极。

关于演替的方向，F. E. Clements 认为，在自然状态下，演替总是向前发展的，即进展演替，而不可能是后退的逆行演替。

单元顶极论提出以来，在世界各国特别是英美等国引起了强烈反响，得到了不少学者的支持。但也有人提出了批评意见甚至持否定态度。他们认为，只有排水良好、地形平缓、人为影响较小的地带性生境上才能出现气候顶极。另外，从地质年代来看，气候也并非是永远不变的，有时极端气候的影响很大(例如，1930 年美国大平原大旱，引起群落的变更，直到现在还未完全恢复原来真正草原植被的面目)。此外，植物群落的变化往往落后于气候的变化，残遗群落的存在即可说明这一事实。例如，内蒙古毛乌素沙区的黑格兰(*Rhamnus erythroxylon*)灌丛就是由晚更新世早期的森林植被残遗下来的。

6.3.2 多元顶极论

多元顶极论(polyclimax theory)由英国学者 A. G. Tansley(1954)提出。这个学说认为，如果一个群落在某种生境中基本稳定，能自行繁殖并结束它的演替过程，就可看作顶极群落。在一个气候区域内，群落演替的最终结果，不一定都汇集于一个共同的气候顶极终点。除了气候顶极之外，还可有土壤顶极(edaphic climax)、地形顶极(topographic climax)、火烧顶极(fire climax)、动物顶极(zootic climax)，同时还可存在一些复合型的顶极，如地形—土壤顶极(topo - edaphic climax)和火烧—动物顶极(fire - zootic climax)等。一般在地带性生境上是气候顶极，在别的生境上可能是其他类型的顶极。这样一来，一个植物群落只要在某一种或几种环境因子的作用下在较长时间内保持稳定状态，都可认为是顶极群落，它和环境之间达到了较好的协调。

我国地植物学家刘慎谔(1962)对单元、多元顶极学说取综合态度而提出地带性顶极与非地带性顶极，指出主张单元顶极学说的，把注意力放在大气候上，大气候决定一切；主张多元顶极学说的，把注意力放在局部环境条件上，即综合因子上。他综合认为：有多少个系统就有多少个顶极(图6-2)，但地带性顶极只有一个，受制于大气候；其他都是非地带性顶极，受局部环境条件所控制。在研究植被区划时，应把注意力放在地带性顶极上；而研究一个地区内的植被时，则除注意地带性顶极外，同时还应注意非地带性顶极。

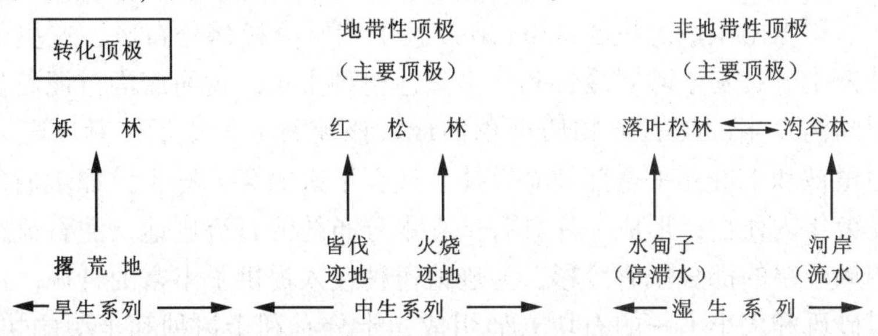

图6-2 不同的系列及其顶极示意(刘慎谔，1962)

由此可见，不论是单元顶极论还是多元顶极论，都承认顶极群落是经过单向变化而达到稳定状态的群落；而顶极群落在时间上的变化和空间上的分布，都是和生境相适应的。两者的不同点在于：①单元顶极论认为只有气候才是演替的决定因素，其他因素都是第二位的，但可以阻止群落向气候顶极发展；多元顶极论则认为除气候以外的其他因素，也可以决定顶极的形成。②单元顶极论认为在一个气候区域内，所有群落都有趋同性的发展，最终形成气候顶极；而多元顶极论不认为所有群落最后都会趋于一个顶极。

6.3.3 顶极—格局假说

由 R. H. Whittaker(1953)提出的顶极—格局假说(climax-pattern hypothesis)，实际是多元顶极的一个变型，也称种群格局顶极理论(population pattern climax theory)。他认为，在任何一个区域内，环境因子都是连续不断地变化的。随着环境梯度的变化，各种类型的顶极群落，如气候顶极、土壤顶极、地形顶极、火烧顶极等，不是截然呈离散状态，而是连续变化的，因而形成连续的顶极类型(continuous climax types)，构成一个顶极群落连续变化的格局。在这个格局中，分布最广泛且通常位于格局中心的顶极群落，叫做优势顶极(prevailing climax)，它最能反映该地区气候特征，相当于单元顶极论的气候顶极。

R. H. Whittaker(1974)还提出了识别顶极群落的方法。他认为一个顶极群落具有如下特征：①群落中的种群处于稳定状态；②达到演替趋向的最大值，即群落总呼吸量与总第一性生产量的比值接近1；③与生境的协同性高，相似的顶极群落分布在相似的生境中；④不同干扰形式和不同干扰时间所导致的不同演替系列都向类似的顶极群落会聚；⑤在同一区域内具最大的中生性；⑥占有发育最成熟的土壤；⑦在一个气候区内最占优势。

以上 3 种顶极学说，反映了群落演替理论的继承和发展过程。

6.4 森林演替实例

6.4.1 亚高山暗针叶林区泥石流迹地植被原生演替

这里选择位于贡嘎山东坡海螺沟亚高山暗针叶林的黄崩溜沟口泥石流扇形地为例说明。贡嘎山东坡海拔 3 000m 地带属于峨眉冷杉林分布区，这里的温度和湿度条件都十分有利于峨眉冷杉和许多其他树种生长。黄崩溜沟口泥石流扇形地是由黄崩溜沟发生的泥石流物质堆积而成。该泥石流发生后，其所经之处的灌丛、草地植被和土壤几乎全部被淹没掉，残存下来的高大乔木，如峨眉冷杉、冬瓜杨等在数年内死亡，形成一片具有枯立木分布的泥石流迹地。泥石流迹地面积较小，四周环绕的都是峨眉冷杉，为迹地树种侵入提供了丰富的种源。泥石流迹地由大量砂砾和大小不一的石块岩屑组成，十分有利于树种和土壤的快速发育。在这样良好的环境下，第四年先锋树种川滇柳和冬瓜杨开始侵入迹地。在演替早期，大量的川滇柳侵入迹地，速度很快，冬瓜杨稍次之，侵入过程持续10~15 年后结束。川滇柳在树龄约 25 年时达到其极限树种高度。在这段时间里群落均是以川滇柳为主的川滇柳冬瓜杨群落，随后冬瓜杨继续保持速生树种趋势，逐渐在高度上超过川滇柳，川滇柳逐渐失去资源，死亡率增大，群落逐渐演替成以冬瓜杨为优势的冬瓜杨川滇柳林。

峨眉冷杉也是在迹地形成后第四年开始侵入迹地，此时由于土壤中养分稀少，土壤微生物缺乏，对依靠外生菌根真菌吸收土壤养分的峨眉冷杉影响很大，所以峨眉冷杉在演替早期的存活率低，生长十分缓慢。到迹地形成第八年时，川滇柳和冬瓜杨形成灌木群落，土壤和地表微环境得到较大改善，峨眉冷杉侵入后存活率明显增大，生长较好。群落演替到冬瓜杨、川滇柳林阶段，经过冬瓜杨、川滇柳和其他灌木、草本对环境的改造，土壤养分有了明显增加，土壤微生物环境得到改善，川滇柳进一步衰退，峨眉冷杉逐渐在树高、胸高断面积等方面超过川滇柳，群落演替为冬瓜杨峨眉冷杉林。

随着环境条件不断改善，峨眉冷杉数量不断增加，对资源的占有率不断增大，逐渐对冬瓜杨构成很强的竞争压力，致使冬瓜杨进入衰退状态，这一过程持续进行，直到峨眉冷杉树高超过冬瓜杨时，冬瓜杨种群密度已经大大减少，群落演替为峨眉冷杉中龄林。在以后的近百年里，如果不发生灾害性干扰事件，峨眉冷杉将一直控制上层林冠，保持建群种地位，群落进入较为稳定的顶极群落状态。演替一般规律如下：

川滇柳、冬瓜杨幼苗群落→川滇柳、冬瓜杨幼树群落→川滇柳、冬瓜杨林→
冬瓜杨、峨眉冷杉林→峨眉冷杉中龄林→峨眉冷杉成熟林→峨眉冷杉过熟林

6.4.2 阔叶红松林的演替

阔叶红松林是东北小兴安岭、张广才岭和长白山的地带性顶极群落。在自然条件下阔叶红松林以复层异龄混交的形式保持基本稳定的组成和结构，但由于红松老龄林木的自然衰老死亡和幼龄林木的发生，群落外貌发生一定的变化，这就是年龄更替。阔叶红松林由一些不同龄的树团斑块镶嵌而成，每个斑块基本上由相对同龄红松与阔叶树组成，斑块内阔叶树自然衰老死亡，红松仍继续存在，这时树团斑块外貌发生变化，待红松死亡，老斑块结束，新斑块逐渐形成，新斑块以阔叶树为优势。不同龄组斑块的空间替代和时间上的流动替代保持了阔叶红松林的稳定性，这种稳定性使各龄组斑块镶嵌周期性循环的稳定。

一般在自然状况下，阔叶红松林演替进展缓慢。一旦遭受自然灾害或采伐，演替的进程就会大大加速，如择伐，特别是强度比较大的择伐，林分中红松大径木多被伐除，红松在林中的优势地位丧失，原来的伴生树种，如紫椴、风桦、色木槭、水曲柳等组成增加，上升为优势树种，形成阔叶树为主的针阔混交林。这时林下红松更新条件较原始林下有利，能较迅速地恢复以红松为主的针阔混交林。

阔叶红松林皆伐后，林地环境发生急剧变化，最初几年不但红松幼苗的天然更新极为困难，就是已经发生的幼苗也常因对新环境的不适应而枯死。采伐中破坏了地被物，土壤裸露，如果迹地周围有丰富的山杨和白桦种源时，迹地很快形成杨桦林。杨桦成林后，林下疏松的凋落物和腐殖质层是红松种子发芽的温床，传播红松种子的啮齿类动物又经常到杨桦林下栖息，红松又得以在杨桦林下更新。皆伐迹地有时覆盖一层较厚的死地被物和采伐剩余物，杨桦难于更新，灌木占据并形成密密的灌丛。平坦和缓坡的多水地带易形成小叶草和薹草等组成的草本植物群落，演替的方向是阔叶树侵入，最后红松侵入，演替一般规律如下：

阔叶红松林 {
 —择伐→以阔叶树为主的针阔混交→阔叶红松林
 —择伐→草地或灌丛→杨桦林或阔叶混交→阔叶红松林
 —皆伐→草地→杨桦林→阔叶红松林

6.4.3 采伐迹地的演替

现以亚热带常绿阔叶林为例，简要介绍森林被全部伐除以后，在皆伐迹地上经历的演替阶段(图6-3)。

(1)采伐迹地阶段

群落一次直接退化到次生裸地阶段，原来森林内的小气候条件不复存在，太阳光直接照射地面，温度变幅增大，风速增加，空气湿度降低，原来林下的耐阴植物消失。而喜光的植物如芒草、白茅、野古草等草本植

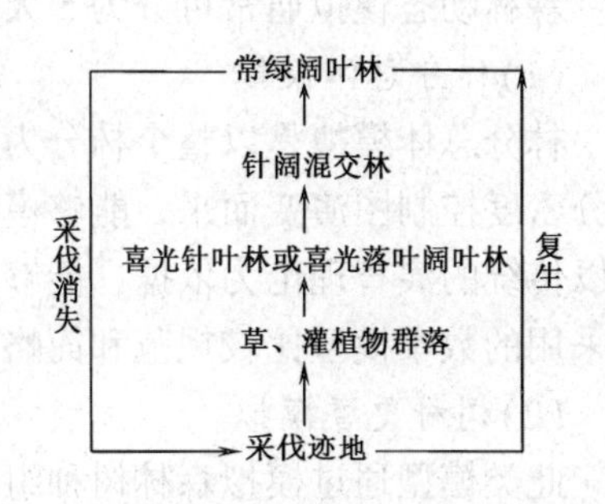

图6-3 常绿阔叶林采伐演替阶段示意

物，以及金樱子、白檀、山苍子等灌木繁衍起来，形成草、灌植物群落。

(2)喜光针叶树或喜光落叶阔叶林阶段

草地或灌丛，通过自然发展可演替为马尾松或喜光阔叶林树种的混交林。常绿阔叶树种一般生长速度较慢，它们的幼苗对日灼和干旱甚至霜冻都很敏感，很难适应迹地的气候条件；而喜光的树种如马尾松、枫香、化香、麻栎等却能在这里生长良好，形成以马尾松为主的针叶林群落或落叶阔叶树为主的阔叶混交林群落。当这些树种组成的群落达到郁闭阶段时，林下光照和温湿度条件发生变化，这一变化对喜光树种本身不利，它们的幼苗、幼树不能在自己的林冠下生长，其他的喜光植物亦被排挤消失。

(3)常绿阔叶树种定居阶段

由于喜光针、阔叶树种形成郁闭，缓和了林下小气候条件的剧烈变动，较耐阴的一些常绿树种，如青冈栎、木荷、栲树、楠木等的幼苗，已经能够在林冠下生长并定居下来。这一阶段的初期，上层由马尾松或落叶阔叶树种构成主林层，下层主要由中生的和耐阴树种的幼苗幼树构成；后期则形成以马尾松和常绿阔叶树种组成的针、阔(常绿)混交林，或落叶、常绿阔叶树种混交林。

(4)常绿阔叶林恢复阶段

随着岁月的流逝，常绿阔叶树种的树高生长越过了马尾松或其他喜光阔叶树种，于是常绿阔叶树种占据了林冠的上层。那些喜光树种因不能忍耐遮阴而开始衰退、死亡。这样，最后又发展为稳定性较高的常绿阔叶林。

6.5 森林动态模型

6.5.1 概述

经典的森林演替研究主要是以追溯法和用空间代替时间的方法为主。这些方法的缺点是研究周期长，而且，难于对森林未来的动态变化作出定量预测。随着20世纪60年代计算机技术的发展，生态学家能够用经典的数学问题表达自己的思想，使森林动态模拟得到飞速发展，对于揭示森林动态发展机制，提供了一种重要的工具。

森林动态模拟通常可分为5大类：

(1)林分总体模拟

林分总体模拟是以整个林分为模拟单元。这种方法一部分是从生长过程表和林分密度控制图演变而来，能够模拟森林生长，但不能模拟森林演替；另一部分是以传统的演替理论为依据，能够模拟森林演替，但不能模拟森林生长。该方法所采用的数学模型比较规范和简略，涉及的模拟因子也比较少。

(2)树种更替模拟

此类模型通过模拟森林树种组成的相互取代过程来表现森林演替过程。该方法的模拟步长为林冠层树种的生命周期，无法模拟林分的生长。

(3) 直径转移模拟

直径转移模拟是根据一段时间内各径级林木生长的大小和径级的大小，估计出在该时间内每个径级上升一个或更多径级的转移概率。模拟的步长由林木生长的快慢和径级大小确定，一般在几年到十几年之间。该方法适合模拟林分生长，也能模拟森林演替。

(4) 空间竞争模拟

空间竞争模拟方法是在一个较大的样方上模拟单木的更新、生长和枯死过程。根据林木位置及大小计算单株的竞争指数，由竞争指数计算林木的生长速率。所采用的竞争指标通常有三类：根据株间距确定的指数、根据冠幅重叠确定的指数、根据生长空间确定的指数。该方法针对性强，可模拟林分细微的生长竞争过程，但不适合模拟森林的演替。

(5) 林窗动态模拟

林窗动态模拟是以一年为步长、在小样方中逐株计算林木的生长变化。样方的大小由优势木树冠的大小确定，50~100 个样方的动态平均值可视为森林动态的结果，树木的生长率受样方中其他树木的平均竞争效应所控制。由于样方较小，一株大树的消失将明显影响样方的光照及营养条件即产生林窗动态效应。林木的更新由树种的造林学特性决定。林木的生长量可由假设的最大生长量和环境条件推算出来。林木的枯死与生长状态和树种寿命有关，最后由随机过程判定。该方法比较灵活，参数容易估计，能够模拟森林的生长和演替。

6.5.2 林窗动态模拟

一株或生长在同一生境的几株优势树木，在生长旺盛时期不但主宰其周围的生境，也抑制其林下树木的生长，在其死亡后会在郁闭的林冠层产生一个空缺——林窗(gap)，为周围弱小树木创造适宜的生长条件。林窗的产生及填补过程构成了天然林动态的基本内容。

林窗动态的基本过程可概括为：对于面积较大的森林，优势树木一般分散于林分中，当一株大树枯死或风倒后便形成一个林窗，经过一段时间的自然竞争，最终有一株树木进入上层林冠，使森林再次郁闭。在时间上，这是一个林窗形成与消失的循环往复过程；在空间上，整个森林都是由若干性质不同的林窗斑块所构成的镶嵌格局。如果所研究的森林面积较大，且结构复杂，存在足够的动态补偿过程，森林将表现出相对的“稳定”。如果森林的组成比较单一，且林木年龄大致相同，树种更替过程在短时期内发生，林分则可能出现明显变化，森林就表现为“动态”。这个从森林内部变化过程解释森林动态过程的森林动态理论称为林窗森林动态理论，是林窗动态模拟方法的理论基础。

林窗模型一般考虑林木最优生长、环境因子对林木生长的限制、林木更新、林木死亡以及样方大小这几个方面，林窗模型就是通过对这几方面进行模拟而构成的。下面将以我国学者针对长白山阔叶红松林建立的 KOPIDE 模型为例介绍林窗模型的结构。

6.5.2.1 林木最优生长的模拟

一个林分的总生长是其组成林木生长的总和。对于单株林木而言，其生长包括横向生长(径生长)和纵向生长(高生长)。在径生长系列中，最方便于应用的是胸径生长。林木的胸径生长与树木的种类和环境条件有关。可以认为，林木胸径实际生长量就是林木固有的最大生长量受到环境削减后所能达到的量，可用公式表示为：

$$\Delta D = \Delta D_{max} R(\theta) \tag{6-1}$$

式中 ΔD——胸径的实际生长量；

ΔD_{max}——胸径的最大生长量；

$R(\theta)$——环境限制因子。

环境限制因子主要考虑光照、土壤肥力、土壤湿度以及环境温度，可由下列公式表示：

$$R(\theta) = r(Qh) \times \min[r(F), r(DI)] \times r(DD) \tag{6-2}$$

式中 $r(Qh)$——光因子；

$r(F)$——土壤肥力因子；

$r(DI)$——土壤湿度因子；

$r(DD)$——温度因子。

环境因子的取值在0~1之间。

生理学角度，当林木在环境条件充分的情况下，林木光合产量主要取决于林木叶量(即叶面积)的多少。随着林木的生长，林木需要消耗更多的光合产物来维持正常的生理机能运转，用于林木材积生长的光合产物相对减少。用数学公式可以表示为：

$$\delta(V) \propto L\left(1 - \frac{DH}{D_{max} H_{max}}\right) \tag{6-3}$$

式中 $\delta(V)$——材积生长量；

L——叶量；

D——胸径；

D_{max}——最大胸径；

H——树高；

H_{max}——最大树高。

根据测树学原理，林木材积与胸径的平方和树高的乘积成正比，林木的叶量与树高都可以表示为林木胸径的函数，即 $L = f_l(D)$ 和 $H = f_h(D)$。式(6-3)就可以变换为：

$$\delta[D^2 f_h(D)] = kf_l(D)\left(1 - \frac{Df_h(D)}{D_{max} H_{max}}\right) \tag{6-4}$$

式中 k——与树种有关的待定系数。

将式(6-4)左边项变换成：

$$\frac{\mathrm{d}[D^2 f_h](D)}{\mathrm{d}D} \cdot \frac{\mathrm{d}D}{\mathrm{d}t} \tag{6-5}$$

整理得：

$$\frac{\mathrm{d}D}{\mathrm{d}t}=\frac{kf_l(D)\left(1-\frac{Df_h(D)}{D_{\max}H_{\max}}\right)}{2Df_h(D)+D^2\frac{\mathrm{d}[f_h(D)]}{\mathrm{d}D}} \tag{6-6}$$

在多数林窗模型中，把$f_l(D)$表示为：

$$L=cD^2 \tag{6-7}$$

式中　c——待定参数。

把$f_h(D)$表示为：

$$H=H_b+b_2D-b_3D^2 \tag{6-8}$$

式中　H_b——胸高，中国一般取130cm，欧美取137cm；

b_2，b_3——待定参数。

假设当胸径达到最大时树高达到最大，根据式(6-8)求导得出：

$$b_2=2\left(\frac{H_{\max}-H_b}{D_{\max}}\right)\qquad b_3=\frac{H_{\max}-H_b}{D_{\max}^2} \tag{6-9}$$

把式(6-7)、式(6-8)代入式(6-6)得到：

$$\frac{\mathrm{d}D}{\mathrm{d}t}=\frac{GD\left(1-\frac{D(H_b+b_2D-b_3D^2)}{D_{\max}H_{\max}}\right)}{P+3b_2D-4b_3D^2} \tag{6-10}$$

式中　P——常数，当H_b为130cm时取260，当H_b为137cm时为274；

$G=ka$，一般根据两个条件决定：①$A=A_{\max}$时，$D=D_{\max}$；②$A=A/2$时，$D=2D_{\max}/3$；

A为树龄，$A_{\max}$为最大树龄，胸径和树高的单位均为cm。

式(6-10)是林窗模型比较通用的公式，它所采用的参数较少，其严密程度有限。后有不少学者在不改变参数的基础上对此进行了相应的改进。KOPIDE模型中：

用Richards方程表示树高—胸径关系：

$$H=H_{\max}(1-a_1\mathrm{e}^{b_1D})^w \tag{6-11}$$

式中　a_1，b_1，w——待定参数。

胸径和叶量的关系为：

$$L=a_2D^{b_2} \tag{6-12}$$

式中　a_2，b_2——待定参数。

把式(6-11)、式(6-12)代入式(6-10)得：

$$\frac{\mathrm{d}D}{\mathrm{d}t}=\frac{Ga_2D^{b_2-1}\left[1-\frac{D(1-a_1k)^w}{D_{\max}}\right]}{H_{\max}[2(1-a_1k)^w+a_1b_1wDk(1-a_1k)^{w-1}]} \tag{6-13}$$

式中　$k=\mathrm{e}^{b_1D}$。

6.5.2.2 环境因子对林木生长的限制作用

各林窗模型在模拟环境因子的时候并不完全一致。林窗模型一般涉及的环境因子包括光照、土壤湿度及肥力、气温。所有林窗模型对温度因子的模拟是一致的；对光因子的模拟基本一致，只是有的考虑林冠的二维空间，有的考虑三维空间；对土壤水、肥的模拟差别较大，但大多数模型都不直接模拟土壤因素的作用。这些因素中只有气温不受林木生长的反作用，而林下透光量、土壤湿度及肥力都可模拟为林木生长的反馈作用关系。

(1)光与林木生长的关系

阳光在林冠层的投射服从于 Beer-Lambert 定律：

$$Q_h = Q_0 e^{-kL(h)} \tag{6-14}$$

式中 Q_h——树高 h 处的透光量(0~1)；

Q_0——树冠上方的入射量；

$L(h)$——在树高 h 上方的累积叶面积指数；

k——透光系数。

k 与树种组成及地理纬度有关。在 KOPIDE 模型中，$k=0.25$。根据光合产量与光强的一般关系，林木生长与透光量的关系为：

$$r(Q_h) = c_1[1 - e^{-c_2(Q_h - c_3)}] \tag{6-15}$$

式中 $r(Q_h)$——光照限制因子(0~1)；

c_1——尺度常数；

c_2——曲率常数；

c_3——林木的光补偿点。

(2)土壤湿度及肥力与林木生长的关系

土壤湿度和土壤肥力均为地下限制因子，而且树木吸收养分和吸收水分是不可分割的生理过程，故综合在一起考虑。根据较差限制因子作用较大的生态学原理，往往选择这两个因子中较小的数值纳入计算。KOPIDE 模型认为在长白山阔叶红松林中水分比养分更能限制林木生长，所以把土壤湿度作为限制因子。KOPIDE模型用抛物线方程表示湿度限制因子：

$$r(DI) = \frac{4DI(DI_{max} - DI)}{DI_{max}^2} \tag{6-16}$$

式中 $r(DI)$——土壤湿度限制因子(0~1)；

DI——干燥度(年蒸发量与年降水量之比)；

DI_{max}——树木分布区的最大干燥度。

(3)气温与林木生长的关系

气温限制因子是根据年积温确定的，林木的生长对气温的反应可用抛物线函数表示：

$$r(DD) = \frac{4(DD - DD_{min})(DD_{max} - DD)}{(DD_{max} - DD_{min})^2} \tag{6-17}$$

式中 $r(DD)$——气温限制因子；

DD——大于10℃或5℃的年积温；

DD_{min}，DD_{max}——树木分布范围内最小和最大的年积温。

6.5.2.3 林木更新的模拟

林木更新的生态学过程十分复杂，最简单的常用的模拟方法是把林木的更新当作随机过程来对待。较逼真的模拟常把腐殖质层厚度、枯枝落叶的多少、食种子动物的数量、林下透光情况、林下种子库等作为控制因子。在 KOPIDE 模型中采用的是林冠叶面积指数，最大可能的林木更新株数与林冠层的叶面积指数的关系可用指数函数表示：

$$X = Ae^{B(LAI-K)^2} \tag{6-18}$$

式中 X——林木更新株数；

LAI——林冠层叶面积指数；

B——与最大有效叶面积指数有关的待定参数；

K——最佳叶面积指数。

6.5.2.4 林木死亡的模拟

林窗模型把树木的死亡视为随机事件，根据树木死亡原因分为自然死亡和不良环境引起的死亡。自然死亡由两个假设条件来计算：①只有 1% 的树木能够生长到最大树龄；②每年死亡的概率相同。

假设林分内共有 N 株林木，T 年后，只剩下 n 株，树木死亡率为 p_m，当 $T=n$ 时有：

$$n = N(1-p_m)^n \tag{6-19}$$

$$p_m = 1-\left(\frac{n}{N}\right)^{\frac{1}{t}} \tag{6-20}$$

当 $n/N = 0.01$，$T = A_{max}$ 时有：

$$p_m = 1-0.01^{\frac{1}{A_{max}}} \tag{6-21}$$

近似计算得：

$$p_m \approx \frac{4.605}{A_{max}} \tag{6-22}$$

不良环境对林木造成影响直到死亡可从林木的生长量反映出来。在林木死亡前，林木胸径的连年生长量逐渐减小。当生长量达到临界生长量后，在一定年限生长条件不能得到改善，必然死亡。Pacala 等把林木的死亡直接与生长量联系起来：

$$p_m = e^{-U(\bar{g}_5)^V} \tag{6-23}$$

式中 $\bar{g}_5$——最近 5 年林木生长的算术平均值；

U，V——待定参数。

6.6 恢复生态学原理

6.6.1 恢复生态学的概念

生态系统的动态发展，在于其结构的演替变化。正常的生态系统处于一种动态平衡中，生物群落与自然环境在其平衡点作一定范围的波动。生态系统的结构和功能也可能在自然因素和人类干扰的作用下发生位移，位移的结果打破了原有生态系统的平衡，使系统固有的功能遭到破坏或丧失，稳定性和生产力降低，抗干扰能力和平衡能力减弱，这样的生态系统被称为退化生态系统或受害生态系统。

恢复生态学是研究生态系统退化的原因、退化生态系统恢复与重建的技术和方法及其生态学过程和机理的学科。对于这一概念，总的来说没有太多异议，但对于其内涵和外延，有许多不同的认识和探讨。这里所说的"恢复"是指生态系统原貌或其原先功能的再现，"重建"则指在不可能或不需要再现生态系统原貌的情况下营造一个不完全雷同于过去的甚至是全新的生态系统。目前，恢复已被用作一个概括性的术语，包含重建、改建、改造、再植等含义，一般泛指改良和重建退化的自然生态系统，使其重新有益于利用，并恢复其生物学潜力，也称为生态恢复。生态恢复最关键的是系统功能的恢复和合理结构的构建。

恢复生态学是20世纪80年代迅速发展起来的现代应用生态学的一个分支，主要致力于那些在自然灾变和人类活动压力下受到破坏的自然生态系统的恢复与重建，它是最终检验生态学理论的判决性试验。它所应用的是生态学的基本原理，尤其是生态系统演替理论。恢复生态学在加强生态系统建设和优化管理以及生物多样性的保护具有重要的理论和实践意义。

恢复生态学这个术语最初是由美国学者 Aber 和 Jordan 于 1985 年提出的，当时并没有给予确切的学科界定，主要强调的是恢复和生态管理技术概念。因为恢复过程是人工设计的，且恢复过程是综合的，因而也称之为"合成生态"。恢复生态学不同于传统应用生态学之处在于，它不是从单一的物种层次和种群层次，而是从群落，更准确地说从生态系统层次考虑和解决问题。恢复生态学有如下特点：①具有充分的自然生态系统背景；②由于生态恢复是在生态系统受到破坏或损害的基础上进行的，所以它对导致生态系统破坏的主要和次要因素较为清楚，对在这些因素作用下生态系统退化的全过程较为了解，对人们设计的恢复措施有预定的科学依据，对生态系统恢复中的环境、生物参数可进行有效的监测和控制；③由于它采取了人为附加的措施，从而使受损或遭破坏的生态系统的演替过程比自然过程的时间大大缩短，同时具有目标生态系统的可选择性和所谓"顶极"群落多种选择的目标性，因此，可在较短时间内和恰当的空间尺度上认识自然生态系统内在的变化机制，建立生态系统演替的定量化指标参数。

6.6.2 恢复生态学的理论基础

生态恢复是相对于生态破坏而言的。生态破坏可以理解为生态系统的结构发生变化、功能退化或丧失，关系紊乱。生态恢复就是恢复系统的合理结构、高效的功能和协调的关系。

群落的自然演替理论是恢复生态学的理论基础，即恢复生态学是在生态建设服从于自然规律和社会需求的前提下，在群落演替理论指导下，通过物理、化学、生物的技术手段，控制待恢复生态系统的演替过程和发展方向，恢复或重建生态系统的结构和功能，并使系统达到自维持状态。

恢复生态学的研究目标旨在探索因自然灾变或人类经济活动所破坏的各类生态系统的恢复与重建。其研究对象十分广泛，包括自然灾变，如地震、火山喷发、泥石流、洪水等引起的生态破坏和生态系统退化，以及人类活动如采矿、冶炼、化工、建筑、污染物排放等引起的环境污染和生态系统退化。

6.6.3 生态恢复的过程

生态恢复是生态退化的逆转过程，但在这个过程中不是靠纯粹的自然恢复，还需加入一定的人为手段，因而最终恢复的不应仅仅是自然生态系统，还有许多是人工建立的新的生态系统。生态恢复的一般过程是：基质调查→区域自然、社会经济条件(水、土、气候、可利用的条件等)综合分析→恢复目标的制定→恢复规划→恢复技术体系组配→生态恢复实施→生态管理→生态系统的综合利用→自然—社会—经济复合系统的形成，如图6-4所示。

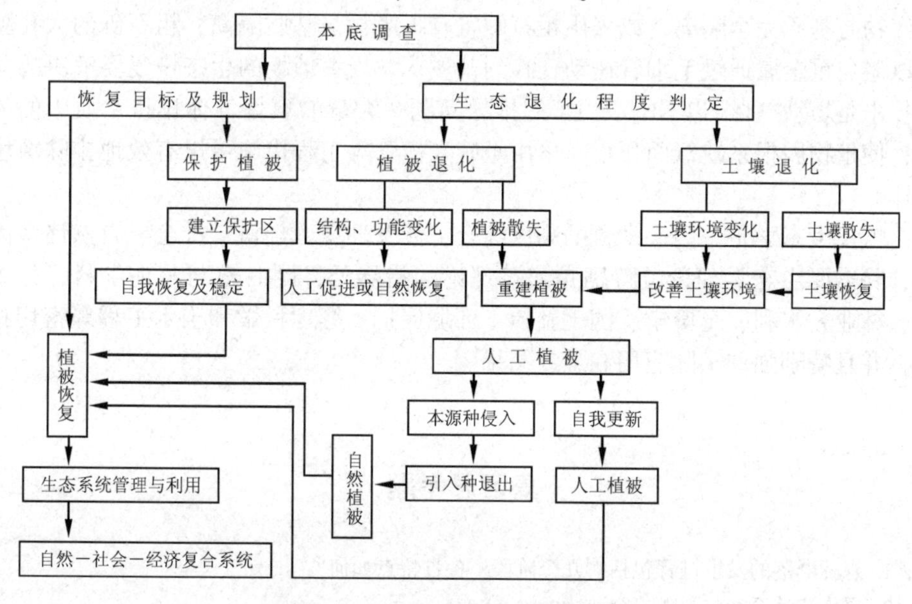

图6-4 生态恢复流程(引自曹凑贵)

6.6.4 生态恢复的关键技术

一般说来，对于一个缺损的生态系统，生物种类及其生长介质的丧失或改变是影响生态恢复的主要障碍，这正是大多数陆生生态系统的生态恢复所要解决的关键问题。通常采用两种技术即可获得满意的结果，选择合适的植物种类改造介质，使之变得更适合植物的生长；利用物理或化学的方法直接改良介质，使之能够直接进行为达到最终目标所选择的生态恢复。上述两种方法结合使用，可以大大加速和维持生态系统的重建。

选择适宜的植物种类是生态恢复的关键技术之一。通常在陆地生态系统恢复实践中，耐干旱、耐贫瘠、固氮、速生、高产的草本或灌木是首选种类，这类植物可以迅速生长并获得永久的植被。固氮植物可以改善基质的养分状况。在种植过程中，根据土壤的元素组成与肥力，辅之一定的水肥，尤其是微生物肥是必要的，有利于植物的快速生长和土壤条件的改善。对于许多缺损地区，如皆伐或火烧迹地、弃耕地等，残留的植物种子和地下芽常常成为重要的"先锋植物"而首先萌芽。在基质的结构和功能完全丧失的地方，利用物理或化学的方法直接改良土壤是生态恢复的必要手段。例如，在被酸沉降所酸化的地区，施加一定量的石灰可以加速改变土壤的 pH 值；石墨矿尾砂地掺加一定比例的熟土与风化土后再施加农家肥后可形成适合小麦等粮食作物种植的土壤；稀土尾砂堆在不覆客土，施加有机肥和钙、镁、磷肥后直接种植乔木的 1 年实生苗亦可取得很好的恢复效果。

对另一类受损生态系统，特别是开采有色金属矿产生的废弃地。由于基质中残留的重金属可能对植物根系产生伤害或通过食物链转移，其生态恢复必须采用一些特殊的隔离技术。一般采用的隔离方法为用压实的黏土或高密聚乙烯膜将有害废物与基质完全隔离，或采用粗石砾将有害废物与基质隔离，粗石砾的大孔隙可以避免重金属通过毛细管运动迁移到基质。垃圾填埋场的生态恢复要解决的关键技术是填埋气体(以 CH_4 为主)的排导问题，大量的填埋气体排挤基质中的氧气，使植物因根系缺氧而死亡，采用竖管和横管等工程措施可以有效地排除填埋气体。

恢复生态学是一门多学科的高度综合，涉及环境、经济、社会、自然诸多因素，除需要生态学理论，特别是演替理论的指导外，同时也与其他学科，如农学、林业、水利、土壤学、国土整治、环境保护、管理科学和土木工程等密切相关，并且特别强调实际应用和最终结果。

复习思考题

1. 森林群落的发生进程包括哪几个阶段？各自特点如何？
2. 旱生演替系列包括哪 4 个阶段？
3. 水生演替系列包括哪 6 个阶段？
4. 举例说明次生演替的一般特征。
5. 森林动态模拟通常分为哪几种类型？
6. 生态恢复的一般过程有哪些步骤？

本章推荐阅读书目

1. 中国森林群落分类及其群落学特征. 蒋有绪，郭泉水，马娟等著. 科学出版社，1998.
2. 天然林保护工程概论. 张佩昌，周晓峰，王凤友著. 中国林业出版社，1999.

3. 中国的天然林资源保护工程. 李育才著. 中国林业出版社，2004.
4. 普通生态学. 孙儒泳，李博，诸葛阳等编. 高等教育出版社，1993.
5. 植物生态学. 第2版. 曲仲湘，吴玉树，王焕校等编. 高等教育出版社，1983.
6. 生态学. 李博主编. 高等教育出版社，2000.
7. 生态学概论. 曹凑贵主编. 高等教育出版社，2002.
8. 森林生态学. 第2版. 李景文主编. 中国林业出版社，1994.

第7章　森林生态系统组成与结构

【本章提要】通过对生态系统结构、功能的介绍，使学生了解生态系统中的能量流动与物质循环、发展趋势以及自我调节机制等。生态系统研究是现代生态学研究的主流，当前全球所面临的重大资源与环境问题的解决，都依赖于对生态系统结构与功能、多样性与稳定性，以及生态系统的演替、受干扰后的恢复能力和自我调节能力等问题的研究。

生态系统就是生物群落+环境，它是由于不断进行着的物质循环和能量流动过程而形成的统一整体。生态系统包括生产者、消费者、分解者和非生物环境四大基本成分。因此，生态学也是研究生态系统组成结构和功能的科学。

7.1　生态系统及森林生态系统的基本概念

7.1.1　生态系统的基本概念

系统(system)是指彼此间相互作用、相互依赖的事物有规律地联合的集合体，是有序的整体。一般认为，构成系统至少要有3个条件：①系统是由许多成分组成的；②各成分间不是孤立的，而是彼此互相联系、互相作用的；③系统具有独立的、特定的功能。

生态系统(ecosystem)就是在一定空间中共同栖居着的所有生物(即生物群落)与其环境之间由于不断地进行物质循环和能量流动过程而形成的统一整体。地球上的森林、荒漠、湿地、海洋、湖泊、河流等，不仅它们的外貌有区别，生物组成也各有其特点，生物和非生物构成了一个相互作用、物质不断地循环、能量不停地流动的生态系统。

生态系统这个概念是由英国生态学家坦斯利(Tansley　1936)提出。他认为，“更基本的概念是……完整的系统(物理学上所谓的系统)，它不仅包括生物复合体，而且还包括人们称为环境的全部物理因素的复合体……我们不能把生物从其特定的、形成物理系统的环境中分隔开来……这种系统是地球表面上自然界的基本单位……这些生态系统有各种各样的大小和种类。”因此，生态系统这个术语的产生，主要在于强调一定地域中各种生物相互之间、它们与环境之间功能上的统一性。生态系统主要是功能上的单位，而不是生物学中分类学的单位。前苏联生态学家苏卡乔夫(1942)所说的生物地理群落(biogeocoenosis)的基本含义与生态系统概念相同。生态系统思想的产生不是偶然的，而是有其一定的历史背景。

7.1.2 森林生态系统的基本概念

森林生态系统概括地讲，它是一个由生物、物理和化学成分相互作用、相互联系非常复杂的功能系统。系统内生物成分——绿色植物可以连续生产出有机物质，从而发展成自我维持和稳定的系统。森林生态系统是陆地生态系统中利用太阳能最有效的类型，尤其是在气候、土壤恶劣的环境条件中，更能发挥其独特功能。世界上所有植物生物量约占地表总生物量的99%，其中森林占植物生物量的90%以上。但由于人类的乱砍滥伐，热带森林正以每年 $1\ 000\times10^4\sim4\ 000\times10^4 hm^2$ 的速度消失。森林破坏的结果是：生物多样性减少、土地荒漠化加剧、沙尘暴次数增多，人类的生存环境变得更为恶劣。为了更好地发挥森林的多种效益(生态效益、社会效益、经济效益)，就必须了解和掌握系统内相互作用的生物及它们的物理、化学等过程，以及人类活动对它们的影响和变化。森林生态系统是生态系统分类中的一种，是专门研究以树木为主体的生物群落及其环境所组成的生态系统。

7.2 生态系统的组成与结构

生态系统包括下列4种主要组成成分，我们以池塘和草地作为实例来加以说明(图7-1)。

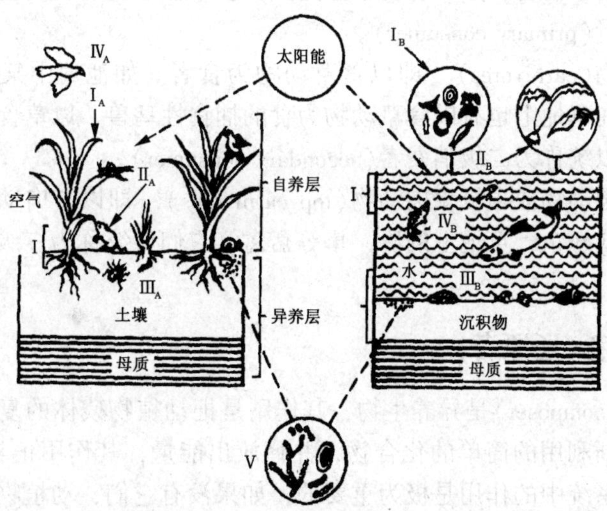

图7-1 陆地生态系统(草地)和水生生态系统(池塘)营养结构的比较(仿 Odum, 1983)

Ⅰ. 自养生物：$Ⅰ_A$. 草本植物 $Ⅰ_B$. 浮游生物 Ⅱ. 食草动物：$Ⅱ_A$. 食草性昆虫和哺乳动物 $Ⅱ_B$. 浮游动物 Ⅲ. 食碎屑动物：$Ⅲ_A$. 陆地土壤无脊椎动物 $Ⅲ_B$. 水中底栖无脊椎动物 Ⅳ. 食肉动物：$Ⅳ_A$. 陆地鸟类和其他 $Ⅳ_B$. 水中鱼类 Ⅴ. 腐食性生物、细菌和真菌

7.2.1 非生物环境

非生物环境(abiotic environment)包括参加物质循环的无机元素和化合物(如C、N、CO_2、O_2、Ca、P、K)，联系生物和非生物成分的有机物质(如蛋白质、糖类、脂类和腐殖质等)和气候或其他物理条件(如温度、压力)。

7.2.2 生产者

生产者(producer)是能以简单的无机物制造食物的自养生物(autotroph)。对于淡水池塘来说，主要分为两类。

①有根的植物或漂浮植物　通常只生活于浅水中。

②体形小的浮游植物　主要是藻类，分布在光线能够透入的水层中。一般用肉眼看不到。但对池塘来说，比有根植物更重要，是有机物质的主要制造者。因此，池塘中几乎一切生命都依赖于它们。对草地来说，则是有根的绿色植物。

7.2.3 消费者

所谓消费者(consumer)是针对生产者而言，即它们不能利用无机物质制造有机物质，而是直接或间接地依赖于生产者所制造的有机物质，因此属于异养生物(heterotroph)。

消费者按其营养方式上的不同又可分为3类：

①食草动物(herbivores)　即直接以植物体为营养的动物。在池塘中有两大类，即浮游动物和某些底栖动物，后者如环节动物，它们直接依赖生产者而生存。草地上的食草动物，如一些食草性昆虫和食草性哺乳动物。食草动物可以统称为一级消费者(primary consumer)。

②食肉动物(carnivores)　即以食草动物为食者。如池塘中某些以浮游动物为食的鱼类，在草地上也有以食草动物为食的捕食性鸟兽。以草食性动物为食的食肉动物，可以统称为二级消费者(secondary consumer)。

③大型食肉动物或顶极食肉动物(top carnivores)　即以食肉动物为食者。如池塘中的黑鱼或鳜鱼，草地上的鹰、隼等猛禽，它们可统称为三级消费者(tertiary consumer)。

7.2.4 分解者(还原者)

分解者(decomposer)是异养生物，其作用是把动植物残体的复杂有机物分解为生产者能重新利用的简单的化合物，并释放出能量，其作用正与生产者相反。分解者在生态系统中的作用是极为重要的，如果没有它们，动植物尸体将会堆积成灾，物质不能循环，生态系统将毁灭。分解作用不是一类生物所能完成的，往往有一系列复杂的过程，各个阶段由不同的生物完成。池塘中的分解者有两类：一类是细菌和真菌；另一类是蟹、软体动物和蠕虫等无脊椎动物。草地中也有生活在枯枝落叶和土壤上层的细菌和真菌，还有蚯蚓、螨等无脊椎动物，它们也在进行着分解作用。

地球上生态系统虽然有很多类型，但通过上面对池塘和草地生态系统的比较，可以看到生态系统的一般特征。图7-2代表生态系统结构的一般性模型，模型包括3个亚系统，即生产者亚系统、消费者亚系统和分解者亚系统。图中还表示了系统组成成分间的主要相互作用。生产者通过光合作用合成复杂的有机物质，使生产者——植物的生物量(包括个体生长和数量)增加，所以称为生产过程。消费者摄食植物已经制造好的有机物质(包括直接取食植物和间接取食植食动物和食肉动物)，通过消化、吸收并再合成为自身所需的有机物质，增加动物的生产量，所以也是一种生产过程，所不同的是生产者是自养的，消费者是异养的。一般把自养生物的生产过程称为初级生产(primary production，或第一性生产)，其提供的生产力称为初级生产力(primary productivity)，而把异养生物再生产过程称为次级生产(secondary production，或第二性生产)，提供的生产力称次级生产力(secondary productivity)。分解者的主要功能与光合作用相反，把复杂的有机物质分解为简单的无机物，称为分解过程。生产者、消费者和分解者三个亚系统，加上无机的环境系统(图中简化为无机营养物和 CO_2)，都是生态系统维持其生命活动所必不可少的成分。由生产者、消费者和分解者这三个亚系统的生物成员与非生物环境成分间通过能流和物流而形成的高层次的生物学系统，是一个物种间、生物与环境间协调共生，能维持持续生存和相对稳定的系统。它是地球上生物与环境、生物与生物长期共同进化的结果。

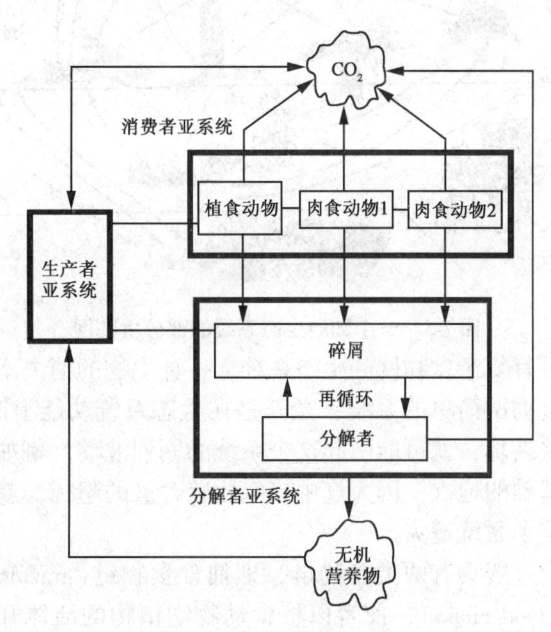

图7-2 生态系统结构的一般性模型(仿 Anderson，1981)

粗线包围的3个大方块表示3个亚系统，连线和箭头表示系统成分间物质传递的主要途径。有机物质库用方块表示，无机物质库用不规则块表示

7.3 食物链和食物网

生产者所固定的能量和物质，通过一系列取食和被取食的关系而在生态系统中传递，各种生物按其取食和被取食的关系而排列的链状顺序称为食物链(food chain)。水体生态系统中的食物链如：浮游植物→浮游动物→食草性鱼类→食肉性鱼类。比较长的食物链如：植物→蝴蝶→蜻蜓→蛙→蛇→鹰。生态系统中的食物链彼此交错连接，形成一个网状结构，这就是食物网(food web)。图7-3是一个陆地生态系统的部分食物网。生态系统中的食物链不是固定不变的，它不仅在进化历史上有改变，在短时间内也有改变。动物在个体发育的不同阶段里，食物的改变(如蛙)就会引起食物链的改变。动物食性的季节性特点，多食性动物，或在不同年份中，由于自然界食物条件改变而引起主要食物组成变化等，都能使食物网的结构有所变化。因此，食物链往往具有暂时的性质，只有在生物群落组成中成为核心的、数量上占优势的种类，食物联系才是比较稳定的。

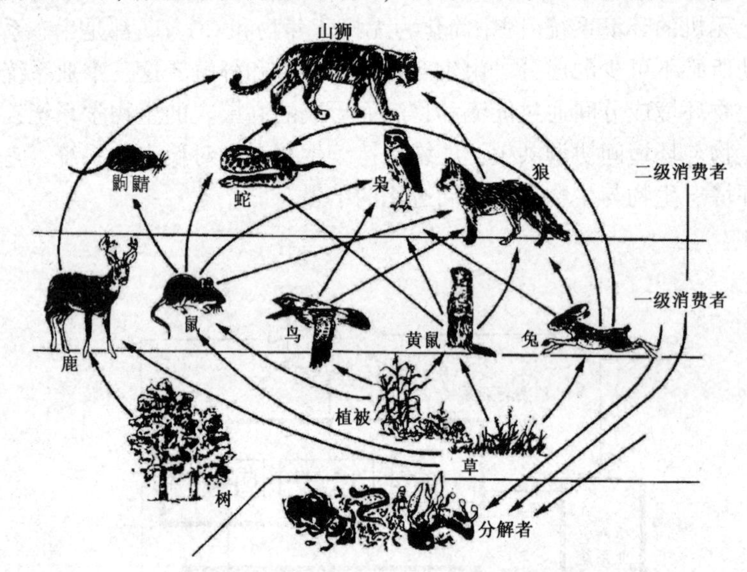

图7-3 一个陆地生态系统的部分食物网

一般地说，具有复杂食物网的生态系统，一种生物的消失不致引起整个生态系统的失调，但食物网简单的系统，尤其是在生态系统功能上起关键作用的种，一旦消失或受严重破坏，就可能引起这个系统的剧烈波动。例如，如果构成薹原生态系统食物链基础的地衣，因大气中二氧化硫含量的超标，就会导致生产力毁灭性破坏，引起整个系统遭灾。

生态系统中，一般均有两类食物链，即捕食食物链(grazing food chain)和碎屑食物链(detrital food chain)，前者以植食动物吃植物的活体开始，后者从分解动植物尸体或粪便中有机物质颗粒开始。生态系统中的寄生物和腐食动物形成辅助食物链。许多寄生物有复杂生活史，同生态系统中其他生物的食物关系尤其复杂，有的寄生物还有超寄生，组成寄生食物链。

7.4 营养级和生态金字塔

食物链和食物网是物种和物种之间的营养关系，这种关系错综复杂，无法用图解的方法来表示，为了便于进行定量的能流和物质循环研究，生态学家提出了营养级(trophic level)的概念。一个营养级是指处于食物链某一环节上的所有生物种的总和。例如，作为生产者的绿色植物和所有自养生物都位于食物链的起点，共同构成第一营养级。所有以生产者(主要是绿色植物)为食的动物都属于第二营养级，即植食动物营养级。第三营养级包括所有以植食动物为食的肉食动物。以此类推，还可以有第四营养级(即二级肉食动物营养级)和第五营养级。

生态系统中的能流是单向的，通过各个营养级的能量是逐级减少的，减少的原因是：①各营养级消费者不可能百分之百地利用前一营养级的生物量，总有一部分会自然死亡和被分解者所利用；②各营养级的同化率也不是百分之百的，总有一部分变成排泄物而留于环境中，为分解者所利用；③各营养级生物要维持自身的生命活动，总要消耗一部分能量，这部分能量变成热能而耗散掉。生物群落及在其中的各种生物之所以能维持有序的状态，就得依赖于这些能量的消耗。也就是说，生态系统要维持正常的功能，就须有永恒不断的太阳能的输入，用以平衡各营养级生物维持生命活动的消耗，只要这个输入中断，生态系统便会丧失其功能。由于能流在通过各营养级时会急剧地减少，所以食物链就不可能太长，生态系统中的营养级一般只有四、五级，很少有超过六级的。

能量通过营养级逐级减少，如果把通过各营养级的能量，由低到高画成图，就成为一个金字塔形，叫作能量锥体或金字塔(pyramid of energy)[图7-4(c)]。同样，如果以生物量或个体数目来表示，就能得到生物量锥体(pyramid of biomass)[图7-4(a)，(b)]和数量锥体(pyramid of numbers)[图7-4(d)]。三类锥体合称为生态锥体(ecological pyramid)。

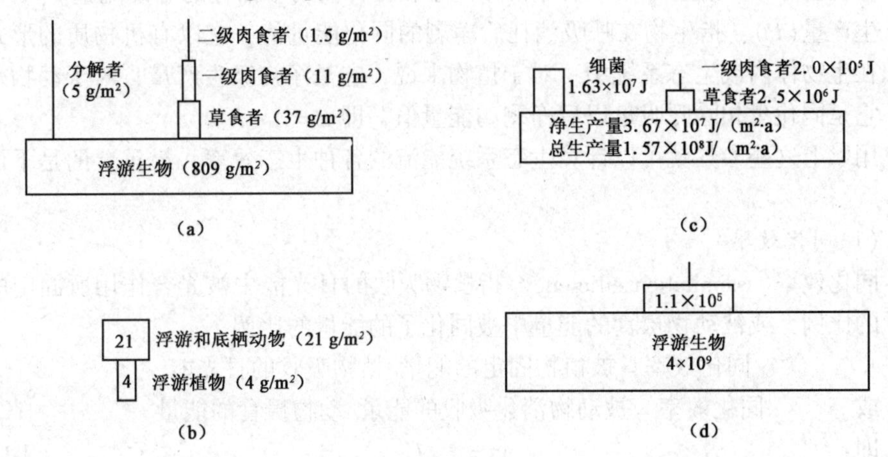

图7-4 生态锥体

(a)生物量锥体 (b)生物量锥体(倒形) (c)能量锥体 (d)数量锥体

通常，能量锥体最能保持金字塔形，不可能出现倒置的情形，而生物量锥体有时有倒置的情况。例如，海洋生态系统中，生产者(浮游植物)的个体很小，生活史很短，根据某一时刻调查的生物量，常低于浮游动物的生物量。这样，按上法绘制的生物量锥体就倒置过来。当然，这并不是说在生产者环节流过的能量要比在消费者环节流过的少，而是由于浮游植物个体小、代谢快、生命短，某一时刻的现存量反而要比浮游动物少，但一年中的总能流量还是较浮游动物多。数量锥体倒置的情况就更多一些，如果消费者个体小而生产者个体大，如昆虫和树木，昆虫的个体数量就多于树木。同样，对于寄生者来说，寄生者的数量也往往多于宿主，这样就会使锥体的这些环节倒置过来。

7.5 生态效率

在生产力生态学研究中，估计各个环节的能量传递效率是很有用的。能流过程中各个不同点上能量之比值，可以称为传递效率(transfer efficiency)。Odum 曾称之为生态效率，但一般将林德曼效率称为生态效率。由于对生态效率曾经给过不少定义，而且名词比较混乱，Kozlovsky(1969)曾加以评述，提出最重要的几个，并说明其相互关系。

为了便于比较，首先要对能流参数加以明确；其次要指出的是，生态效率是无维的，在不同营养级间各个能量参数应该以相同的单位来表示。

摄食量(I)：表示一个生物所摄取的能量。对于植物来说，它代表光合作用所吸收的日光能；对于动物来说，它代表动物吃进的食物的能量。

同化量(A)：对于动物来说，它是消化后吸收的能量；对于分解者是指对细胞外的吸收能量；对于植物来说，它指在光合作用中所固定的能量，常常以总初级生产量表示。

呼吸量(R)：指生物在呼吸等新陈代谢和各种活动中消耗的全部能量。

生产量(P)：指生物在呼吸消耗后净剩的同化能量值，它以有机物质的形式累积在生物体内或生态系统中。对于植物来说，它是净初级生产量；对于动物来说，它是同化量扣除呼吸量以后净剩的能量值，即 $P = A - R$。

用以上这些参数就可以计算生态系统能流的各种生态效率。最重要的是下面3个：

(1)同化效率

同化效率(assimilation efficiency)指植物吸收的日光能中被光合作用所固定的能量的比例，或被动物摄食的能量中被同化了的能量的比例。

同化效率 = 被植物固定的能量/植物吸收的日光能

或 同化效率 = 被动物消化吸收的能量/动物摄食的能量

即
$$A_e = A_n / I_n \tag{7-1}$$

式中 n——营养级数。

(2)生产效率

生产效率(production efficiency)指形成新生物量的生产能量占同化能量的百分比。

生产效率 = n 营养级的净生产量/n 营养级的同化能量

即
$$P_e = P_n / A_n \tag{7-2}$$

有时人们还分别使用组织生长效率(即前面所指的生长效率)和生态生长效率，则

生态生长效率 = n 营养级的净生产量/n 营养级的摄入能量

(3)消费效率

消费效率(consumption efficiency)指 $n+1$ 营养级消费(即摄食)的能量占 n 营养级净生产能量的比例。

消费效率 = $n+1$ 营养级的消费能量/n 营养级的净生产量

即
$$C_e = I_{n+1} / P_n \tag{7-3}$$

所谓林德曼效率(Lindeman efficiency)，是指 $n+1$ 营养级所获得的能量占 n 营养级获得能量之比，这是 Lindeman 的经典能流研究所提出的，它相当于同化效率、生产效率和消费效率的乘积，即

林德曼效率 = $(n+1)$营养级摄取的食物/n 营养级摄取的食物

$$L_e = \frac{I_{n+1}}{I_n} = \frac{A_n}{I_n} \times \frac{P_n}{A_n} \times \frac{I_{n+1}}{P_n} \tag{7-4}$$

也有学者把营养级间的同化能量比值，即 A_{n+1}/A_n 视为标准效率(Krebs 1985)。

7.6 生态系统的生态平衡和反馈调节

自然生态系统几乎都属于开放系统，只有人工建立的完全封闭的宇宙舱生态系统才能归属于封闭系统。开放系统[图 7-5(a)]必须依赖于外界环境的输入，如果输入一旦停止，系统也就失去了功能。开放系统如果具有调节其功能的反馈机制(feedback mechanism)，该系统就成为控制系统(cybernetic system)[图 7-5(b)]。所谓反馈，就是系统的输出变成了决定系统未来功能的输入；一个系统，如果其状态能够决定输入，就说明它有反馈机制的存在。图 7-5 的(b)就是(a)加进了反馈环以后变成了控制系统。要使反馈系统能起控制作用，系统应具有某个理想的状态或位置点，系统就能围绕位置点而进行调节。图 7-5(c)表示具有一个位置点的控制系统。

反馈分为正反馈和负反馈。负反馈控制可使系统保持稳定，正反馈使系统偏离加剧。例如，在生物生长过程中个体越来越大，在种群持续增长过程中，种群数量不断上升，这都属于正反馈。正反馈也是有机体生长和存活所必需的。但是，正反馈不能维持稳态，要使系统维持稳态，只有通过负反馈控制。因为地球和生物圈是一个有限的系统，其空间、资源都是有限的，所以应该考虑用负反馈

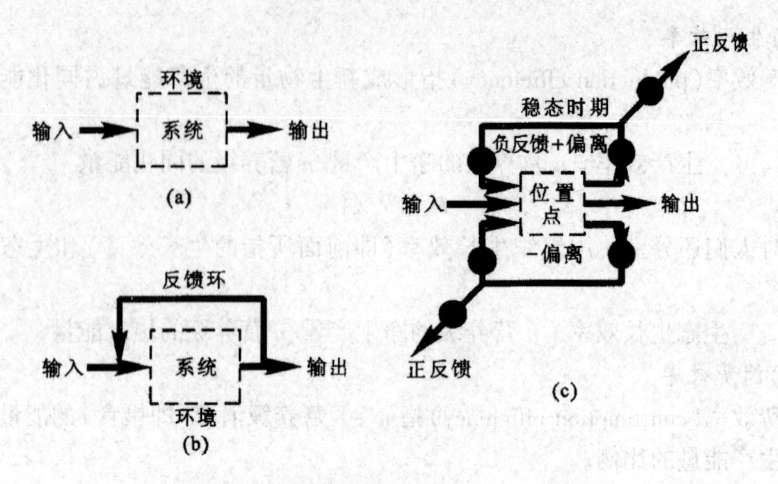

图 7-5　自然生态系统(仿 Smith，1980)

(a)开放系统，表示系统的输出和输入　(b)具有一个反馈系统，使系统成为控制系统　(c)具有一个位置点的控制系统

来管理生物圈及其资源，使其成为能持久地为人类谋福利的系统。

由于生态系统具有负反馈的自我调节机制，所以在通常情况下，生态系统会保持自身的生态平衡。生态平衡是指生态系统通过发育和调节所达到的一种稳定状况，它包括结构上的稳定、功能上的稳定和能量输入、输出上的稳定。生态平衡是一种动态平衡，因为能量流动和物质循环总在不间断地进行，生物个体也在不断地进行更新。在自然条件下，生态系统总是朝着种类多样化、结构复杂化和功能完善化的方向发展，直到使生态系统达到成熟的最稳定状态为止。

当生态系统达到动态平衡的最稳定状态时，它能够自我调节和维持自己的正常功能，并能在很大程度上克服和消除外来的干扰，保持自身的稳定性。有人把生态系统比喻为弹簧，它能忍受一定的外来压力，压力一旦解除就又恢复原初的稳定状态，这实质上就是生态系统的反馈调节。但是，生态系统的这种自我调节功能是有一定限度的，当外来干扰因素，如火山爆发、地震、泥石流、雷击火烧、人类修建大型工程、排放有毒物质、喷洒大量农药、人为引入或消灭某些生物等超过一定限度的时候，生态系统自我调节功能本身就会受到损害，从而引起生态失调，甚至发生生态危机。生态危机是指由于人类盲目活动而导致局部地区甚至整个生物圈结构和功能的失衡，从而威胁到人类的生存。生态平衡失调的初期往往不容易为人类所觉察，一旦发展到出现生态危机，就很难在短期内恢复平衡。为了正确处理人和自然的关系，人们必须认识到整个人类赖以生存的自然界和生物圈是一个高度复杂的具有自我调节功能的生态系统，保持这个生态系统结构和功能的稳定是人类生存和发展的基础。因此，人类的活动除了要取得经济效益和社会效益外，还必须特别注意生态效益和生态后果，以便在改造自然的同时基本保持生物圈的稳定和平衡。

复习思考题

1. 构成生态系统的主要成分是什么，它们如何构成生态系统？
2. 什么是食物链、食物网和营养级？
3. 生态锥体是如何形成的？
4. 阐述同化效率、生长效率、消费效率和林德曼效率间的关系？
5. 什么是负反馈调节？它对维护生态平衡有什么指导意义？

本章推荐阅读书目

1. 基础生态学. 孙儒泳，李庆芬等编著. 高等教育出版社，2002.
2. 生态学. 李博主编. 高等教育出版社，2000.
3. 生态学基础. Odum E. P. 孙儒泳等译. 人民教育出版社，1981.
4. 群落与生态系统. Whittaker R. H. 姚碧君译. 科学出版社，1970.

第8章　森林生态系统的养分循环

【**本章提要**】本章主要介绍生态系统养分循环的概念、类型、途径与机制，森林凋落物的分解过程与机制；最后一节简要介绍了氮、磷、硫以及有毒物质的循环过程与机制。

8.1　生态系统养分循环概述

生态系统养分循环(nutrient cycles)通常称为物质循环，或元素循环或元素的生物地球化学循环。在自然界各种不同生态系统中，物质的循环和能量的流动是一切生命过程的基础。能量是生态系统一切活动和过程的最终推动力，物质是构成生态系统生命和非生命组分的原材料，两者对任何生态系统来说都是缺一不可、相辅相成的。能量总是由高效能向低效能沿单方向流动，是一个不可逆的过程。物质在生态系统中则可以被反复循环利用，它在生态系统中起着双重作用，既是维持生命活动的物质基础，又是能量的载体。因此，讨论物质在生态系统中的循环规律，是深入研究生态系统功能的重要内容之一。

在20世纪50年代以前，经典的元素循环是以自然界的生物地球化学过程为对象的。第二次世界大战结束后，大量的核试验引起人们对人工核素的全球沉降和迁移过程的关注。20世纪六七十年代工农业的发展带来了化肥、农药、洗涤剂和重金属的全球性污染。在国际科联环境科学问题委员会(SCOPE/ICSU)的倡导下，科学家们开展了全球碳、氮、硫、磷和重金属的生物地球化学循环研究。80年代以来，国际地圈生物圈计划(IGBP)以及其他许多国际性的全球科学计划针对人类活动引起的系列全球变化，如温室效应、臭氧层破坏、海平面升高、森林锐减、土地退化等开展了大量研究。这些问题均与元素循环有关，因此给碳、氮、硫、磷等元素的生物地球化学循环研究带来了新的推动力和新的研究内容，使元素循环研究进入了一个新的阶段。

影响元素迁移转化过程与规律的主要因素是气候、土壤、植被及人类活动。目前，生态系统养分循环关注的重点领域有：①生物圈的地球化学组成和结构及在人类活动过程中的变化特点，生物圈的稳定性，人类地球化学作用对其影响及两者相互协调的机理；②碳、氮、硫、磷的生物地球化学循环、人类活动对其作用强度和全球变化关系的研究；③重金属的生物地球化学行为(形态、迁移、转化、归宿)及其模型，它们的生物和健康效应的研究；④农药和其他重要的有毒有害有机化学物质在环境中迁移、降解、残留过程中的生物(特别是微生物)地球化学作用的研究；⑤天然和技术成因的生物地球化学异常及其生物、健康效应，地方病的生物地球化学防治对策的研究；⑥古代生物地球化学的研究，地质历史时期生物地球化学成矿机理，古代地球化学环境和生物进化相互作用的研究等。

8.1.1 植物体内的养分元素

在自然界中，一切物质是由化学元素所组成。对植物体进行化学分析，可以发现大量的化学元素。其中许多元素浓度极低，甚至元素的重量只占植物体重的十亿分之一($1/10^9$)或万亿分之一($1/10^{12}$)。只有极少元素的浓度大于百万分之一($1/10^6$)，能用百分数(%)表示浓度的元素更少。大约有16种化学元素是大多数植物正常生长和代谢所必需的元素，称为基本元素(essential nutrients)(表8-1)。16种元素，按其在植物体内的浓度分为：大量元素(macronutrients，浓度可用百分数表示)和微量元素(micronutrients，浓度只能用mg/kg表示)。16种元素又可分为矿质元素(如N、P、K、S、Ca、Mg等)和非矿质元素(C、H、O)。

表8-1 一般植物体内重要养分元素的平均浓度

	元素	符号	相对原子质量	干物质的浓度		地壳内平均浓度
				mg/kg	%	(mg/kg)
大量元素	氢	H	1.01	–	6	1 400
	碳	C	12.01	–	45	200
	氧	O	16.00	–	45	466 000
	氮	N	14.01	–	1.5	20
	钾	K	39.10	–	1.0	25 900
	钙	Ca	40.08	–	0.5	36 300
	镁	Mg	24.31	–	0.3	20 900
	磷	P	30.97	–	0.2	1 050
	硫	S	32.07	–	0.1	260
微量元素	氯	Cl	35.45	100	–	130
	硼	B	10.81	20	–	10
	铁	Fe	55.85	100	–	50 000
	锰	Mn	54.94	50	–	950
	锌	Zn	65.39	20	–	70
	铜	Cu	63.55	6	–	55
	钼	Mo	95.94	0.1	–	1.5

注：引自J. P. Kimmins，1987。

表 8-1 中所列数字是取多数植物的平均值，不能应用于个别植物种类。例如对有些植物来说，钙并不是大量元素，而是少量元素；有些种类以钠或硅为大量元素。生物维持生命所必需的化学元素虽然为数众多，但有机体 95% 以上是由氧、碳、氢和氮 4 种元素组成。森林中我们看到的树木、灌木、草本和苔藓植物，以及各种动物、昆虫和鸟类，它们存在着以食物网为基础的的复杂营养关系，实际上都只不过是一些化学元素与太阳能合成的有机物质，从而构成了变化万千的生命世界。

8.1.2 生态系统养分循环的概念

在生物学过程(如植物的光合作用)、物理过程(如风蚀和降水的冲刷)、化学过程(如岩石风化)以及人为因素(如砍伐森林)等作用下，养分元素处于不断的运动和变化之中。养分元素的运动可以是在植物体内不同器官之间的转移，也可能是在生态系统内部不同组分之间的交换，抑或是在生态系统之间的迁移，从大尺度上看，养分元素可以在全球范围内，如生物圈、水圈、大气圈和岩石圈(包括土壤圈)之间进行迁移和转化。

什么是生态系统的养分循环？狭义的理解是：在生态系统中生物从环境中(土壤、水或大气)吸收的养分元素，在植物体内结合成有机形式，并通过食物链从一个营养级转移到下一个营养级，最后所有的生物残体或废物(又称凋落物或枯落物)被分解者分解，以元素的形式释放到环境中，又被植物重新吸收利用。这样，养分元素在生态系统内一次又一次地被循环利用，这种现象称为生态系统养分循环(图 8-1)。广义上，生态系统养分循环是指化学元素及其组成的各种化合物在自然界中迁移和转化的过程。研究化学元素及其化合物在自然界中的分布、迁移和转化规律的科学称为生物地球化学(biogeochemistry)。生物地球化学的研究内容就是通过追踪化学元素迁移、转化，过程与规律来研究生命与其周围环境的相互关系。生物地球化学已成为生物学领域中的一门非常重要的分支学科。

生态系统中的养分循环相当复杂，有些养分主要在生物和大气之间循环，另

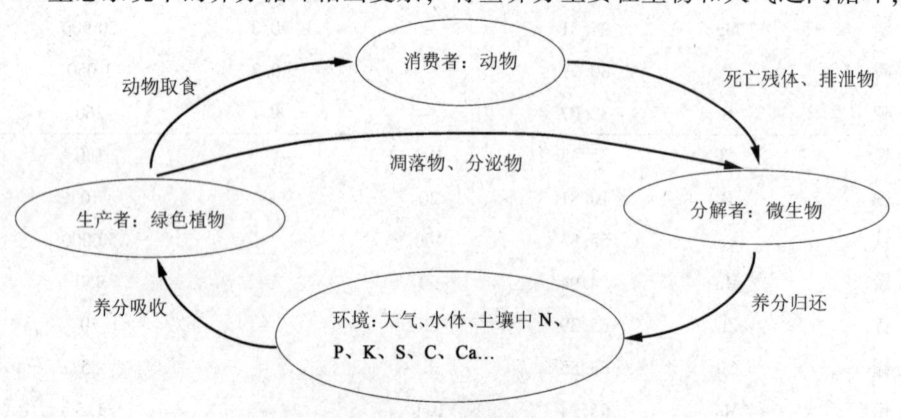

图 8-1 生态系统养分循环示意

一些养分一般在生物和土壤之间循环，或者两者兼而有之，植物和动物体内保存的养分，构成内部循环。根据养分循环的路径与范围，生态系统中养分元素的循环可以划分为3种循环类型：地球化学循环(geochemical cycles)、生物地球化学循环(biogeochemical cycles)和生物化学循环(biochemical cycles)。

8.2 森林生态系统养分循环的类型与机制

每种化学元素在生态系统中的作用和功能各不相同；它们在生态系统中的分布、迁移和转化的特性亦不相同。

8.2.1 地球化学循环

地球化学循环是指元素在不同生态系统之间进行的迁移与交换。元素迁移的距离可能很近，如坡上和坡下，或者很远如海洋和内陆。雨水将养分从一个生态系统转移到另一较近(数百米)或更远(数千千米)的生态系统中去；溪流水可将养分从森林转入海洋；地表径流可将高处的养分送到低处。一个山谷树木呼吸放出的 CO_2 可以越过山脊被风吹入另一侧山谷，为正在进行光合作用的树木所吸收。地球化学循环的空间范围相当大，可以是全球性的大循环。这种循环一般不会重复同一空间的路线，一旦某养分离开某生态系统，可能永不再返回。时间范围也可能相当长，如海底沉积的养分，可长达数百万年；但也许很短，例如，CO_2 进入某一森林生态系统，可在数小时内离去；若 CO_2 结合成为有机物质，在系统内又未腐烂分解，则可以保留数千年。根据元素循环的机制，地球化学循环分为气态循环(gaseous cycles)和沉积循环(sedimentary cycles)。

8.2.1.1 气态循环

气态循环过程的特点是能把大气和海洋联系起来，具有明显的全球性。元素或化合物可以转化为气体形式，通过大气进行扩散，弥漫于陆地或海洋上空，在很短的时间内可以为植物重新利用，循环比较迅速，例如，CO_2、N_2、O_2 和 H_2O(气)等。由于有巨大的大气贮存库，故可能相当快地对干扰进行一定的自我调节。因此，从全球意义上看，这类循环是比较完全的循环。

碳、氢、氧、氮和硫均能以气态、固态和水溶液出入于生态系统，其中氮、碳和氧主要以气态形式输入和输出。各种岩石不含氮或含量甚微(某些沉积岩可能含少量)，大部分氮进入生态系统是靠微生物对氮气(N_2)的固定，据报道植物吸收气态 NH_3，可提供植物群落所需氮量的10%。碳在岩石中含量很低(石灰岩例外)，而且释放很慢，难以满足植物对碳的需要。硫一方面可通过岩石风化进入系统，另一方面以气态形式进入系统，更多是硫酸盐溶液进入系统，城市或工业区的大气中有很多 SO_2，植物能通过叶子大量吸收。

气态循环已引起人们极大的重视。因为气态循环不仅使一些重要的大量元素输入系统或从系统中损失掉，而且能运载大气污染物质。人类的活动每天都有大量 CO、CO_2、硫和氮的氧化物，以及各种有机物质和农药进入气态循环。20 世纪50年代以来，由于工业化、矿物燃料的燃烧以及森林的破坏，释放出大量的CO、CO_2等温室气体，产生"温室效应"，可能使全球变暖。特别是20世纪70年代后由于大气中增加了大量的氮和硫的氧化物，产生了酸雨现象，成为全球最普遍的一种严重污染。

8.2.1.2 沉积循环

地球化学循环中，大部分元素属于沉积循环类型。有些元素既参与气态循环，有时又参与沉积循环，这取决于该元素的理化性质、生物作用和环境条件。例如碳和硫在干旱地区是以气态从系统中输出；而在多雨地区，大量气态碳和硫的氧化物则溶于水，随溪流输出系统之外。许多矿物元素贮存库在地壳里，经过自然风化和人类的开采冶炼，从陆地岩石中释放出来，为植物所吸收，参与生命物质的形成，并沿食物链转移。然后，动植物残体或排泄物经微生物的分解作用，将元素返回环境。除一部分保留在土壤中供植物吸收利用外，另一部分以溶液或沉积物状态随流水进入江河，汇入海洋，经过沉积和成岩作用变成岩石，当岩石被抬升并遭受风化作用时，该循环才算完成。沉积循环的特点是循环缓慢，且容易受到干扰，成为"不完全"的循环。沉积循环一般情况下没有气相出现，因而通常没有全球性的影响。沉积循环有3种运动形式，即气象途径、生物途径和地质水文途径。

(1)气象途径

像空气尘埃和降水(雨和雪)的输入以及风的侵蚀和搬运的输出。陆地尘土和花粉、海洋的盐渍均可由风携带到某远距离的生态系统。飞尘和沙暴能堆积成厚厚的黄土或形成沙丘。林区里集材和运材道的泥土含有大量养分元素，堆积在邻近的森林里。据报道，瑞典林道旁森林边缘20m处，在春季2周内测定每公顷风积的Ca0.7kg、K0.1kg。

干沉降物(尘埃、烟尘在无风、干旱的天气里从大气中沉降)和湿沉降物(雨水、雾或雪中的尘埃、烟尘以及溶解的化学物质)会不断将养分元素输入生态系统，有些输入量少，有些输入量可能相当大。沉降物中养分含量与年份和一年内不同时期、气候和天气，以及所处位置(与沉降源如土壤风蚀区、工业空气污染区的远近)有很大关系。

世界许多地区都曾对沉降物中各种化学元素的输入量做过测定(Kimmins，1987)。氮的输入量在沿海为1kg/(hm^2·a)，在大工业区则超过21kg/(hm^2·a)，磷的输入量各地变化不大，在0.1~0.9kg/(hm^2·a)；钾的输入变化在0.1~7.7kg/(hm^2·a)；钙的输入量变化较大，2.3~52kg/(hm^2·a)；而镁的输入量变化稍低，在0.6~12.0kg/(hm^2·a)之间；硫的输入量在3.5~18.3kg/(hm^2·a)之间；氯和钠的输入量海岸线极高，内陆极低。

从大气输入到森林里养分的数量，一般是根据雨量筒所收集的降水进行测定的，这些数值实际上均有些偏低，因为雨量筒不能将细雨粒及被风吹走的雨水收集进去，也不能像树冠那样会吸附尘埃。森林生态系统在一个轮伐期(约50~100年)内便会接收大量的养分元素。这些养分的输入量可以有效地满足森林生物群落每年对某些养分的需要量，这样，动、植物群落有可能不依靠土壤里的养分。当然土壤对大气输入养分、水分的保持和植物的吸收利用以及对植物的支撑作用仍很重要。生长在极贫瘠土壤上的森林，化学沉降物的输入有可能使其达到较高的生产量。但是有些沉降物对森林的生长有害，如酸雨。

(2)生物途径

动物的活动可以使养分在生态系统之间发生再分配。许多动物的活动既经常参与生物地球化学循环，也参与地球化学循环。例如，它们可以在一个生态系统内取食，而在另一系统内排泄。许多鸟白天在农田里觅食，夜间返宿林中。英国的森林里有种白嘴鸭仅留在林中8周，排泄积累的N、K和Ca分别达6.1、9.5和89.2kg/hm^2。一般来说，陆地生态系统生物的输入和输出总是平衡或近于平衡。例如，候鸟在一处捕食期间会移出一些养分，但也会输入相似重量的排泄物。

人们从事农业和林业经营活动中，同样对地球化学循环产生影响。肥料在某一生态系统采掘或制造，而在另一系统内施用。森林或农作物生长所积累的养分由于采伐或收割而发生转移。自然界中地球化学循环是一个相当复杂和非常平衡的系统，它为陆地和水体生态系统提供了足够的养分输入和输出，保持着这些系统中地球化学循环的顺利进行。但是人类活动改变了这些系统能流的格局，很多情况下这些改变给生态系统带来不利影响，甚至是灾难性的。

(3)地质水文途径

指来源于岩石、土壤矿物的风化、土壤水分和溪水溶解的养分对系统的输入，以及土壤水或地表水溶解的养分、土粒和有机物质从系统的输出。尽管气象和生物输入的途径有时相当重要，但许多生态系统地球化学循环的养分供应主要来自风化、侵蚀和水溶解等地质水文途径。土壤本身就是在气候和生物过程综合影响下，由岩石经物理、化学粉碎后形成的。岩石风化释放的养分进入地球化学循环，而风侵蚀和水溶解又输出系统之外。岩石和土壤矿物天然风化和养分释放的速度很难直接测得。这一途径输入到地球化学循环中的量，通常用间接方法估算，即将从气象和生物过程进入系统的养分量和从水溶液中流出系统的养分量相减求出，前提是假定系统内贮存的养分含量是处于没有变化的稳定状态。鲍尔曼等采用小集水区技术，极大地简化了测定和分析(图8-2)。设立测定的生态系统周界与集水区周围地形和水流分界相一致。进行养分输入与输出估算时，着重于生态系统内的净变化，并假设生物途径的输入和生物输出相平衡。这样小集水区技术对于非气体元素，能够进行相当满意的输入与输出估算。收支状况可以简单地由气象输入(雨和雪内溶解物质和微粒)和地质水文输出(排出水溶解物质和微粒)的差值求得，气象输入-地质水文输出=净变化。降水的数量和养分含量用一系列雨量计的测点加以测定，小集水区基底为不透水层，所排出水的量和养分含量均可在堰口准确测得。

8.2.2 生物地球化学循环

生物地球化学循环是指生态系统内各组分之间化学元素的交换。植物在系统

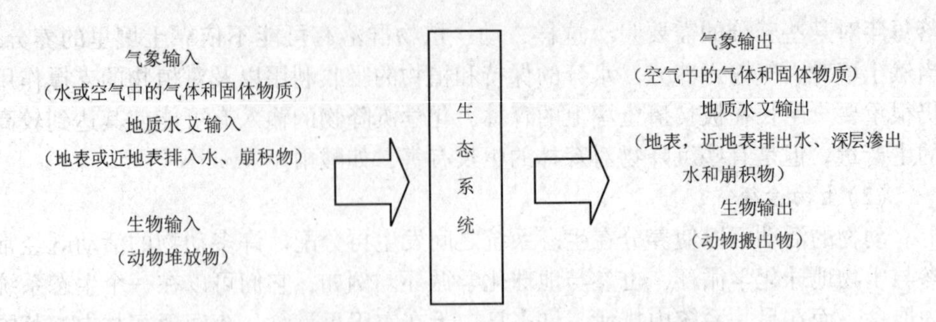

图 8-2 小集水区技术(引自 Bormann & Likens，1981)
(生态系统作为一个黑箱，其边界与底层不渗水的小集水区边界一致)

内就地吸收养分，又通过落叶归还到同一地方，如树木根系从分解的枯落物中吸收氮元素进入新生的树叶，秋季叶子脱落后又成枯落物，氮又归还于林地。多数生态系统内生物和化学元素的交换，大体处于平衡状态。例如，碳和氧的再循环是由光合作用和呼吸作用相互补充；氮、磷和硫是通过生态系统更复杂的途径及借助于专性代谢能力的微生物达到平衡状态。为了说明生态系统内部养分的动态，将生态系统分为：活有机体(或活生物量)、死有机残体(死生物量)和有效无机养分三个分室。大部分养分循环均与这三个活跃的分室有关。此外，参与养分循环的还有间接有效的无机养分和间接有效的有机养分二个分室。生态系统内养分循环的过程如图 8-3 所示。其中动、植物的同化和生产过程使得无机养分向活有机体分室移动。如植物初级生产量的形成，主要是碳、氧、氮、磷和硫循环的过程；动物通过进食和饮水也能同化很多重要元素，如钠、磷和钙等。生物的

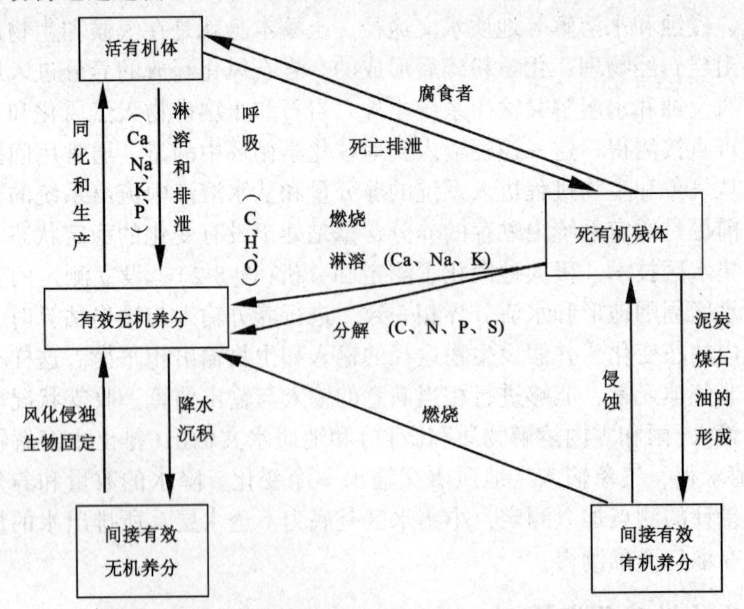

图 8-3 生态系统的分室模型及养分循环的主要途径
(引自 Rieklets，1982)

呼吸作用又将碳和氧直接归还给有效无机养分分室或活有机体分室的捕食食物链再多次循环。生物排泄或雨水对叶子淋溶下的钙、钠和其他元素离子也会很快再循环。大部分因同化作用进入活有机体的碳和氮，因生物体死亡和排泄物转移到死有机体分室。这些残体的养分可以通过腐食者再归还到活有机体分室中去，但所有养分最终因淋溶和分解都归还到有效无机养分库里。间接有效无机养分和间接有效有机养分两分室的养分留存在大气、石灰岩、煤和形成地壳的岩石里，进入养分循环的速度非常缓慢，主要靠地质作用。一般生物地球化学循环的特点是，绝大多数的养分可以有效地保留，积累在本系统之内，其循环经常是遵循一定的循环路线。我们可以从路线中任一点开始说明，下面就从植物对土壤养分的吸收开始。

8.2.2.1 植物对养分的吸收

植物所需大部分养分直接从土壤溶液中吸收。但植物根系从土壤溶液中吸收养分并非唯一途径，它也可从与根系紧密接触的土壤矿物中吸收养分。在有些生态系统中，植物根系与风化岩石表面接触也有可能从岩石中取得许多矿质养分。叶片若与富含养分的溶液相遇也能吸收养分。碳几乎完全通过叶子吸收。叶子还吸收气体的硫和氮，如大气中的 SO_2 和 NH_3 可以溶于覆盖在叶肉细胞表面的水膜里，然后进入细胞溶液里。

(1)从土壤溶液中吸收

土壤的物理、化学性质会影响土壤溶液内养分的浓度并影响植物对养分的吸收。一般影响植物根系从土壤溶液中吸取养分的因素有：①养分从周围土壤到根系扩散的速度(扩散转移)；②含养分的水溶液从周围土壤向根系移动的速度(水体移动)；③新生根向养分丰富的土壤延伸的速度。

(2)菌根营养

指植物营养借助于菌根的作用。森林土壤水溶液离子的浓度一般都很低，加上树木根系形态和分布状况的特点，对许多森林树种来说，从土壤溶液中直接吸取养分并不是唯一方式。很多森林植物是靠根系和土壤微生物的互利关系取得养分。最常见的例子是根系和某种真菌共生形成菌根，大大提高了根系吸收养分的能力，尤其在贫瘠土壤条件下，不仅改进了养分状况，而且提高了抗病、耐旱、抗高温、防止土壤有毒物质和酸碱入侵的能力。菌根营养的重要性，通过观察可以发现，凡有菌根的树木一般生长快，要比无菌根的树木能吸收更多的养分，尤其是对 N、P 和 K 吸收量增多。这是由于增加了对土壤水分的吸收，扩大了根系对土壤的接触面和有效吸收面。整个土壤里的真菌与根系相联结，事实上是根系的延伸，这些真菌菌丝体吸收土壤溶液养分的效能很高，并有防止养分被淋溶掉的能力。菌丝分泌的有机酸和真菌呼吸产生的碳酸与未分解的土壤矿物和有机物质相作用，能释放出更多的养分为菌丝所利用。很多森林植物以菌根营养的方式吸收养分，而且有些植物的根系具有专一性的菌根，假如土壤中没有这种真菌与其结合，植物就会死亡。菌根营养被认为是森林生物地球化学循环的关键。很多环境条件下，若没有这种结合，就没有畅通的生物地球化学循环和现有的植被。

一般情况下，树木吸取养分的细根，均分布在森林死地被物和矿质土表层。加拿大西部生长的白云杉与冷杉混交林，针叶树的根尖有71%分布在森林死地被物内，而91%生长在死地被物和矿质土上部10cm处，所有这些林分均生长在瘠薄的沙土地上。一般在肥沃土壤上生长的森林，大部分细根生物量和根尖分布在较深土层内。世界上大部分森林都是分布在不太肥沃的土壤上，这些森林的死地被物为最上层矿质土提供了大量矿质养分元素。

8.2.2.2 植物体内养分的分配

养分元素一旦被植物吸收，便传送到植物体各部分用于代谢过程或贮存。森林植物体内各部位养分的相对分配，因不同组织中生物量分配和养分浓度不同而有很大变化(图8-4)。

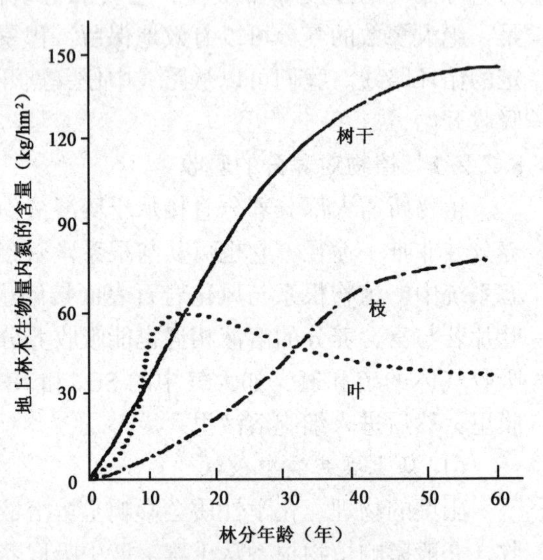

图8-4 火炬松林随年龄变化，树干、叶和枝内氮的相对分布状况
(转引自 Kimmins，1987)

8.2.2.3 植物体内养分的损失

所有植物体内的养分都在不断地损失，植物每年吸收的大部分养分元素也是用于补充这些损失，只有很少比例的养分成为新组织的生物量被保存下来。养分的损失有以下几个途径：

(1)雨水淋失

所有植物都会因雨水的作用使各种化学元素从叶部、树皮和根部淋洗掉。无机的微量和大量元素以及氨基酸、葡萄糖、维生素、生长调节物质(激素)、酚和其他许多植物化学元素，经常在雨天从植物体上被冲洗掉。无机养分元素中，以K、Ca、Mg和Mn被淋洗掉的最多，其数量因树种和雨量的大小而异。钠(非重要元素)也是很容易被淋洗掉的元素。

一般阔叶林在夏季淋洗掉的元素要比针叶林多，但就全年而论，针叶林淋洗掉的元素会更多些。热带雨林淋洗量最大，因为这些阔叶林常年不落叶，加上全年有丰富的降雨。淋洗量受叶子年龄的影响，幼龄叶比老龄叶淋洗的元素少些。生长最快的嫩叶和落叶前的老叶淋洗掉的N和P最多。所以叶子年龄和淋洗量之间并没有简单的直线关系。受损伤的叶子要比完整叶子淋洗量大得多，因为未受损角质层能有效防止养分的流失。每次暴风雨淋洗量的多少主要与降雨持续期和强度，以及与前次降雨间隔时间有关。每年淋洗量决定于降水量、降水时间和降水的特点，年年均有所不同。穿透雨和干流进入林地的养分多少，因受树冠形态、树种、树龄和林分结构而有所不同。

叶部和其他组织的淋洗是一个重要的生态过程。叶部的淋洗可以经常供给林地根系有效的养分，有利于贫瘠土壤上植物的生长。例如，生长在缺钙土壤上的植物，其主枝生长就会因缺钙而降低，由于钙不像N、P、K，它不容易从老组织再转移到生长组织中去，但它可由老叶淋洗下的钙加以补充。植物激素、酚和其他有机化合物的淋洗会影响林地凋落物的分解、土壤化学性质以及其他种子的发芽和成活。可溶性碳水化合物通过穿透雨进入林地，为游离的微生物提供了容易利用的能源，也对游离固氮微生物的繁殖有利。

(2)草食动物的取食

森林植物由草食动物取食所造成的养分损失很少为人们所注意，这说明草食动物对其利用量通常很低(表8-2)。但是当食叶昆虫大规模发生时期，叶部的养分损失极大，表8-2表明一块59年生的橡树林受到舞毒蛾严重危害后，林下凋落物内养分含量增多，大量的养分转移到昆虫粪便或吃剩的叶子碎片，由此造成P、K、Ca和Mg的大量损失。针叶树遭受虫害严重时，害虫甚至会将多年的老叶全部吃掉，造成更大的损失。

表8-2 舞毒蛾对59年生橡树林危害造成的养分损失量 kg/(hm^2·a)

凋落物类型	生物量	N	P	K	Ca	Mg
虫　粪	750	24.4	1.5	24.1	14.0	5.7
死　虫	35	3.4	0.5	1.1	0.1	0.1
吃剩叶子	2 176	37.4	3.6	32.1	44.0	7.3
二次萌叶脱落	490	7.8	0.6	6.9	8.8	1.7
受害区总凋落量	3 451	73.0	6.2	64.2	66.9	14.8
未害区总凋落量	3 480	68.7	3.6	47.4	55.6	9.4
受害区多损失的凋落量%	–	6	72	35	20	57

注：转引自Rafes，1971。

叶部受害对养分循环的影响不仅仅是限制凋落量的增加，假如当受害期间有大量降雨，受害叶抗淋洗能力降低，这时淋洗损失的养分将会增加，尤其是在大量养分向叶子输送期间的春季要比夏季被淋洗掉的养分更多。叶部受害除了地上部分受影响外，还会招致大量根系的死亡。据美国调查一片白云杉林，发现全部新生针叶在遭受云杉卷蛾幼虫的危害后，林木根系的细根死亡超过75%。这不仅导致根系生物量损失大量养分，同时也减少了根系对养分的吸收。叶部受害除植物养分受到损失外，还影响地球化学循环，如大量虫粪和养分会转移到溪流和湖泊，增加水体内生物生产力。森林上层林木叶子遭到严重损失后，增加了林地光照、土温和养分的有效性，从而促进了林下植物的迅速生长。同时，虫粪比叶凋落物含有更多的养分和少量不易分解的化合物(如单宁)，大量虫粪增加到死地被物中去，将会促进凋落物分解和矿质化，增加土壤的养分。

(3)生殖过程消耗

果实和种子的丰产将会消耗掉植物贮存的很多养分，在短期内减低了植物的生长和对养分的吸收。花和种子的形成及发育比营养生长需要更多的养分，植物未能贮存足够养分之前，不可能紧接着又是一次种子丰年。为了促进林木开花结实需要对林地进行施肥，表明植物繁殖需要大量的养分。这也是北方森林和冻原地区植物种子丰年少的主要原因之一。目前对植物繁殖所造成的养分损失方面的研究尚少。据研究无柄花橡(*Quercus petraea*)的雄花凋落量只占林地凋落生物量的4%，然而这些雄花所含N、P、K、Mg却占凋落物养分总量的11%、14%、12%和6%。林木凋落的花粉和种子数量虽不多，但其养分含量相当可观。

(4)凋落物损失的养分

叶部受害和繁殖器官对养分的消耗造成的养分损失，每年都有较大的变化。害虫数量少的年份或种子歉收的年份，养分损失很低；相反，虫害大发生年份或种子丰年，损失量就很高。森林里树叶的脱落每年几乎都一样，所造成养分的损失每年差不多。

表8-3概括说明了各地森林地上凋落物使某些大量元素转移到土壤中的数量。凋落物养分的数量取决于凋落物的生物量、类型(叶、枝、树皮等)和养分含量，所有这些因素随立地条件不同发生变化。一般温暖、湿润、肥沃和生产力高的立地，凋落物多，养分损失也多；寒冷、干旱、瘠薄和生产力低的立地，凋落物少，养分损失也少。表8-4表示凋落物生物量及其养分含量从湿生境的山谷到干生境的山顶随地形梯度所发生的变化。

表8-3 世界各地区森林地上凋落物大量元素含量 $kg/(hm^2 \cdot a)$

地　点	N	P	K	Ca	Mg
欧洲赤松林(芬兰)	11	1.0	2.5	7.8	–
北美黄杉(花旗松)林(美国华盛顿州)	13.6	0.2	2.7	11.1	–
北美短叶松林(加拿大安大略省)	16.6	–	4.8	10.4	–
北美黄杉(花旗松)林(美国俄勒冈州)	32.7	5.6	9.8	63.1	1.1
南山毛榉林(新西兰)	37	2.6	30	74	11
橡树林(英国)	41.0	2.2	10.5	23.8	3.4
橡树林(比利时)	50	2.4	21.0	110	5.6
云杉林(前苏联)	52	2.6	12	48	7
阔叶林(美国新罕布什尔州)	54.2	4.0	18.3	40.7	5.9
风桦红松林(中国小兴安岭)	57	6.6	14.8	67	9.5
火炬松林(美国北卡罗来纳州)	58.2	7.8	16.0	29.2	6.9
橡树林(前苏联)	59	3.0	62	86	13
桦树林(前苏联)	66	5.0	13	54	19
水青冈林(瑞典)	89	5.0	14.4	31.7	4.3
红桤木林(加拿大不列颠哥伦比亚省)	137	5.4	16	51	10
热带林(加纳)	199.5	7.3	68.4	206	44.8

注：转引自李景文等，1989。

表 8-4 日本阔叶林沿地形梯度从山谷到山顶地上凋落物大量元素含量的变化 kg/(hm^2 · a)

养分元素	山谷(湿生地)		山中部		山顶
N	56.8	64.5	32.7	35.1	35.4
P	4.2	4.3	2.3	2.5	2.6
K	14.0	14.7	7.1	7.8	9.9
Ca	41.0	43.8	19.9	25.9	35.7
Mg	10.0	9.4	4.4	5.7	11.1
生物量	43 000	4 728	2 293	2 640	3 114

注：引自 Katagiri，1973。

近年来调查表明，地下细根死亡的凋落量也是养分损失的一条重要途径。美国田纳西州测定，橡树—山核桃林地下死细根中 N 损失为 67.5kg/(hm^2 · a)，而叶凋落量损失的 N 仅 34kg/(hm^2 · a)，地上淋洗掉的 N 有 4.4kg/(hm^2 · a)。北卡罗来纳州测定 16 年生火炬松林死亡细根中 N 损失为 48.7kg/(hm^2 · a)，而地上凋落物损失的 N 为 58.2kg/(hm^2 · a)，淋洗掉的 N 为 9.6kg/(hm^2 · a)。

地下细根凋落物的多少因林分年龄和立地条件而异。据美国华盛顿州调查，23 年生太平洋冷杉(*Abies alba*)林地下凋落物比地上大 2 倍，而 180 年生的林分内则超过 4 倍。干燥山顶部和湿润坡下部的北美黄杉林两者相比，前者细根凋落量比后者多 4 倍(5.6∶1.4)。由此说明，细根每年的枯死量可能要占所有森林总凋落量的大部分。若果真如此，过去对大多数森林估测的养分吸收总量，因未将地下养分损失量计算在内，其测值都过于偏低。一般森林植被凋落物中以 N、Ca、Mg 的损失量最多，淋洗掉的以 K 最多。P 的主要损失途径有时为凋落物，有时为淋洗。

8.2.2.4 凋落物的分解

凋落物分解和养分的释放是森林生物地球化学循环中最重要的一环。假如分解太慢，归还给森林死地被物的大部分养分长时期不能参与流通，养分循环速率和森林生产力就会下降。未分解的凋落物长期积累在森林地被物里，对土壤有不良影响。过厚的死地被物可能太湿，酸度大，生长季节里地温偏低，对根系的发育不利，林木得不到更多养分，生长缓慢。若凋落物分解过快，释放的养分过多，植物和土壤难于将其保持，养分将从根际淋洗掉。过快地分解造成有机物质的损失，也会导致土壤理化性质的恶化，土壤肥力和抗侵蚀能力减低，以及土壤其他方面的不良后果。森林养分和土壤肥力的许多重要问题均与地面上有机物质残留的数量、性质及其分解速率密切相关(详见本章 8.3)。

8.2.2.5 林下植被的作用

讨论森林生态系统养分元素循环时，一般讲的是上层林木。但是要了解森林养分循环，应该包括森林内所有的层次，如林下更新树种、灌木、草本、蕨类、苔藓和附生植物等均应计算在内。林下植物和附生植物的生物量因上层树种组成、林分结构、立地类型和所处气候条件的不同而有很大变化，一些林下植物可能极少或无，但有的甚至高达每公顷十几吨重。总的来说，林下植物仅占森林总生物量一小部分，但它却对养分循环和林分总生产量有重要作用，因为它一般比上层植物养分含量高，生物量周转速率也快。如加拿大不列颠哥伦比亚省的 3 个亚高山森林生态系统，林下植物凋落物仅占地上凋落物总量的 3%~4%。但其所归还的养分含量却很高，每年地上凋落物量中 N 占 16%~38%，P 占 14%~35%，Ca 占 5%~31%，Mg 占 19%~55%，K 最高，占 32%~90%。

由此可见，仅根据上层林木生物量研究养分循环，所求得的生物地球化学循环的养分估测值都是偏低。总之，林下植物的凋落物含有相当高的养分，一般有利于森林死地被物的分解，从而提高土壤肥力。因此，林下保持一定数量的灌木、杂草及苔藓，将会对森林的生产力起有益的作用。

8.2.3 生物化学循环

生物化学循环是指养分在生物体内的再分配。植物不只单靠根和叶吸收养分满足其高、径和根的生长，同样还会将贮存在植物体内的养分转移到需要养分的部位，如从叶子移向幼嫩的生长点或将其贮存在树皮和体内某处。假如植物没有能力把即将脱落的老龄叶养分转移到体内，将会有大量 N、P、K 在凋落物内损失掉。这种植物体内养分的再分配，也是植物保存养分的重要途径。据芬兰研究，欧洲松 4 年生针叶脱落之前比其原重减少 17%，N、P 和 K 相应转移 69%、81% 和 80%。这些养分从针叶输出，贮存靠近老叶的树皮和新枝里。美国南部火炬松针叶在刚产生离层之前，叶内转移的 N、P 和 K 相应为 44%、38% 和 58%，重量减少 14%。树木通过这一途径，每年可以满足相当大的养分需要量。芬兰研究表明，欧洲松新生叶的生产量有 23%~30% 的 N 和 K 是由老叶供给的。表 8-5 说明了 20 年生火炬松人工林内部养分传送与其他养分来源对其每年所需养分供应的比较。很显然，对某些树种来说，生物体内养分的再分配具有重要意义。

表 8-5 养分的不同来源对 20 年生火炬松人工林每年养分需要量的相对贡献

循环	养分来源	对养分需要量贡献的百分比(%)				
		N	P	K	Ca	Mg
地球化学循环	降水	16	6	12	31	16
	矿质土	0	2	0	0	6
生物地球化学循环	森林死地被物（凋落物分解）	40	23	16	47	38
	林冠淋洗和淋溶	5	9	50	22	16
生物化学循环	内部传送	39	60	20	0	24

注：转引自 Kimmins，1987。

养分在体内的再分配，对植物有着多方面的作用，植物体内部贮存的养分可以在土壤养分不足时或者一年内养分难以利用的期间（如春季土壤温度低和过湿）也能保持生长。当土壤养分充足时，即使植物生长当时不需要更多养分，仍能继续吸取并加以贮存。养分再分配也有某种实践意义，例如，为什么施一次氮肥之后，促进树木生长就能维持若干年，这是由于氮肥已贮存在树冠里。因此，施肥对内部养分再分配能力强的树种比分配能力弱的树种效果更好。

植物叶子脱落之前，养分的回收和再分配的效能因所在土壤养分可利用的程度不同而异。据研究，生长在贫瘠土壤和肥沃土壤上的两块辐射松林相比较，老叶脱落前养分的返还量，前者明显多于后者。

植物体内部循环的效能不仅受肥力的影响，而且还受其他影响植物生长和吸收的任一因素的制约。常绿树种(与落叶树种相反)叶子具有贮存和保持养分的生理特征。据观察，一个树种常绿性的等级通常因生境条件不同而异。例如，加拿大不列颠哥伦比亚省太平洋冷杉的针叶，随着海拔的升高，老叶留存在树枝上的年数也越久。树上保留大量老龄叶生物量，可以在气温高、土壤温度仍很低、养分吸收受到限制的条件下，为新叶的生长提供养分。据研究，内部循环的程度与叶子保留年数成反比。例如，生长在贫瘠土壤上的落叶松和落叶阔叶树，落叶之前N、P和K被回收的比例就非常高。针叶保留2~4年的松树，针叶脱落前仍有较多养分被回返，然而留存多年老龄叶的云杉、冷杉，内部循环的效能就更低些。生物化学循环的研究虽不如生物地球化学循环受到重视，但是对某些森林生态系统来说，在植物的营养供应和由此更有效地利用太阳能方面，均具有重要作用。

8.3　生态系统中的分解

8.3.1　分解过程的性质

生态系统中的分解作用(decomposition)是死有机物质的逐步降解过程。分解时，无机元素从有机物质中释放出来，称为矿化，它与光合作用时无机营养元素的固定正好相反。从能量而言，分解与光合也是相反的过程，前者是放能，后者是贮能。

分解作用是一个很复杂的过程，包含碎裂、异化和淋溶3个过程的综合。由于物理的和生物的作用，把凋落物分解为颗粒状的碎屑称为碎裂；有机物质在酶的作用下分解，从聚合体变成单体，例如，由纤维素变成葡萄糖，进而成为矿物成分，称为异化；淋溶则是可溶性物质被水淋洗出，是一种纯物理过程。在凋落物分解中，这三个过程交叉进行、相互影响。所以分解者亚系统，实际上是一个很复杂的食物网，包括肉食动物、草食动物、寄生生物和少数生产者。图8-5就是森林枯枝落叶层中的一部分食物网，包括千足虫、甲形螨、蟋蟀、弹尾目等食草动物，它们又供养食肉动物。

当植物叶还在树上时，微生物已经开始分解作用：活植物体产生各种分泌物、渗出物，还有雨水的淋溶，为植物叶、根表面微生物区系提供丰富营养。枯枝落叶一旦落到地面，就成为细菌、放线菌、真菌等微生物所进攻目标。活的动

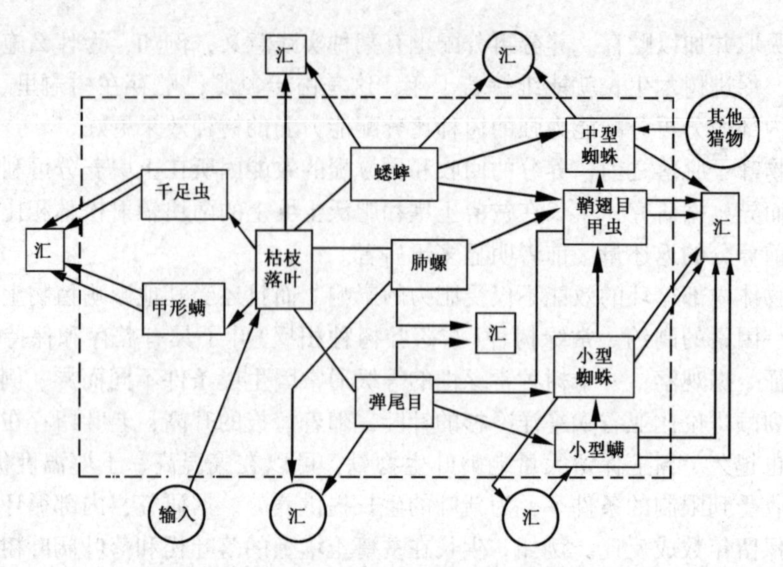

图8-5 森林落叶层中的部分食物网(仿Smith，1980)

物机体在其生活中也有各种分泌物、脱落物(如蜕皮、掉毛等)和排出的粪便，它们又受各种分解者所分解。分解过程还因许多无脊椎动物的摄食而加速，它们吞食角质，破坏软组织，穿成孔，使微生物更易侵入。食碎屑的也包括千足虫(马陆、蜈蚣等)、蚯蚓、弹尾目昆虫等，它们的活动使叶等有机残物暴露面积增加十余倍。因为这些食碎屑动物的同化效率很低，大量的未经消化吸收的有机物通过消化道排出，更易为微生物分解者所利用。从这个意义上讲，大部分动物，既是消费者，又是分解者。

分解过程由一系列阶段组成，从开始分解后，物理的和生物的复杂性一般随时间进展而增加，分解者生物的多样性也相应增加。这些生物中有些具特异性，只分解某一类物质，另一些无特异性，对整个分解过程起作用。随分解过程的进展，分解速率逐渐降低，待分解的有机物质的多样性也降低，直到最后只有矿物元素存在。最不易分解的是腐殖质(humus)，它主要来源于木质素。腐殖质是一种无构造、暗色、化学结构复杂的物质，其基本成分是胡敏素(humin)。在灰壤中腐殖质保留时间平均达250年±60年，而在黑钙土中保留870年±50年。在没有受过翻乱的有机土壤中，这种顺时序的阶段性可以从土壤剖面的层次上反映出来(表8-6)。植物的残落物落到土表，从土壤表层的枯枝落叶到下面的矿质层，随着土壤层次的加深，死有机物质不断地为新的分解生物群落所分解着，各层次的理化条件不同，有机物质的结构和复杂性也顺序地改变。土壤中微生物呼吸速率随土层深度的加深而逐渐降低，这反映了被分解资源的相应变化。但水体系统底泥中分解过程的这种时序变化一般不易观察到。

虽然分解者亚系统的能流(和物质)的基本原理与消费者亚系统相同，但其营养动态面貌则很不一样。进入分解者亚系统的有机物质通过营养级传递，但未被利用物质、排出物和一些次级产物，又可成为营养级的输入而再次被利用，称为再循环。这样，有机物质每通过一种分解者生物，其复杂的能量、碳和可溶性

表 8-6 松林土壤各层次的耗氧率变化

层 次	特 点	有机质质量(%)	耗氧量(μL/h)	
			每千克土	每克有机物
O0(L)	枯枝落叶层	98.5	473.20	481.20
O1(F1)	发酵层	98.1	280.00	285.60
O2(F2)	发酵层	89.3	49.04	54.92
O3(H)	腐殖质层	54.6	16.18	29.66
A1	淋溶层	17.2	2.66	15.54
A2	淋溶层	0.9	0.90	47.76
B1	淀积层	10.6	1.96	18.38
B2	淀积层	5.2	0.58	11.32
C	矿物层	1.4	0.28	19.26

注：引自 Anderson，1981。

矿质营养再释放一部分，如此一步步释放，直到最后完全矿化为止。假定每一级的呼吸消耗为57%，而43%以死有机物形式再循环，按此估计，要经过6次再循环，才能使再循环的净生产量降低到1%以下，即43%→18.5%→8.0%→3.4%→1.5%→0.43%。

8.3.2 影响凋落物分解速率的因素

随着凋落物的分解，物质的质量不断减少。凋落物分解过程中物质的损失一般遵循如下规律(Olson，1963)。

$$L_t = L_0 e^{-kt} \tag{8-1}$$

式中 L_0——凋落物在起始时刻时重量；

L_t——凋落物在 t 时刻时重量；

k——凋落物分解常数，k = 年凋落量/凋落物的库存量。

k 值的大小反映了凋落物分解的快慢，k 值越大表明凋落物的分解越快，k 值小说明凋落物分解慢。影响凋落物分解的因子有水分、温度、pH 值、氧气、土壤动物多少、凋落物理化性质以及真菌和细菌的相对量。

凋落物分解的快慢综合起来主要决定于分解者(土壤生物)、物理环境以及凋落物的化学性质等三大因素。

8.3.2.1 分解者

(1)细菌和真菌

凋落物的分解过程，一般从细菌和真菌的入侵开始，它们利用其可溶性物质，主要是氨基酸和糖类，但它们通常缺少分解纤维素、木质素、几丁质等结构物质的酶类。例如，青霉属、毛霉属和根霉属的种类多能在分解早期迅速增殖，与许多种细菌在一起，能在新的有机残物上暴发性增长。

凋落物的分解速度、分解后的理化性质，以及参与分解的微生物均有较大的差异。例如，落叶阔叶树叶子的分解，细菌起着主要作用，而常绿针叶树的酸性凋落物的分解则以真菌为主。细菌多分解加速，真菌多分解迟缓(表 8-7)。

表8-7 叶片凋落物分解速率与细菌/真菌数量相互关系(美国田纳西州)

植物种类	一年内失去的重量(%)	C/N比	1g干重凋落物细菌群体数量($\times 10^6$)	1g干重凋落物真菌群体数量($\times 10^3$)	细菌/真菌比
红　桑	90	25	698	2 650	264
紫　荆	70	26	286	1 870	148
白　橡	55	34	32	1 880	17
火炬松	40	43	15	360	42

注：转引自Witkamp，1966。

(2)动物

通常根据体型大小把陆地生态系统的动物分解者分为3个类群：

①小型土壤动物(microfauna)　体长在100μm以下，包括原生动物、线虫、轮虫、最小的弹尾目昆虫和蜱螨，它们都不能碎裂枯枝落叶，属黏附类型。

②中型土壤动物(mesofauna)　体长100μm~2 mm，包括弹尾目昆虫、蜱螨、蚯蚓、双翅目幼虫和小型甲虫，大部分都能分解新落下的枯叶，但对碎裂的贡献不大，主要是调节微生物种群的大小和对大型动物粪便进行分解。只有白蚁，由于其消化道中的共生微生物，能直接影响系统的能流和物流。

③大型(macrofauna，2~20mm)和巨型(megafauna，>20mm)土壤动物　包括食枯枝落叶的节肢动物。

土壤动物如蚯蚓、线虫、变形虫、螨类、蜈蚣、马陆、各种甲虫及其幼虫等在分解过程中起着重要作用，是碎裂植物残叶和翻动土壤的主力，因而对分解和土壤结构有着明显影响。土壤中较大的动物可以使叶片分割成极小的碎片，增大了表面积，使易于分解的组织显露出来，有些物质化学性质的改变也有利于真菌和细菌的繁殖和利用。没有土壤动物这些前处理，真菌和细菌不能更多和更快地进行有机物质的分解。一般通过埋放装有残落物的网袋来观察土壤动物的分解作用。网袋具有不同孔径，允许不同大小的土壤动物出入，从而可估计小型、中型和大型土壤动物对分解的相对作用，并观察受碎裂、异化和淋溶3个基本过程导致的凋落物失去重量。这一情况可从试验中得到证明，有人用不同网眼大小的网袋套住叶片，埋在林下凋落物层中，结果土壤动物不能进入，网袋内的叶子分解速度远低于土壤动物能进入的网袋中的叶子的分解速度(图8-6)。

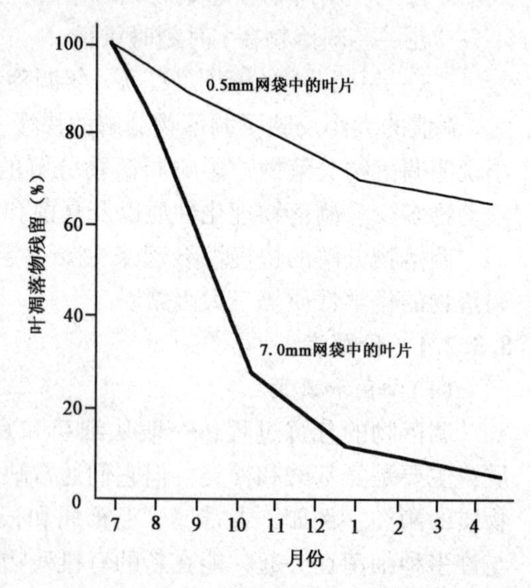

图8-6 两个网袋(网眼大小不同)内橡树叶片分解速率图

(转引自Kimmins，1987)

8.3.2.2 凋落物的化学性质

凋落物在分解者的生物作用下进

行分解，因此凋落物的物理和化学性质影响着分解的速度。凋落物的物理性质包括表面特性和机械结构，凋落物的化学性质则随其化学组成而不同。图 8-7 可大致地表示植物死有机物质中各种化学成分的分解速率的相对关系：单糖分解很快，一年后质量减少达 99%，半纤维素其次，一年后减少达 90%，然后依次为纤维素、木质素、酚。大多数营腐养生活的微生物都能分解单糖、淀粉和半纤维素，但纤维素和木质素则较难分解。纤维素是葡萄糖的聚合物，对酶解的抗性因晶体状结构而大为增加，其分解包括打开网络结构和解聚，需几种酶的复合作用，它们在动物和微生物中分布不广。木质素是一种复杂而多变的聚合体，其构造尚未完全清楚，抗解聚能力不仅由于其有酚环，而且还由于它的疏水性。

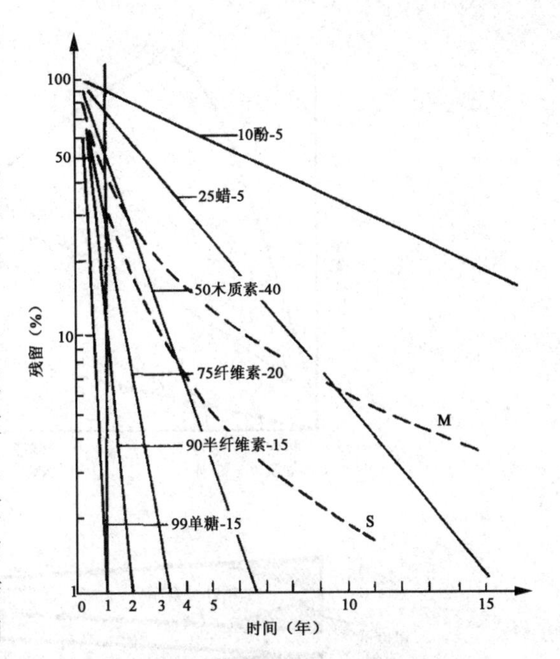

图 8-7 植物枯枝落叶中各种化学成分的分解曲线(Anderson，1981)

各成分前面数字表示每年质量减少率，后面数字表示各成分质量占枯枝落叶原质量的质量分数

因为腐养微生物的分解活动，尤其是合成其自身生物量需要有营养物质的供应，所以营养物质的浓度常成为分解过程的限制因素。分解者微生物身体组织中含 N 量高，其 C/N 比约为 10∶1，即微生物生物量每增加 10 g 就需要有1g的 N。但大多数待分解的植物组织其含 N 量比此值低得多，C/ N 比为(40～80)∶1。因此，N 的供应量就经常成为限制因素，分解速率在很大程度上取决于 N 的供应。而待分解物质的 C/N 比，常可作为生物降解性能的测度指标。最适 C/N 比大约是(25～30)∶1。当然其他营养成分的缺少也会影响分解速率。

8.3.2.3 物理环境

一般说，温度高、湿度大的地带，土壤中有机物质的分解速率高，而低温和干燥的地带，分解速率低，因而土壤中易积累有机物质。图 8-8 说明由湿热的热带森林经温带森林到寒冷的冻原，有机物分解速率随纬度增高而降低，而有机物的积累过程则随纬度升高而增高的一般趋势。图中也说明由湿热热带森林到干热的热带荒漠，分解速率的迅速降低。除温度和湿度条件以外，各类分解生物的相对作用对分解速率地带性变化也有重要影响。热带土壤中，除微生物分解外，无脊椎动物也是分解者亚系统的重要成员，其对分解活动的贡献明显高于温带和寒带土壤中同类动物对分解活动的贡献，并且起主要作用的是大型土壤动物。相反，在寒带和冻原土壤中多为小型土壤动物，它们对分解过程的贡献甚小，土壤有机物的积累主要取决于低温等环境因素。

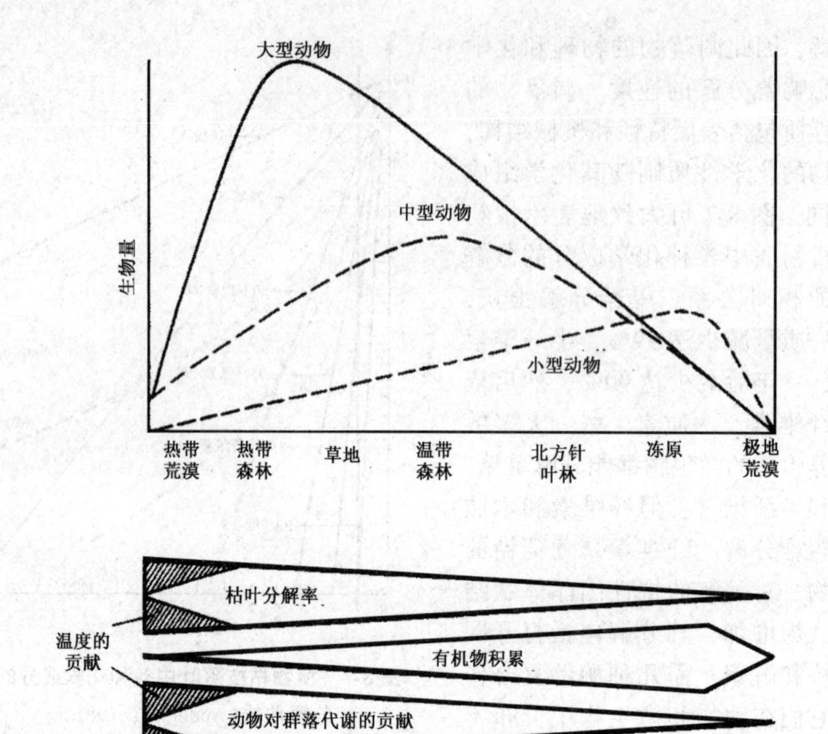

图8-8 分解速率和土壤有机物积累率随纬度而变化的规律以及大、中、小型土壤动物区系的相对作用(仿 Swift, 1979)

在同一气候带内局部地方也有区别，它可能取决于该地的土壤类型和待分解物质的特点。例如受水浸泡的沼泽土壤，由于水泡和缺氧，抑制微生物活动，分解速率极低，有机物质积累量很大，这是沼泽土可供开发有机肥料和生物能源的原因。

一个表示生态系统分解特征的有用指标是：

$$K = I/X \tag{8-2}$$

式中 K——分解指数；

I——死有机物输入年总量；

X——系统中死有机物质总量(现存量)。

因为要分开土壤中活根和死根很不容易，所以可以用地面残落物输入量(I_L)与地面枯枝落叶现存量(X_L)之比来计算K值。例如，湿热的热带雨林，K值往往大于1，这是因为年分解量高于输入量。温带草地的K值高于温带森林，甚至与热带雨林接近，这是因为禾本草类的枯枝落叶量也很高，其木质素含量和酚的含量都较落叶林的低，所以分解速率高。

R. H. Whittaker(1975)曾对6类生态系统的分解过程进行比较(表8-8)，反映凋落物分解的地带性规律。每年输入的枯枝落叶量要达到95%(相当于3/K值)的分解，在冻原需要100年，北方针叶林为14年，温带落叶林为4年，温带

表 8-8　各生态系统类型的分解特点比较

	冻原	北方针叶林	温带落叶林	温草草地	稀树草原	热带雨林
净初级生产[t/(hm² · a)]	1.50	7.50	11.50	7.5	9.5	50.0
生物量(t/hm²)	10.00	200.00	350.00	18.0	45.0	300.0
枯叶输入[t/(hm² · a)]	1.50	7.50	11.50	7.5	9.5	50.0
枯叶现存量(t/hm²)	44.00	35.00	15.00	5.0	3.0	5.0
分解时间(*K*)(年)	0.03	0.21	0.77	1.5	3.2	6.0
分解时间(3/*K*)(年)	100.00	14.00	4.00	2.0	1.0	0.5

注：引自 Swift，1979。

草地需 2 年，而热带雨林仅需 1/2 年。热带雨林虽然年枯枝落叶量高达 30t/(hm² · a)，但由于分解快，其现存量有限；相反，冻原的枯枝落叶年产量仅为 1.5t/(hm² · a)，但其现存量高达 44 t/hm²。

8.4　森林生态系统养分循环特征参数

森林生态系统的养分生物地球化学循环发生于土壤、林木、枯落物和大气四大分室之间(图 8-9)，循环过程包括林木吸收、存留、凋落物归还、淋溶归还、大气降雨及飘尘输入、径流输入和人为输出等路径。

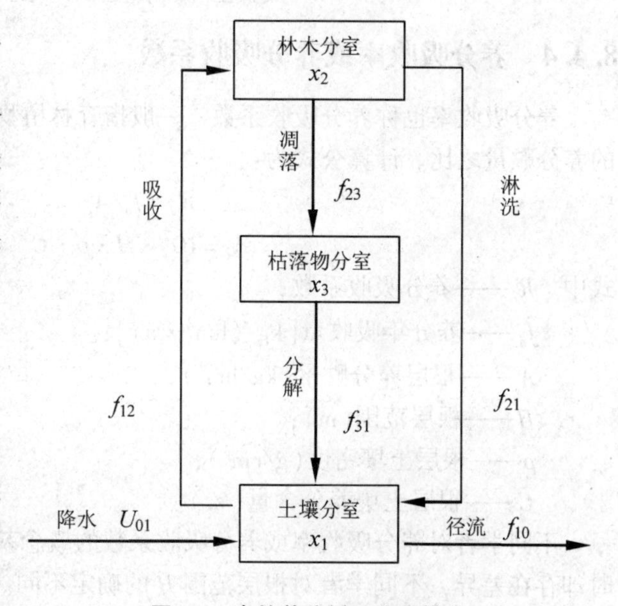

图 8-9　森林养分循环分室模式

8.4.1　养分存留量

养分存留量是指每年增长的生物量中的养分量。林木年存留量的测算一般通过林木年增长的生物量与其养分浓度的乘积计算，这里要分别测定枝、干、皮和根等部分的年净增长量及其中的养分浓度。

8.4.2　养分归还量

养分归还量是指森林通过凋落物以及雨水淋洗归还到林地中的养分量。归还量还包括森林地下部分的根系凋落物以及根系分泌物归还的养分。

①凋落物归还养分量　养分随凋落物的年归还量的测定方法是通过在林地布置凋落物收集筐，测定年凋落物量及其养分浓度进行计算。在实际研究工作中，森林地下部分根系归还量以及动物死亡归还量的测定很困难。

②雨水淋洗归还养分量 林木在整个生长过程中，以叶、枝等器官截留大气中的尘埃，并受雨水的淋溶而归还林地部分养分，其中包括尘埃中的养分和从树叶、皮等树体器官中淋溶出的养分。由于测定困难，目前尚难准确测定各部分的量。淋洗归还的养分一部分随林内雨滴（穿透雨）落入林地；一部分随树干流（树干茎流）回到林地。雨水淋洗归还养分量计算以林内外降雨量和降雨化学测定为基础，遵循林地水文化学平衡关系：

$$Q_{淋洗} = Q_{林内雨} + Q_{干沉降} - Q_{林外雨} \tag{8-3}$$

式中 $Q_{淋洗}$——雨水淋洗归还养分量；

$Q_{林内雨}$——穿透降雨与树干茎流中的养分量；

$Q_{干沉降}$——输入到森林中的大气飘尘等干性沉降物中的养分；

$Q_{林外雨}$——林外降雨中的养分量。

8.4.3 养分吸收量

养分吸收量是指林木或植物从环境中吸收的养分总量。即

吸收量=存留量+归还量

8.4.4 养分吸收率或养分吸收系数

养分吸收率也称养分吸收系数，一般指森林植物年吸收养分量与根层土壤中的养分贮量之比。计算公式为：

$$R_a = f_a / A_s$$

$$A_s = 10^7 \cdot H \cdot \rho \cdot C \tag{8-4}$$

式中 R_a——养分吸收系数；

f_a——养分年吸收量[kg/(hm^2·a)]；

A_s——根层养分贮量(kg/hm^2)；

H——根层范围(m)；

ρ——根层土壤密度(g/cm^3)；

C——根层土壤养分含量(%)。

不同学者对养分吸收率或养分吸收系数的概念基本认识相同，但在具体计算时却存在差异，不同学者对根层范围 H 的确定不同。虽然不同植物和树种的根系分布本身差异很大，但为了使不同研究对象之间具有互比性，选取一个适中的根层范围 H 是必要的，为此可进行如下的规定：草地：0~20cm；灌木林地：0~30cm；乔木林地：0~50cm。

8.4.5 养分利用效率

养分利用效率反映了森林植物对养分环境的适应状况和利用状况。目前关于养分利用效率的计算方法主要采用 Chapin 指数，公式为：

$$E = A_p / M = M \cdot C_p / M = C_p \tag{8-5}$$

式中 E——Chapin 指数；

M——植物生物量(kg/hm^2)；

A_p——植物养分贮量(kg/hm^2)；

C_p——植物中某养分含量(%)。

8.4.6 养分循环强度

1967 年 Rodin 和 Bazilevich 提出以概算的林地枯落物分解率作为养分循环强度，用以描述养分的周转状况。计算方法有两种：

$$K = P/W$$

$$K = P/(P + W) \tag{8-6}$$

式中 K——概算枯落物分解率，也称养分循环强度；

P——年凋落物量[kg/(hm^2 · a)]；

W——林地枯落物积累量(kg/hm^2)。

之所以有 2 种公式，是因为 W 值有不同的取法，当 W 值为树叶刚凋落尚未分解时的调查值时，以前式计算 K；当 W 为树叶凋落前测定值时，以后式计算 K。常绿树种的 K 计算，采用前式。

8.4.7 生物循环系数

生物循环系数是基于生物循环的概念提出的一种指标，也称生物归还系数，计算公式为：

$$R_g = (f_i + f_d)/f_a \tag{8-7}$$

式中 f_i——林地年淋洗养分量[kg/(hm^2 · a)]；

f_d——年凋落归还养分量[kg/(hm^2 · a)]；

f_a——年吸收养分量[kg/(hm^2 · a)]。

在养分循环系数 R_g 的计算中，未涉及林地枯落物的分解状况，而枯落物分解是养分循环的一个重要环节，所以该方法有一定的局限性。

8.5 氮、磷、硫循环

8.5.1 氮的循环

氮(nitrogen，N)是氨基酸的组成元素，是一切生命所必需的成分。氮主要存在于大气中，约占大气总量的 78%，但它在生物圈中仅占生物总量的 0.3% 左右。

8.5.1.1 含氮物质种类

①大气中的氮(氮气，N_2) 主要靠固氮菌固定到生物圈中的。生物固氮是大气中的氮进入生物圈的最主要方式，这是由固氮菌(如某些细菌和蓝绿藻)将 N_2 变成 NH_4^+ 的过程。非生物固氮则主要由人类活动(如生产氮肥和燃烧等)进行的有意或无意地合成含氮化合物的过程。

②氧化二氮(N_2O) 是主要的温室气体之一，也是含氮气体中浓度仅次于N_2的气体，目前在大气中的浓度为311×10^{-6}，年增加率为0.3%(Schlesinger, 1997)。N_2O在大气中存留的时间很长，达150年(Levine, 1989)，并且可传输到平流层，参与破坏臭氧层，这一特性也是人们关注N_2O浓度增加的重要原因。陆地土壤—植被系统的释放以及化石燃料和生物质燃烧等是大气N_2O的主要排放源(表8-9)。

表8-9 N_2O排放源和消除汇 Tg N/a

	排放源	推算值
自然源	海洋	4
	热带土壤	4
	温带土壤	2
人工源	耕作土壤	3.5
	工业燃烧	1.3
	生物质燃料	0.5
	己二酸生产	0.4
合 计		15.7
吸收消除汇	平流层破坏	12.3
	土壤微生物活动	
	大气层增加	3.9
合 计		16.2

引自Schlesinger, 1997。

③氨气(NH_3) 为无色气体，强碱性，易溶于水，能吸收波长为10.53μm的辐射，也是一种温室气体。NH_3的释放源除生物固氮外，还包括化石燃料的燃烧等工业活动。

④NO及其反应生成物 NO在常温下为无色气体，主要由高温氧化产生，生物源较少，是极具活性的气体，为光化学烟雾的重要来源。NO_2与OH反应形成硝酸HNO_3，是酸雨的主要成分之一，它在大气中的寿命仅3 d左右，随雨水很快进入土壤。

上述含氮化合物的主要生物地球化学过程或转化如图8-10所示。

8.5.1.2 全球氮循环

图8-11显示全球氮循环模式。大气含氮为3.9×10^{21}g N，是最大的氮库。陆地植被和土壤的氮库较小，分别为3.5Pg N和95~140Pg N。大气中的氮素固定对生物圈极为重要。全球闪电固氮量为3Tg N/a，生物固氮为140Tg N/a(相当于陆地地表每公顷固定10kg N/a。人工固氮也是生物圈的主要供氮源之一，生产氮肥所固定的氮约为80Tg N/a，化石燃料燃烧固定的氮大约20Tg N/a。固定的这些氮素都是可被植物吸收利用的有效态，合计约为240Tg N/a。通过河流输运，每年约有36Tg N从陆地进入海洋。如果假定陆地NPP为60Pg C/a，根据NPP的

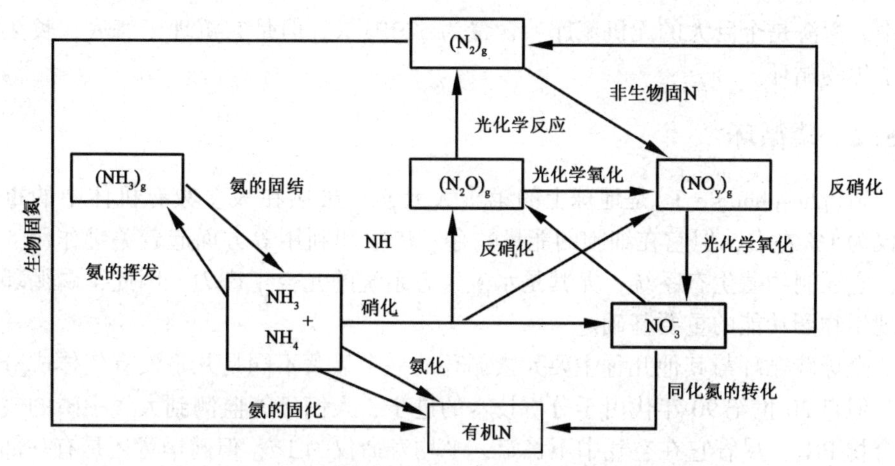

图 8-10　含氮化合物的主要生物地球化学过程

（小括号中的氮化物气体状态，用“g”表示）

平均 C/N 比 =50，那么可算得陆地植物每年需氮为 1 200Tg N。另一方面，全球陆地生态系统的反硝化作用的估算值在 13～233Tg N/a 之间，其中，这种反硝化至少一半发生在湿地。生物质燃烧每年将固定的氮素以 N_2 的形式释放到大气中的量可高达 50Tg N。

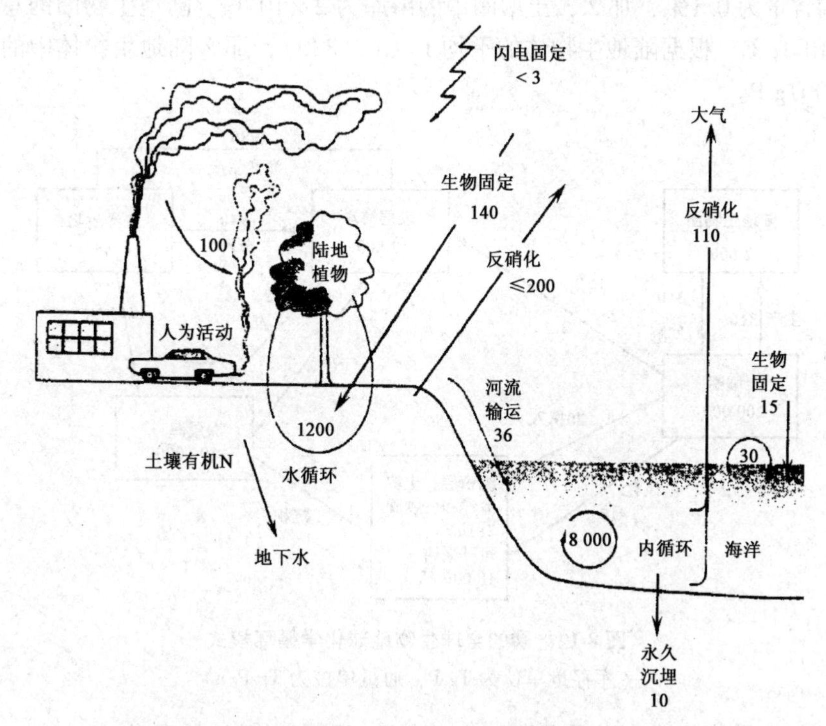

图 8-11　全球氮循环(Schlesinger，1997)(单位为 Tg N/a)

海洋除接受陆地输入的氮以外，生物固氮量为 15Tg N/a，通过降水接收 30Tg N/a。通过海洋的反硝化作用，每年有 110Tg 的氮素以 N_2 的形式返回到大气中。深海是个巨大的无机氮库，含量为570Pg N，但是它沉埋于海底，长久离开了生物循环。

8.5.2 磷循环

磷(phosphorus，P)是地球上的第十大元素，虽然在大多数有机体中的重量比仅为1%左右，但它在细胞的能量贮存、传输和利用等方面起着关键作用。另外，它还制约着生态系统，尤其是水生生态系统的光合生产力，因此，磷循环是实现生物圈功能的重要基础。

全球磷循环与其他几种主要元素循环的一个显著不同是几乎没有气体成分参与，但自20世纪90年代由于分析技术的进步，人们已能监测到大气中磷的气态化合物 PH_3，尽管它在空气中不稳定，平均寿命仅为1d，但磷毕竟还是有一部分经过大气圈进入全球性循环(Glindemann *et al.*，1996)。全球磷循环模式由6个磷库所组成，即陆地生物圈、土壤圈、沉积层、海洋生物圈、表层海洋和深层海洋。由于磷在地球中的含量为0.1%左右，地球总重量为 6×10^{15}Tg，那么，地球上的磷总量为 6×10^{12}Tg，但这些磷绝大部分存在于地幔和地核中，实际上只有很少部分的磷参与全球的生物地球化学循环。如图8-12所示，沉积层及土壤、海洋和生物圈中的磷库为 2×10^{9}Tg。全球土壤的总量为 2×10^{8}Tg，而磷在地壳中的平均含量为0.1%，那么，土壤圈中的磷库为 2×10^{5}Tg。陆地生物圈的总量为 8.3×10^{5}Tg C。根据陆地生物体的平均P: C(1: 830)，那么陆地生物体中的磷库为2 600Tg P。

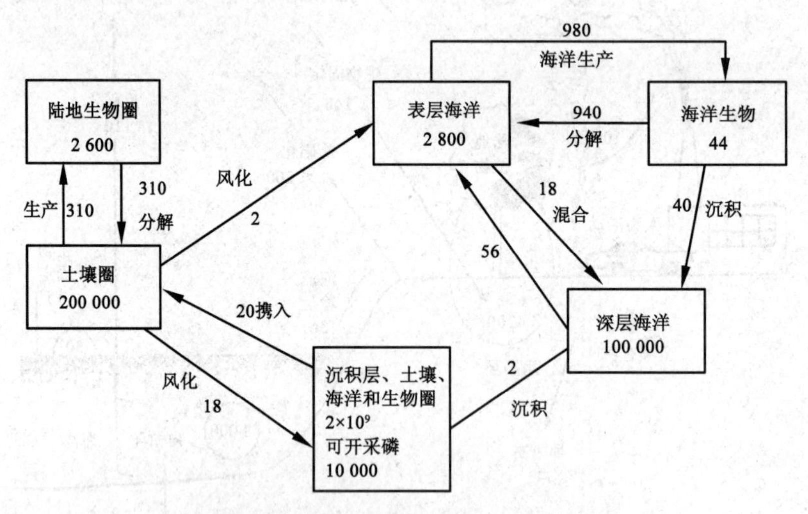

图8-12 磷的全球生物地球化学循环模式

(库存量单位为Tg P，通量单位为Tg P/a)

海洋生物体的磷库也可由类似方法求得，即海洋总生物量为1 800Tg C，平均P: C比为1: 106，那么，海洋生物圈磷库则为44Tg P。另外，表层海洋和深层海洋的磷库分别为2 800Tg P和100 000Tg P。

在磷循环中，主要通量是由土壤通过径流进入河湖海洋，其中部分颗粒磷沉入海底。由于磷常常是生物生长的限制因素，它的迁移量和库存量会直接影响碳、氮、硫的循环。因此，磷与它们的耦合作用不可忽视。磷与碳、氮循环可以在多层次上发生耦合作用。如在分子水平上，Stock 等(1990)研究了磷素有助于细菌的生物固氮；在细胞水平上，陆地植物的光合作用受制于叶片的氮、磷含量，提高氮、磷含量或有效性可以明显地提高光合速率。无论是在什么层次的碳、氮、磷元素的迁移，都是通过生物地球化学循环来发生联系的。图 8-13 是陆地生态系统中碳、氮、磷之间的耦合关系模式图。可以看出，一种元素的循环或过程可以影响着另一种元素的循环或过程。它们相互影响，有时相互制约，有时互为促进，体现了复杂的耦合关系。

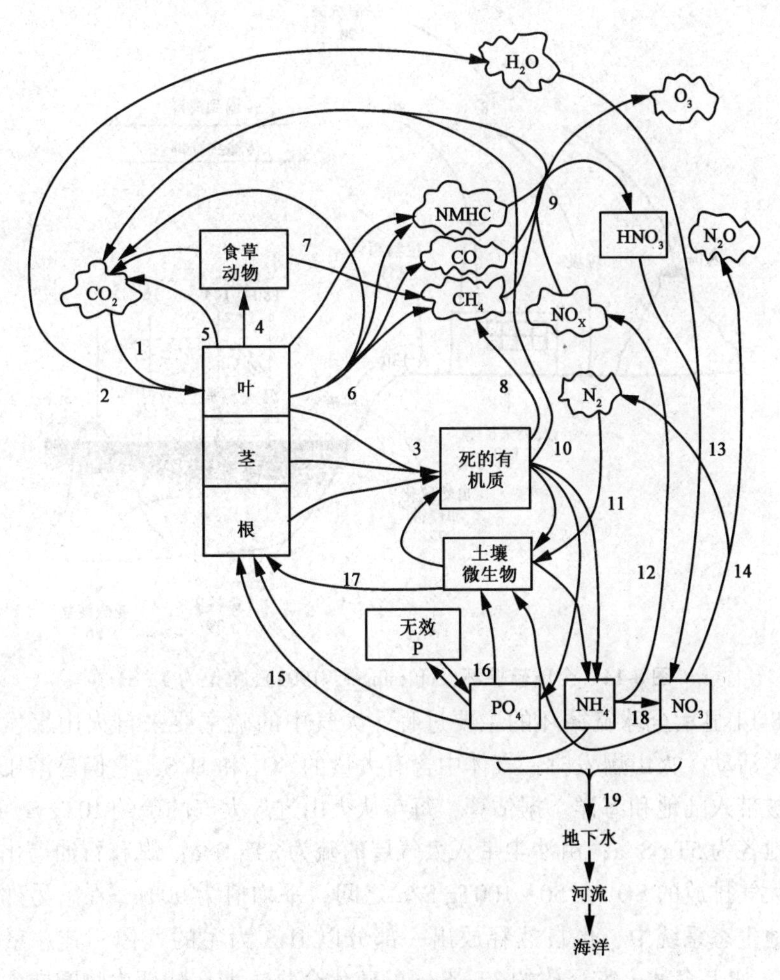

图 8-13 陆地生态系统中，碳、氮和磷循环的耦合作用(Scholes *et al.*，1999)

1. 光合作用 2. 蒸散 3. 凋落物 4. 食草 5. 自养呼吸 6. 火 7. 体内发酵 8. 厌氧分解 9. 臭氧 10. 分解/矿化/土壤呼吸 11. 生物固氮 12. 有氧反硝化 13. 氮素固结 14. 厌氧反硝化 15. 根系吸收 16. 可溶化 17. 根瘤菌呼吸 18. 硝化 19. 淋洗

8.5.3 硫循环

硫(sulphur, S)在生物体中的含量低，仅为0.25%左右，但对大多数生物的生命过程至关重要。硫在很多自然水体中存在大量的可溶态，因此，作为养分元素，很少成为限制因子。从全球变化的角度，人们关心硫循环是因为它是酸雨和大气气溶胶的主要成分。

含硫最为丰富的黄铁矿(FeS_2)是地球上最大的硫素来源。另外，海洋也是巨大的硫库。相对于水圈和岩石圈，生物圈的硫库是极小的，可以忽略不计。硫的生物地球化学循环研究一直比较活跃，这是由于酸沉降、温室效应乃至臭氧层耗损均与硫的污染有直接或间接的关系。

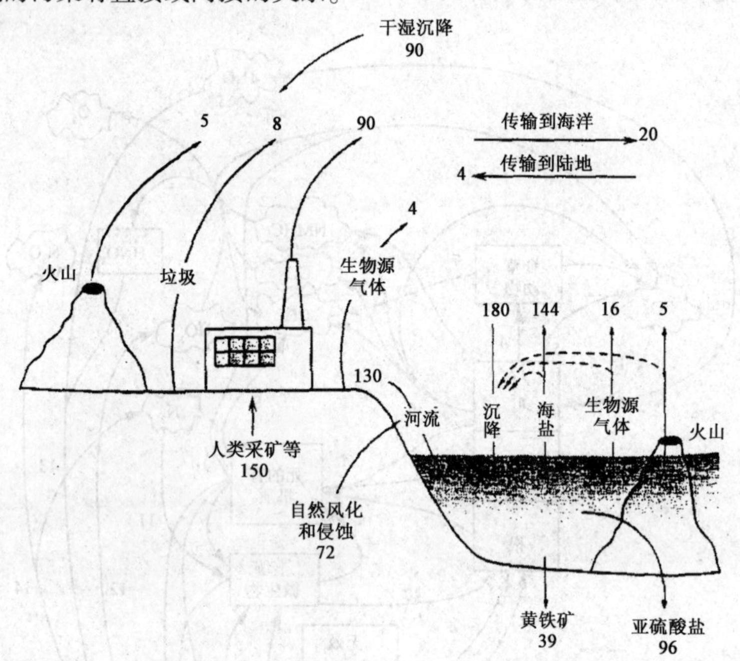

图8-14 全球硫循环(Schlesinger, 1997)(单位为Tg S)

图8-14显示全球硫循环的主要过程。大气中的硫主要来自火山爆发、沙尘以及人类活动。火山爆发时，气体中含有大量的SO_2和H_2S，它们易溶于水，随着雨水被带入陆地和海洋。据估算，每年从火山进入大气的硫约10Tg S，其中海洋和陆地各为5Tg S/a；由沙尘带入大气层的硫为8Tg S/a；煤和石油等化石燃料燃烧向大气排放的SO_2在50~100Tg S/a之间，平均值为90Tg S/a。另外，从湿地等陆地生态系统中，也自然释放出一部分以H_2S为主的气体，其总量不超过1Tg S/a，加上森林火灾释放的3Tg S/a的硫化合物，那么陆地生物圈向大气排放的硫约为4Tg S/a。另一方面，从陆地排放到大气中的硫，大部分以干沉降和雨水吸收的形式又回到陆地，其量约为90Tg S/a，剩下的部分(约20Tg S/a)经远距离传输到海洋。人类活动深刻地影响着河流中硫的输运，因为河流中28%以上的SO_4^{2-}来自环境污染、采矿和水土流失等(Schlesinger, 1997)。目前，从河流

输运到海洋中的硫通量可达130Tg S/a，是工业革命前的2倍。另外，大约有4Tg S/a的硫化物经大气传输到陆地。

在海洋的硫循环中，以海盐形式进入大气的量为144Tg S/a，海洋生物排放的硫[主要成分为$(CH_3)_2S$]约为16Tg S/a。海洋吸收的硫通量是180Tg S/a。从上文的说明和图8-14的比较可以看出，全球硫循环的定量研究仍存在着很大的不确定性，一些参数有待于进一步修正。

复习思考题

1. 什么是生态系统的养分循环？生态系统养分循环一般可以分为哪几种类型？不同养分循环类型中养分的循环途径或机制是怎样的？
2. 影响森林凋落物分解的主要因素有哪些？
3. 森林在全球碳循环中的作用和地位，适应全球气候变化的森林管理对策有哪些？

本章推荐阅读书目

1. 生态学．李博主编．高等教育出版社，2000.
2. 全球生态学：气候变化与生态响应．方精云主编．高等教育出版社，施普林格出版社，2000.
3. *Forest Ecology*. Kimmins J. P. Macmillan，1987.

第9章　森林生态系统的能量流动

【**本章提要**】本章着重讨论能量在生态系统中转化、流动的特点，所遵循的规律，分析能量在生态系统中的流通途径及在不同环节的损耗，分析不同生态系统的能量效率及生产力。

生态系统的能量流动是生态系统的基本功能之一。世界上的一切生命系统无不伴随着能量的转化、利用和耗散——伴随着能量流动的过程。

9.1　生态系统的初级生产

9.1.1　初级生产的基本概念

生态系统中的能量流动始于绿色植物光合作用对太阳能的固定，这是生态系统中第一次能量固定。植物所固定的太阳能或所制造的有机物质称为初级生产量或第一性生产量(primary production)。

在初级生产过程中，植物固定的能量有一部分被植物自身的呼吸消耗掉，剩下的用于植物生长和生殖，这部分生产量称为净初级生产量(net primary production)，而包括呼吸消耗在内的全部生产量，称为总初级生产量(gross primary production)。总初级生产量(GP)、呼吸所消耗的能量(R)和净初级生产量(NP)三者之间的关系是：

$$\begin{aligned} GP &= NP + R \\ NP &= GP - R \end{aligned} \tag{9-1}$$

净初级生产量是可提供生态系统中其他生物(主要是各种动物和人)利用的能量。生产量通常用每年每平方米所生产的有机物质干重[$g/(m^2 \cdot a)$]或每年每平方米所固定的能量值[$J/(m^2 \cdot a)$]表示。所以初级生产量也可称为初级生产力，它们的计算单位是完全一样的，但在强调率的概念时，应当使用生产力。生产力和生物量(biomass)是两个不同的概念，生产力含有速率的概念，是指单位时间单位面积上的有机物质生产量，而生物量是指在某一定时刻调查时单位面积上积存的有机物质量，单位是干重 g/m^2 或 J/m^2。

对生态系统中某一营养级来说，总生物量不仅因生物呼吸而消耗，也由于受更高营养级动物的取食和生物的死亡而减少，所以

$$dB/dt = NP - R - H - D \tag{9-2}$$

式中 dB/dt——某一时期内生物量的变化；

H——被较高营养级动物所取食的生物量；

D——因死亡而损失的生物量。

9.1.2 地球上初级生产力的分布

地球上各级生态系统的生产力和生物量的调查，许多国家都进行了研究。按Whittaker(1975)估计，全球陆地年净初级生产总量为115×10^9t干物质，海洋的为55×10^9t干物质。海洋约占地球表面的2/3，但净初级生产量只占1/3。在海洋中，珊瑚礁和海藻床是高生产量的，年产干物质超过2 000g/m^2；河口湾由于有河流的辅助能量输入，上涌流区域也能从海底带来额外营养物质，它们的净生产量比较高，但是所占面积不大。占海洋面积最大的大洋区，其净生产量相当低，年平均仅125 g/km^2，被称为海洋荒漠，这是海洋净初级生产总量只占全球1/3左右的原因。在海洋中，由河口湾向大陆架到大洋区，单位面积净初级生产量和生物量有明显降低的趋势。在陆地上，湿地(沼泽和盐沼)生产量是最高的，年平均可超过2 500g/m^2，热带雨林生产量也是很高的，年平均2 200g/m^2，荒漠灌丛年平均为71g/m^2。由热带雨林向热带季雨林、温带常绿林、落叶林、北方针叶林、稀树草原、温带草原、寒漠和荒漠依次减少(表9-1)。

表9-1 地球上各种生态系统净初级生产力和植物生产量

生态系统类型	面积 (10^9km²)	净初级生产力 [g/(m²·a)]		全球的净初级生产总量 (10^9t/a)	生物量 (kg/m²)		全球生物量 (10^9t)
		范围	平均		范围	平均	
热带雨林	17.0	1 000~3 500	2 200	37.40	6~80	45.00	765.00
热带季雨林	7.5	1 000~2 500	1 600	12.00	6~60	35.00	262.50
温带常绿林	5.0		1 300	6.50	6~200	35.00	175.00
温带落叶林	7.0	600~2 500	1 200	8.40	6~60	30.00	210.00
北方落叶林	12.0	400~2 000	800	9.60	6~40	20.00	240.00
灌丛和林业地	8.5	250~1 200	700	6.00	2~20	6.00	51.00
热带稀树草原	15.0	200~2 000	900	13.50	6.2~15.0	4.00	60.00
温带草原	9.0	200~1 500	600	5.40	0.2~5.0	1.60	14.40
寒漠和高山	8.0	10~400	140	1.10	0.1~3.0	0.60	5.00
荒漠和半荒漠灌丛	18.0	10~250	90	1.60	0.1~4.0	0.70	12.60
岩石、沙漠、荒漠和冰地	24.0	0~10	3	0.07	0~0.2	0.02	0.500
栽培地	14.0	100~3 500	650	9.10	0.4~12.0	1.00	14.00
沼泽和沼泽湿地	2.0	800~3 500	2 000	4.00	3~50.0	15.00	30.00
湖泊和河流	2.0	100~1 500	250	0.50	0~0.1	0.02	0.04
大陆统计	149.0		773	115.00		12.30	1 840

（续）

生态系统类型	面积 ($10^9 km^2$)	净初级生产力 [$g/(m^2 \cdot a)$]		全球的净初级生产总量 ($10^9 t/a$)	生物量 (kg/m^2)		全球生物量 ($10^9 t$)
		范围	平均		范围	平均	
大洋	332.0	2~400	125	41.50	0~0.005	0.003	1.000
上涌流区域	0.4	400~1 000	500	0.20	0.005~0.100	0.02	0.008
大陆架	26.6	200~600	360	9.60	0.001~0.040	0.01	0.270
海藻床或珊瑚礁	0.6	500~4 000	2 500	1.60	0.04~4.00	2.00	1.200
河口湾	1.4	200~3 500	1 500	2.10	0.01~6.00	1.00	1.400
海洋统计	361.0		152	55.00		0.01	3.9
全球统计	510.0		333	170.00		3.60	1 841.0

注：引自 Krebs，1978。

Field 等(1998)以卫星遥感资料为基础，估计了全球净初级生产力，其估计公式是：

$$NP = APAR \times \varepsilon \tag{9-3}$$

式中 $APAR$——光合吸收活性辐射(absorbed photosynthetically active solar radiation)；

ε——平均光利用效率。

他们的估计值是 104.9×10^{15} g，其中，海洋净初级生产力占 46.2%（48.5×10^{15} g），陆地的占 53.8%（56.4×10^{15} g）(表9-2)。

表9-2 生物圈主要生态系统的年和季节净初级生产力 $\times 10^{15}$ g

	海洋		陆地
季节			
4~6月	11.9	—	15.7
7~9月	13.0	—	18.0
10~12月	12.3	—	11.5
1~3月	11.3	—	11.2
生物地理			
贫营养	11.0	热带雨林	17.8
中营养	27.4	落叶阔叶树	1.5
富营养	9.1	—	3.1
大型水生生物	1.0	常绿阔叶林	3.1
		落叶针叶林	1.4
		稀树草原	16.8
		多年生草地	2.4
		阔叶灌木	1.0
		薹原	0.8
		荒漠	0.5
		栽培田	8.0
合计	48.5		56.4

注：引自 Field，1998。

两个估计结果相差很大，Field 认为，以往的估计是根据分别测定陆地、海洋各种生态系统的生物量和呼吸量，然后乘以各自的面积再总和，而他们采用的是遥感资料，以日光辐射吸收指数为基础，综合估算海洋和陆地的净初级生产力。尽管如此，除了日光以外，水也是决定初级生产力的重要因素，并且遥感资料一般要用地面测定作验证。

全球净初级生产力在沿地球纬度分布上有 3 个高峰，第一高峰接近赤道，第二高峰出现在北半球的中温带，第三高峰出现在南半球的中温带。

海洋净初级生产力的季节变动是中等程度的，而陆地生产力的季节波动则很大，夏季比冬季净初级生产力平均高 60%。

根据遥感信息和地面气候资料的模型初步估计，全球年总净初级生产力约为 2.645×10^9 t 碳（孙睿和朱启疆，2000）。

综合研究和估计全球海洋和陆地初级生产力，对于了解地球的功能是十分重要的，因为它是碳和营养物动态的中心问题，与生物地球化学循环有密切关系，并且与当前人类关心的全球气候变化也有联系。

生态系统的初级生产量，还随群落的演替而变化。早期由于植物生物量很低，初级生产量不高；随时间推移，生物量渐渐增加，生产量也提高；一般森林在叶面积指数达到 4 时，净初级生产量最高；但当生态系统发育成熟或演替达到顶极时，虽然生物量接近最大，但由于系统保持在一动态平衡中，净生产量反而最小。由此可见，从经济效率考虑，利用再生资源的生产量，让生态系统保持在“青壮年期”是最有利可图的，不过从持续发展和保护生态着眼，人类还需从多目标间做合理的权衡。

水体和陆地生态系统的生产量都有垂直变化，例如，森林中，一般乔木层最高，灌木层次之，草本层更低，而地下部分反映了同样的情况。水体也有类似的规律，不过水面由于阳光直射，生产量不是最高，最高的是深数米，而且生产量随水的清晰度而发生变化。

9.1.3 初级生产的生产效率

对初级生产的生产效率的估计，可以一个最适条件下的光合效率为例（表 9-3）。如在热带一个无云的白天或温带仲夏的一天，太阳辐射的最大输入量可达 2.9×10^7 J/(m^2 · d)，扣除 55% 属于紫外和红外辐射的能量，再减去一部分被反射的能量，真正能为光合作用所利用的就只占辐射能的 40.5%，再扣除非活性吸收（不足以引起光合作用机理中电子的传递）和不稳定的中间产物，能形成糖的约为 2.7×10^6 J/(m^2 · d)，相当于 120g/(m^2 · d) 的有机物质，这是最大光合效率的估计值，约占总辐射能的 9%。但实际测定的最大光合效率的值只有 54g/(m^2 · d)，接近理论值的 1/2，大多数生态系统净初级生产量的实测值都远远较此值低。由此可见，净初级生产力不是受光合作用固有的转化光能的能力所限制，而是受其他生态因素所限制。

表 9-3 最适条件下初级生产的生产效率估计

能量[J/(m^2·d)]				百分率(%)	
输入		损失		输入	损失
日光能	2.9×10^7	—	—	100	—
可见光	1.3×10^7	可见光以外	1.6×10^7	45	55
被吸收	9.9×10^6	反射	3.1×10^6	40.5	45
光合中间产物	8.0×10^6	非活性吸收	3.4×10^6	28.4	12.1
碳水化合物	2.7×10^6	不稳定中间产物	5.4×10^6	9.1(=Pg)	19.3
净生产量	2.0×10^6	呼吸消耗	6.7×10^6	6.8(=Pn)	2.3(=R)
约为有机物	120g/(m^2·d)				

注：引自 McNaughton & Wolf，1979。

表 9-4 为两个陆地生态系统和两个水域生态系统的初级生产效率的研究实例。荒地的日光能利用效率(1.2%)比人工栽培的玉米田(1.6%)低，但其呼吸消耗(15.1%)也低。虽然荒地的总初级生产效率比人类经营的玉米田低，但是它把总初级生产量转化为净初级生产量的比例却比较高。

表 9-4 4 个生态系统的初级生产效率的比较 %

项 目	玉米田 (Transseau，1926)	荒地 (Golley，1960)	Meadota 湖 (Lindeman，1942)	Ceder Bog 湖 (Lindeman，1942)
总初级生产量/总入射日光能	1.6	1.2	0.40	0.10
呼吸消耗/总初级生产量	23.4	15.1	22.3	21
净初级生产量/总初级生产量	76.6	84.9	77.7	79

两个湖泊生态系统的总初级生产效率(分别为 0.10% 和 0.40%)要比上述两个陆地生态系统的(分别为 1.2% 和 1.6%)低得多，这种差别主要是因为入射日光能是按到达湖面的入射量计算的，当日光穿过水层到达实际进行光合作用地点的时候，已经损失了相当大的一部分能量。因此，两个湖泊生态系统的实际总初级生产效率应当比 Lindeman 所计算的高，大约应当是 1%~3%。另一方面，两个湖泊中植物的呼吸消耗(分别占总初级生产量的 21.0% 和 22.3%)和玉米田(23.4%)大致相等，但却明显高于荒地(15.1%)。

20 世纪 40 年代以来，对各生态系统的初级生产效率所做的大量研究表明，在自然条件下，总初级生产效率很难超过 3%，虽然人类精心管理的农业生态系统中曾经有过 6%~8% 的记录。一般说来，在富饶肥沃的地区总初级生产效率可以达到 1%~2%；而在贫瘠荒凉的地区大约只有 0.1%。就全球平均来说，总初级生产效率大概是 0.2%~0.5%。

9.1.4 初级生产量的测定方法

9.1.4.1 收获量测定法

用于陆地生态系统。定期收割植被，干燥到重量不变，然后以每年每平方米的干物质重量表示。取样测定干物质的热当量，并将生物量换算为 $J/(m^2 \cdot a)$。为了使结果更精确，要在整个生长季中多次取样，并测定各个物种所占的比重。

森林生产量的测定主要用测树学的方法：

(1)皆伐实测法

为了精确测定生物量，或作为标准来检查其他方法的精确度，采用皆伐法。林木伐倒后，测其各部分的材积，根据相对密度或烘干重换算成干重。

(2)平均木法

采伐并测定具有林分平均断面积的树木的生物量，再乘以总株数。为了保证精度，可采伐多株平均断面积的样木，测定其生物量，再计算出单位面积的干重。

另一种办法是将研究地段的林木按其大小分级，在各级内再取平均木，最后计算出单位面积的干重。

(3)随机抽样法

研究地段上随机选取多株样木，伐倒并测定其生物量。将样木生物量之和($\sum W$)乘以研究地段总胸高断面积(G)与样木胸高断面积之和($\sum g$)之比，全林的生物量(W)可表示为：

$$W = \sum W \times (G/\sum g) \tag{9-4}$$

(4)相关曲线法

研究地段随机选取各种大小的林木，测定其生物量；再根据树木的生物量与某一测树指标(胸径或树高)间存在的相关关系，利用数理统计方法，制定回归方程。如生物量与胸高直径存在着幂函数关系，即

$$W = aD^b \tag{9-5}$$

式中 a，b——参数；

D——直径。

利用最小二乘法求出回归方程中的 a、b，再利用林分胸径检尺的资料，根据各直径对应的生物量求出研究地段的生物量。考虑到利用胸高直径时参数 a、b 在不同林分中变动较大，最近多利用树高(H)作为第二个变量，利用公式 $W = a(D^2H)^b$ 或 $W = a(gh)^b$ 计算生物量。这两个公式可在不同林分中适用同样的参数。生物量的单位为 $g/(m^2 \cdot a)$。

需要指出的是，测定森林生物量时，不仅要计算树干的生物量，还应计算枝、叶、根的生物量，特别是树木根系的生物量占全部生物量的17%~23%。

9.1.4.2 氧气测定法

多用于水生生态系统，是根据光合方程式中所产生的氧气求测生产量，即黑

白瓶法。用3个玻璃瓶，其中一个用黑胶布包上，再包以铅箔。从待测的水体深度取水，保留一瓶(初始瓶 *IB*)以测定水中原来溶氧量。将另一对黑白瓶沉入取水样深度，经过24h或其他适宜时间，取出进行溶氧测定。根据初始瓶(*IB*)、黑瓶(*DB*)、白瓶(*LB*)溶氧量，即可求得：

$$净初级生产量 = LB - IB$$

$$呼吸量 = IB - DB$$

$$总初级生产量 = LB - DB$$

昼夜氧曲线法是黑白瓶方法的变型。每隔2~3h测定一次水体的溶氧量和水温，作成昼夜氧曲线。白天由于水中自养生物的光合作用，溶氧量逐渐上升；夜间由于全部好氧生物的呼吸而溶氧量逐渐减少。这样，就能根据溶氧的昼夜变化，来分析水体群落的代谢情况。由于水中溶氧量还随温度而改变，因此，必须对实际观察的昼夜氧曲线进行校正。

9.1.4.3 CO_2 测定法

用塑料帐将群落的一部分罩住，测定进入和抽出的空气中 CO_2 含量。如黑白瓶方法比较水中溶氧量那样，本方法也要用暗罩和透明罩，也可用夜间无光条件下的 CO_2 增加量来估计呼吸量。测定空气中 CO_2 含量的仪器是红外气体分析仪，或用经典的KOH吸收法。

9.1.4.4 放射性标记物测定法

把放射性 ^{14}C 以碳酸盐($^{14}CO_3^{2-}$)的形式，放入含有自然水体浮游植物的样瓶中，沉入水中经过短时间培养，滤出浮游植物，干燥后在计数器中测定放射活性，然后通过计算，确定光合作用固定的碳量。由于浮游植物在黑暗中也能吸收 ^{14}C，因此，还要用“暗呼吸”作校正。

9.1.4.5 叶绿素测定法

通过薄膜将自然水过滤，然后用丙酮提取，将丙酮提出物在分光光度计中测量光吸收，再通过计算，算出每平方米含叶绿素多少克。叶绿素测定法最初应用于海洋和其他水体，较用 ^{14}C 测定法和氧气测定方法简便，花费的时间也较少。

现在有很多新的测定技术正在发展，其中最著名的包括海岸区彩色扫描仪，先进的、分辨率很高的辐射计，美国专题制图仪或欧洲斯波特卫星(SPOT)等遥感器的应用。我国已开始用彩色红外影像分析值来识别早期小麦长势(李天顺，1987)。

9.1.5 初级生产量的限制因素

陆地生态系统中，光、CO_2、水和营养物质是初级生产量的基本资源，温度是影响光合效率的主要因素，而食草动物的取食会减少光合作用生物量(图9-1)。

一般情况下植物有充分的可利用的光辐射，但并不是说不会成为限制因素，例如冠层下的叶子接受光辐射可能不足，白天中有时光辐射低于最适光合强度，对 C_4 植物可能达不到光辐射的饱和强度。而水对光辐射利用最易成为限制因子，各地区降水量与初级生产量有最密切的关系。在干旱地区，植物的净初级生产量

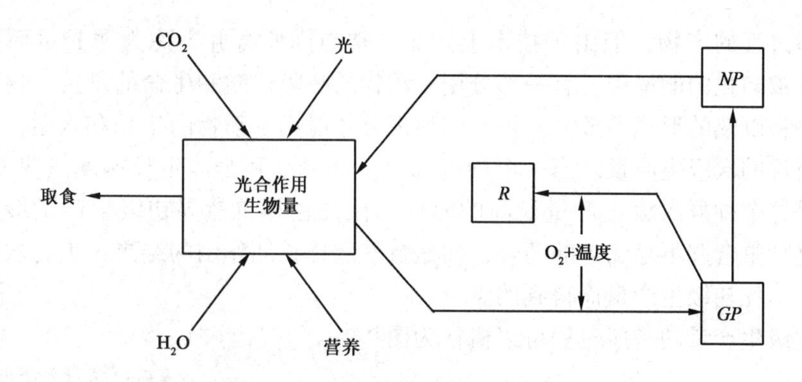

图 9-1 初级生产量的限制因素图解
(仿 McNaughton, 1973)

几乎与降水量有线性关系。温度与初级生产量的关系比较复杂：温度上升，总光合速率升高，但超过最适温度总光合速率则下降；而呼吸率随温度上升而呈指数上升；其结果是净生产量与温度呈驼峰曲线。

潜蒸发蒸腾(potential evapotranspiration, PET)指数是反映在特定辐射、温度、湿度和风速条件下蒸发到大气中水量的一个指标，而 PEP - PPT(mm/a)(PPT 为年降水量)值则可反映缺水程度，因而能表示温度和降水等条件的联合作用。遥感是测定生态系统初级生产量的一种新技术，在近代生态学研究中得到推广应用。根据遥感测得近红外和可见光光谱数据而计算出来的标准化植被差异指数(normalized difference vegetation index, NDVI)提供了植物光合作用吸收有效辐射的一个定量指标，与文献报道的各种陆地生态系统地面净初级生产量是符合的。营养物质是植物生产力的基本资源，最重要的是 N、P、K，对各种生态系统施加氮肥都能增加初级生产量。近年研究还发现一普遍规律，即地面净初级生产量与植物光合作用中氮的最高积聚量呈密切的正相关。

9.2 生态系统的次级生产

9.2.1 次级生产过程

净初级生产量是生产者以上各营养级所需能量的唯一来源。从理论上讲，净初级生产量可以全部被异养生物所利用，转化为次级生产量(如动物的肉、蛋、奶、毛皮、骨骼、血液、蹄、角以及各种内脏器官等)；可实际上，任何一个生态系统中的净初级生产量都可能流失到这个生态系统以外的地方去，例如，在海岸盐沼生态系统中，大约 45% 的净初级生产量流失到了河口生态系统，还有很多植物生长在动物所达不到的地方，因此无法被利用。总之，对动物来说，初级生产量或因得不到，或因不可食，或因动物种群密度低等原因，总有相当一部分未被利用。即使是被动物取食的植物，也有一部分通过动物的消化道排出体外。例如，蝗虫只能消化它们摄取食物的 30%，其余的 70% 以粪便形式排出体外，供腐食动物和分解者利用。食物被消化吸收的程度依动物的种类而大不相同。尿是排泄过程的产物，但由于技术上困难，常与粪便合并，称为尿粪量而排出体外。在被同化的能量中，有一部分用于动物的呼吸代谢和生命的维持，这一部分能最终将以热的形式消散掉，剩下的那部分才能用于动物的生长和繁殖，这就是我们所说的次级生产量。当一个种群的出生率最高和个体生长速度最快的时候，也就是这个种群次级生产量最高的时候，往往也是自然界初级生产量最高的时候。这种重合并不是简单的巧合，而是自然选择长期作用的结果，因为次级生产量是靠消耗初级生产量而得到的。

次级生产量的一般过程可以概括为图9-2：

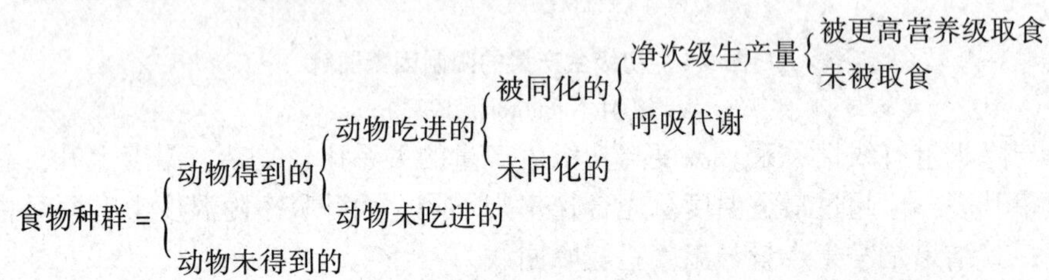

图9-2 次级生产量的一般过程

图9-2是一个普适模型。它可应用于任何一种动物，包括植食动物和食肉动物。对植食动物来说，食物种群是指植物(净初级生产量)，对食肉动物来说，食物种群是指动物(净次级生产量)。食肉动物捕到猎物后往往不是全部吃掉，还剩下毛皮、骨头和内脏等。所以能量从一个营养级传递到下一个营养级时往往损失很大。对一个动物种群来说，其能量收支情况可以用下列公式表示：

$$C = A + FU \tag{9-7}$$

式中 C——动物从外界摄食的能量；

A——被同化能量；

FU——粪、尿能量。

其中：A 项又可分解如下：

$$A = P + R \tag{9-8}$$

式中 P——净次级生产量；

R——呼吸能量。

综合上述两式可以得到：

$$P = C - FU - R \tag{9-9}$$

9.2.2 次级生产量的测定

按同化量和呼吸量估计生产量，即 $P = A - R$；按摄食量扣除粪尿量估计同化量，即 $A = C - FU$。

测定动物摄食量可在实验室内或野外进行，按24h的饲养投放食物量减去剩余量求得。摄食食物的热量用热量计测定。在测定摄食量的试验中，同时可测定粪尿量。用呼吸仪测定耗 O_2 量或 CO_2 排出量，转损为热值，即呼吸能量。上述测定通常是在个体水平上进行，因此，要与种群数量、性比、年龄结构等特征结合起来，才能估计出动物种群的净生产量。

9.2.3 次级生产的生态效率

Lindeman效率是消费效率、同化效率与生产效率的乘积，这是营养级间的能量传递效率。

9.2.3.1 消费效率

各种生态系统中的食草动物利用或消费植物净初级生产量效率是不相同的，具有一定的适应意义，在生态系统物种间协同进化上具有其合理性(表9-5)。

表9-5 几种生态系统中食草动物利用植物净生产量的比例

生态系统类型	主要植物及其特征	被捕食百分比(%)
成熟落叶林	乔木，大量非光合生物量，世代时间长，种群增长率低	12~2.5
1~7年弃耕田	一年生草本植物，种群增长率中等	12
非洲草原	多年生草本植物，少量非光合生物量，种群增长率高	28~60
人工管理牧场	多生草本，少量非光合生物量，种群增长率高	30~45
海洋	浮游植物，种群增长率高，世代短	60~99

注：引自Krebs，1978。

从这些资料可以说明：①植物种群增长率高、世代短、更新快、其消费效率就较高；②草本植物的支持组织比木本植物的少，能提供更多的净初级生产量为食草动物所利用；③小型的浮游植物的消费者(浮游动物)密度很大，利用净初级生产量比例最高。

如果生态系统中的食草动物将植物生产量全部吃光，那么，它们就必将全部饿死，原因是再没有植物可以进行光合作用了。同样道理，植物种群的增长率越高，种群更新得越快，食草动物就能更多地利用植物的初级生产量。由此可见，上述结果是植物—食草动物的系统协同进化而形成的，具有重要的适应意义。同理，人类在利用草地作为放牧牛羊的牧场时，不能片面地追求牛羊的生产量而忽视牧场中草本植物的生长状况。草场中草本植物质量的降低，就预示着未来牛羊生产量的降低。

关于食肉动物利用其猎物的消费效率，现有资料尚少。脊椎动物捕食者可能消费其脊椎动物猎物的50%~100%的净生产量，但对无脊椎动物仅消费5%上下；无脊椎动物捕食者可消费无脊椎动物猎物25%的净生产量。这些数值都是较粗略地估计，有待进一步的证实。

9.2.3.2 同化效率

同化效率在食草动物和碎食动物较低，而食肉动物较高。在食草动物所吃的植物中，含有一些难消化的物质，因此，通过消化道排遗出去的食物是很多的。食肉动物吃的是动物的组织，其营养成分较高，但食肉动物在捕食时往往要消耗许多能量。因此，就净生长效率而言，食肉动物反而比食草动物低。这就是说，食肉动物的呼吸或维持消耗能量较大。此外，在人工饲养条件(或在动物园中)，由于动物的活动减少，净生长效率也往往高于野生动物。北京鸭的特殊饲养方法，即采用填鸭式的喂食和限制活动，是促进快速生长和提高净生长效率的有效措施。

9.2.3.3 生产效率

生产效率随动物类群而异，一般说来，无脊椎动物有较高的生产效率，约30%~40%(呼吸丢失能量较少，因而能将更多的同化能量转变为生长能量)，外温性脊椎动物居中，约10%，而内温性脊椎动物很低，仅1%~2%，它们为维持恒定体温而消耗很多已同化能量。因此，动物的生产效率与呼吸消耗呈明显的负相关。表9-6是7类动物的平均生产效率。个体最小的内温性脊椎动物，其生产效率是动物中最低的，而原生动物等个体小、寿命短、种群周转快，具有最高的生产效率。

表9-6 各类群动物和生产效率

类　群	生产效率(*Pn/An*)
食虫兽	0.86
鸟	1.29
小哺乳动物	3.14
其他兽类	9.77
无脊椎动物(昆虫除外)	25.0
非社会昆虫	40.7

注：仿Begon，1996。*Pn*：净生长效率；*An*：同化效率；*n*：营养级数。

Lindeman最初研究的结果大约是10%，后人曾经称为十分之一法则。但是在生物界不可能有如此精确的能量传递效率。近来，Pauly & Christensen(1995)根据40个水生群落的能量传递研究，总结出营养级间能量传递效率的变化范围是2%~24%，平均10.13%。而十分之一法则说明，每通过一个营养级，其有效能量大约为前一营养级的1/10。也就是说，食物链越长，消耗于营养级的能量就越多。从这个意义上讲，人如果直接以植物为食品，就比以吃植物的动物(如牛肉)为食品，可以供养10倍的人口。联合国粮农组织统计，发达国家人均直接谷物消耗低于发展中国家，但以肉乳蛋品为食品的粮食间接消耗量高于发展中国家数倍，缩短食物链的例子在自然界也有所见，如巨大的须鲸以最小的甲壳类为食。

9.3 生态系统中的能量流动

9.3.1 能量传递规律的热力学定律

地球上一切生命都离不开能量的利用，能量是生态系统的动力，是一切生命活动的基础。一切生命活动都伴随着能量的变化，没有能量的转化，也就没有生命和生态系统。生态系统的重要功能之一就是能量流动，而热力学就是研究能量传递规律和能量形式转换规律的科学。

科学研究证明，能量在生态系统内的传递和转化规律服从热力学的两个定律。热力学第一定律可以表述如下：“在自然界发生的所有现象中，能量既不会消失也不会凭空产生，它只能以严格的当量比例由一种形式转变为另一种形式。”因此，热力学第一定律又称为能量守恒定律。用公式表达为：

$$\Delta E = \Delta Q + \Delta W \tag{9-10}$$

式中 ΔE——表示为系统内能量的变化；

ΔQ——系统内所吸收的热量或放出的热量；

ΔW——系统对外所做的功。

即一个系统的任何状态变化，都伴随着吸热、放热和做功，而系统和外界的总能量并不增加或减少，它是守恒的。

据此定律可知，能量进入系统后，在系统的各组分间呈顺序地传递流动，并发生多次的形态变化。当一个体系的能量产生变化时，环境的能量必然发生相应的变化，若体系的能量增加，则环境的能量就要减少，反之亦然。对森林生态系统来说也是如此，例如，光合作用生成物所含有的能量多于光合作用反应物所含有的能量，生态系统通过光合作用所增加的能量等于环境中太阳辐射所减少的能量，但总能量不变，所不同的是太阳能转化为潜能(化学能)输入了生态系统，表现为生态系统对太阳能的固定。

热力学第二定律是对能量传递和转化的一个重要概括，简单地说就是：“在封闭系统中，一切过程都伴随着能量的改变，在能量的传递和转化过程中，除了一部分可以继续传递和做功的能量(自由能)外，总有一部分不能继续传递和作功，而以热的形式消散，这部分能量使系统的熵和无序性增加”。用公式表达为：

$$\Delta G = \Delta H + T\Delta S \tag{9-11}$$

式中 ΔG——对系统作功的有用能；

ΔH——系统热焓，即系统含有的潜能；

ΔS——系统的熵；

T——过程进行中的绝对温度。

该定律告诉我们；第一，任何系统的能量转换过程中，都伴随着热能的散失，即没有任何一种能量能够百分之百地自动转变成另一种能量；第二，任何生产过程中产生的优质能，均少于其输入能。优质能的产生是以大部分能量转化为低效的劣质能为代价的。由此可见，能量在生态系统中的流动是单向衰变的，不能返回的。

对生态系统来说，当能量以食物的形式在生物之间传递时，食物中相当一部分能量被降解为热而消散掉(使熵增加)，其余则用于合成新的组织作为潜能贮存下来。如动物在利用食物中的潜能时常把大部分转化成了热，只把一小部分转化为新的潜能。因此，能量在生物之间每传递一次，一大部分的能量就被降解为热而损失掉，这也就是为什么食物链的环节和营养级数一般不会多于5~6个，以及能量金字塔必定呈尖塔形的热力学解释。

开放系统(同外界有物质和能量交换的系统)与封闭系统的性质不同，它倾向于保持较高的自由能而使熵较小，只要不断有物质和能量输入和不断排出熵，开放系统便可维持一种稳定的平衡状态。生命、生态系统和生物圈都是维持在一种稳定状态的开放系统。低熵的维持是借助于不断地把高效能量降解为低效能量来实现的。在生态系统中，由复杂的生物量结构所规定的“有序”是靠不断“排掉无序”的总群落呼吸来维持的。热力学定律与生态学的关系是明显的，各种各样的生命表现都伴随着能量的传递和转化，像生长、自我复制和有机物质的合成这些生命的基本过程都离不开能量的传递和转化，否则就不会有生命和生态系统。总之，生态系统与其能源太阳的关系，生态系统内生产者与消费者之间、捕食者与猎物之间的关系都受热力学基本规律的制约和控制，正如这些规律控制着非生物系统一样。热力学定律决定着生态系统利用能量的限度。事实上，生态系统利用能量的效率很低，虽然对能量在生态系统中的传递效率说法不一，但最大的观测值是30%。一般说来，从供体和受体的一次能量传递只能有5%~20%的可利用能量被利用，这就使能量的传递次数受到限制，同时这种限制也必然反映在复杂生态系统的结构上(如食物链的环节数和营养级的级数等)。

9.3.2 能流分析及其模型

9.3.2.1 食物链层次上的能流分析

对生态系统中的能量流动进行研究可以在种群、食物链和生态系统三个层次上进行，所获资料可以互相补充，有助于了解生态系统的功能。

在食物链层次上进行能流分析是把每一个物种都作为能量从生产者到顶位消费者移动过程中的一个环节，当能量沿着一个食物链在几个物种间流动时，测定食物链每一个环节上的能量值，就可提供生态系统内一系列特定点上能流的详细和准确资料。1960年，F. B. Golley在密执安荒地对一个由植物、田鼠和鼬三个环节组成的食物链进行了能流分析(图9-3)。从图中可以看到，食物链每个环节的净生产量只有很少一部分被利用。例如，99.7%的植物没有被田鼠利用，其中包括未被取食的(99.6%)和取食后未消化的(0.1%)，而田鼠本身又有62.8%(包括从外地迁入的个体)没有被食肉动物鼬所利用，其中包括捕食后未消化的1.3%。能流过程中能量损失的另一个重要方面是生物的呼吸消耗(R)，植物的呼吸消耗比较少，只占总初级生产量的15%，但田鼠和鼬的呼吸消耗相当高，分别占总同化能量的97%和98%，也就是说，被同化能量的绝大部分都以热的形式消散掉了，而只有很小一部分被转化成净次级生产量。由于能量在沿着食物链从一种生物到另一种生物的流动过程中，未被利用的能量和通过呼吸以热的形式消散的能量损失极大，致使鼬的数量不可能很多，因此，鼬的潜在捕食者(如猫头鹰)即使能够存在的话，也要在该地区以外的大范围内捕食才能维持其种群的延续。

最后应当指出的是，Golley所研究的食物链中的能量损失，有相当一部分是被该食物链以外的其他生物取食了，据估计，仅昆虫就吃掉了该荒地植物生产量的24%。另外，在这样的生态系统中，能量的输入和输出是经常发生的，当动物种群密度太大时，一些个体就会离开荒地去寻找其他的食物，这也是一种能量损失。另一方面，能量输入也是经常发生的，据估算，每年从外地迁入该荒地的鼬为 5.7×10^4 J/(hm² · a)。

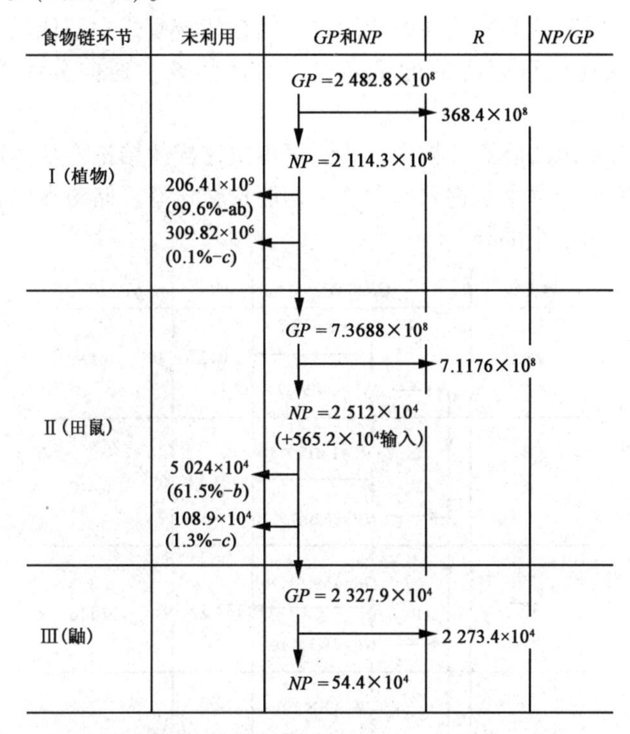

图9-3 食物链层次上的能流分析(引自 Golley，1960)

a. 为前一环节 *NP* 的百分数 b. 为未吃 c. 为吃后未同化[单位：J/(hm² · a)]

9.3.2.2 生态系统层次上的能流分析

在生态系统层次上分析能量流动，首先将每个物种都归属于一个特定的营养级里(依据该物种主要食性)，然后精确地测定每一个营养级能量的输入值和输出值，这种分析目前多见于水生生态系统，因为水生生态系统边界明确，便于计算能量和物质的输入量和输出量，整个系统封闭性较强，与周围环境的物质和能量交换量小，内环境比较稳定，生态因子变化幅度小。由于上述原因，水生生态系统(湖泊、河流、溪流、泉等)常被生态学家作为研究生态系统能流的对象。这里，我们举几个生态系统能流研究的实例。

(1)银泉的能流分析

1957年，H. T. Odum 对美国佛罗里达州的银泉(Silver Spring)进行了能流分析，图9-4是银泉的能流分析图，从图中可以看出：当能量从一个营养级流向另一个营养级，其数量急剧减少，原因是生物呼吸的能量消耗和相当数量的净初级生产量(57%)没有被消费者利用，而是通过分解者被分解了。由于能量在流动过程中的急剧减少，以致到第四个营养级的能量已经很少了，该营养级只有少数的鱼和龟，它们的数量已经不足以再维持第五个营养级的存在了。Odum 对银泉能流的研究要比 Lindeman 1942 年对 Cedar Bog 湖的研究要深入细致得多。他首先是依据植物的光合作用效率来确定植物吸收了多少太阳辐射能，并以此作为研究初级生产量的基础，而不像通常那样是依据总入射日光能；其次，他计算了来自各条支流和陆地的有机物质补给，并把它作为一种能量输入加以处理；更重要的是他把分解者呼吸代谢所消耗的能量也包括在能流模式中，他虽然没有分别计算每一个营养级通向分解者的能量多少，但他估算了通向分解者的总能量是 2.12×10^{7} J/(m^2·a)。

从银泉生态系统的能流分析中，我们可得出这样的结论：从生产者到草食动物的能量转化率低于草食动物到肉食动物的能量转化率。储藏在肉食动物中的能量只是入射光能的极小部分。

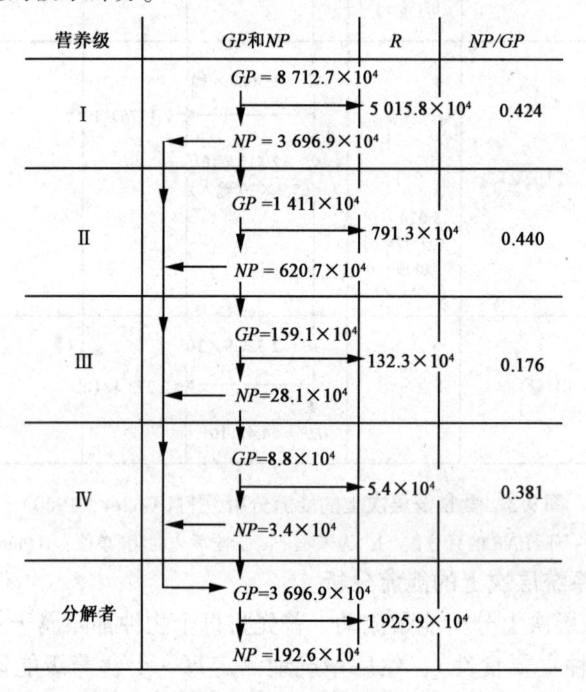

图 9-4 银泉的能流分析

(引自 H. T. Odum，1957)[单位为 J/(m^2·a)]

(2)Cedar Bog 湖的能流分析

R. L. Linderman(1942)对美国明尼苏达州的 Cedar Bog 湖泊生态系统中各类生物有机体的生物量、各类生物有机体之间的营养关系及与环境之间的能量关系进行了深入的研究。从图 9-5 中可以看出，这个湖的总初级生产量是 464 J/(cm^2·a)，能量的固定效率大约是 0.1%(464/497 228)。在生产者所固定的能量中有 21%[96 J/(cm^2·a)]是被生产者自己的呼吸代谢消耗掉了，被食草动物取食的只有 63 J/(cm^2·a)(约占净初级生产量的 17%)，被分解者分解的只有 13 J/(cm^2·a)(占净初级生产量的 3.4%)，其余没有被利用的净初级生产量竟多达 293 J/(cm^2·a)(占净初级生产量的 79.5%)，这些未被利用的生产量最终都沉到湖底形成了植物有机质沉积物。显然，Cedar Bog 湖中没有被动物利用的净初级生产量要比被利用的多。

图9-5的数据表明，在被动物利用的63J/(cm² · a)的能量中，大约有18.8J/(cm² · a)(占植食动物次级生产量的30%)用在食草动物自身的呼吸代谢(比植物呼吸代谢所消耗的能量百分比要高，植物为21%)，其余的43.9J/(cm² · a)(占70%)从理论上讲都是可以被食肉动物所利用，而实际上食肉动物只利用了12.6J/(cm² · a)(占可利用量的28.6%)。这个利用率虽然比净初级生产的利用率要高，可还是相当低的。在食肉动物的总次级生产量中，呼吸代谢活动大约要消耗60%[7.5J/(cm² · a)]，这种消耗比同一生态系统中的食草动物(30%)和植物(21%)的同类消耗要高得多，剩余的40%[5.0J/(cm² · a)]大都没有被更高营养级的食肉动物所利用，但每年被分解者分解掉的又微乎其微，所以大部分都作为动物有机残体沉积到了湖底。

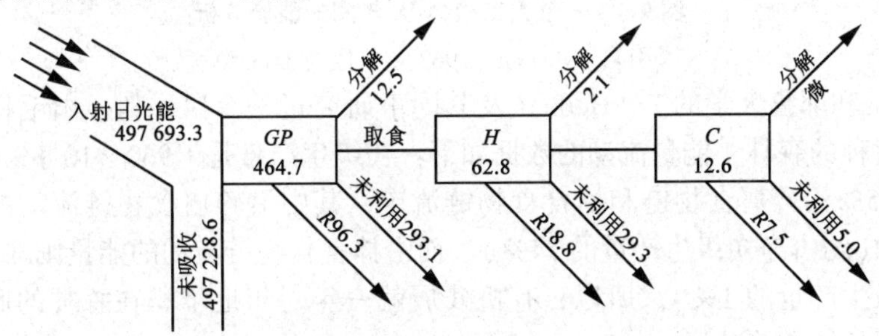

图9-5 Cedar Bog 湖能量流动的定量分析

(引自 Lindeman，1942)

GP 为总初级生产量；*H* 为植食动物；*C* 为肉食动物；*R* 为呼吸[单位为 J/(cm² · a)]

若把 Cedar Bog 湖和银泉的能流情况加以比较(前者是沼泽水湖，后者是清泉水)，它们能流的规模、速率和效率都很不相同。就生产者固定太阳能的效率来说，银泉至少要比 Cedar Bog 湖高10倍，但银泉在呼吸代谢上所消耗的能量所占总生产的百分数，大约是 Cedar Bog 湖的2.5倍。此外，在 Cedar Bog 湖，净生产量每年大约有1/3被分解者分解，其余部分则沉积到湖底，逐年累积形成了北方泥炭沼泽湖所特有的沉积物——泥炭。与此相反，在银泉中，大部分没有被利用的净生产量都被水流带到了下游地区，水底的沉积物很少。

(3)森林生态系统的能流分析

1962年，英国学者 J. D. Ovington 研究了一个人工松林(树种是苏格兰松)从栽培后的第17~35年这18年间的能流情况(图9-6)。这个森林所固定的能量有相当大的部分是沿着碎屑食物链流动的，表现为枯枝落叶和倒木被分解者所分解(占净初级生产量的38%)，还有一部分是经人类砍伐后以木材的形式移出了松林(占净初级生产量的24%)，而沿着捕食食物链流动的能量微乎其微。可见，动物在森林生态系统能流过程中所起的作用是很小的。木材占砍伐的净初级生产量的70%，占净初级生产量的30%的树根实际上没有被利用，而是又返还给了森林。

另外，在美国新罕布尔什州的 Hubbard Brook 森林实验站，康奈尔大学的

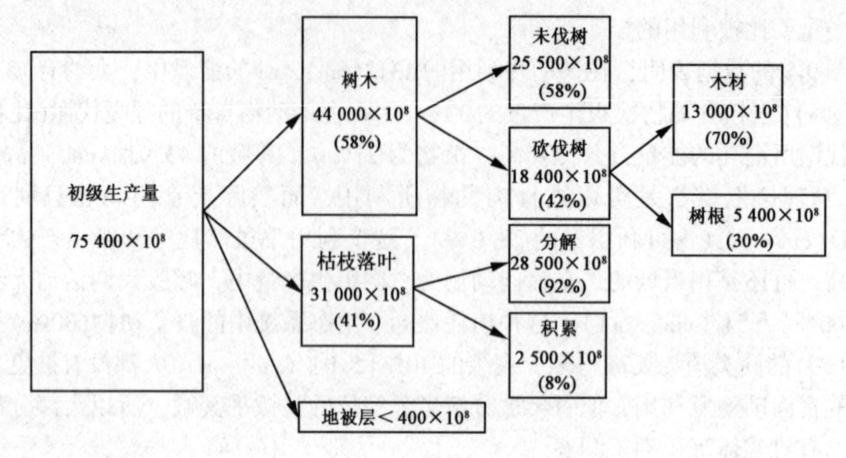

图 9-6 一个人工松林 18 年间的能流分析

(引自 Ovington, 1962)(单位为 J/hm^2)

G. Likens和耶鲁大学的 F. Herbert 及其同事研究过一个以槭树、山毛榉和桦树为主要树种的森林，能量流动的数据如下：初级生产量是 $1\ 960\times10^4 J/(m^2\cdot a)$，其中有75%沿碎屑食物链和捕食食物链流走，其中沿碎屑食物链流动的能量占绝大多数(约占净初级生产量的74%)，而沿捕食食物链流动的能量则非常少(约占净初级生产量的1%)。所以，有机残屑就一年一年地堆积在森林的底层，形成了很厚的枯枝落叶层。

(4)异养生态系统的能流分析

前面介绍的几个生态系统都是直接依靠太阳能的输入来维持其功能的，这类自然生态系统的特点是靠绿色植物固定太阳能，叫做自养生态系统。另一种类型的生态系统，它们不依靠或基本上不依靠太阳能的输入而主要依靠其他生态系统所生产的有机物输入来维持自身的生存，这类生态系统称作异养生态系统。根泉(Root Spring)是一个小的浅水泉，直径 2 m，水深 10~20cm，John Teal 曾研究过这个小生态系统的能量流动。经过计算发现：在平均 $1\ 280\times10^4 J/(m^2\cdot a)$ 的能量总输入中，靠光合作用固定的只有 $296\times10^4 J$，其余的 $983\times10^4 J$ 都是从陆地输入的植物残屑(即各种陆生植物残体)。在总计 $1\ 280\times10^4 J/(m^2\cdot a)$ 的能量输入中，以残屑为食的食草动物大约要取食 $962\times10^4 J/(m^2\cdot a)$(占能量总输入的75%)，其余的则沉积在根泉泉底。中国茂密的热带原始森林中的各种泉水也大都属于异养生态系统类型。

1968 年，Lawrebce Tilly 还研究过另外一个异养生态系统——锥泉(Cone Spring)。他发现：输入锥泉的植物残屑大都属于 3 种开花植物。在锥泉中只能找到取食植物残屑的植食动物，而并没有取食活植物的动物。锥泉中的能量总收入是 $3\ 980\times10^4 J/(m^2\cdot a)$，其中有 $997\times10^4 J/(m^2\cdot a)$(占 25%)被吃残屑的动物吃掉，另外有 $1\ 420\times10^4 J/(m^2\cdot a)$(占 36%)被分解者分解，余下的 $1\ 560\times10^4 J/(m^2\cdot a)$(占 39%)则输出到锥泉周围的沼泽中去，并在那里淤积起来。在锥泉生态系统中，以植物残屑为食的动物只不过是能流链条中的一个中间环节，它们本身又是食肉动物的食物，所以还供养着一个食肉动物种群。

9.3.2.3 生态系统能流模型

美国生态学家 E. P. Odum 曾于 1959 年提出一个生态系统能量流动的一般性模型(图 9-7)。从这个模型中我们可以看到外部能量的输入情况，以及能量在生态系统中的流动路线及其归宿。图 9-7 中的方框表示各个营养级和贮存库，并用粗细不等的能流通道把这些隔室按能流的路线连接起来。通道粗细代表能流量的多少，而箭头表示能流的方向。最外面的大方框表示生态系统的边界。自外向内有两个输入通道，即日光能输入和现成有机物质输入通道。这两个能量输入通道的粗细将依具体的生态系统而有所不同，如果日光能的输入量大于有机物质的输入量，则大体属于自养生态系统；反之，如果现成有机物质的输入构成该生态系统能量来源的主流，则被认为异养生态系统。大方框自内向外有 3 个能量输出通道，即在光合作用中没有被固定的日光能、生态系统中生物的呼吸，以及现成有机物质的流失。根据这个能流模型的一般图式，生态学家在研究生态系统时就可以根据建模的需要着手收集资料，最后建立一个适于这个生态系统的具体能流模型。但是生态系统模型的建立往往是很困难的，这是由于自然生态系统中可变因素较多。如幼龄林和老龄林的光合作用速率就不相同；幼年的、小型的动物比老年的、大型的动物新陈代谢要高得多。基于上述原因，至今被生态学家建立起的生态系统的能流模型，仍为数不多。

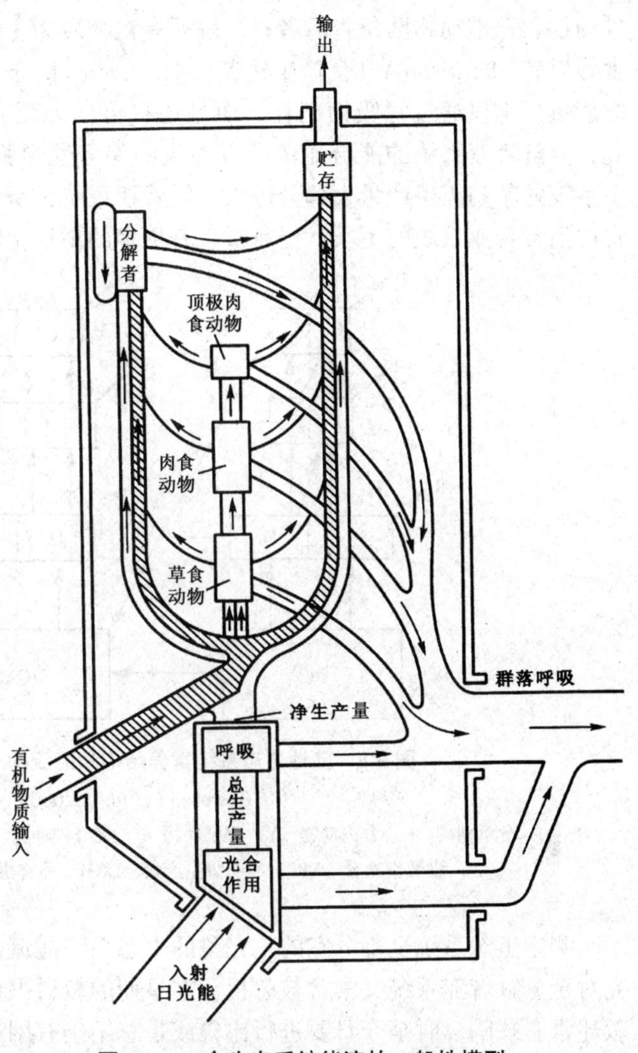

图 9-7 一个生态系统能流的一般性模型
(引自 E. P. Odum，1959)

Heal 和 MacLean(1975)在比较陆地生态系统次级生产力研究中提出一个更具代表的生态系统能流模型(图 9-8)作为例子。模型左右两半分别代表消费者和分解者两个亚系统，前者以消费活的生物体为主，属于捕食食物链，并被分为无脊椎动物和脊椎动物两条；后者以分解死有机物质为主，属于碎屑食物链，也分为食碎屑者(detritivore)和食微生物者(microbivore)两条。此外，进入分解者亚系统的能量，不仅通过呼吸而消耗，而且还有再成为死有机质而再循环的途径。因此，分解者亚系统的能流比消费者能流的保守性更强(更为节约)。加上许多生态系统的净初级生产量大部分进入分解者亚系统，所以分解者亚系统的食物链常常比消费者亚系统的更长、更复杂、有更多的现存生物量。

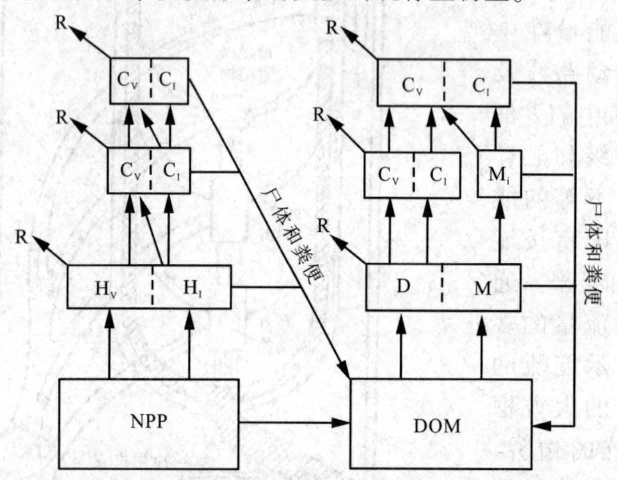

图9-8 陆地生态系统营养结构和能流的一般性模型

(仿 Townsend *et al.*, 2000)

H. 食草动物 C. 食肉动物 V. 脊椎动物 I. 无脊椎动物 D. 食碎屑者 M. 微生物 M_i. 食微生物者 NPP. 净初级生产量 DOM. 死有机物质 R. 呼吸作用

测定生态系统全部分室的、完整的生态系统能流研究并不多，而且已有的研究对于分解者亚系统又常常被忽视，在早期的教科书中对于生态系统能流特点的叙述常有缺陷。时至今日要进行比较或是总结仍有困难，但是提出一些最一般的特点还是有可能的。图9-9比较了4类生态系统的能流特点：①几乎每一类生态系统，由初级生产者所固定的能量，其主要流经的途径是分解者亚系统，这包括由于呼吸失热，也是分解者亚系统明显高于消费者亚系统；②只有以浮游生物为优势的水生群落食活食的消费者亚系统在能流过程中有重要作用，其同化效率也比较高；尽管这样，因异养性的细菌密度很高，它们依赖于浮游植物细胞分泌的溶解状态有机物，所以消费死有机物的比例也在50%以上；③对于河流和小池塘，由于大部分能量来源于从陆地生态系统输入的死有机物，因此通过消费者亚系统的能流量也是很少的；在这方面，深海底栖群落由于无光合作用，能量主要来源于上层水体的“碎屑雨”也有类似情形。

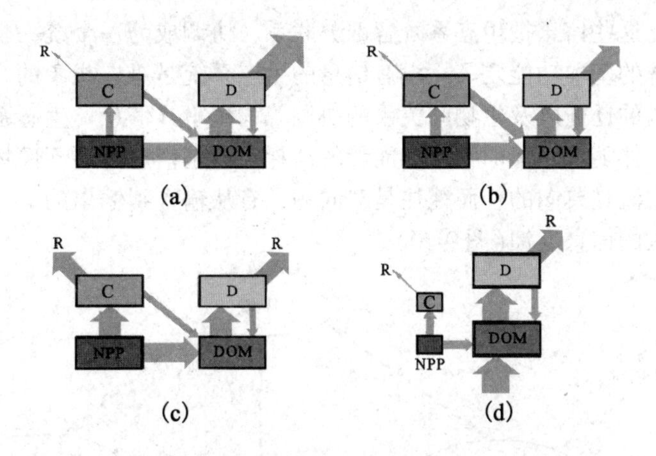

图 9-9 森林(a)、草地(b)、海洋和湖泊浮游生物群落(c)、河流和小池塘群落(d)的能流比较(仿 Townsend *et al.*, 2000)

NPP. 净初级生产量 DOM. 死有机质 C. 消费者亚系统 D. 分解者亚系统 R. 呼吸作用

9.4 信息流与信息传递

信息(information)一词源于通信工程科学，通常是指包含在情报、信号、消息、指令、数据、图像等传播形式中新的知识内容。在香农(Shannon)的信息论中，信息这个概念具有信源对信宿(信息接收者)的不确定性的含义，不确定程度越大，则信息一旦被接受后，信宿从中获得的信息量就越大。

通常，信息是指由信息源发出的各种信号被使用者接受和理解。在人类社会中，信息是以文字、图像、图形、语言、声音等形式表达出来。对信息我们有如下共识：信息是客观存在的；信息来源于物质，与能量有关，但信息既不是物质本身，也不是能量；信息是重要的资源，可以采(收)集、生成(加工)、压缩、更新和共享。

信息是当今世界物质客体间互相联系的形式，系统是普遍联系的事物存在形式，因此有系统必有信息，信息是系统的基础。在生态系统中，环境就是一种信息源。例如，在一个森林生态系统中，射入的阳光给植物光合作用带来了能量，同时也带进了信息——一年四季及昼夜日照变化。流入森林的河流滋润着土壤，并带来了外界的各种养分，同时，河水的涨落、水中养分的变化也都给森林带进了信息。这些信息主要从时间不均匀性上体现出来。另外，不同的土质、射入森林的阳光被枝叶遮挡后光强、光质的变化等，都是物质能量空间分布不均匀性的例子。

9.4.1 生态系统的信息特点

9.4.1.1 生态系统信息流的过程环节

生态系统除了能量流动、物质循环外，还存在着众多的信息联系。生态系统中的各种信息在生态系统的各成员之间和各成员内部的交换、流动，称为生态系统的信息流。这些信息把生态系统各部分联系、协调成为一个统一整体。信息传递是生态系统的基本功能之一，没有信息的生态系统是难以想象的。例如，鱼类的洄游、候鸟的迁徙以及生物间关系的协调等均离不开信息。生态系统的信息传递过程中同时伴随着一定的物质和能量的消耗。但是信息传递不像物质流是循环的，也不像能流是单向的，而往往是双向的，有从输入到输出的信息传递，也有从输出向输入的信息反馈(图9-10)。

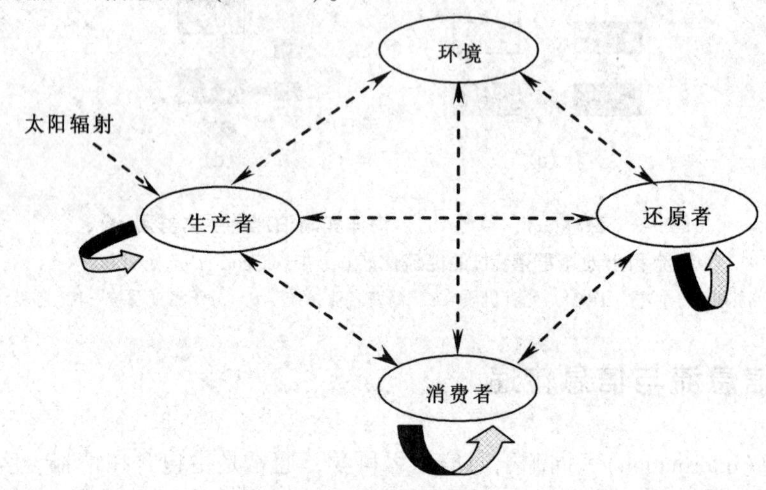

图9-10 生态系统信息流模型

生态系统中的信息流不仅是四个基本组成成分间及内部的流动，也不仅包括个体、种群、群落等不同水平的信息流动，而且生态系统所有层次、生物的各分类单元及其各部分都有特殊的信息联系。按照控制论的观点，正是由于这种信息流，才使生态系统产生了自动调节机制，赋予生态系统以新的特点。

生态系统信息流动是一个复杂过程：一方面信息流动过程总是包含着生产者、消费者和分解者亚系统，每个亚系统又包含着更多的系统；另一方面，信息在流动的过程中不断地发生着复杂的信息转换。归纳起来，信息流动可有以下一些基本的过程环节：

(1)信息的产生

系统中信息的产生过程是一种自然的过程。只要有事物存在，就会有运动，就具有运动的状态和方式的变化，这就产生了信息。

(2)信息的获取

信息的获取是指信息的感知和信息的识别。信息的感知是指对事物运动状态及变化方式的知觉力。当然，仅有知觉还是不够的，还要有识别能力，对信息加以分辨，它必须同时考虑到事物运动状态的形式、含义和效用三个方面因素。这就是信息科学中的“全信息”。仅计其中的形式因素的信息部分称为“语法信息”，把其中含义因素的信息部分称为“语义信息”，而把其中效用因素的信息部分称为“语用信息”。换句话说，到主体利用信息的层次就把语法信息、语义信息和语用信息都包含在内了。

(3)信息的传递

包括信息的发送处理、传输处理和接收处理等过程环节。发送信息不仅包括信息在空间中的传递，也包括信息在时间上的传递。前者称为通信，后者称为存储。通讯就是要使接收者获得与发送端尽可能相同的消息内容和特征。

(4)信息的处理

信息处理系统是指为了不同目的而实施的对信息进行的加工和变换。针对不同的目的和背景而进行，如提高抗干扰性而进行纠错编码处理；为了提高效率而进行的信息压缩和信息加密处理等。一般分为浅层信息处理和深层的信息处理。前者基本上是对信息的形式化所做的处理，如匹配、压缩、纠错和加密等；而后者不仅仅利用语法信息的因素，而且要考虑全信息的因素，特别要与优化、决策等联系的信息因素等。信息处理的层次越深，越是要充分利用全信息的因素。

(5)信息的再生

再生是利用已有的信息产生信息的过程，它在整个信息过程中起着十分重要的作用。信息再生表明它是一个由客观信息转变为主观信息的过程，是主体思考升华转变的过程。决策是根据具体的环境和任务决定行动的策略，它是一个典型的信息再生过程。

(6)信息的施效

使信息发挥作用是研究整个信息过程的目的。人们通过获取信息、传递信息、处理信息、再生信息、利用信息等，让信息发挥效益。其中包括控制、优化的增广智能，最终把信息和规律运用于实践中，造福人类。

9.4.1.2 信息传递的模型

信息的流动过程千差万别，其实质都是通讯。通讯就是要使接受者获得与发送端尽可能相同的消息内容和特征。所以，生态系统任何信息流的基本过程或单元可概括为图 9-11 所示内容。

图 9-11 模型可以分为信源、发送器官、信道、接受器官和信宿 5 个主要部分。

①信源　称为信息源，它产生要传输的信号，通常是某一生物主体或环境要素，同时它也可以是另一信息的信宿。

②发送器官　它把要传递的信息变换成适合于信道上传输的信号。一般会由编码器按照信道类型进行编码。对生物主体来说，常是生物的一些器官，如：声带、发光体、翅、口、鼻、腿、腹膜、腺体等。

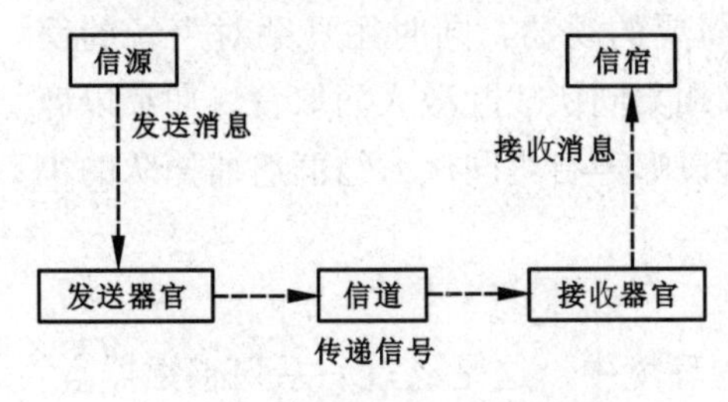

图 9-11　信息传递的基本模型

（蔡晓明，尚玉昌，1995）

③信道　这是连接发送端与接收端的信息媒介。传递的信号通过此媒介从一个有机体到另一个有机体，从这一种群到另一种群，从一个群落进入另一个群落。空气、水域、导线和光纤维等都是一些典型的信道。一个信息的传递有时仅通过一种

信道，而有时要经过多种信道。

④接收器官 执行与发送器官(或机械)相反的功能，把通过信道后的信号接收，或再加以变换成能被接收者所理解的消息或信号。如眼、耳、鼻、毛发、皮肤、触角等感觉器官。

⑤信宿(收信者) 信宿即为收到信息者，是信息传递的目的地。信宿又可能是另一信息的信息源。生态系统中各组成要素分别在不同的信息流中担任信源和信宿的角色，将形形色色的信息流汇集成一个复杂的信息传递网络。

信息传递的目的就是要使接收端获得一个与发送端相同的复现消息，包括全部内容和特征。然而，在实际中不可避免地会产生噪声的干扰。所以，接收信息和发送信息之间总会有差别，信息传递的过程中会失真，如无线电接收中的静电干扰，雨雪对电视信号的干扰，发射机的热干扰等。在环境中所有远近不同、方向不同、自身或周围反射的干扰等，统称为环境噪声。噪声是生态系统中所有信息传递的限制性因素。

信息的传输不仅要求信源和信宿间要有信道沟通，还要求源和宿之间存在信息量的差值，因为信息只能从高信息态传向低信息态，我们可称这个差值为“信息势差”，信息势差越大，信道中的信息流也越大。

9.4.2 信息传递实例

9.4.2.1 取食

动物的取食是一个复杂的信息流过程。首先，食草动物通过眼睛感觉辨别环境中不同植物的颜色特征或通过味道辨别；然后眼、鼻很快将信息传给神经系统，经综合思维决定预先取食；在取食过程中，通过口腔的感触辨别食物的味道及营养，然后取食所需要的食物，排除不需要的部分。整个过程涉及光信息、化学信息、营养信息、接触信息等多种信息(图9-12)。

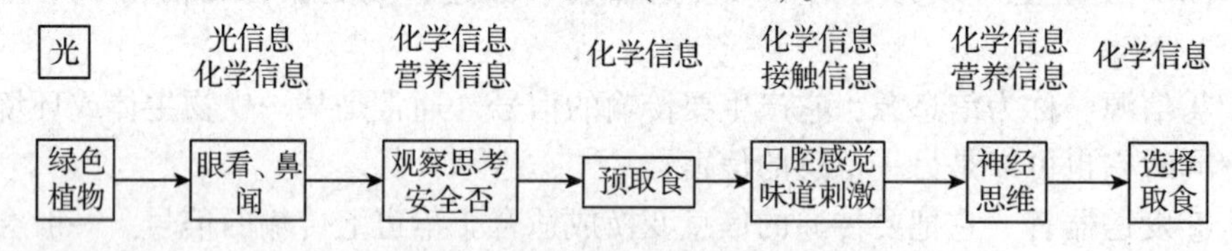

图9-12 食草动物取食的信息流过程

食肉动物不但用眼睛辨别、追捕其所需要的动物，同时用耳朵对声音的反应，追捕或威胁它的敌人，从而获取食物或纠集同伙战胜敌人而取食。如狼以鹿为食，单独一只狼不能战胜鹿群取食，它就以嗥声召集同伙，结群追捕掉队的小鹿，从而以众敌寡，获得食物。

9.4.2.2 居住

生物总是栖息在最有利于生活、生存的环境中。这是经过一系列感觉器官，对环境的光、温、水、气等信息反映到神经系统，经过综合分析而决定的。如果环境中某一物理因素不适于生物的生活，这种信息就会传到生物体从而做出一定的行为反应，改变居住地。如雁的迁移特性，春天北飞，秋后南飞，就是对温度、湿度的行为反应。食物信息发生变化也会引起生物对居住环境的改变。莫尔(Morel，1986)和布朗(Blondel，1969)从生态角度，研究秋季由欧洲寒温带迁往地中海或热带非洲的鸟，发现这些鸟都是由于秋天原栖息地食物来源枯竭而迁徙的。这种信号传到鸟体内引起鸟类的行为反应，而向食物充足地区迁移，反映了生物群落的季节变化。

9.4.2.3 防卫

各种生物的体形和体色都有尽量与其生存环境相一致的特性。这一特性是防卫“敌人”的一种自然保护色。生物寻找与其体色相同的环境居住下来，以迷惑敌人免遭杀害，这是一种行为信息在生物保护中的作用。蝗虫、蚱蜢当秋冬杂草枯黄的物理信息传到虫体，反映到大脑，大脑指示体躯的皮肤改变颜色使之与草色相一致，从而保护其免遭敌害。有的动物以其特别姿态变化来吓唬敌人得到保护。如豪猪遭遇敌人时，将其体刺竖直，形成可怕的姿态，从而赶跑敌人；家猫见到狗，则“猫装虎威”以克敌；海岸生物——乌贼遇到敌人时，喷出黑液赶跑敌人；蚜虫在遭天敌昆虫捕食时，当敌人接触蚜虫体表时，蚜虫腹部后方的一对角状管立即分泌一种萜烯类挥发性物质，通知它的伙伴迅速逃脱；瓢虫被鸟类啄食时，分泌出存在体内的强心苷，使鸟感到难以下咽而吐出，这也是一种行为信息。

9.4.2.4 性行为

生物在其繁衍后代过程中都有特殊的性行为。某些生物能分泌与性行为有关的物质散发到环境中诱引异性。这种化学信息只有同类生物才能感触到，尤其是同类生物的异性特别敏感。鳞翅目昆虫中，雄蛾在腹部或翅上的毛刷状器官有性分泌腺可分泌性外激素以引诱异性，达到交配的目的。有的生物是雌性分泌性外激素引诱雄性；有的则是雄性分泌性外激素引诱雌性。还有的生物，两性都能分泌性外激素。一般来说，雌性分泌的性外激素引诱力较强，引诱的距离较远；雄性分泌的性外激素引诱力较弱，引诱的距离较近。引诱的距离，按莱特(Wright)计算大致在1km之内。释放性外激素都有一个生理过程，以天蚕蛾为例，环境信号树叶的气味和光照对脑产生刺激，然后脑刺激心侧的分泌细胞，释放出激素，激素作用于腹部神经系统，使腹部肌肉收缩，腺体突出并释放性外激素。有的生物用声音或反射光来寻找配偶。如蝗虫发情时以其腿肌发出声音来引诱异性，雌性白粉蝶的翅腹面对紫光有较强的反射力，使雄性蝶能找到它。鹿的性行为就更特殊了，一头雌鹿有几头雄鹿追求，这时雄鹿发生角斗，让雌鹿挑选优胜者作为配偶，这种选择从进化上说是有利的。

9.4.2.5 群聚

除食物、环境等因素外，信息也会引起生物的群集。如夏天晚上昆虫向灯光群集，这是光信息引起的。

复习思考题

1. 在生态系统发育的各阶段中，生物量、总初级生产量、呼吸量和净初级生产量是如何变化的？

2. 地球上各种生态系统的总初级生产量占总入射日光能的比率都不高，那么初级生产量的限制因素有哪些？试比较水域和陆地两大类生态系统。

3. 测定初级生产量的方法有哪些？

4. 概括生态系统次级生产过程的一般模式。

5. 分解过程的特点和速率取决于哪些因素？

6. 自养生态系统和异养生态系统的区别有哪些？

7. 说明生态系统信息流不同于能流、物流的特点。

本章推荐阅读书目

1. 基础生态学. 孙儒泳，李庆芬等编著. 高等教育出版社，2002.

2. 全球生态学：气候变化与生态响应. 方精云主编. 高等教育出版社，施普林格出版社，2000.

3. 生态系统生态学. 蔡晓明. 科学出版社，2000.

4. 生态学概论. 曹凑贵主编. 高等教育出版社，2002.

5. 生态学. Aulay Mackenzie *et al*.. 孙儒泳等译. 科学出版社，2000.

第10章　森林生态系统类型及其分布

【本章提要】本章主要介绍了森林生态系统的分布规律(纬度地带性、经度地带性和垂直地带性)，陆地主要森林生态系统类型、分布及特点，滨海红树林生态系统分布及群落特征，最后介绍了森林植物群落分类及数量分类方法。

地球上的生态系统多种多样。因受地理位置、气候、地形、土壤等因素的影响，可分为水生生态系统和陆地生态系统两大类。而森林生态系统是陆地生态系统的主体，其分布遵循一定规律。世界上不同类型的森林生态系统，都是在一定气候、土壤条件下形成的。依据不同气候特征和相应的森林群落，可划分为热带雨林生态系统、常绿阔叶林生态系统、落叶阔叶林生态系统和北方针叶林生态系统、红树林生态系统等主要类型。其中红树林生态系统作为滨海木本植物群落，兼具陆地生态和海洋生态特性，成为最复杂而多样的生态系统之一。

10.1　森林生态系统的分布规律

地球上不同类型的森林生态系统，是在不同的地理环境下不同的生态因素组合的结果，并为森林群落提供多样的生活条件。因此，任何类型的森林生态系统都是与它们所存在的环境条件有着密切联系，其中气候、土壤等因素的影响是导致森林生态系统具有各式各样的类型及其分布特点的最重要的原因。因此不难理解，作为各种环境要素综合作用产物的森林生态系统，它的分布也必然呈现一定的规律性。也就是说，一方面，在一定的环境条件下，有一定的森林生态系统类型分布，另一方面，各种不同的森林生态系统类型，又都有与它相适应的地理空间位置。

森林植被分布主要取决于气候和土壤，它应是气候和土壤的综合反映，所以，地球上气候带、土壤带和森林植被带是相互平行和彼此对应的。在一定的条件下，有与之相适应的土壤分布，而不同的土壤类型，其理化性质不同，适生的植被、树种也不同。充分认识森林生态系统分布的规律性，对于林业生产有很重要的意义。

10.1.1 地带性森林生态系统的概念

森林植被的地理分布，既有与生物、气候条件相适应，表现为广域的(地带性)水平分布规律和垂直分布规律，也有与地方性(地域性)的母质、地形、土壤类型相适应，表现为地域性的分布规律。由生物气候条件决定而发育的土壤上生长着不同的森林植物类型，这种木本植物类型所构成的不同生态系统是广域(广大空间)分布的森林生态系统，称为地带性森林生态系统。

由于生物、气候和土壤等因素具有三维空间的立体变化，作为多个因素综合作用的产物——森林生态系统，必然有三维空间的分布状态，其地带性森林生态系统分布的函数表达式为：

$$s = f(w \times j \times g) \tag{10-1}$$

式中 w——纬度地带性；

j——经度地带性；

g——垂直地带性。

不难理解，以上讨论的三种地带性规律，只是一种相对划分(其他项视为常数或接近常数)，以此说明森林生态系统的广域分布规律。

10.1.2 森林生态系统的地带性分布规律

在森林生态系统中，决定森林植被呈带状分布的是气候条件，主要是热量和水分，以及二者的配合状况。地球上的气候条件按纬度、经度与海拔高度三个方向改变，森林植被也沿着这三个方向交替分布，前二者构成森林生态系统分布的水平地带性和经度地带性，后者构成垂直地带性。

(1)森林生态系统分布的纬度地带性

太阳辐射是地球表面热量的主要来源。在地球表面上，太阳辐射随着地理纬度的高低而有所不同，提供给地球的热量呈从南到北的规律性差异。低纬度地区的地面全年接收太阳总的辐射量最大，季节分配较均匀，因而终年高温；随着纬度的增高，地面接收热量逐渐减少，季节差异也增大，到了北极这样的高纬度地区，地面受热最少，终年寒冷。这样，从南到北就形成了各种热量带和不同的气候带，如热带、亚热带、温带、寒带等。与此相应，植被也形成带状分布，在北半球从低纬度到高纬度依次出现热带雨林、亚热带常绿阔叶林、温带落叶阔叶林、北方针叶林、寒带冻原和极地荒漠。因此，沿纬度方向有规律地更替的森林植被分布，称为森林生态系统分布的纬度地带性。

我国的森林生态系统分布规律基本符合纬度地带性，东部季风森林区域从热带至温带森林呈有规律更替：热带森林生态系统(热带雨林、红树林)、亚热带森林生态系统(常绿阔叶林、常绿落叶阔叶混交林、暖性针叶林、暖温带森林生态系统(落叶阔叶混交林、暖温带针叶林)、温带森林生态系统(以红松为主的针阔混交林)、寒温带森林生态系统(兴安落叶松林、樟子松林)。

(2)森林生态系统分布的经度地带性

由于海陆分布、大气环流和大地形等综合作用的结果，从沿海到内陆降水量逐渐减少，因此，在同一个热量带内，沿海地区空气湿润，降水量大，分布着森林植被；距离海洋较远的地区，大气降水量减少，干旱季节长，分布着草原植被；到了大陆中心，大气降水量最少，地面蒸发量大于降水量，气候极为干旱，则分布着干旱荒漠植被。这种以水分条件为主导因素，引起植被分布由沿海到内陆发生由东到西(按经度方向)成带状依次更替，即为森林植被分布的经度地带性。

我国位于欧亚大陆的东部，东临太平洋，西连内陆。我国从东南沿海到西北内陆受海洋季风和湿气流的影响程度逐渐减弱，依次有湿润、半湿润、半干旱、干旱和极端干旱的气候。相应的植被变化也由东南沿海到西北内陆依次出现了三大植被区域，即东部湿润森林区、中部半干旱草原区、西部内陆干旱荒漠区。

(3)森林生态系统分布的垂直地带性

山地随着海拔的升高，环境梯度发生有规律的变化，表现在年平均气温逐渐降低，生长季节逐渐缩短，通常海拔高度每升高100m，气温下降0.5~0.6℃，降水量在一定范围内，也随海拔高度的增加而增加(但到一定海拔高度不再增加)，风速增大，太阳辐射增强，这样引起山地森林生态系统垂直带的出现。山地的森林生态系统随着海拔高度的变化而呈有规律地更替，称为山地森林生态系统垂直带谱。我国西部干旱山地森林区域包括阴山、贺兰山、阿尔泰山、准噶尔西部山地、天山和祁连山森林生态系统，以及青藏高原森林生态系统，基本上符合森林分布的垂直地带性规律。

不同纬度地带的山地，其垂直带谱是不同的，但垂直带谱的基带是与该山体所在纬度的水平地带性相一致的。山地森林生态系统的垂直带谱与纬度带谱虽然有类似的特征，但由于地形(山地)条件、季节变化、降水量、温度和出现的植被条件等的差异较大，森林群落的发生、演替、群落外貌及特征有较大差异。一般来说，山地森林生态系统是与之对应的纬度地带性森林生态系统的一种特殊变态，所以，在命名时，都在前面冠之以“山地”“高山”二字。例如，在纬度地带性分布的季雨林、常绿阔叶林、落叶阔叶林、针阔叶混交林、北方针叶林以及森林冻原，其在垂直地带性分布则依次为山地季雨林、山地常绿阔叶林、山地落叶阔叶林、山地针阔叶混交林、山地针叶林、高山矮曲林。

森林生态系统纬度带与垂直带分布的区别是：①引起纬度带形成的环境因素和引起垂直带形成的环境因素，在性质和数量上，以及配合状况上都是不同的；②垂直带分布的宽度远较水平带分布窄，纬度带是以几百千米计，垂直带的宽度是以几百米计；③纬度带分布是连续成片，具有相对不间断性，垂直带分布经常为河谷、岩屑堆、岩石露头所间断，具有较大的间断性。

森林植被与土壤一样，还具有地域性分布规律。森林生态系统的地域性是指在同一森林生态系统地带范围内的一个地区，由于地形地貌、水文条件、土壤等引起的不同森林植被组合与复域的变化。需要指出的是，在任一森林植被带内，可能有两类或更多类的森林生态系统同时存在，但其中只有一个优势森林生态系统，也就是在相应的气候条件下形成的森林生态系统——地带性森林生态系统，森林生态系统类型也是据此而命名的；其他分布的森林生态系统类型，或者是该地带性森林生态系统的次级分类单元的森林生态系统，或者是隐域植被，或者是非地带性森林生态系统类型。

10.2 主要森林生态系统的类型及其分布

10.2.1 热带雨林

热带雨林生态系统，Walter(1979)称之为具有热带常绿雨林赤道周日气候的地带生物群落。热带雨林(tropical rain forest)是常绿的、具湿生特性，至少有30m高，但通常会更高些，富于粗茎藤本。木本和草本的附生植物均多(Schimper，1901，1935)，或通常主要是由较少或无芽体保护的常绿树组成，无寒冷亦无干旱干扰，真正常绿，个别植物仅短期无叶，但非同时无叶，大多数种类的叶子具滴水尖，也可称为热带适雨林(tropical ombrophilous forest)(Ellenberg & Mueller-Dombois，1969)。

10.2.1.1 分布

典型的热带雨林，主要限于赤道气候带，其范围大致是在赤道两侧10°范围内，但是，热带多雨气候并不能围着赤道形成一个连续的带，而在某些部位被截断了，因而，热带雨林也就不能围着赤道形成一个连续分布带，但在某些地区则又超出了赤道多雨气候带的范围。在几内亚、印度、东南亚等具有潮湿季风的区域，只在夏天显示出一个发展特别好的雨量高峰，并有一个短暂的干燥期或甚至是干旱期，但植被依然由雨林组成，虽然落叶和开花明显地与这个特殊季节有关。这类热带雨林可称为季节性雨林(seasonal rain forest)。同时，东南信风是潮湿的，它使巴西东部、马达加斯加东部、澳大利亚东北部，从赤道到20°S，甚至超出这个范围，形成雨林气候并分布着热带雨林。热带雨林分布在赤道及其两侧的湿润区域，是目前地球上面积最大、对维持人类生存环境起作用最大的森林生态系统。据美国生态学家H. Lieth(1972)估算，热带雨林面积近$1\ 700 \times 10^4 km^2$，约占地球上现存森林面积的一半。它主要分布在3个区域：一是南美洲的亚马孙盆地，二是非洲的刚果盆地，三是东南亚一些岛屿，往北可伸入我国西双版纳与海南岛南部。P. W. Richards(1952)将世界上的热带雨林分成三大群系类型，即印度马来雨林群系、非洲雨林群系和美洲雨林群系。

10.2.1.2 气候

热带雨林主要分布局限于赤道多雨气候带，终年高温多雨，赤道带的气候波动是周、日性质的。年平均气温为25~30℃，年温差小，平均为1~6℃，月平均温度多高于20℃，日温差和日湿差比月温差和月湿差大得多；年降水量高，平均为2 000~4 000mm，全年均匀分布，无明显旱季。

10.2.1.3 土壤

热带雨林的典型土壤带是赤道棕色黏土(铁铝土热带红壤)，土壤营养成分贫瘠，腐殖质含量往往很低，并只局限于上层，缺乏盐基也缺乏植物养料，土壤呈酸性，pH4.5~5.5。森林所需要的全部营养成分几乎贮备在地上植物中，每年都有一部分植物死去，并很快矿质化，所释放的营养元素直接被根系再次吸收，形成一个几乎封闭的循环系统。

10.2.1.4 热带雨林特征

(1)种类组成极为丰富

热带雨林最重要的一个特征就是具有异常丰富的植物种类，区系植物的多种多样性，以及它在显花植物种类上的繁多。植物种类繁多的原因主要是因为具有适于植物种迅速发展的条件，特别是四季都适合于植物生长和繁殖的气候。据统计，组成热带雨林的高等植物在45 000种以上，而且绝大部分是木本的。如马来半岛一地就有乔木9 000种。除乔木外，热带雨林中还富有藤本植物和附生植物。

(2)群落结构复杂

热带雨林中，每个种均占据自己的生态位，植物对群落环境的适应，达到极其完善的程度，每一个种的存在，几乎都以其他种的存在为前提。乔木一般可分为3层：第一层高30~40m以上，树冠宽广，有时呈伞形，往往不连接；第二层为20~30m，树冠长与宽相等；第三层10~20m，树冠锥形而尖，生长极其茂密。再往下为幼树及灌木层，最后为稀疏的草本层，地面裸露或有薄层落叶。此外，藤本植物及附生植物发达，成为热带雨林的重要特色。还有一类植物开始附生在乔木上，以后生出的气根下垂入土，并能独立生活，常杀死借以支持的乔木，所以被称为“绞杀植物”，这也是热带雨林中所特有的现象。

(3)与植物根共生的真菌发挥了作用

这些真菌与根共生成真菌菌根，能够消化有机物质并且从土壤中吸收营养元素输送到根系中。热带雨林生态系统中菌根在物质循环中发挥了积极作用，这一状况表明雨林生态系统中是依靠了菌根中真菌直接把营养物质送入植物体内的直接循环，而不是靠矿质土壤。

(4)乔木的特殊构造

雨林中的乔木，往往具有下述特殊构造：①板状根：第一层乔木最发达，第二层次之。每一树干具1~10条，一般3~5条，高度可达9m。②裸芽。③乔木的叶子在大小、形状上非常一致，全缘，革质，中等大小，幼叶多下垂，具红、紫、白、青等各种颜色。④茎花：由短枝上的腋芽或叶腋的潜伏芽形成，且多一年四季开花。老茎生花也是雨林中特有的现象。⑤多昆虫或鸟类传粉。

(5)无明显季相交替

组成雨林的每一个植物种都终年进行生长活动，有其生命活动节律。乔木叶子平均寿命13~14个月，零星凋落，零星添新叶。多四季开花，但每个种都有一个较明显的盛花期。

(6)高位芽植物数量占绝对优势

在热带雨林中，高位芽植物在数量上显然是占有绝对优势(表10-1)，而在温带森林和草原中占有优势的地面芽植物则几乎不存在，一年生植物除偶见于开垦地和路旁外也是几乎不存在的，附生植物却有较高的比例。热带雨林的生活型谱的特点，显然是密切地反映了非季节性的持续而有利的气候。而由于常绿树冠层所造成的终年荫蔽，加上根系的激烈竞争，可能反映出地面植物的贫乏，但经常湿润的大气和高温，可能促进主要是草质的附生植物的发展。

表10-1 热带雨林生活型谱

地 点	高位芽	地上芽	地面芽	地下芽	1年生
圭亚那雨林	88(22)	12	0	0	0
巴西莫康巴雨林	95	1	3	1	0
刚果 Zaire 雨林	90~100	2~4	0	4~10	0
中国海南雨林	96.88(11.1)	0.77	0.42	0.98	0
中国西双版纳雨林	94.7	5.3	0	0	0

(7)热带雨林生态系统中能流与物质流的速率都很高，但呼吸消耗量也很大

据日本学者Kira等(1967)对泰国热带雨林的研究，地上生物量可达300 t/hm^2，年总初级生产力为124.4t/hm^2，净初级生产力为29.8$t/(hm^2 \cdot a)$。据H. Lieth(1972)资料，热带雨林净初级生产力的平均值为20$t/(hm^2 \cdot a)$，太阳能固定量为$3\,430 \times 10^4 J/(m^2 \cdot a)$，光能利用率约1.5%，为农田平均光能利用率的2倍。可见，热带雨林是陆地生态系统中生产力最高的类型。

10.2.1.5 热带雨林中的动物

热带林群落结构复杂，形成多样的小气候、小生境，这为动物提供了有利的栖息地和活动场所。动物的成层性也最为明显，Harrison(1962)认为在热带雨林中存在着6个不同性质的动物层次。它们是：① 树冠层以上空间，由蝙蝠和鸟类为主组成的食虫和食肉动物群；②1~3层林冠中，各种鸟类、食果蝙蝠类、以植物为食的哺乳类以及食虫动物和杂食动物；③林冠下，以树干组成的中间带，主要是飞行动物鸟类及食虫蝙蝠；④树干上，以树干附生植物为食的昆虫和以其他动物为食的攀缘动物；⑤大型的地面哺乳动物；⑥小型的地面动物。

10.2.1.6 资源利用

热带雨林中生物资源极为丰富，如三叶橡胶是世界上最重要的橡胶植物，可可、金鸡纳等是非常珍贵的经济植物，还有众多物种的经济价值有待开发。开垦后可种植巴西橡胶、油棕、咖啡、剑麻等热带作物。但应注意的是，在高温多雨条件下有机物质分解快，物质循环强烈，而且生物种群大多是*K*-对策，这样一旦植被被破坏后，很容易引起水土流失，导致环境退化，而且在短时间内不易恢复。因此，热带雨林的保护是当前全世界关心的重大问题，它对全球的生态效率都有重大影响。例如，对大气中O_2和CO_2平衡的维持具有重大意义。

10.2.2 常绿阔叶林

常绿阔叶林(evergreen broad-leaved forest)是指立木以常绿双子叶阔叶树为主，以壳斗科、樟科、山茶科、木兰科等常绿乔木为典型代表组成的森林。由于分布在亚热带湿润气候条件下，所以也称为亚热带常绿阔叶林(subtropical evergreen broad-leaved forest)，也有人称之为常绿樟栲林或常绿栎类林。

10.2.2.1 分布

常绿阔叶林是亚热带的地带性森林类型，全球常绿阔叶林分布于地球表面热带以北或以南的中纬度地区，在北半球，其分布位置大致在22°~40°N。在欧亚大陆，主要分布于中国的长江流域和珠江流域一带，日本及朝鲜半岛的南部。在美洲，主要分布在美国东南部的佛罗里达、墨西哥，以及南美洲的智利、阿根廷、玻利维亚。非洲分布在东南沿海及西岸大西洋中的加那利和马德拉群岛。此外，还有大洋洲澳大利亚大陆东岸的昆士兰、新南威尔士、维多利亚直到塔斯马尼亚，以及新西兰。中国的常绿阔叶林主要分布在23°~34°N，且发育最为典型。西至青藏高原，东到东南沿海、台湾岛及所属的沿海诸岛，南到北回归线附近，北至秦岭—淮河一线。南北纬度相差11°~12°，东西跨经度约28°，总面积约$250\times10^4km^2$。主要包括浙江、福建、江西、湖南、贵州等省的全境及江苏、安徽、湖北、重庆、四川等省的大部，河南、陕西、甘肃等省的南部和云南、广西、广东、台湾等省(自治区)的北部及西藏的东部，共涉及17个省(自治区、直辖市)。

10.2.2.2 气候

典型的常绿阔叶林分布地区具有明显的亚热带季风气候，东临太平洋，西接印度洋，所以夏季受太平洋东南季风的控制和印度洋西南季风的影响而炎热多雨。冬季受蒙古高压的控制和西伯利亚寒流的影响，较干燥寒冷，分布区内一年四季气候分明。一年中≥10℃的积温在4 500~7 500℃之间，无霜期210~330d，年平均气温14~22℃，最冷月平均气温1~12℃，最热月平均气温26~29℃，极端最低气温在0℃以下，冬季虽有霜雪，但无严寒。年降水量1 000~1 500mm，但分配不均匀，主要分布在4~9月，占全年雨量的50%左右，冬季降水少，但无明显旱季。由于受夏季的海洋季风影响，雨量充沛，且水热同期，十分适合于常绿阔叶林的发育。

10.2.2.3 土壤

常绿阔叶林下的土壤类型，在低山、丘陵区林下主要是红壤和黄壤，在中山区为山地黄棕壤或山地棕壤，一般由酸性母质发育而成的。形成于亚热带气候条件下，原生植被为亚热带常绿阔叶林的红壤，土壤剖面具有暗或弱腐殖质表层，土壤呈酸性，pH4.5~5.5，B层盐基饱和度<35%，林下土壤有机质可达50~60g/kg。形成于湿润亚热带气候条件下，原生植被为亚热带常绿阔叶林、热带山地湿性常绿阔叶林的黄壤，热量条件较同纬度地带的红壤略低，雾、露多，湿度大，土壤剖面具有暗或弱腐殖质表层，土壤呈酸性，pH4.5~5.5，通常表土比心

土、底土低，林下土壤有机质可达50~110 g/kg。青藏高原边缘林区常绿阔叶林下发育的土壤为山地黄壤，全剖面呈灰棕—黄棕色，湿度较大，团粒结构明显，土壤呈酸性，pH4.5~5.5，富铝化作用较红壤弱，黄壤的氧化铁以水化氧化铁占优势。在同一纬度带，随着海拔高度增加，土壤呈现垂直分布变化，由气候、土壤和其他环境条件组合形成的森林植被也有规律地分布更替，但其地带性植被仍然分布着常绿阔叶林。

10.2.2.4 常绿阔叶林的特点

(1)终年常绿，全年生长

常绿阔叶林内的树木全年均呈生长状态，特别是夏季更为旺盛，林冠终年常绿、暗绿色，林相整齐，树冠浑圆，林冠呈微波状起伏。整个群落的色彩比较一致，只有当上层树种的季节性换叶或开花、结实时，才出现浅绿、褐黄与暗绿相间的外貌。

(2)种类组成丰富，建群种明显

常绿阔叶林的种类组成相当丰富，呈多树种混生，且常有明显的建群种或共建种。由于地理和历史原因，我国亚热带地区的特有属最多，在全国198个特有属中，本区就达148属之多，许多种为我国著名的孑遗植物，如银杏(*Ginkgo biloba*)、水杉(*Metasequoia glyptostroboides*)、银杉(*Cathaya argyrophylla*)、鹅掌楸(*Liriodendron chinense*)、珙桐(*Davidia involucrate*)、喜树(*Camptotheca acminata*)等。常绿的壳斗科植物是这一地区常绿阔叶林的主要成分，其中青冈属(*Cyclobalanopsis*)、栲属(*Castanopsis*)、石栎属(*Lithocarpus*)常占据群落的上层，但在生境偏湿地区，樟科润楠属(*Machilus*)、楠木属(*Phoebe*)、樟属(*Cinnamomum*)的种类明显增多，而生境偏干地区，则以山茶科的木荷属(*Schima*)、杨桐属(*Adinandra*)、厚皮香属(*Ternstrocmia*)成为群落上层的共建种。此外，比较常见的还有木兰科的木莲属(*Manglietia*)、含笑属(*Michelia*)，金缕梅科的马蹄荷属(*Exbucklandia*)、半枫荷属(*Semiliquidambar*)等。

(3)常有常绿裸子植物伴生

我国亚热带常绿阔叶林中也常有扁平枝叶的常绿裸子植物伴生，这些针叶树在生态上与常绿阔叶树很相似，具有扁平叶或扁平线形叶，有光泽，大部分针叶的叶片在小枝上呈羽状复叶状排列，且与光线垂直。如杉木属(*Cunninghamia*)、红豆杉属(*Taxus*)、白豆杉属(*Pseudotaxus*)、三尖杉属(*Cephalotaxus*)、油杉属(*Keteleeria*)、银杉属(*Cathaya*)、铁杉属(*Tsuga*)、黄杉属(*Pseudotsuga*)、罗汉松属(*Podocarpus*)、榧树属(*Torreya*)、扁柏属(*Chamaecyparis*)、福建柏属(*Fokienia*)等，甚至在中亚热带南部才有的阔叶状的裸子植物买麻藤属(*Gnetum*)常绿藤本也有出现。

(4)对环境适应形成特殊构造

常绿阔叶林建群种和优势种的叶片以小型叶为主，椭圆形，革质，表面具光泽，被蜡质，叶面向着太阳光，能反射光线，故又称“照叶林”。在林内最上层的乔木树种，枝端形成的芽常有鳞片包围，以适应寒冷的冬季，而林下的植物，由于气候条件较湿润，所以形成的芽无芽鳞。这些基本成分也是区别于其他森林植物的重要标志。

(5)群落结构较复杂

常绿阔叶林群落结构仅次于热带雨林，可以明显的分出乔木层、灌木层、草本层、地被层。发育良好的乔木层又可分为2~3个亚层，第一亚层高度为16~20m，很少超过30m，树冠多相连接，总郁闭度0.7~0.9，多以壳斗科的常绿树种为主，如青冈属、栲属、石栎属等，其次为樟科的润楠属、楠木属、樟属、厚壳桂属等和山茶科的木荷属等。如有第二、第三亚层存在时，则分别比上一亚层低矮，树冠多不连续，高10~15m，以樟科、杜英科等树种为主。灌木层也可分为2~3个亚层，除有乔木层的幼树之外，发育良好的灌木种类，有时也可伸入乔木的第三亚层中，比较常见的灌木为山茶科、樟科、杜鹃花科、乌饭树科的常绿种类，组成较为复杂。草本层以常绿草本植物为主，常见的有蕨类、姜科、莎草科、禾本科等植物，由于草本层较繁茂，因此地被层一般不发达。藤本植物常见的为常绿木质的小型种类，粗大和扁茎的藤本很少见。附生植物多为地衣和苔藓植物，其次为有花植物的兰科、胡椒科及附生蕨类，并有半寄生于枝桠上的桑寄生植物以及一些腐生物寄生于林下树根上的种类，少数树种具有小型板状根，老茎开花(如榕属)、滴水叶尖及叶附生苔藓植物。

(6)地上部分生物量和生产力仅次于热带雨林

常绿阔叶林地上部分生物量和林分年龄有密切关系，成熟林分一般在300~500t/hm^2，叶生物量在5~15t/hm^2。据陈章和(1996)报道，黑石顶南亚热带常绿阔叶林地上生物量达284.46t/hm^2，年净第一性生产量为29.6t/(hm^2·a)，其中生物量增量10.680(36.07%)，根系生产量占净第一性生产量的44.5%。净第一性生产量的有效光能利用率为2.0%~2.5%，其生物量及生产力仅次于热带雨林。乔木层是光合作用的主要层，净第一性生产量的绝大部分为乔木层所产生，其中又以林冠层最多，往林内依次减少。夜间呼吸速率的大小也从林冠往下层递减，但林冠下各层似乎相差不大，平均说来，夜间呼吸速率为净光合速率的30%左右。

10.2.2.5 常绿阔叶林的生物资源

常绿阔叶林蕴藏着极为丰富的生物资源，木材中除多种硬木之外，还有红豆杉(*Taxus chinensis*)、银杏、黄杉(*Pseudotsuga sinensis*)、杉木(*Cunninghamia lanceolata*)、檫木(*Sassafras trumu*)、花榈木(*Ormosia henryi*)、青冈(*Cyclobalanopsis* spp.)、栲(*Castanopsis* spp.)、石栎(*Lithocarpus* spp.)等著名良材。其次，马尾松(*Pinus massoniana*)、毛竹(*Phyllostachys pubescens*)、茶树(*Camellia sinensis*)、油茶(*C. oleifera*)、油桐(*Aleurites fordii*)、乌桕(*Sapium sebiferum*)、漆树(*Toxicodendron verniciflua*)等鞣料资源。柑橘(*Citrus reticulata*)、橙(*Citrus sinensis*)、柿(*Diospyros kaki*)等水果资源。动物资源中，珍稀动物较多，大熊猫(*Ailuropoda melanoleuca*)、小熊猫(*Ailurus fulgens styani*)、金丝猴(*Rhinopithecus roxellanae*)、毛冠鹿(*Elaphodus cephalophus*)、梅花鹿南方亚种、云豹(*Xeofelis nebulosa*)、华南

虎(*Panthera tigris amoyensis*)等。鸟类资源更为丰富，有白鹇(*Lophura nycthemera*)、黄腹角雉(*Tragopan caboti*)、环颈雉(*Phasianus colchicus*)、红嘴相思鸟(*Leiothrix lutea*)、寿带鸟(*Terpsiphone paradisi*)、三宝鸟(*Eurystomus orientalis*)、白腰文鸟(*Lonchura striata*)、画眉、竹鸡(*Bambusicola*)等。爬行类中有蜥蜴、蛇、眼镜蛇(*Naja naja*)、眼镜王蛇(*Ophiophagus hannah*)、金环蛇(*Bungarus fasciatus*)、银环蛇(*Bungarus multicinctus*)及平胸龟(*Platysternon megacephalum*)等。真菌中可供食用的有30多种，如银耳、黑木耳、毛木耳、香菇、白斗菇等；药用真菌除银耳、香菇、木耳之外，还有紫芝、灵芝、云芝、红栓菌、黄多孔菌、平缘托柄菌、隐孔菌等。此外，有毒真菌也有20多种。除银耳、木耳、香菇、灵芝、紫芝早已被引种栽培外，尚有许多真菌有待于开发和利用。

10.2.2.6 常绿阔叶林的更新和演替

常绿阔叶林是湿润亚热带气候条件下森林植被向上演替的气候顶极群落，它与整个亚热带植被的演替规律是一致的，包括进展演替和逆行演替。林内群落的生物量比较高，一般情况下，处于相对稳定状态。但在遭到人为砍伐和连续自然破坏之后，原来的森林环境条件会迅速发生变化，有逆行演替的危险。此时，如不再受人为干扰，喜光的先锋树种马尾松的种子会很快侵入迹地，随着时间的推移，赤杨叶(*Alniphyllum fortunei*)、枫香(*Liguidambal formosana*)、白栎(*Lithocarpus dealbatus*)、山槐(*Maackia amurensis*)等喜光的阔叶树和萌发的灌木，以及一些稍耐阴的木荷(*Schima saperba*)等常绿树种与马尾松一起形成针阔叶混交林，或者常绿与阔叶混交林等过渡类型，这些过渡类型会逐步演变，恢复为常绿阔叶林。另一方面为逆行演替，常绿阔叶林被砍伐破坏后，首先成为亚热带灌丛，进一步破坏时会成为亚热带灌草地。在雨量相对集中的情况下，极易引起水土流失，导致土层瘠薄，形成荒山草地植被，甚至变为光山秃岭，森林植被很难自然恢复，甚至有时连喜光的马尾松也难以生长，造成自然环境恶化。

10.2.3 落叶阔叶林

落叶阔叶林(deciduous broad-leaved forest)是温带、暖温带地区海洋性气候条件下的地带性森林类型，由于分布区内冬季寒冷而干旱，树木为适应这一时期严酷的生存环境，叶片脱落，又由于林内树木夏季葱绿，所以又称为夏绿阔叶林(summer green broad-leaved forest)。

10.2.3.1 分布

世界上落叶阔叶林主要分布在西欧的温暖区域，向东可以延伸到俄罗斯的欧洲部分。在北美洲，主要分布在东部45°N以南的大西洋沿岸各州；南美洲分布在巴塔哥尼亚高原。欧洲由于受墨西哥暖流的影响，西北可分布到58°N，从伊比利亚半岛北部，沿大西洋海岸，经英伦三岛和欧洲西部，直达斯堪的纳维亚半岛的南部，东部的西伯利亚泰加林与草原之间也有一条狭长的分布地带；此外，克里米亚、高加索等地也有分布。亚洲分布在东部，中国，俄罗斯远东区、堪察加半岛、萨哈林岛(库页岛)，朝鲜半岛和日本北部诸岛。我国的落叶阔叶林主要分布在东北地区的南部、华北各省(自治区)，其中包括辽宁南部、内蒙古东南部、河北、山西恒山至兴县一带以南、山东、陕西黄土高原南部、渭河平原及秦岭北坡、甘肃的徽县和成县、河南的伏牛山及淮河以北、安徽和江苏的淮北平原等。

10.2.3.2 气候

落叶阔叶林几乎完全分布在北半球的温暖地区，受海洋性气候影响，与同纬度的内陆相比，夏季较凉爽，冬季则较温暖。一年中，至少有4个月的气温达10℃以上，最冷月平均气温为-6℃，最热月平均气温13~23℃，年平均降水量500~700mm。在我国，落叶阔叶林主要分布在中纬度和东亚海洋季风边缘地区，分布区内气候四季分明，夏季炎热多雨，冬季干燥寒冷，年平均气温8~14℃，年积温3 200~4 500℃，由北向南递增。全年无霜期180~240d。除沿海一带外，冬季通常比同纬度的西欧、北美的落叶阔叶林区寒冷，而夏季则较炎热。最冷月平均气温多在0℃以下(-22~-3℃)，最热月平均气温为24~28℃，除少数山岭外，年平均降水量500~1 000mm，且季节分配极不均匀，多集中在夏季，占全年降水量的60%~70%，冬季仅为年降水量的3%~7%。

10.2.3.3 土壤

落叶阔叶林下的土壤为褐土与棕色土，较肥沃。褐土主要分布在暖温带湿润、半湿润气候的山地和丘陵地区的松栎林下，具有温性土壤温度状况，成土过程主要为黏化过程和碳酸盐淋溶淀积过程，表层为褐色腐殖质层，往下逐渐变浅；黏化层呈红褐色，核状或块状结构，假菌丝体，下有$CaCO_3$淀积层，土壤呈中性或微碱性，pH≥7。棕色土又称棕壤，主要分布在暖温带湿润地区，与褐土一样具有温性土壤温度状况，质地黏重，表层为腐殖质层，色较暗，中部为最有代表性特征的棕色黏化淀积层，质地明显黏重，呈现明显的棱块状结构，淀积层下逐渐到颜色较浅、质地较轻的母质层，土壤呈微酸性或中性，pH5.8~7.0，在海拔1 000~3 000m范围内的阔叶林下广泛分布着山地棕壤，除山腰平缓地段土层较厚外，大都薄层粗滑。

10.2.3.4 落叶阔叶林特点

(1)群落外貌呈现明显季节更替

落叶阔叶林随着季节变化在外貌上呈现明显的季节更替。初春时，林下植物大量开花是落叶阔叶林的典型季相。在炎热的夏季，由于雨热同期，林木枝繁叶茂，处于旺盛的生长时期；而在寒冷的冬季，整个群落都处于休眠状态，构成群落的乔木全部是冬季落叶的阔叶树，林下灌木也大多冬季落叶，草本植物则在冬季地上部分枯死，或以种子越冬。整个群落呈夏绿冬枯的季相。为抵挡严寒，树木的干和枝都有厚的树皮保护，芽有坚实的芽鳞。

(2)乔木组成单纯

东亚的落叶阔叶林包括我国的东北、华北，以及朝鲜和日本的北部。落叶阔叶林的结构较其他阔叶林简单，上层林木的建群种均为喜光树种，组成单纯，常为单优种，有时为共优种。优势树种为壳斗科的落叶乔木，如山毛榉属(*Fagus*)、栎属(*Quercus*)、栗属(*Castanea*)、椴属(*Tilia*)等，其次是桦木科中的桦属(*Betula*)、鹅耳枥属(*Carpinus*)和赤杨属(*Alnus*)，榆科的榆属(*Ulmus*)、朴属(*Celtis*)，槭树科中的槭属(*Acer*)，杨柳科中的杨属(*Populus*)等。

西欧、中欧落叶阔叶林的种类组成，尤其是乔木层的种类组成极端贫乏是欧洲落叶阔叶林的一个显著特点。欧洲落叶阔叶林的建群种主要有欧洲山毛榉(欧洲水青冈，*Fagus sylvatica*)、英国栎(*Quercus robur*)、无梗栎(*Q. petraea*)、心叶椴(*Tilia cordata*)等。林中常见的伴生树种主要有蜡木(*Fraxinus excelsior*)、槭树(*Acer pseudoplatanus*)、阔叶椴(*Tilia platyphyllus*)等。

北美东部的落叶阔叶林，由于有利的水热条件，该区域的森林发育良好，种类十分丰富，大致可分为糖槭(*Acer saccharum*)林与镰刀栎(*Quercus falcata*)林两种类型。

(3)森林成层现象明显

落叶阔叶林的结构简单而清晰，有相当显著的成层现象，可以分成乔木层、灌木层、草本层和地被层。林内几乎没有有花的附生植物，藤本植物以草质和半木质为主，攀缘能力弱，但藓类、藻类、地衣的附生植物种类很多，它们常附生于树木的皮部，尤其是树干的枝部。

(4)落叶阔叶林的生物资源

落叶阔叶林的植物资源非常丰富，林内的许多树种如麻栎(*Quercus acutissima*)、蒙古栎(*Q. mongolica*)、栓皮栎(*Q. variabilis*)等材质坚硬，纹理美观，可作枕木、造船、车辆、胶合板、烧炭、造纸和细木工用材。麻栎、槲树(*Q. dentata*)等的枝叶、树皮、壳斗中含有鞣质，是提取栲胶的重要原料。许多栎类的橡籽中含有较高的淀粉，如蒙古栎含50%~75%的淀粉，可作饲料或酿酒，壳斗和树皮中富含单宁，可作染料，幼嫩的橡叶为北方饲养柞蚕的主要饲料。蒙古栎、麻栎、栓皮栎等的枝干可以用来培养香菇、木耳、猴头、银耳、灵芝等食用菌。各种温带水果品质很好，如苹果(*Mulus pumila*)、梨(*Pyrus* spp.)、核桃(*Juglans regia*)、板栗(*Castanea mollissima*)、桃(*Amygdalus* spp.)、李(*Prunus* spp.)、杏(*Prunus armeniaca*)等。我国落叶阔叶林内的植物种类多样，结构复杂，为野生动物提供了良好的栖息场所和丰富的食物来源。落叶阔叶林中的哺乳动物有鹿(*Carvidae*)、獾(*Meles meles*)、棕熊(*Ursus arctos*)、野猪(*Sus scrota*)、狐狸(*Vulpes vulpus*)、松鼠(*Sciurus vulgaris*)等。森林动物的种类和数量原本很多，但由于长期以来各地的落叶阔叶林受人为干扰和严重破坏，大大减少了森林动物的栖息环境，致使许多森林动物显著减少，许多兽类趋于绝迹，如梅花鹿(*Cervus nippon*)、虎(*Panthera tigris*)、黑熊(*Selenarctos thibetanus*)等。与此同时，适应农田的啮齿类动物数量增多，如各种仓鼠(*Cricetulus* spp.)、田鼠(*Microtus* spp.)、鼢鼠(*Myospalax*)等。而以啮齿类为食的小型食肉类如鼬类(*Mustelidae*)也较多。此外，沙鼠(*Rhombomys opimus*)、黄鼠(*Citellus dauricus*)、鼠兔(*Ochotona hyperborean*)、跳鼠(*Allactaga sibirica*)、社鼠(*Rattus confucianus*)、果子狸(*Paguma larvata*)等也常有出现。鸟类中大中型鸟有黑鹳(*Ciconia nigra*)、白鹳(*Ciconia ciconia boyciana*)、丹顶鹤(*Grus japonensis*)、白头鹤(*Grus monacha*)、白鹤(*Grus leucogeranus*)、灰鹤(*Grus grus*)、白枕鹤(*Grus vipio*)、雀鹰(*Accipiter nisus*)、苍鹰(*Accipiter gentiles*)、鸢(*Milvus korschun*)、游隼(*Falco peregrinus*)、红脚隼(*Falco vespertinus*)、燕隼(*Falco subbuteo*)等。我国特有的褐马鸡(*Crossoptilon mantchuricum*)主要出现在山西、河北的林区中，环颈雉(*Phasianus colchicus*)在南北方的落叶阔叶林中常见。此外，还有石鸡(*Alectoris graeca*)、鹌鹑(*Coturnix coturnix*)、鹧鸪(*Francolinus pintadeanus*)、岩鸽(*Columba rupestris*)、山斑鸠(*Streptopelia orientalis*)、火斑鸠(*Oenopopelia tranquebarica*)、大杜鹃(*Cuculus canorus*)、四声杜鹃(*Cuculus micropterus*)、夜鹰(*Caprimulgus indicus*)、翠鸟(*Alcedo atthis*)、三宝鸟(*Eurystomus orientalis*)、各类啄木鸟等。落叶阔叶林中的两栖类、爬行类动物也较丰富，有蜥蜴、金线蛙(*Rana plancyi*)、泽蛙(*R. limnocharis*)、中国林蛙(*R. temporaria*)、斑腿树蛙(*Rhacophorus leucomystax*)、东方铃蟾(*Bombina orientalis*)、中国雨蛙(*Hyla chinensis*)、大鲵(*Megalobatrachus davidianus*)、东方蝾螈(*Cynops cyanurus*)、乌龟(*Chinemys reevesii*)、中华鳖、黄脊游蛇(*Coluber spinalis*)、赤链蛇(*Dinodon rosozonatum*)、各种锦蛇(*Elaphe* spp.)等。

(5)落叶阔叶林的更新和演替

落叶阔叶林是温带和暖温带植被演替的顶极群落，气候适宜时，只要排水良好，植被经过一系列的演替阶段，最终都能形成落叶阔叶林。在没有人为干扰和连续自然灾害的情况下，群落处于稳定状态，但在重复砍伐或严重破坏时，可演变成灌木林。温带的针叶林或针阔混交林砍伐后会形成各种落叶林，亚热带和热带的常绿阔叶林被破坏后，在进展演替的过程中，也可先形成不稳定的各种落叶阔叶林。地球上，人类出现前，落叶阔叶林曾大量分布，我国的华北平原就曾被落叶阔叶林所覆盖，但目前，由于人类的各种活动，致使大部分落叶阔叶林都被砍伐而改作农田。

10.2.4 北方针叶林

北方针叶林又称为泰加林(taiga)，其语源于俄文，意为沼泽林，原来专指西伯利亚地区的寒温带针叶林；另一泛称为北方林(boreal forest)，原来专指欧洲的寒温带针叶林。现在所指的北方针叶林即是寒温带针叶林，是寒温带的地带性植被，包括东亚寒温带针叶林、欧洲寒温带针叶林和北美寒温带针叶林。

10.2.4.1 分布

北方针叶林几乎全部分布于北半球高纬度地区，占据着45°~70°N的广阔区域，且主要分布在欧亚大陆北部(欧洲东北部，横跨俄罗斯直到太平洋)和北美洲北部(美国的阿拉斯加州到加拿大的纽芬兰岛)，面积约$1\ 200 \times 10^4 km^2$，仅次于热带雨林居第二位，此带的北方界限就是整个森林分布的最北界限。

10.2.4.2 气候

北方针叶林分布区以大陆性气候为特点，夏季温凉而短暂，最长为1个月，绝大部分地区无真正夏季，冬季寒冷多雪且很长，达9个月以上，年平均气温多在0℃以下，一年中超过10℃的天数少于120d，7月平均气温10~19℃，1月平均气温-50~-20℃，北半球西伯利亚东部1月的平均气温达到-60~-50℃，极端最低气温可达-70℃，极端最高气温可达30℃，年温差十分显著。年降水量约300~600mm，其中降水多集中在夏季。

10.2.4.3 土壤

北方针叶林中优势土壤为棕色针叶林土，土层浅薄，以灰化作用占优势，土壤呈酸性且较贫瘠，具有粗腐质层，B层紧密。棕色针叶林土是北方针叶林下，冻融回流淋溶型(夏季表层解冻时铁、铝随下行水流淋溶型淀积，秋季表层结冻时夏季淋溶淀积物随上行水流表聚)的棕色土壤，成土母质多为岩石风化的残积物和坡积物，少量洪积物，前者质地粗松，风化程度低，混有岩石碎块，所以仅适于发展林业。

10.2.4.4 北方针叶林的特征

(1)种类组成以松科植物占优势

北方针叶林是由松科类植物组成的森林，乔木组成以松属(*Pinus* spp.)、云杉属(*Picea* spp.)、冷杉属(*Abies* spp.)、落叶松属(*Larix* spp.)、铁杉属(*Tsuga* spp.)等属种为主，其中欧洲云杉(*Picea abies*)、欧洲赤松(*Pinus sylvestris*)、西伯利亚云杉(*Picea abvata*)、西伯利亚冷杉(*Abies sibirica*)、西伯利亚红松(*Pinus sibirica*)、兴安落叶松(*Larix gmelinii*)等都是针叶林的主要优势植物。其间少量的落叶阔叶树也会出现在该地区，如杨树属(*Populus* spp.)、桦木属(*Betula* spp.)。

(2)群落分布中北美和东亚包括的种属相对较多

在整个北方针叶林地带，乔木层的种类在发生着不同的变化。北美和东亚的针叶林拥有大量的不同属种，而欧洲—西伯利亚地区的针叶林包含的属种却很少。在北美，松、云杉、落叶松、铁杉、崖柏(*Thuja sutchuanensis*)和扁柏(*Chamaecyparis* spp.)诸属的许多种虽都有分布，但后面的3个属实际上是属于过渡带植物。与此相反，欧洲的北方针叶林带中，只有欧洲云杉(*Picea abies*)和欧洲赤松(*Pinus sylvestris*)这两个种是比较重要的并常构成大面积的纯林或混生在一起。但在东部地区，欧洲云杉才被近亲的西伯利亚云杉(*Picea obovata*)所取代，云杉在针叶林中的比例也逐渐减少，直到东西伯利亚的大陆部分，云杉林已完全消失。同时在西伯利亚单独分布达$250\times10^4 km^2$的西伯利亚落叶松(*Larix sibirica*)则被兴安岭落叶松(*L. gmelinii*)所代替。

(3)针叶适应寒冷气候

针叶树能适应寒温带干燥寒冷的气候条件，针叶能够减少蒸腾速率，减少水分损失，抵御雪灾危害。首先，表现在针叶表皮很厚，在结霜或者干旱时可以大大降低由蒸发而丧失的水分，初春时能立即开始生长；其次，大多数针叶树整个冬天都保留其本身的针叶，使得珍贵的养料不会随着叶片的脱落而丧失，针叶树产生的树脂可封住断面或者伤处，致病的细菌和真菌难以侵入，在极端恶劣环境下，落叶松通过落叶以保生机；再次，在春季光合作用和蒸腾作用都比较强烈，但受一个霜冻的夜晚之后，光合作用就会休止，在冬眠状态时，甚至有阳光的日子里也不进行光合作用，这时针叶已失去其鲜艳的绿色，而且针叶树在向冬季休眠过渡过程中还伴随着一个大大提高抗寒性的过程，所以在没有经过锻炼的秋季环境里，云杉针叶在 -7℃就会因寒冻而死亡，而在冬天它们却能忍耐 -40℃的低温而不受伤害；最后，大多针叶树都具有外生菌根，真菌的菌丝根大大地扩展根系范围，并使粗腐殖质层中的营养成分更易被树木根系吸收，另外，树木根系都较浅，是对土壤永冻层的适应，如云杉的根系常在土壤上层 20cm 以内。

(4)群落结构简单

北方针叶林群落结构非常简单，可分为乔木层、灌木层、草本层、低层苔藓层。乔木层常由一个或者二个树种构成，多形成大面积纯林或者混交林，由于乔木层种类不同，群落的外貌结构略有不同，通常由云杉属和冷杉属树种组成的针叶林，其树冠呈圆锥形和尖塔形。同时由于其郁闭度高，林下相对光照低于 10%，故称为阴暗针叶林；由松属组成的森林，其树冠近圆形，落叶松属形成的森林其树冠呈塔形且稀疏，同时松属和落叶松属组成的针叶林分郁闭度低，相对光照强度可达 20% 左右，故称为明亮针叶林。

灌木层较稀疏但很明显，其优势植物为欧洲越橘(*Vaccinum myrtillus*)，在干燥林区多为越橘(*Vaccinium vitis - idaea*)，帚石楠(*Calluna vulgaris*)等。草本层植物主要是白花酢浆草(*Oxalis acetosella*)、鹿蹄草(*Pyrola uniflora*)、心叶对叶兰(*Listera cordata*)等种类也很丰富。由于灌木植物、草本植物表现出与乔木根系的严酷竞争，所以贫养的常绿小灌木和草本植物组成的地层物很发达，并常具各种藓类，地面苔藓层的发育在很大程度上取决于林下光照强度。

(5)生物量与生产力相对较低

北方针叶林的平均生物量为 100 ~ 330t/hm^2，云杉林和冷杉林的生物量约为 242t/hm^2，在松林中，乔木层的生物量最高，可达 270 t/hm^2，老松林的林下生物量约为 20 t/hm^2，尽管北方针叶林的叶面积指数较大，约为 16 t/hm^2，且终年常绿(除落叶松外)，但由于地处寒温带，植物生长期短，生产力也相对较低，其净初级生产力约为 4.5 ~ 8.5 t/(hm^2 · a)，是所有森林生态系统中最低的，其平均净初级生产力约为 8t/(hm^2 · a)，年生产力约为 96×10^8t/a，约占全球森林生态系统总生产力 772×10^8t/a 的 12.4%，且其平均生产力随纬度增加逐渐递减，例如，在欧洲北方针叶林中，南部的云杉林平均净初级生产力为 8.5 t/(hm^2 · a)，中部云杉林平均净初级生产力为 7.0 t/(hm^2 · a)，而北部云杉林平均净初级生产力只有 4.5 t/(hm^2 · a)，南北相差近两倍。

10.2.4.5 北方针叶林中的其他生物

与植物结构相对应，北方针叶林的动物组成也比较简单，而且由于冬季相当寒冷，大多动物活动的季节性明显(如采取休眠、迁徙、储食等)，动物数量年际之间波动性很大，这与食物的多样性低而年际变动较大有关。主要动物有驼鹿(*Alces alces*)、马鹿(*Cervus canadensis*)、驯鹿(*Rangifer caribou*)、猞猁(*Lynx canadensis*)、雪兔(*Lepus americanus*)、黑貂(*Martes zibellina*)、细嘴松鸡(*Tetrao parvirostris*)、松鼠(*Sciurus vulgaris*)等。另外，还有许多昆虫，但多为害虫，如云杉蚜虫(*Choristoneura fumiferana*)，主要危害红云杉和紫冷杉；毛虫(*Malacosoma pulvialis*)，主要危害针叶；东部云杉甲虫(*Dendroctonus picepererarda*)主要危害白云杉和红云杉，宽头钻蛀虫(*Trachykele blondeli*)侵袭崖柏，幼虫危害活树干。许多动物进化能够适应这些针叶林，因为针叶树生产出大量的种子，并能给很多种鸟类提供食物来源。

10.2.4.6 资源利用

北方针叶林主要组成树种树干高大通直，材质优良，易于加工，且蓄积量大。在适宜条件下，落叶松树林木材蓄积量为600~700m^3/hm^2，充分郁闭的云杉林分的木材蓄积量可达1 000~1 200m^3/hm^2，而且在世界工业木材总量(约$14\times10^8m^3$)中，一半以上来自针叶林，故北方针叶林也是世界主要的木材生产基地。

10.2.5 红树林

"红树林"这一名词并不是指单一的分类类群植物，而是对一个景观的描述(红树林沼泽，mangrove swamp)。红树林沼泽是热带、亚热带海岸淤泥浅滩上的富有特色的生态系统。红树林是热带、亚热带河口海湾潮间带的木本植物群落。以红树林为主的区域中动植物和微生物组成的一个整体，统称为红树林生态系统，它是适应于特殊生态环境并表现着特有的生态习性和结构，兼具陆地生态和海洋生态特性，成为最复杂而多样的生态系统之一。红树植物(mangrove plant)是为数不多的耐受海水盐度的挺水陆地植物之一，热带海区60%~70%的岸滩有红树林成片或星散分布。

10.2.5.1 分布

红树林在地球上分布的状况，大致上可分为两个分布中心或两个类群，一是分布于亚洲、大洋洲和非洲东部的东方类群，一是分布于美洲、西印度群岛和西非海岸的西方类群。这两个群落在群落外貌和生态关系上大体是类似的，不过东方类群的种类组成丰富，而西方类群的种类则极为贫乏。西方类群所拥有的各个属在东方类群中都可以找到它的不同种类代表，而东方类群所拥有的许多科属在西方类群中却找不到相应的代表。尽管两大类群具有一些相同的科属，但却甚少共同拥有某些种类，唯独太平洋的斐济岛和东加岛或称汤加岛(Tonga)的红树属(*Rhizaphora*)同时拥有东方类群的红茄苳(*R. mucronata*)和西方类群的美洲红树(*R. mangle*)。目前，全球红树林面积约为1 810.77×10^4hm^2，其中东南亚国家为751.73×10^4hm^2，占世界红树林面积的41.5%(Mark *et al.* 1997)。全世界共有红树植物16科24属84种(含12变种)，其中真红树为11科16属70种(含12变种)，半红树为5科8属14种。东方类群有14科18属74种(含12变种)，以*Aegiceras*，*Osbornia*，*Aegialitis*，*Bruguiera*，*Ceriops*，*Kandelia*，*Scyphiphora*和*Nypa*等属为特征；西方类群有5科6属10种，具有单种特有科皮利西科(Pelliceraceae)以及*Laguncularia*属。我国的红树林分布于海南、广东、广西、福建和台湾等省(自治区)，有12科15属26种(含1变种)(王伯荪等 2003)，除属红树科

(Rhizophoraceae)外，还有紫金牛科(Myrsinaceae)、爵床科(Acanthaceae)、楝科(Meliaceae)、大戟科(Euphorbiaceae)等的一些植物。

10.2.5.2 气候

Walsh 认为红树林生长适合的温度条件是：最冷月平均气温高于 20℃，且季节温差不超过 5℃的热带型温度。红树林分布中心地区海水温度的年平均值为 24~27℃，气温则在 20~30℃内。以中国红树林为例，红树林的分布与气候因子的关系极为密切，特别是受温度(包括气温和水温)的影响更大，一般要求气温的年平均气温在 21~25℃，最冷月平均气温 12~21℃，极端最低气温 0~6℃，大致全年无霜期的气温条件，海水表面温度需在 21 ~ 25℃，年降水量 1 400~2 000mm。

10.2.5.3 土壤

红树林适合生长在细质的冲积土上。在冲积平原和三角洲地带，土壤(冲积层)由粉粒(silt)和黏粒(clay)组成，且含有大量的有机质，适合于红树林生长。红树林是一种土壤顶极群落，它的分布局限于咸水的潮汐地区，土壤为典型的海滨盐土，土壤含盐量较高，通常为 0.46%~2.78%，pH 4~8，很少有 pH 3 以下或 pH 8 以上。

10.2.5.4 地质、海水和潮汐

红树林的生境是滨海盐生沼泽湿地，并因潮汐更迭形成的森林环境，不同于陆地森林生态系统。主要分布于隐蔽海岸，该海岸多因风浪较微弱、水体运动缓慢而多淤泥沉积。因此，它与珊瑚礁一样都是“陆地建造者”，但又和珊瑚礁不一样，红树林更向亚热带扩展。红树林生长与地质条件也有关系，因为地质条件可能影响滩涂底质。如果河口海岸是花岗岩或玄武岩，其风化产物比较细黏，河口淤泥沉积，适于红树林生长。如果是砂岩或石灰岩的地层，在河流出口的地方就形成沙滩，大多数地区就没有红树林生长。

含盐分的水对红树植物生长是十分重要的，红树植物具有耐盐特性，在一定盐度海水下才能成为优势种。虽然有些种类如桐花树、白骨壤既可以在海水中生长，也可以在淡水中生长，但在海水中生长较好。另一个重要条件是潮汐，没有潮间带的每日有间隔的涨潮退潮的变化，红树植物是生长不好的。长期淹水，红树会很快死亡；长期干旱，红树将生长不良。

10.2.5.5 红树林生物组成及其特点

(1)红树林植物组成

红树植物是能忍受海水盐度生长的木本挺水植物，主要建群种类为红树科的木榄(*Bruguiera gymnorrhiza*)、海莲(*B. sexangula*)、红海榄(*Rhizophora stylosa*)、红树(*R. apiculata*)和秋茄(*Kandelia candel*)等。其次有海桑科的海桑(*Sonneratia caseolaris*)、杯萼海桑(*S. alba*)，马鞭草科的白骨壤(*Avicennia marina*)，紫金牛科的桐花树(*Aegiceras cornicutatum*)等。其中红树科(Rhizophoraceae)的红树(*Rhizophora*)、木榄(*Bruguiera*)、秋茄(*Kandelia*)、角果木(*Ceriops*)等属的植物，常构成混合群落或单优群落。海榄雌科(Avicennaceae)的海榄雌(*Avicennia*)(或归入

马鞭草科 Verbenaceae)，紫金牛科(Myrsinaceae)的桐花树(*Aegiceras*)，海桑科(Sonneratiaceae)的海桑(*Sonneratia*)等也是红树林中的优势植物或构成单优群落。它们都属于真红树植物(true mangrove plant)而只分布于典型的红树林生境。半红树植物(semi-mangrove plant)如棕榈科的水椰(*Nipa fruticans*)，大戟科的海漆(*Excoecaria agallocha*)，使君子科的榄李(*Lumnitzera*)，卤蕨科的卤蕨(*Acrostichum*)等，它们虽然是红树植物，通常也可构成单优的红树群落，并广布于红树林生境，但它们多处于红树林生态序列的最内缘，并不具有真红树植物所具备的那些生理生态的专化适应特征，或这些特征极不明显，它们不是真红树植物，它们所构成的群落通常为半红树林(semi-mangrove)。红树林的植物可组成8个主要群系，即红树群系、木榄群系、海连群系、红海榄群系、角果木群系、秋茄群系、海桑群系和水椰群系。

(2)红树植物的特性与适应性

红树多生长于静风和弱潮的溺谷湾、河口湾或泻湖的滨海环境，海水浸渍和含盐的土壤特性直接影响红树植被的生态和生理特性，这主要表现在：

①根系的多样性　红树植物很少有深扎和持久的直根，而是适应潮间带淤泥、缺氧以及抗风浪，形成各种适应的根系(常见的有表面根、板状根或支柱根、气生根、呼吸根等)。表面根是蔓布于地表的网状根系，可以相当长时间暴露于大气中，获得充足的氧气，如桐花树、海漆等。支柱根或板状根是由茎基板状根或树干伸出的拱形根系，能增强植株机械支持作用，如秋茄、银叶树等有板状根，红海榄等有支柱根。气生根是从树干或树冠下部分支产生的，常见于红树属和白骨壤属的种类，悬吊于枝下而不抵达地面，因而区别于支柱根。呼吸根是红树植物从根系中分生出向上伸出地表的根系，富有气道，是适应缺氧环境的通气根系，常见有白骨壤的指状呼吸根，木榄的膝状呼吸根，海桑的笋状呼吸根等。

②胎生或胎萌　红树植物的另一突出的现象，尤其是红树科植物，它们的种子成熟后，不经过休眠期，在还没有离开母树和果实时，就已开始萌发长出绿色杆状的胚轴，胚轴坠入海水和淤泥中，可在退潮的几小时内发根并固定下来，而不会被海水所冲走。胎生现象是幼苗应对淤泥环境能及时扎根生长，以及从胚胎时就逐渐增加细胞盐分浓度的适应。

③旱生结构与抗盐适应　红树林处于热带海岸，这里云量大、气温高、海水盐度也高，因而所处的条件是生理干旱环境。红树林对这种生境的适应形态主要表现在：叶片的旱生结构(如表皮组织有厚膜而且角质化，厚革质)；叶片具高渗透压(通常3 039.75～6 079.50kPa，如海桑3 242.40kPa、白骨壤3 495.71～6 282.15kPa)；树皮富含单宁(抗腐蚀性，红树属和木榄属丹宁占树皮重量的15%～20%，占树皮体积的20%～25%)。

④拒盐或泌盐适应　拒盐植物是依靠木质部内高负压力，通过非代谢超滤作用从盐水中分离出淡水，使蒸腾流吸入盐分1%左右(如红树科的秋茄、红海榄)；泌盐植物是通过盐腺系统将盐分泌出叶片表面处，一般蒸腾流吸入的盐分多数从叶面盐腺排出体外(如马鞭草科的白骨壤)。

10.2.5.6　红树林区的动物

生活在红树林里的哺乳动物的种类和数量均为数极少，较为广泛分布的是水獭(*Lutra lutra*)。在南美分布有食蟹浣熊(*Procyon cancrivorus*)，非洲则有白喉须猴(*Cercopithecus mitis albogularis*)，东南亚则有吃树叶的各种猴子，大洋洲则有一群群的狐蝠(*Pteropus* spp.)。红树林中占优势的海洋动物是软体动物，还有多毛类、甲壳类及一些特殊鱼类等。红树林中还有大量的大型蟹类和虾类生活着，这些动物在软基质上挖掘洞穴，它们包括常见的招潮蟹(*Uca* spp.)、相手蟹(*Sesarma* spp.)和大眼蟹(*Macrophthalmus* spp.)等。这些蟹对红树林群落也有贡献，它们的洞穴使氧气可以深深地进入土壤底层，从而改善了那里的缺氧状况。还有一类营固着生活的藤壶，它们重叠附生造成红树林树干、树枝和叶片的呼吸作用和光合作用不良，致使红树植物生长不良和死亡。而抬潮等的造穴活动，改善了土壤通气条件，有利于红树植物的生长，同时这些动物尸体的腐烂分解和排泄物，也增强了土壤的肥力，有利于红树林的生长。红树林区也是对虾和鲻类等鱼类育苗场。这些鱼虾在它们的生活史中游向大海以前都在这里度过。

此外，红树林区作为滨海盐生湿地，也是鸟类的重要分布区，我国红树林鸟类达17目39科201种，其中留鸟和夏候鸟等繁殖鸟类达83种，占总鸟类的41%，旅鸟和冬候鸟达118种，占59%，有国家一级保护鸟类2种，国家二级保护鸟类22种。

10.2.5.7　红树林的生物量

红树林的生物量和生产力是地球植被较大的类群，具有高生产率、高归还率和高分解率的“三高”特性。尤其是生产力可达10~60t/(hm^2·a)，生物量亦可高达100~500t/(hm^2·a)，以东方红树林的马来西亚和西方红树林的巴拿马等地最高，前者生物量达300t/hm^2，后者达468.97t/hm^2。泰国的红树林仅地上部分生物量即达159t/hm^2，生产力为3.7t/(hm^2·a)，叶面积指数为3.7。

10.2.5.8　红树林的开发利用

红树林具有多方面的保护意义和利用价值，其中最显著的有：①抵抗海浪和洪水的冲击，保护海岸；②过滤径流和内陆带的有机物和污染物，净化海洋环境；③是海岸潮间带生态系统的主要生产者，为海洋动物提供良好的栖息和觅食环境；④是自然界赋予人类珍贵的种质资源，是科学工作者研究植物耐盐抗性，改良盐碱地的良好材料；⑤构成奇特的热带海滨景观，具有其他旅游商品不可替代的旅游价值。因此，红树林的保护、研究和开发利用是人类持续发展的重要内容之一。对红树林的开发利用，要在保护的基础上进行，既要考虑民间传统利用，又要进行商业开发的利用，既注重红树林的经济价值，又不放弃其生态效益。对红树林的开发利用，主要从红树林的药物利用，食物利用，红树林区渔业、旅游业、林业、农业以及净化海洋和防风护堤等方面进行，其中以红树林区渔业和旅游业的利用最有开发前景。

10.3 森林植物群落分类与排序

群落的分类问题是生态学研究领域中争论最多的问题之一。由于不同国家或地区的学者有不同的研究对象、研究方法以及对群落实体的不同看法，其分类的原则及分类系统也存在较大的差异，甚至成为各学派的重要特色。

所谓的分类，就是对实体(或属性)集合按其属性(或实体)数据所反映的相似关系把他们分成组，使同组内的成员尽量相似，而不同组的成员尽量相异。其实质就是对所有研究的群落按其属性、数据所反映的相似关系而进行分组。

对群落的认识及其分类方法，存在两个截然不同的观点。早期的生态学家(如法国学者 J. Braun-Blanquet、美国学者 F. E. Clements 等)认为群落是自然单位，具有明确的边界，而且与其他的群落是间断的、可分的。因此，可以像物种那样进行分类。这一观点被称为群丛单位理论，即前面谈到的机体论观点。

另一种被认为是个体论观点，认为群落是连续的，没有明确的边界，它是不同种群的组合，而种群是独立的。他们认为早期的群落分类都是选择有代表性的典型样地，如果不是取样典型，将会发现大多数群落之间是模糊不清和过渡的。不连续的间断情况仅发生在不连续的生境上，例如地形、母质、土壤条件的突然改变，或是人为的砍伐、火烧等的干扰，在一般情况下，生境和群落都是连续的。因此，他们认为应该采取生境梯度分析的方法，即排序(ordination)研究连续群落变化，而不采取分类的方法。

实践证明，生物群落的存在具有两面性，既有连续性的一面，又有间断性的一面。虽然排序适于揭示群落的连续性，分类适于揭露群落的间断性，但是如果排序的结果构成若干点集的话，也可以达到分类的目的；同时，如果分类允许重叠的话，也可以反映群落的连续性。因此，上述两种方法都同样能够反映群落的连续性或间断性，只是各有所侧重，如果能把二者结合使用，效果可能会更好。

群落的分类工作可以区分为人为的和自然的，生态学研究中一般追求自然分类。在已有的各家自然分类系统中，尽管它们的分类基础不同，有的以植物区系组成为分类基础，有的以生态外貌为基础，还有的以动态特征为基础，但是不管哪种分类系统，都承认要以植物群落本身的特征作为分类依据，而且也都十分注意群落的生态关系，因为按研究对象本身特征的分类比任何其他分类更自然。

10.3.1 法瑞学派和英美学派的群落分类

10.3.1.1 法瑞学派的群落分类

法瑞学派的分类系统是以法国蒙伯利埃(Montpellier)大学 J. Braun-Blanquet 1928 年提出的植物区系—结构分类系统(floristic-structural classification)为代表。该系统是一个影响比较大而且在西欧及其他一些国家获得广泛承认和采用的系统。其主要特点是以植物区系为基础，从基本分类单位到最高级单位，都以群落的种类组成为依据。该系统的分类单位见表 10-2。该系统中，群落分类的基本单

表 10-2 法瑞学派的群落分类系统

群落分类单位	字 尾	例 子
群丛门(division)	－ea	Querco-Fagea
群丛纲(class)	－tea	Phragmitetea
群丛目(order)	－etalia	Littorelletalia
群丛属(alliance)	－ion	Agropyro-Rumicion Crispi
亚群丛属(suballiance)	－ion(－esion)	Alnion dlutin nosae Ulmion earpinifoliae
群丛(association)	－etum	Ericetum tetralicis Elymo-Ammophiletum
亚群丛(subassociation)	－etosum	Arrhenatheretum elatioris brizetosum
群丛变型(variant)	—	Salvia variant
亚群丛变型(subvariant)	—	Bromus subvariant
群丛相(facies)	—	Meracurialis facies

注：引自阳含熙、卢泽愚，1981。

位是群丛(association)，J. Braun-Blanquet 认为群丛是具有一定植物区系和群落学的特征，并存在着确实是独特的特征种的植物群落。它可以组合为更高的系统单位：群丛属(alliance)、群丛目(order)、群丛纲(class)、群丛门(division)，也可以再分为较低级的分类单位：亚群丛(subassociation)、群丛变型(variant)、亚群丛变型(subvariant)。

较高级的群落分类单位群丛门(division)是指在大的植物区系的地理范围内，以共同分类特征为基础的有关的群丛纲的联合。它的分类特征可以是种或属，或两者都是。而对于群丛纲(class)、群丛目(order)、群丛属(alliance)的正式定义，以及对它们分类的说明，意见并不一致，但是相同的群丛纲、群丛目、群丛属或相关的群丛目与群丛属、群丛纲与群丛目应包含类似的特征种或区别种。

低级的群落分类单位通常主要用区别种表示其特征，常常被描述为一种对平均或典型状态的偏离。研究群丛内的变异可以分为 3 种途径：除了土壤—生态的(垂直的)和历史—地理的(水平的)之外，还有群落动态的(演替的)途径。因此，划分群丛中亚群丛(subassociation)可以依据局部土壤的或微气候的差别；变型(variant)则以地理或气候的差异为依据。

该系统中最低级的群落分类单位是群丛相(facies)。通常用一种属于某个群丛的种类组合的某种植物的优势度表示其特征。假如有一个高优势度的种是某个群丛的正常特性，就不把这一群落片段视为群丛相。因此，群丛相(facies)是一个偏离现象，它可能是由于特殊的有时极端的非生物因素所引起的，但也可能是人为干扰的结果。

该学派的分类过程是通过排列群丛表(association table)来实现的。首先在野外做初步的勘察，包括调查一般的植被分布格局，明确各种植被类型与地址、地形和土壤条件明显的关系。在勘察的基础上，设置一个样地(应包括群落片段的大部分区域)进行调查。样地的数据一般取多度－盖度级、群集度、生活力和繁殖力以及周期性，然后进行汇总，编排为群丛表，在该表范围内找出特征种、区别种，从而达到分类的目的。

10.3.1.2 英美学派的群落分类

英美学派的分类系统是以群落动态发生演替原则的概念为基础的(如表10-3)。其代表人物是F. E. Clements和A. G. Tansley。该系统的特点是对顶极群落和未达到顶极的演替系列群落，在分类时采用不同的处理方法，建立了两个平行的分类系统(顶极群落和演替系列群落)，因而称该系统为双轨制分类系统，也有人将该系统称为动态分类系统(dynamic classification)。

表10-3 英美学派的分类系统

顶极群落(climax)系统	演替系列(series)群落
群系型(formation type)	—
群系(formation)	—
群丛(association)	演替系列群丛(associes)
单优种群丛(consociation)	演替系列单优种群丛(consocies)
群丛相(faciation)	演替系列群丛相(facies)
组合(society)	演替系列组合(socies)
集团(clan)	集群(colony)
季相(aspect)	季相(aspect)
属(layer)	属(layer)

注：引自阳含熙、卢泽愚，1981。

顶极群落(climax)系统的最高单位是群系型(formation type)，是由外貌相似和具有相似环境条件的群系联合而成，与中国的植被型组和法瑞学派的群丛门相当。

群系(formation)是高级的基本分类单位，通常是指占据着一定生境或者一定土壤类型的顶极群落，或者是与一定气候相联系的演替顶极群落。群系是气候的产物并受气候的控制。

群丛(association)是中级的分类单位，是指大气候范围内的亚气候所决定的顶极群落，其数目决定于气候区域内气候亚区的数量，大致相当于我国所用的群系或植被亚型。群丛可以分为单优种群丛(consociation)和群丛相(或称亚群丛 faciation)。单优种群丛是指只有一个优势种的群落。该群丛生境比较均一，变幅较小。每一个单优种群丛在各个地段，都可以适应当地环境条件而成为独立的群落。群丛相是指具有一个以上优势种的群落，用共优种的属名来联合命名。

组合(society)是指在单优种群丛和群丛相内，某些亚优势种所构成的群落的局部集合体。组合及其以下的分类单位已经不是群落，而是群落内部低级的结构单位。

演替系列群落的分类方法与顶极群落的划分基本相同或者说是相对应的。由于它们是未达到成熟和稳定的演替系列群落，因而没有群系及以上的高级分类单位。

此外，美国国家地理数据委员会(federal geographic data committee)于1996年制定了一个新的植被分类系统。该系统分为3个水平(区域水平、外貌水平、植物区系水平)8个等级。目前，该系统已在美国开始应用。

10.3.1.3 英美学派和法瑞学派的群落命名

植物群落的命名，就是给表征每个群落分类单位的群落定以名称。一个精确的名称，显然是有重要意义的。

英美学派在群落命名时，常常只列举优势种的属名或俗名，并在两个优势种之间用“—”相连接。这就意味着同一层中的两个或两个以上的优势种，在群落中的优势度大致相同。例如，栎树—板栗群丛(*Quercus-Castanea* Association)是由栗叶栎(*Quercus prinus*)和深红栎(*Q. coccinea*)与美洲板栗(*Castanea dentata*)为优势种的森林群落。

法瑞学派在群落命名上，与其分类单位和系统一样有其独特的风格，通常他们是改变特征种拉丁名属名的字尾来表示各级单位名称的。例如，群丛为 -*etum* 等。有时，也常把生态的或地理的特征加在名称之前。例如，中生雀麦群丛(*Meso-Brometum*)等。此外，在群丛或其他分类单位的名称后面，常加上第一次描述该群落的科学家的姓名或加上这个分类单位第一次被描述的年代。

10.3.2 生物地理群落学派与生态学派的林型学

前苏联的林型学的创始人是莫洛佐夫。自莫洛佐夫以后，朝着两个对立的方向发展，一个是以苏卡乔夫为代表的植物群落——生物地理群落学派，另一个是以波格来勃涅克为代表的乌克兰学派，以立地分类作为整个森林分类的基础，故亦称生态学派。

苏卡乔夫学派也是按照植物群落的区系组成进行群落分类，不过，特别着重各层的优势种。他追随于莫洛佐夫，以林型作为森林的基本单位，但是，在早期他认为所谓林型，就是植物群落类型，而在后期则提出，应把林型理解为森林生物地理群落类型。关于生物地理群落，认为是植物群落、动物群落、土壤环境和气候环境相互作用的综合体。苏卡乔夫给林型下的经典定义是：林型是一些在树种组成、其他植物层、动物区系、综合的森林生长条件(气候、土壤和水文条件)下植物和环境之间的相互关系、森林更新过程和更替方向上都类似，因而在相同的经济条件下需要采取相同的营林措施的林地的总体。由此定义可以看出，苏卡乔夫要求从生物地理群落的层次来认识林型。但在实践上，他主张仍以植物群落的界限作为生物地理群落的界线，认为植物群落是鉴别林型的最好标志，并且也认为植物群落在整个生物地理群落中起着主导作用。

苏卡乔夫在研究林型中特别重视利用生态系列图将不同林型之间的关系反映出来。他的生态系列是以一个点为中心的十字图，由中心点沿纵轴向上是逐渐干燥的系列(A列)，由中心点沿纵轴向下是土壤湿度逐渐增加的系列(D列)，由中心点沿横轴向左表示土壤逐渐沼泽化的系列(B列)，由中心点沿横轴向右，表示土壤逐渐肥沃的系列(C列)。各种林型在图上的位置也反映了它们与土壤水分和营养状况的关系。

苏卡乔夫学派最低的分类单位是林型。至于更高的分类单位，一般采用植物群落学中的群系为单位，即一个群系包括同一优势种的所有群丛(林型)。有时为了便于在经营上应用林型，还将比较近似的林型合并为经营组。林型合并为经营组的程度取决于经营强度。经营越粗放，一个经营组包括的林型可以越多。林型经营组还可以按照各种经营措施分别确定，因为不同的林业措施与林型的不同特性相联系，例如设计防火时可按照易燃性和有关防火措施特性方面相同的林型合并经营组，在主伐时可按照采伐方式和更新要求的类似性来合并经营组。按照林型的演替关系，区分基本林型和派生林型。基本林型是在一定自然条件下所形成的比较稳定的林型；派生林型是由基本林型经过火灾、砍伐等干扰影响而形成的林型。例如云杉林(基本林型)皆伐后形成的桦木林或山杨林都是派生林型。它们不稳定，随着时间的推移，有转变为基本林型的趋势。当然，从林业要求出发，是否一定要制定出使派生林型向基本林型转变的对策，还要具体问题具体分析。

波格来勃涅克认为，森林是森林植物、动物及其环境(土壤和大气)相互渗透的统一体。在评定森林和环境的相互关系时，环境是第一性的。环境的组成和结构的任何变化，将引起群落的组成、结构及生产力的相应变化，而变化了的植物群落反过来也会影响环境。但环境的变化比较缓慢，因此在确定森林类型时，应把立地的评定作为基础。在立地因子中，土壤因子(土壤养分和水分)是决定土壤肥力的主要指标；林分的组成、生产力可作为评定土壤肥力的参考标准。

生态学派的分类单位为三级：①立地类型——土壤养分和水分相同地段的联合；②林型——土壤养分和水分相同，在气候条件上又相似地段的联合；③林分型——相似土壤和气候条件下相同树种组成的联合。在同一气候区内，实际上只有立地型和林分型。

波格来勃涅克将土壤养分分为：贫瘠、较贫瘠、较肥沃、肥沃4个级别；土壤水分分为：非常干燥、干燥、潮润、湿润、水湿5个级别。土壤水分级与养分级的结合，即组成立地条件类型，如湿润肥沃类型。他认为，植物是土壤水分和养分等级的最好指示者，可依植物的组成和生产力，确定土壤水分和养分等级。

10.3.3 中国的植物群落分类

10.3.3.1 植物群落分类的单位

由中国植被编委会编写的《中国植被》(1980)中列举了我国常用的一个植物群落分类系统。它参照国外一些植物生态学派的分类原则和方法，贯穿“群落生态”原则，采用不重叠的等级分类方法，即以群落本身的综合特征作为分类依据，群落的种类组成、外貌和结构、地理分布、动态演替、生态环境等特征在不同的分类等级中均作了相应的反映。其系统如下：

植被型组(vegetation type group)

植被型(vegetation type)
植被亚型(vegetation subtype)
群系组(formation group)
群系(formation)
亚群系(subformation)
群丛组(association group)
群丛(association)
亚群丛(subassociation)

该系统主要分类单位分3级：植被型(高级分类)、群系(中级单位)和群丛(基本单位)，每一等级之上和之下又各设一个辅助单位和补充单位。高级单位的分类依据侧重于外貌、结构和生态地理特征。中级以及以下的单位则侧重于种类组成。

①植被型组(vegetation type group) 为该分类系统中的最高级单位。凡是建群种生活型相近且群落的形态外貌相似的植物群落联合为植被型组，如针叶林、荒漠、沼泽等。同一植被型所包含的各类型之间，对水热条件的生态关系并不十分一致。因此，在同一植被型组内，可能存在适应途径各异的植物群落。

②植被型(vegetation type) 为该分类系统中重要的高级分类单位。在植被型组内，把建群种生活型(一级或二级)相同或相似，而且对水热条件的生态关系一致的植物群落联合为植被型，如常绿阔叶林、落叶阔叶林等。植被型大致有相似的结构，相似的生态性质，以及相似的发生和发展历史，从而具有相似的能量流动和物质循环等特点。

③植被亚型(vegetation subtype) 为植被型的辅助补充单位，是在植被型内根据优势层片或指示层片的差异划分的，这种层片结构的差异，一般由气候亚带的差异或一定的地貌、基质条件的差异而引起。

④群系组(formation group) 在植被型或植被亚型范围内，根据建群种亲缘关系相似(同属或相近属)、生活型(三级或四级)近似或在生境相近而划分的。如草甸草原亚型可分为丛生禾草草甸草原、根茎禾草草甸草原和杂草类草甸草原。同一群系组内的各群系，其生态特点一定是相似的。

⑤群系(formation) 该分类系统中一个重要的中级分类单位。凡是建群种或共建种相同的植物群落联合为群系。例如，兴安落叶松(*Larix gmelinii*)群系。如果群落具有共建种，则称共建种群系，如落叶松、白桦(*Betula platyphylla*)混交林。

⑥亚群系(subformation) 群系的辅助单位，是在生态幅度比较宽的群系内，依据次优势层片及其反映的生境条件的差异而划分的。例如，羊草草原群系可划分出以下亚群系：第一，羊草+中生杂类草草原(也叫羊草草甸草原)，生长于森林草原带的显域生境或典型草原带的沟谷黑钙土和暗栗钙土；第二，羊草+旱生丛生禾草草原(也叫羊草典型草原)，生于典型草原带的显域生境栗钙土；第三，羊草+盐中生杂类草草原(也叫羊草盐湿草原)，生于较轻度盐渍化湿地，

碱化栗钙土，碱化草甸土，柱状碱土。但对于大多数群系来讲，并不需要划分亚群系。

⑦群丛组(association group) 为群系以下的一个辅助单位。凡是层片结构相似，而是优势层片与次优势层片的优势种或共优种相同的植物群落联合为群丛组。例如，在羊草+丛生禾草亚群系中，羊草+大针茅草原和羊草+丛生小禾草就是不同的群丛组。

⑧群丛(association) 指植物群落分类的基本单位，类似于植物分类中种的概念。凡是层片结构相同，各层的优势种或共优种相同的植物群落联合为群丛。换言之，属于同一群丛的植物群落应具有共同的正常种类、相同的结构、相同的生态特征、相同的动态特点，以及相似的生境。例如，在羊草+大针茅群丛组内，羊草+大针茅+黄囊薹(*Carex korshinkyi*)草原和羊草+大针茅+柴胡(*Bupleurum scorzonerifolium*)草原是两个不同的群丛。

⑨亚群丛(subassociation) 在群丛范围内，由于生态条件的某些差异，或发育年龄上的差异往往不可避免地在区系成分、层片配置、动态变化等方面出现若干细微的变化。亚群丛就是用来反映这种群丛内的分化和差异，是群丛内部的生态——动态变型。

根据上述系统和各级分类单位的划分标准，中国植被可以分为10个植被型组，29个植被型，560多个群系，群丛则不计其数。

此外，对于森林群落的分类，《江西森林》(林英，1986)采用了与上述分类系统相应的林型学分类系统。其系统如下：

林纲组(forest class group)
 林纲(forest class)
  亚林纲(forest sub-class)
   林组(forest formation group)
    林系(forest formation)
     亚林系(forest sub-formation)
      林型组(forest type group)
       林型(forest type)

在上述系统中，林型相当于植物群落分类系统的群丛，林型组相当于群丛组，由林型组以上的单位，与群系、群系组、植被型、植被型组也均相当。

10.3.3.2 植物群落的命名

凡是已经确定的群丛应该正式地命名。我国习惯采用联名法，即将各层中的建群种或优势种和生态指示种的学名按顺序排列。一般在前面冠以 Ass. (为 association 的缩写)。不同层之间的优势种以“-”相连。例如，Ass. *Pinus massoniana-Rhodomyrtus tomentosa-Dicranopteris dichotoma*(即马尾松—桃金娘—芒萁群丛)。从该名称可以看出，该群丛乔木层、灌木层和草本层的优势种分别是马尾松、桃金娘和芒萁。

单优种群丛，直接用优势种命名。例如，马尾松群丛命名为 Ass. *Pinus mas-*

soniana，也可以写成 *Pinus massoniana* Association。群落中的某一层具有共优种时，则用“ + ”相连。例如，Ass. *Pinus massoniana-Rhodomyrtus tomentosa + Baeckia frutescens-Dicranopteris dichotoma*。

当最上层的植物不是群落的建群种，而是伴生种或景观植物时，用“ < ”（或用“‖”或“（）”）表示层间关系。例如，Ass. *Caragana microphylla* <（或‖）*Stipa grandis* — *Cleistogenes squarrosa* 或 Ass. （*Caragana microphylla*）-*Stipa grandis-Cleistogenes squarrosa*。

在对草本植物群落命名时，习惯用“ + ”来连接各亚层的优势种。例如，Ass. *Caragana microphylla* < *Stipa grandis* + *Cleitogenes squarrasa* + *Artemisia frigida*。

群系的命名只取建群种的名称，例如以马尾松为建群种的群系，命名为马尾松群系（Form. *Pinus massoniana*）。如果该群系的优势种为两个以上，则在优势种之间用“ + ”相连。例如，两广地区常见的华栲 + 厚壳桂群系（Form. *Castanopsis chinensis* + *Cryptocary chinensis*）。

对于群系以上的高级分类单位的命名，通常不是以优势种或建群种来称呼，而是以群落的外貌生态特征来构成名称，或者有效地采用当地的俗称或土名来命名。例如，木本植被型（Lignose）、干旱草本群落群系纲等。

10.3.4 应用遥感技术进行森林群落的分类

随着电子计算机技术的迅速发展，遥感技术也在飞速发展，而且被逐渐应用于各个领域。地物波谱特征是遥感技术的基础之一，尤其森林植被的波谱特征更是世界各国争先研究的课题。研究森林植被群落波谱特征，就可以根据不同来源（航片、卫片）、不同形式（图像、数据）的遥感信息提取出森林专题信息，为划分森林类型、绘制林相图、清查森林资源、预测预报森林病虫害及森林火灾、合理利用和保护森林资源奠定理论基础。目前，应用遥感技术进行森林群落分类的处理方法很多，本节只简要叙述分类的基本步骤：首先，结合各种地学基础资料（地形图、资源调查图件和文字资料等），通过地面实地调查、验证，确立各种植被类型影像特征，建立 TM 影像的判读解译标志。其次，利用假彩色合成 TM 卫片以及地形图等地学资料，进行目视解译，并做出目视解译图。第三步，通过实地抽样调查验证，修改目视解译图，形成各种植被类型分布图。第四步，根据各种资料以及植被类型分布图确定森林群落的分类状况。

10.3.5 群落的数量分类

20 世纪自然科学中的许多学科（如数学、物理、化学等）都向生物学渗透，各种边缘学科相继兴起，脱颖而出。由于 20 世纪 40 年代电子计算机的产生，用数学的方法解决生态学中复杂的分类问题成为可能。生态学数量分类的研究是从 50 年代开始的，由于计算工作量大，直到 60 年代电子计算机普遍应用之后，它才迅速地发展起来，许多具有不同观点的传统学派，如法瑞学派、英美学派等，都进行了数量分类的研究，并用它去验证原来传统分类的结果。目前，在国外生态学研究中已广泛采用数量分类的方法，并不断涌现新的方法，近年来国内也开展了这方面的研究，并取得了一定的成绩。数量分类的方法在很多书上均有介绍，一般过程是首先将生物概念数量化，包括分类运算单位的确定，属性的编码，原始数据的标准化等，然后以数学方法实现分类运算，如相似系数计算(包括距离系数、信息系数)，聚类分析，信息分类，模糊分类等，其共同点是把相似的单位归在一起，而把性质不同的群落分开。

10.3.6 群落的排序

排序一词最早由 Ramansky 于 1930 年提出的。所谓排序，就是把一个地区内所调查的群落样地，按照相似度来排列各样地的位序，从而分析各样地之间及其与生境之间的相互关系。

排序方法可分为两类。利用环境因素的排序称为直接排序，又称为直接梯度分析或者梯度分析，即以群落生境或其中某一生态因子的变化，排定样地生境的位序；另一类排序是群落排序，是用植物群落本身属性(如种的出现与否，种的频度、盖度等)，排定群落样地的位序，称为间接排序，又称间接梯度分析或者组成分析 。

10.3.6.1 间接梯度分析

20 世纪 50 年代前后，由于许多学者强调植被的连续性质，认为分类适用于揭露植被的间断，即可分为不同的群落；对连续变化的植被应进行排序，于是就开始创立了一些排序方法。

其中主分量(或主成分)分析(简称 PCA 法)是近代排序方法中用得最多的一种方法。一般讲，排序的实体所表现的性状很多，相应的数值矩阵很大，在众多属性的情况下，分析事物内在的联系，这是一件复杂的问题。如果将众多性状相互比较，会看出各个属性所处的地位和所起的作用不同。从许多性状中找到一、两个主要方面，而使一个多性状的复杂问题转化为比较简单的问题，从而使损失的信息量最少(即发生最小的畸变)，这正是主分量分析数学方法的精神实质。所谓主要方面，在客观实际问题中，往往并不是简单地归结于某一个、两个性状，主要方面是许多相互独立的性状综合产生的效果，最简单的综合就是线性组合。其数学方法是基于线性代数中矩阵和二次型等有关知识，具体地说就是将一个综合考虑许多性状(例如 P 个)的问题(P 个属性就是 P 维空间)，在尽量少损失原有信息的前提下，找出 1~3 个主分量，然后将各个实体在一个 2~3 维的空间中表示出来，从而达到直观明了地排序实体的目的。

在实际应用中 PCA 法找到的主分量是各性状的综合效应，往往不能直接给出生态学意义的解释，这就要从所研究问题的专业知识范围内探索，PCA 方法本身并不能说明问题。

极点排序(简称 PO 排序)相对简易明晰，特别是相对 PCA 及其他正式技术，研究者更容易看出计算的原理。PO 排序方法如下：

首先用乔木树种作为排序指标，以各树种的相对优势度为数量特征编制原始数据表，并进行二重标准化。然后按以下公式计算相似系数：

$$PS = \sum \min(a,b) \tag{10-2}$$

式中 PS——相似系数；

$\min(a, b)$——已知树种在样地 a 和 b 中两个值的较小者。

最后进行 X、Y 轴确定及样地定位，即先把与其他样地具有最低相似性的样地作为 X 轴的一端，与这个样地具有最低相似性的样地作为另一端，其他样地在 X 轴上的坐标按以下公式计算：

$$X = (L^2 + D_1^2 - D_2^2)/2L \tag{10-3}$$

式中 L——X 轴两端点的距离；

D_1，D_2——定位样地与第一、第二端点的距离。

Y 轴的两端点应尽量是 X 轴中间的，且彼此最远离的两个样地。其他样地在 Y 轴上的坐标按以下公式计算：

$$Y = (L'^2 + D'^2_1 - D'^2_2)/2L' \tag{10-4}$$

式中 L'——Y 轴两端点的距离；

D'_1，D'_2——定位样地与第一、第二端点的距离。

10.3.6.2 直接梯度分析

直接梯度分析也有许多方法，这里介绍的是 Whittaker 于 1956 年创造的一种较简单的排序方法，它适用于植被变化明显决定于生境因素的情况。

Whittaker 沿坡向垂直方向设置一系列的 50m × 20m 的样带作为研究样地，将坡向从深谷到南坡分为 5 级，称为湿度梯度，实际上这是一个综合指标，不仅土壤水分不同，其他生境因素也有变化。然后他将每一样带中的树种按对土壤湿度的适应性而分为 4 等，对每一等级依次指定一个数字，它们是中生 0，亚中生 1，亚旱生 2，旱生 3。例如糖槭为中生，铁杉为亚中生，红栎为亚旱生，松为旱生等。假若在某一林带内有 10 株糖槭，15 株铁杉，20 株红栎，55 株松树，则此林带的一个土壤湿度的数量指标，是各数字等级的加权平均，为：

$$(10 \times 0 + 15 \times 1 + 20 \times 2 + 55 \times 3)/100 = 2.2$$

用这种湿度指标为横坐标，再用样带的海拔高度为纵坐标，将各个样带排序在一个二维图形中。在图上，还可标明各种优势度类型并标出各种类型的分界线，也可根据各块样地的多样性指数绘制等值线，或绘制生产力等值线。

最后还应指出一点，所有数量方法都是启发性的，它们只能告诉我们如何分类或排序，并不能证明应该如何分类。换言之，它们只能提出假设，而不能检验和证实假说。因而对于数量分类的结果不能认定它就是结论，而还须用其他证据来验证，最重要的是用生态学专业知识去进行解释和判断，因此我们不能认为数量分类将完全取代传统分类。有人指出数量分类与传统分类结合研究，效果最佳，两者是互相补充、互相促进的。传统分类积累了丰富的经验，数量分类方法借助电子计算机，以数学方法处理大量数据具有很大优越性的，有利于揭示其中的规律，并由此提出一些解释性的假说。因此，数量分类与传统分类很好地结合，在完成生态学的目标过程中，能够起到更好的作用。

复习思考题

1. 举例说明我国森林生态系统的地带性分布规律。
2. 热带雨林群落的生态学特征有哪些？
3. 常绿阔叶林和落叶阔叶林各有什么特征？
4. 北方针叶林群落具有哪些特点？
5. 红树林生态系统有哪些特点？

本章推荐阅读书目

1. 生态学. 李博主编. 高等教育出版社，2000.

2. 基础生态学. 孙儒泳，李庆芬等编著. 高等教育出版社，2002.

3. 中国森林群落分类及其群落学特征. 蒋有绪等编著. 科学出版社，中国林业出版社，1998.

4. *Ecology: principles and application*. Second Edition. Chapman J L, Reiss M J. Cambridge University Press, 1999.

第 11 章　森林景观生态原理

【本章提要】本章简要介绍了景观的美学、地理学、生态学概念及森林景观的概念，分析了景观生态学的主要特点及景观要素类型。叙述了斑块的类型、形态特征及功能；廊道的起源、类型、功能；基质的特征及其意义；网络的特征及其意义。对景观异质性及景观格局、森林景观结构指标、景观过程与景观功能、景观生态过程进行了分析。

森林是一个异质等级系统，在不同的尺度上具有不同的组成、结构、整体功能和动态过程。不仅在群落或生态系统水平上具有整体的结构、功能与变化，而且在异质的生态系统之间，也发生着物质、能量、信息的流动与交换，这些相互联系着的生态系统，又在整体上表现为新的结构、功能和变化过程。无论自然环境的变化，还是人类活动的直接干预，在不同时空尺度上都会产生不同的效应，由此引发的生态过程的变化也很不相同。因此，对森林的生态学研究不仅包括个体、种群、群落和生态系统尺度的研究，更应当在景观、区域乃至全球尺度上进行研究。由于人类活动及其影响的时空尺度扩大，在生态系统及其以下尺度上已经不能解决森林的可持续性问题。区域乃至生物圈水平上的研究所提供的知识，对于确立全球行动框架，制定区域发展战略是必需的，但对于指导森林资源管理、保护和合理利用，则显得过于粗略。景观正是研究森林经营活动可持续性的适当尺度。景观生态学为人们认识森林的组成、结构、功能和过程提供了一个新的思维模式和研究途径。

11.1　景观和景观生态学

景观生态学的产生和发展得益于人们对现实大尺度生态环境问题的逐步重视，得益于现代生态科学和地理科学的发展与融合，以及其他相关学科领域的知识积累，当代大尺度生态环境与可持续发展问题，要求在比传统生态研究更大的时空尺度上阐明许多新的问题，包括人类活动影响在内的各种机制与过程，为土地利用和资源管理的决策提供更具可操作性的行动指南，这就为景观生态学的发展提供了巨大的推动力。现代遥感技术、计算机技术及数学模型技术的发展，为景观生态学的发展提供了有力的技术支持。现代生态学、地理学、系统学、信息论等相关学科领域的发展，为景观生态学的发展奠定了坚实的理论基础，使景观生态学不仅成为分析、理解和把握大尺度生态问题的新范式，而且成为真正具有实用意义和广阔发展前景的应用生态学分支。

11.1.1 景观和森林景观的概念

11.1.1.1 景观的美学概念

景观(landscape)最早的概念属于视觉美学意义上的概念。英语中的景观一词在威廉一世时期与风景画家(landschapsschilders)一词一起从荷兰传入英国，与风景(scenery)一词相当，与汉语中的“山水”“风景”“景致”的含义一致。汉语中的“景观”属于现代词汇，但“山水”“风景”“风光”等与景观具有相同或相近意义的词却源远流长。我国的山水画从东晋开始就已经从人物画的背景中脱胎而出，并促进了中国风景园林规划设计和建筑艺术的发展，体现出独特的魅力，这里的“山水画”就是“风景画”，“山水园林”就是“风景园林”。这种视觉美学意义上的景观概念直接从人类美学观念和身心享受出发来认识客体的特征，进行景观要素的分类、美学评价，并探索协调性的变化和维护，着重于从外部形态特征上去把握地域客体的整体属性(俞孔坚，1987)。在城市及园林景观规划设计、风景旅游区、人类居住区美学设计和规划中仍然普遍使用，是景观生态学一个重要的应用研究领域(肖笃宁，1991)。美学意义上的景观所具有的经济意义就是景观的娱乐和旅游价值，是景观评价的重要方面(Zonneveld，1995)。随着景观生态学研究的深入，在景观规划设计、景观保护、景观恢复和景观生态建设领域，保持和提高景观的宜人性就包含了对景观美学质量的要求。

11.1.1.2 景观的地理学概念

景观的地理学概念起源于德国，强调景观是由景观要素组成的地域复合体，阐明在整体景观上发生的现象和规律，并主要强调人类对景观的影响。早在19世纪中叶，德国著名现代地植物学和自然地理学的伟大先驱洪堡德(Alexander Humboldt)第一次将景观(landschaft)作为一个科学概念引入地理科学，用来描述和代表“地球表面一个特定区域的总体特征”，并逐渐被广泛应用于地貌学中，用来表示在形态、大小和成因等方面具有特殊性的一定地段或地域。早在1931年，前苏联著名地理学家、科学院院士贝尔格(Л. С. Беерг)就指出：“地理景观是物体和现象的总体或组合，在这个组合中，地形、气候、水文、土壤、植被和动物界的特点，还有人的活动融合为统一的、协调的整体，典型地重复在地球一定的地带区域内”(马克耶夫，1965)，并指出景观是比生物群落更高级的单位(组织层次)，就好像是“群落之群落”，这已经接近景观生态学的概念了。荷兰著名景观生态学家佐讷维尔德把景观(landscape)看作土地(land)的同义语，把景观主要看作是人类的栖息地，并倾向于用土地取代景观，以避免与风景相混淆(Zonneveld，1995)。

11.1.1.3 景观的生态学概念

德国著名生物学和地理学家特罗尔(Carl Troll)被认为是景观生态学的创始

人，他把景观定义为：将地圈、生物圈和智慧圈的人类建筑和制造物综合在一起的，供人类生存的总体空间可见实体(Naveh & Lieberman, 1994)。

美国景观生态学家福尔曼(Richard T. T. Forman)和法国地理学家戈德伦(G. R. Godron)认为，景观是指由一组以类似方式重复出现的、相互作用的生态系统所组成的异质性陆地区域(Forman & Godron, 1986)，其空间尺度在数千米到数十千米范围。这一概念得到更多学者的赞同和接受。

景观是区域的一部分，是一个与周围景观有明显区别的生态学地域单元。在景观尺度上，人们关心景观的组成、结构、功能及其变化。景观的组成是指景观由不同性质的当地生态系统构成，即不同的土地利用方式或植被覆盖类型，并可根据这些生态系统在景观中的地位和作用以及它们的拓扑特征分为斑块、廊道和基质。景观的结构就是指景观整体中不同景观要素的数量比例关系和空间拓扑关系。对于景观的功能，人们常关心景观的生产力、稳定性、生物多样性和重要生态过程。由于景观是由相互联系的生态系统组成的异质镶嵌体，并可以将自然过程和人为活动联系在一起进行整体研究，因而是一个合理的生态学整体。在景观范围内人们既研究自然生态过程，也研究人为活动方式及其对景观的影响。

目前学术界基本上从两个角度理解景观的概念，即狭义的景观和广义的景观。狭义的景观是指一般在几平方千米到数百平方千米范围内，由不同类型的生态系统以某种空间组织方式组成的异质性地理空间单元。广义的景观则没有地域空间范围的原则性限定，表示由不同类型的生态系统组成的异质性地理空间单元。显然，狭义的景观是景观生态学的主要研究对象，也是景观生态学发展的依据，而广义的景观概念正如抽象的生态系统概念那样强调应用景观生态学思想理解研究对象的特征和属性，进而应用景观生态学方法进行研究和管理，强调研究对象的空间异质性、尺度效应和多尺度耦合以及等级结构特征。

11.1.1.4 森林景观的概念

森林景观是以各种类型或不同演替阶段的森林生态系统为主体构成的一类景观。例如，由山地森林、灌丛、草地、沟谷、农田、居民点、道路、河流等景观要素构成的景观，其中以各种类型的森林群落或林分为主体，是一个较完整的功能整体。人们可以研究景观中当地特有的生态系统的动态与景观组成结构的关系，研究景观组成结构对景观整体生物生产力的影响，研究景观整体结构与河流水文特征的关系，研究景观中森林经营活动对景观稳定性、生产力、生物多样性和河流水文动态的影响。对森林景观也要从景观的组成结构、功能过程以及相互作用几方面进行研究。

11.1.2 景观生态学及其特点

11.1.2.1 景观生态学的概念

将景观学与生态学结合起来，并首次明确提出景观生态学(landscape ecology，其德文源词是 landschatsoecologie)概念的是德国地理学家特罗尔(Naveh & Lieberman, 1984; Zonneveld, 1995)。他在利用航片研究东非土地利用和开发问题时形成景观生态学的概念，认为景观生态学作为一种综合整体思想的产生是“生物学和地理学的结合”，“是由于科学家在我们这个科学专门化的时代重新鼓励或者使人们更注意自然现象的综合观点的努力而产生的”(特罗尔，1983)，并特别强调这一思想的一个最重要的方面是“看待和研究景观时的方式、态度或角度”(Zonneveld，1995)。但由于对地理学科和生态学科自身的理论体系、基本原理和范畴及其核心问题的争论和指责始终存在(Mcintosh，1985)，使景观生态学的独立性受到怀疑，导致景观生态学研究在战后相当长时间内几乎处于停滞状态。

20 世纪 60 年代环境保护运动的兴起，以及 70 年代以后大尺度生态问题受到越来越多的重视，IBP、MAB 等国际性研究计划的实施，使景观生态学获得了前所未有的发展机遇，其综合整体性特征在这些研究中的价值才逐步得到认识。1981 年在荷兰举行的国际景观生态学会(IALE)第一次会议时，会议组委会主席库奈沃德在报告中认为：“在时间空间中所有组成成分相互关系的研究称为景观生态学，但那些利用景观生物分布学与景观分类结合，描述图例、编制景观地图的工作，不是景观生态学”。

在福尔曼(R. T. T. Forman)与戈德伦(G. R. Godron)合著的《景观生态学》(*Landscape Ecology*)一书中为景观生态学确定了更为明确的概念。他们认为，景观生态学的研究对象是景观，研究重点是景观的结构、功能和变化。简言之，景观生态学是以景观为对象，研究其结构、功能及变化的生态学科(Forman & Godron，1986)。

我国景观生态学工作者较多地接受福尔曼和戈德伦的定义，但显然这一概念突出了美国生态学研究注重基础理论和生态学过程研究的特点，一定程度上忽视了景观作为人类活动空间的意义和人类对景观的双重意义。徐化成(1996)在此基础上对景观生态学的研究内容做了必要的扩展，认为景观生态学的研究内容不仅包括景观的结构、功能和变化，还包括景观的规划管理。

综上所述，景观生态学是以景观为研究对象，重点研究景观的结构、功能和变化以及景观的科学规划和有效管理的一门宏观生态学科。其研究内容包括 4 个方面：①景观结构，即景观组成单元的类型、多样性及其空间关系；②景观功能，即景观结构与生态学过程的拓扑作用或景观结构单元之间的拓扑作用；③景观动态，即景观在结构和功能方面随时间推移发生的变化；④景观规划与管理，即根据景观结构、功能和动态及其相互制约和影响机制，制定景观恢复、保护、建设和管理的计划和规划，确定相应的目标、措施和对策。

11. 1. 2. 2 景观生态学的特点

(1)整体观和系统观

景观生态学强调研究对象的整体特征和系统属性，避免单纯采用还原论的研究方法将景观分解为不同的组成部分，然后通过研究其组成部分的性质和特点去推断整体的属性。虽然景观生态学仍然重视对景观要素或景观结构成分的基本属性和动态特点，但更多地将景观要素之间的空间关系和功能关系作为景观整体属性加以研究和分析，以揭示景观整体对各种影响和控制因素的反应。

(2)异质性和尺度性

景观的空间异质性(spatial heterogeneity)是指景观系统的空间复杂性和变异性。由于景观的空间异质性对景观稳定性、景观生产力和干扰在景观中的传播速率、方向和方式等都有显著影响，因此景观生态学更为重视对景观异质性的来源、维持和管理的研究。尺度(scale)是研究对象的时间和空间维度，一般用时间和空间的分辨率和范围来描述，表明对细节的把握能力和对整体的概括能力。由于生态学中的许多事件和过程都与一定的时间和空间尺度相联系，不同的生态学问题只能在不同尺度上加以研究，其研究结果也只能在相应的尺度上应用，强调研究对象的空间格局、生态过程与时空尺度之间的相互作用和控制关系是景观生态学的重要特点。

(3)综合性和宏观性

景观生态学重点研究宏观尺度问题，其重要特点和优势之一就是高度的空间综合能力。特别是在利用遥感技术(remote sensing, RS)、地理信息系统技术(geographical information system, GIS)、数学模型技术(mathmatical modelling)、空间分析技术(spatial analysis)等高新技术，研究和解决宏观综合问题方面具有明显的优势。在景观水平上将资源、环境、经济和社会问题进行综合，以可持续的景观空间格局研究为中心，探讨人地关系及人类活动方式的调整，研究可持续的、宜人的、生态安全的景观格局及其建设途径。

(4)目的性和实践性

景观生态学的另一个显著特点是目的性和实践性。由于景观生态学中的问题直接来源于现实景观管理中的实际问题，景观生态学研究成果必须通过景观规划途径在景观建设和管理实践中得到应用，其应用效果反过来成为进一步深入研究的基础。

11.2 景观要素

11.2.1 景观要素的概念和类型

11.2.1.1 景观要素的概念

景观要素是生态学和自然地理学性质各异，而形态特征和空间分布特征相似的景观结构单元。组成景观的生态系统都具有一定形态特征和分布特征，对它们在景观中的作用有明显影响，与其他景观要素的相互作用也有差异。景观是生物等级结构系统中的一个层次，但景观的实际空间尺度差别很大，要根据所要研究的问题，确定划分景观成分的依据。因此，景观和景观要素本身都具有等级结构特征，两者既有本质区别同时也是相对的。景观和景观要素都可以在不同的问题或等级尺度上处于不同的地位。例如，在一个林区景观中，包括成片的森林、高地牧场、河谷农田、湿地、河流、村庄、城镇、道路等，可以研究森林面积减少和破碎化、森林转化对流域生态过程的影响，与村庄、城镇和道路发展的关系等，但如果转而研究森林景观格局与森林植被类型演化和空间替代关系问题，就可以把流域内的一大片森林作为景观整体，而将每一个森林类型斑块或林分作为景观要素，研究其空间关系和演替关系等。例如，由白杄(*Picea wilsonii*)和青杄(*P. meyeri*)组成的云杉林、华北落叶松林、山杨白桦林、油松林、辽东栎林等多种森林类型斑块依一定规律镶嵌组合而成的华北山地次生林景观。

因此，景观强调空间实体的整体性和异质性，而景观要素强调组成景观的空间单元的从属性和均质性，即景观是整体，景观要素是景观的组成部分，景观由不同性质的景观要素组成的异质性地域单元，而景观要素对于景观来说是内部相对同质的从属性地域单元，应当针对不同的问题建立和制定适当的景观分类原则和方法。

11.2.1.2 景观要素的类型

在福尔曼提出的斑块—廊道—基质模型中(Forman, 1995)，将各类景观要素归结为斑块(patch)、廊道(corridor)和基质(matrix)三类成分，用来描述和分析景观的结构和景观要素的功能性特征。其中，斑块是外貌和属性与周围景观要素有明显区别的，空间可分辨的非线性景观要素。在一个林区景观中，斑块可以是一片森林、一片湿地、一个村庄或一片农田。廊道是景观中外貌和属性与周围景观要素有明显区别的，空间可分辨的带状景观要素，也可以说廊道就是带状斑块。基质是景观中分布范围最广、连接度最高、优势度最大，从而对景观结构、功能和动态变化特征起主要作用的景观要素，也就是具有上述特点的一类斑块。景观就是由这三类结构成分以一定的空间格局镶嵌配置而成的。通过对斑块、廊道和基质特征的分析，可以把握景观的结构特征和空间格局，并揭示景观功能及其变化。

11.2.2 斑块

11.2.2.1 斑块的概念

福尔曼和戈德伦(1986)认为：斑块是构成景观的基本结构单元，是外观上不同于周围环境的非线性地表区域，它具有内部同质性，强调小面积的空间概念。邬建国等(1992)认为，斑块是依赖于尺度的，与周围环境(基质)在性质上或者外观上不同的空间实体。我们认为，斑块是斑块—廊道—基质模型中确定的一类景观要素，它是指景观中内部属性、结构、功能、外貌特征相对一致，与周围景观要素有明显区别的块状空间地域实体或地段。如林区景观中不同类型的林地、灌丛、农田、采伐迹地、火烧迹地、湖泊或水库、村庄、贮木场等。

理解斑块的概念主要应掌握以下几点：一是斑块是相对于景观来说的，斑块总是景观的组成部分；二是斑块内部是同质的；三是斑块与其周围相邻要素有明显区别。斑块的起源、斑块的形态特征和斑块的变化过程对斑块与周围成分之间的物质、能量交流及物种交流、迁移和再分布有显著作用。

11.2.2.2 斑块的起源

景观中的斑块按照起源可分为环境资源斑块、干扰斑块、残存斑块和引入斑块四类。

(1)环境资源斑块

环境资源斑块是由于景观中环境资源的异质性而形成的斑块，即景观中由于局部环境条件的差异形成的斑块。如林区景观中局部低洼地段出现的沼泽，荒漠景观中由于局部水分条件优越而出现的绿洲，湖泊中的岛屿，湿地景观中局部高地出现的森林等。由于环境资源分布的相对持久性，所以斑块也相对持久，相对于干扰斑块和残存斑块来说，环境资源斑块的稳定性较高，斑块周转速率低，抗干扰能力强。

(2)干扰斑块

干扰斑块是自然景观中很常见的斑块。在一个同质的景观基质内由于发生局部干扰所形成的斑块就是干扰斑块。泥石流、雪崩、风暴、冰雹、食草动物的大量取食、哺乳动物的践踏和其他许多自然变化都可能产生干扰斑块。在一片森林里发生森林火灾形成火烧迹地干扰斑块。人类活动也可产生干扰斑块。例如森林采伐、草原烧荒及矿区开采等都是地球表面广泛分布的干扰斑块。森林景观受到干扰后，干扰斑块的生物种群会发生很大变化，原有的物种可能会消失，而新的物种会侵入，有的物种个体数量会发生很大变化。干扰斑块周转率和持续时间等动态变化特点取决于基质状况和干扰状况及其相互关系，如干扰的强度、周期、持续期等。

(3)残存斑块

当同质景观的基质发生大面积干扰时，只有局部地段得以保持原有状态或受到的干扰较轻，与其周围地段形成明显差异，即形成残存斑块。如大面积森林火灾中残留下的小片林地，城市开发建设中局部留下的林地斑块。干扰斑块和残存斑块的共同特点是：稳定性差，周转率高，斑块内种群大小、迁入和灭绝等过程在初始发生剧烈变化，容易与周围的基质同化而消失。

(4)引入斑块

由于人类的出现，人类改变自然的能力逐步增强，人类有意识地对景观进行改造和建设，将当地原来没有的景观要素引入到景观中来，并通过人类活动的干预或物质、能量的投入使其得以保存，这类斑块属于引入斑块。典型的引入斑块包括种植斑块和聚居地等。如林地中开垦的农田，林区出现的居民点等。

引入斑块的重要特点是都需要人类活动能量和物质的投入才能维持，其中的物种动态和斑块周转率均极大地决定于人的活动。如果停止这类活动，斑块很容易消失。聚居地中城市和乡村区别很大，村庄是农业景观中的聚居地斑块，而大城市及郊区面积很大，需要作为单独的景观加以研究和管理。

11.2.2.3 斑块的形态特征

斑块的形态特征表现在多个方面，其中最为重要、对斑块自身功能和景观功能影响最为明显的是斑块大小和形状，是斑块的基本形态特征。对于特定类型的斑块，斑块大小和形状对该类型景观要素的内部组成结构、功能、动态变化特征都会产生显著影响。因此，在景观规划中，斑块的大小和形状是特定景观要素在斑块水平上的设计所考虑的主要因素。

(1)斑块大小

斑块大小是指斑块的面积。对于同一类型景观要素斑块来说，可以用斑块的平均面积、斑块面积结构(粒级结构)和斑块面积的各种统计量加以描述和分析。

斑块越大，斑块的内部面积越大，斑块的结构和功能稳定性越高，斑块内部与周围斑块或本底之间的物质、能量和信息的相对交换率越低，斑块内部受周围的影响越小。城市景观中，工厂区的斑块面积越大，厂区污染物越容易积累，需要用绿地或绿化带进行分割；林地斑块的面积较大时，林地的小气候和环境更明显，森林的群落稳定性较高；林地作为鸟类或其他生物栖息地的适宜性更高，应尽量保护城市景观中的大型林地斑块，以保持其良好的生态功能。

(2)斑块形状

实际景观中的斑块形状是丰富多彩的，甚至千奇百怪，对斑块形状的分析和描述除了实际描述个别斑块的形状特征外，对于景观中某一类型景观要素的大量斑块，常常以圆形或者方形为标准，通过构造一些统计指标以确定斑块偏离标准形状的程度。如近圆率指数、方形指数或简单的周长面积比。

对于一定面积的斑块，圆形斑块的周长面积比最小，斑块的内部面积最大而边缘面积最小，相应地，斑块的结构和功能稳定性最高，斑块内部与周围斑块或基质之间的物质、能量和信息的相对交换率最低，斑块内部受周围的影响也最小。而斑块形状偏离圆形，就会表现出相反的效应。

11.2.2.4 斑块的功能

同一景观中包含不同类型的斑块，也就是不同性质的景观要素。因此，斑块的功能主要取决于斑块作为景观要素的属性。如城市景观中的林地、公园、广场、公共绿地、水域、住宅区、工厂等，都具有不同的功能，首先是因为它们有不同的属性。林地能提供重要的生物栖息地、改善小气候、除尘降噪和游憩观赏等；广场是市民重要的休息、娱乐、集会的场所等。对于同一类型的景观要素斑块，其功能还受斑块大小、形状的影响，更为重要的是它还要受斑块在整个景观中的空间分布模式及其与其他景观要素的空间配置关系的影响。同时，斑块功能也是景观整体功能的基础。因此，在景观规划设计中，首先要确定不同类型斑块的总面积，进而要确定斑块的大小和分布格局，还要确定不同类型斑块之间的空间布局。

11.2.3 廊道

11.2.3.1 廊道的概念

景观中的廊道也称为廊带，廊道是斑块的一种特殊形式，是指与两边的景观要素或基质有显著区别的带状地段。廊道既可以是孤立的，也可以与某种类型斑块相连接；既可以是天然的，也可以是人工的。例如成带状的植物丛形成的绿篱、防护林带、不同绿化程度的道路、具有不同水文特征和河岸植被的河流等。

11.2.3.2 廊道的起源

廊道的起源和形成机制与斑块类似，也可以分为干扰廊道、残余廊道、环境资源廊道和种植廊道等。其中，典型的环境资源廊道如河流及其两岸植被带，典型的种植廊道如行道树、农田防护林带，干扰廊道如林区景观中为采伐和森林经营开设的林道、洪水泛滥造成的临时河道等。

11.2.3.3 廊道的特征及其意义

(1)廊道的类型

同斑块一样，景观中常常同时有不同类型和性质的廊道，决定着它们的基本功能和特征。许多人从不同的出发点对于廊道的类型进行划分，如：按起源分为人工廊道和自然廊道；按功能分为河流廊道、输水廊道(渠道)、物流廊道、能流廊道等；按廊道宽度分为线状廊道和带状廊道等。在城市景观的园林绿化建设中，道路廊道、树篱或绿化带廊道、河流廊道、防护林带廊道通常是主要的廊道类型，对这些廊道的数量、宽度、结构模式、总体空间布局等的设计是廊道设计的主要内容。

(2)廊道的功能

廊道的功能可以概括为纵向的通道功能、横向的屏障功能和过滤功能 3 个方面，同时，廊道本身也有观赏美学功能和其他社会经济功能。

廊道在纵向上的通道功能可以表现在多个方面，如道路是重要的人流、物流通道，河流是地表径流和城市废水的通道，树篱、绿化带和防护林带常常是许多生物种在景观中迁移、扩散的通道等。中国传统园林中游览步道的设计讲究“曲径通幽”，曲折而富有变化的路径既是游人的通道，又起到组织景点的作用，是园林景观设计的重要手法。

城市景观中的道路、河流和沟渠、绿化带等在横的方向上往往成为人们在景观中运动的屏障，而绿化带还可以作为不良景观的视觉屏障。

许多廊道对于横向穿越的物质、能量、物种等具有过滤作用。封闭的高速公路和城市道路对于人和许多地面动物来说是难以穿越的，但对于鸟类和昆虫却构不成障碍。类似地，来自工业区含有烟尘或其他污染物的空气，在流经防护林带时总会得到一定程度的过滤和净化。

(3)廊道的结构

对于景观中同一类型的廊道，不同的廊道结构也会影响廊道的功能及其动态变化特征。廊道的宽度、断面结构、连接度或连通性是景观规划设计中人们通常关心的主要廊道结构特征，它们决定着廊道的性质、功能和动态特征。

11.2.4 基质

11.2.4.1 基质的概念

景观是由多种类型的景观要素构成的异质性地域，其中面积最大、连接度最高、对景观功能的控制作用最强的景观要素称为基质。有些文献中称本底、模地或背景。可见，基质与斑块和廊道在概念上有很大的区别，但在实际景观中却要根据景观要素在景观中的数量化特征或功能性特征来区分。

11.2.4.2 基质的特征及其意义

掌握基质的特点是在实践中确定基质的依据，概括起来景观中的基质主要有以下3个特点：

(1)相对面积最大

景观中所占面积比例最大的某种景观要素类型可以考虑是否是景观的基质。一般来说，基质面积应超过所有其他景观要素类型的总和，如果其面积占总面积的比例达不到50%，就应考虑其他指标。

(2)连通性最高

连通性和连接度是同一问题的两个角度。连通性是从生态功能的角度，而连接度是从外在形态结构的角度，都是用来反映景观要素斑块在景观中相互关系密切程度的指标。连通性高的景观类型往往对景观整体的控制作用强，可以考虑作为景观的基质。

(3)动态控制作用最强

当上述指标还不足以可靠地把握景观基质时，需要分析景观要素对景观动态的控制作用，将景观动态变化中起控制作用的景观要素类型作为该景观的基质。

11.2.5 网络和结点

11.2.5.1 网络的概念

在某些景观中，或者在研究某些景观的特定问题时可以发现，相互连通交接的廊道形成网络，对景观的结构、功能、动态变化起着关键性控制作用，或者对景观中所要研究的特定景观过程和功能起关键作用。对于这类景观，用网络结点模型来描述和分析更加方便，也更容易抓住关键问题。如道路、沟渠、防护林带、树篱等均可形成网络。网络在结构上的特点通过结点和网格大小反映，可以应用系统工程中网络分析的方法进行研究。

11.2.5.2 网络的起源

人工网络：如防护林网、道路网、灌溉渠道网等。

自然网络：如河流、动物通道等。

11.2.5.3 结点

结点是网络中网带的交点、连接点或者终点。结点及其附近的环境条件与网络上的其他部位有所不同。例如，农业景观中的农田防护林或树篱网络，结点附近往往风速较低，光照较弱，土壤和空气湿度较大，土壤有机质含量较高，温度变化较小。这些环境条件的优越性使树篱结点处的生物多样性明显增高，成为重要的物种栖息地。河流的交汇点也会出现不同的生境斑块。城市的道路结点处往往是人流密集、商机最好的地方，也是交通堵塞、交通污染密集的地方，无论从道路绿化角度还是从交通运输角度，或者是建筑设计角度，都是景观规划设计的重点和难点。对于有些景观来说，人们关注的焦点就是结点作为生境斑块的有效性、结点之间的连接关系等，更需要研究结点及其连接的有效性。如生物多样性保护和异质种群动态研究与设计中，生境斑块作为生境网络中的结点，而它们之间的物种运动通道是网带，构成完整的生境斑块网络(Hanski，1998)。异质种群就是由这些既相对独立，又有联系的斑块上分布的亚种群构成的整体，并表现出异质种群特有的动态特征和空间动态过程。在适宜生境斑块之间设置物种交流廊道，建立起生境斑块网络，有利于物种保护(Hudson，1991)，可以作为保护区设计和生物多样性保护的一条重要原则。

11.2.5.4 网络的特征及其意义

网格的特征主要表现在网络格局、网络连通性、网眼大小、结点特征和网带结构等方面。

(1)网络格局和网络连通性

网络的整体格局可以有许多，但总的来说最为常见和普遍分布的网络景观可以归结为方格状网络和树枝状网络两种基本类型。农田防护林(树篱)网是一种典型的由矩形网格组成的网络，排灌渠道、城市道路、农业景观中的道路网等，都呈现方格状网络格局；动物通道网络一般是不规则格网状格局；而河流、黄土侵蚀沟系等多呈树枝状网络格局。还有诸如内陆湖集水区河流系统的放射状、以山地或台地等为中心的环圈状格局等类型。

连通性是网络的重要特征，是反映网络连接关系和网络复杂度的一个指标。在一个景观中所有结点被网带(廊道)连接起来的程度就是网络的连通性。连通性可以用一些具体的指数来定量化地描述，如 γ 指数就适用于分析网络的连通性，γ 指数是一个网络中已知结点之间的现实连接廊道数与最大可能连接廊道数之比。现存的连接廊道可直接数得，最大可能的连接廊道数可通过现实节点数计算出来。

连通性指数是景观设计中应予考虑的一项，比如设计自然保护区时，要考虑到网络连通性对各种动植物的迁移、觅食、繁殖和躲避干扰等活动的影响。

(2)网眼大小

网络景观中，网带之间所包围的景观要素仍呈斑块状，斑块的大小、形状、环境条件、物种丰富度和人类活动等特征对网络景观本身也有重要影响。在研究中人们把网带间的平均距离或网络所包围的景观要素的平均面积称为网眼的大小。网眼大小与物种之间的关系比较复杂，物种对网眼大小相当敏感。例如，在法国，一种领地较小的食肉性甲虫，在农田平均网眼面积大于 $4hm^2$ 时会消失；相反，领地较大的物种，如猫头鹰，通常在网眼大小为 $7hm^2$ 时才会消失(Forman & Godron，1986)。不同的网眼大小会形成不同性质的生境，可满足更多物种生存。

农田林网的网格大小，对网络的功能有显著影响，网眼太大，网格密度过低，会降低林网的防护效果，影响景观的生产功能；网格密度过大，会妨碍农田机械化耕作，增加占地和胁地面积，降低土地利用率，也会影响景观的生产功能。城市景观中的道路密度与城市总体功能的发挥关系极为密切。道路密度不足，城市交通无法满足城市生产和生活的需要；道路密度过高，会占用大量土地。城市绿化网络，也需要根据不同城市功能区的环境状况和污染防治要求，确定适当的网格大小，以保证绿化美化效果，维持合理的土地利用结构。

(3)结点特征和网带结构

结点特征和网带结构都属于生态系统水平上的问题，都属于特定类型的生态系统，具有组成结构、垂直结构、发育阶段等方面的特点。同时，结点斑块的大小和形状、网带的宽度和横向纵向结构都对整个网络的结构和功能有显著影响。如防护林带的宽度、树种搭配、高度等，城市绿化网络结点的绿地性质和类型、斑块大小、斑块形状等。

11.3 景观结构和格局

11.3.1 景观异质性和格局

异质性是生态学领域中应用越来越广泛的一个概念，用来描述系统和系统属性在时间维和空间维上的变异程度，一般是指空间异质性。空间异质性(spatial heterogeneity)是指生态学过程和格局在空间分布上的不均匀性和复杂性。

11.3.1.1 景观异质性

(1)景观异质性的概念

空间异质性是指某种生态学属性或变量在空间分布上的不均匀性及复杂性。景观的异质性是景观的基本属性，是景观尺度上景观要素组成和空间结构上的变异性和复杂性。景观空间异质性包含景观空间构成(即生态系统的类型、种类、数量及其面积比例)异质性、空间构型(即各生态系统的空间分布、斑块形状、斑块大小、景观对比度、景观连通性)异质性和空间关系(即各生态系统的空间关联程度、整体或参数的关联程度、空间梯度和趋势)异质性。也就是说，高度异质的景观是由丰富的景观构成和对比度高的分布格局共同决定的。当景观构成类型的数量一定时，以大斑块相对集中的分布格局组成结构的景观异质性较低，而以小斑块分散分布格局组成结构的景观异质性较高。

(2)景观异质性的来源和意义

景观异质性的来源主要是环境资源异质性(即非生物环境，如地形、地质、水文、土壤、气候等方面空间异质性)、生态演替(群落演替、土壤形成、小气候形成等)和干扰(自然干扰和人为干扰)。景观异质性不仅是景观结构的重要特征和决定因素，而且对景观的功能及其动态过程有重要影响和控制作用，决定着景观的整体生产力、承载力、抗干扰能力、恢复能力，对景观的生物多样性也有重要影响。

景观异质性可以影响资源、物种，或干扰其在景观上的流动与传播，进而对景观功能过程产生显著影响。异质性与稳定性的关系始终是景观生态学的一个基本认识。正如多样性与稳定性的关系一样，在一定范围内，增加系统的多样性将有利于提高其稳定性，这一点在景观尺度上有更明显的表现。由于景观的空间异质性能提高景观对干扰的扩散阻力，缓解某些灾害性压力对景观稳定性的威胁，并通过景观系统中多样化的景观要素之间的复杂反馈调节关系使系统结构和功能的波动幅度控制在系统可调节的范围之内。

景观的异质性和同质性因观察尺度变化而异，粒度和幅度对空间异质性的测量和理解有着重要的影响。景观异质性是绝对的，它存在于任何等级结构的系统内。同质性(homogeneity)是相对的，在某一尺度上的异质空间，而在比其低一层次(或小一尺度)上的空间单元(或斑块)，是相对同质的空间单元。因此，讨论同质空间时，必须明确空间尺度。景观异质性程度与观察尺度大小有极其密切的关系。空间单元的面积扩大时，其异质性增加，而由这些空间单元所组成的景观的异质性程度将降低。

(3)景观异质性的测度

景观异质性首先可以简单地用景观构成类型数量及其生态学属性的差异性加以说明，在一定的尺度或水平上，类型数量越多，异质性越高。同时，景观多样性指数、景观优势度和均匀度、景观斑块密度、景观边缘密度、景观镶嵌度指数和聚集度指数等都是描述和分析景观异质性的合适指标。其中，景观多样性指数仅能反映景观总体的属性，与群落生态学研究中一样，它对研究整体的空间尺度及分类单位的确定也十分敏感，在对不同景观进行横向比较时应有较严格的条件限制。景观要素的优势度用于刻画景观中某种或某类景观要素的相对重要性，或者说，景观结构和功能受某类景观要素控制的程度。斑块密度、斑块边缘密度、镶嵌度指数既可以反映景观整体异质性，也可以表征某一类景观要素斑块在景观整体异质性中的表现。

11.3.1.2 景观格局

(1)景观格局的概念

景观格局(landscape pattern)是景观异质性的一种表现，景观生态学中的格局是指空间格局。当景观异质性表现为某种相对稳定或普遍的规律性时，人们把这种有规律的空间分布模式称为景观格局。所以，景观格局和景观异质性是一个问题的两个方面，景观异质性重点说明景观具有的这种属性，而景观格局则重点说明这种属性的具体表现形式。

(2)景观格局类型

现实景观的格局多种多样。如草原上以水井为中心分散分布的退化草地在大尺度上可以看作是草原基质中的点格局，而大多数景观都属于面格局。在面格局中，多数属于斑块镶嵌格局，也有些景观呈现出空间梯度分布格局。在斑块镶嵌格局中不同类型的斑块在空间上可以呈随机型、均匀型或聚集型分布，而聚集的程度、方式可以有多种。如 Forman 和 Godron 提出过几种典型的景观格局，包括斑块镶嵌格局、网状格局、指状交错格局和棋盘状格局。

(3)景观格局分析

由于现实景观中的格局很复杂，有些是比较明确和直观的，有些则没有明显的格局，需要借助一些数量化分析方法才能揭示出来。常用的空间格局分析方法有趋势面分析法、空间自相关分析法、地统计分析法、空间关联度分析法、梯度分析法等。

11.3.2 森林景观结构

11.3.2.1 森林景观结构指标

如前所述，森林在景观水平上的理想结构，是当今森林资源经营管理和森林生态学研究的热点问题，在森林可持续经营研究领域也受到重视，并逐步提出了一些理论、原则和模型。在学术研究领域和管理人员当中，人们已经开始认识到，森林景观具有整体结构并决定着景观的整体功能，人们可以通过调整景观整体结构实现景观整体功能的优化，对森林景观的规划、建设和管理应当成为森林经理工作的重要内容。

在实现森林可持续经营的艰难历程中，每一步都是一个实验。实践的经验教训和研究成果已经明确指出一些现实森林经营中的问题或错误，以及哪些方面必须进行改进或改变。但探索比原有的方法更具有可持续性的途径，仍然是我们努力的目标。每一次有关森林收获利用和经营方针的重大变化事实上都是一次结果带有很大不确定性的实验，无论管理机构如何善于寻求支持这种变化的论据，都不能消除人们的担忧。森林经理学是应用科学，它更关心如何解决人们在森林经营实践中遇到的实际问题，有关的理论也必须在明确的森林经营目标或目的的指导下使森林经营管理者明白，应当通过森林经营活动把现实森林经营成什么样才能达到预期的森林经营目标，在森林多目标经营中如何平衡这些目标并制定出适合本单位的具体经营目标来。这是一项艰巨的任务，也是一个现实的挑战。但不论森林经营的目标是什么，必须首先对森林现状做出恰当的评价，并能及时地对森林经营的过程及其效果进行监测。对森林景观进行监测和评价都需要应用一些可测度的适当指标，这些指标应当能够比较准确地反映森林景观的可持续性和森林可持续经营的条件和潜力。遥感技术、地理信息系统技术和空间分析技术等新技术将成为森林经理工作的基本工具和手段。

人们已经开始理解诸如原始老龄林(old-growth forest)和天然林在森林可持续经营中的作用，景观异质性和多样性对于保持景观稳定性和生产力的意义，在森林中和采伐迹地上保留森林木质残体(forest woody debris)对于保持林地生产力和生物多样性的作用，以及保持景观程度上相关生态系统之间的生态连接度的意义，避免大面积单纯同龄人工林和短轮伐期作业可能带来的不良后果等。而不同的森林经营目标对森林景观结构的要求显然不同，相应的评价和监测指标也不相同，而且森林多目标经营战略还要求协调不同经营目标之间的矛盾和冲突。但是，就目前的实际情况来看，一般性原则多而具体技术指标少，对森林经营管理具有普遍指导意义的结论还很不够，对此还需要做更多的研究与实验。国内有关森林可持续经营指标体系的研究工作已经取得部分成果，相信不久的将来会提出一套完整的指标体系来，而且其中一定会包含景观尺度的森林结构指标，见表11-1。

表 11-1 森林景观结构特征指标

结构特征	评价指标
景观异质性和多样性	景观要素多样性指数 景观要素优势度指数 景观要素均匀度指数 景观要素镶嵌度指数
森林类型多样性	当地独特森林类型的面积和比率 当地地带性植被类型(演替后期植被类型)的面积和比率 原始林、老龄林、天然林的面积和比率 阔叶林与针叶林的面积和比率 各龄级天然林与人工林的面积比率 各类森林之间的空间关联度和聚集度
森林生产力	用材林各龄级林分单位面积蓄积量 用材林各龄级林分单位面积生长量 各类森林单位面积生物量
森林年龄	不同森林类型演替序列阶段或龄级分布 全部森林演替序列阶段或龄级分布 一定演替序列阶段的林分立木平均年龄和年龄范围
林分结构	不同大小和腐朽分解程度的残根、倒木和其他结构成分 结构成分和斑块的空间分布 林分叶面积指数和分层性 冠层的垂直多样性 树冠大小、林冠密度或郁闭度、林窗分布 林分中立木胸径和年龄的多样性
斑块特征	全部林分斑块粒级结构 各类型和各龄级林分粒级结构 斑块大小多样性指数 演替后期群落内部生境(减去一定宽度的边际带)斑块粒级结构 演替后期群落内部生境斑块总数和总面积 森林斑块总边长和边际带总面积 森林斑块周长面积比 内部生境面积与边际带面积比 斑块分维数 斑块形状指数 斑块密度 森林破碎化指数
斑块隔离度	所有森林斑块之间的间距(平均值、中值和范围) 演替后期森林群落类型斑块间距(平均值、中值和范围) 邻接度(源生境斑块周围一定距离范围内同类生境斑块面积、特定生境斑块与其他不同类型生境斑块邻接的边界长度) 结构对比度(相邻不同生境斑块之间的差异，可以用斑块的各种结构属性测度)

（续）

结构特征	评价指标
火状况	火烧频度、间隔期、轮回期 火烧面积(平均值和范围) 火烧强度或烈度 季节性或周期性 可预测性或不确定性
道　路	各级道路总密度 不同级别道路密度 大块无道路林地的面积百分比 各个时期大块无道路林地的面积百分比 各个时期新建、重建和封闭的道路里程和比例 由道路永久性封闭而得到恢复的大块无道路林地的面积
敏感物种	敏感物种的种群统计学参数(多度、密度、重要值、繁殖力、恢复率、存活率、死亡率等) 敏感物种的遗传和健康参数(等位基因多样性、杂合性、个体生长率、生育力或结实性、生物量、胁迫荷尔蒙水平等)

表11-1列出了一些对于评价森林持续的生产力、生态系统稳定性和生物多样性保护能力方面的重要指标，可能对于许多地区的森林经营来说具有一定的参考价值，但在实际应用时不应当全部照搬，而应当根据实际需要和具体的森林经营目标有选择地应用并进行必要的补充和调整。同时，表中所列出的指标也只是现有研究成果的一个不完整的部分，只能作为今后进一步研究和完善的基础。

11.3.2.2 森林景观结构特点与破碎化

森林景观是以森林生态系统为主体，与相互联系的其他景观要素一起构成的一类景观。包括各种类型的天然林和人工林、灌木林、疏林、草地、湿地、河流、农田、道路、居民点、矿区等景观要素类型。森林景观结构也包括景观要素组成结构和景观空间结构，并且森林景观也可以像其他景观一样从整体和景观要素两个水平上考察和研究其结构特征。需要特别指出的是，在森林景观中，由不同的立地条件、森林起源、干扰状况、经营方式和生长发育阶段决定着的森林类型、林分年龄和斑块大小的林分斑块是森林景观的主要结构成分。因此，森林景观的林分类型结构、年龄结构和粒级结构是森林景观的重要结构特征。

(1)林分类型结构

林分斑块类型最显著的指标是树种组成，根据优势树种划分林分斑块类型，对于指导森林经营管理的意义也最为明确。因此，森林景观中林分斑块类型结构就是森林景观的树种结构。由自然立地条件和自然干扰状况决定的森林景观树种结构一般是适宜于景观自然地理过程和生态过程的异质性动态镶嵌稳定结构。在人为经营管理下的森林景观则更多地取决于经营措施。森林类型结构的多样性和异质性对于维护森林景观的稳定性、维持森林景观的生物多样性、保持森林生态系统的持续健康和生产力具有重要意义。由于森林破坏、人口增长和需求增加等因素造成的木材短缺，促使世界上很多国家在森林资源管理中都走过了一些曲折的道路。大面积地用人工林取代天然林，用针叶纯林取代阔叶混交林，是其中最典型的例证。经过几百年的实践，人们逐渐发现，把发展人工林作为发展林业的主要途径不仅达不到增加森林资源的预期目标，反而会带来许多预想不到的不良后果，使森林生产力下降、生物多样性丧失、森林稳定性降低、森林生态服务功能下降、人类生存环境恶化。从当前中欧一些国家提出的“接近自然的林业”中，不难看出德国和其他欧洲国家关于发展人工林与经营天然林利弊的长期争论的影子。从北美提出的“新林业”和“森林生态系统经营”的思想也不难体会林学界对于过去森林经营实践的深刻反思，以及对未来可持续森林经营正确道路的艰难探索。对于经营天然林的重要意义，在第二次世界大战以后，已逐步在林学界达成共识，但真正转变森林经营思想，建立新的森林经营理论和技术体系并取得实际效果，却受到社会、经济、技术、林业经营特点等多方面因素的制约。

(2)林分年龄结构

森林景观结构的另一个重要特征是森林景观的林分斑块年龄结构。在未受人为干扰的原始林中，森林景观的年龄结构决定于自然干扰的种类及其特点。在火烧干扰为主的森林中，个别林分的年龄取决于距上次火烧干扰时间的长短，而整个景观的年龄结构则取决于火烧干扰的强度、间隔期和轮回期等火烧干扰状况参数，并总是处于某种相对平衡的负指数分布状态。在人为经营的地区，森林的年龄结构决定于轮伐期的长短和整个轮伐期中森林采伐量的时间分配。经典法正林模型要求经营单位具有法正龄级分配，即必须具备从小到大各龄级的林分，并且各龄级林分面积相等。而广义法正林模型中，各龄级林分面积取决于由各龄级林分面积采伐概率所决定的林龄转移概率矩阵，整个地区的森林年龄结构表现为一定的递减率分布模式，即幼龄林多，中龄林次之，成熟林再次之。因此，无论从木材生产还是从保护环境和生物多样性出发，持续的森林经营总是要求一定范围的森林景观内林分斑块年龄结构能够保持某种程度的动态平衡。

(3)森林景观粒级结构

森林景观的粒级结构就是森林景观中森林斑块大小的结构，也是森林景观总体水平上重要的景观结构特征。在原始天然林中，环境资源的异质性、自然干扰类型和景观的自然植被演替阶段共同决定着森林景观的粒级结构。在温带或北方针叶林中，如我国东北大兴安岭林区，火烧干扰是主要的自然干扰类型，干扰后更新形成的林分斑块大小和形状都强烈地依赖于森林火烧干扰状况，一般容易形成粗粒结构的景观。而在热带雨林、亚热带常绿阔叶林和温带落叶阔叶林景观中，林冠干扰常常是主要的自然干扰类型，由树倒形成的林冠空隙就是森林更新的基本单元，每一个更新单元都经历不同的生长发育阶段，使整个森林景观成为由不同树种和年龄的斑块构成的镶嵌体，容易形成细粒结构景观(臧润国，1999)。在华北石质山和土石山林区，由于地形破碎、坡度和坡向变化大，环境资源空间分布的高度异质性决定了该地区森林景观的细粒结构特征(郭晋平，

1997)。在人为经营的森林景观中，森林采伐方式是对景观粒级结构影响最大也最直接的森林经营活动。择伐总是形成细粒结构景观，而皆伐因不同的伐区面积使景观形成不同粒级的粗粒结构。采用什么样的采伐方式对森林景观斑块规模大小的结构特征具有关键性影响。以模拟自然干扰为原则制定森林采伐方式和其他森林经营措施应当受到鼓励和提倡。

(4)森林景观破碎化与森林经营

森林是全球重要的陆地生物栖息地，包含着大量的生物多样性。森林破坏和采伐对生物多样性保护的严重威胁不仅在于森林面积的净减少使生境面积减少，还由于生境破碎化使生境质量下降，乃至由于生境斑块面积太小而失去作为某些物种生境的作用。随着人类对森林的破坏，使连续不断的大面积森林斑块面积缩小，斑块数量增加，斑块形状趋于不规则，森林斑块内部生境面积减少而边缘面积相对增加，森林斑块被彼此分隔，连接度下降，甚至变成彼此缺乏联系的生境岛。森林破碎化是造成许多森林内部物种灭绝或者处于濒危状态的原因。森林破碎化首先是由于森林面积减少的直接后果。不合理的森林采伐导致森林难以恢复，森林砍伐后林地被垦为农田或牧场，城市化过程加快占用大量林地等。据估计，1960年全球森林总面积约占到地球陆地总面积的1/4，现已减少到1/5，预测到2020年将减少到1/7。同时，交通运输、能源和动力输送线路等基础设施建设也人为地分割了森林景观。在与森林经营有关的活动中，不合理的森林采伐方式是造成原始林破碎化最直接的原因。富兰克林(Franklin *et al.*, 1987)一直致力于在生态学基础上制定合理森林采伐方式的研究，针对森林采伐的生态学影响开展了多方面的研究，曾先后提出棋盘格式模型和集中—分散模型。世界各国的许多林学家和生态学家，为协调人们对森林的经济要求和自然保护要求之间的矛盾，也进行了不懈的努力，并提出了一些森林景观经营利用模型。如哈里斯(Harris, 1984)提出的“核心区—内缓冲区—外缓冲区”多用途模式(MUM)、诺斯和哈里斯(Noss & Harris, 1986)的景观群岛模型、福尔曼(Forman, 1995)提出的通过土地规划协调保护与开发利用的“空间途径”(spatial solution)、俞孔坚提出的景观生态安全格局(ecological security pattern of landscape)，以及通过建立“过渡斑块”(step stone)或“生物运动廊道”(green way)提高破碎生境斑块之间连接度等空间规划与管理途径等。在森林景观规划、建设与管理中，河岸带植被(riparian vegetation)的作用应当受到更多的重视。由于河岸植被带的生产力和物种多样性高，对进入河流的物质和物种等有显著的过滤作用，对于维持河流的良好水文状态、温度状态以及作为水生生物所需要的能量来源都具有重要意义。因此，在森林景观，特别是在流域上游森林景观的规划、建设与管理中，应当充分考虑河岸林带的生态作用，沿河流保留一定宽度的缓冲林带，不进行采伐，或者采用特殊的或适当的采伐方式和采伐强度进行采伐(Malanson, 1995)。

11.4 景观过程和景观功能

对于生态系统的功能，存在着两种认识，一种是从生态系统内部诸要素相互作用和维持生态系统运行的角度把各种活动、作用或者过程作为生态功能；另一种是从生态系统与人的关系的角度把生态系统对人类的有益的作用和输出作为生态功能。有人甚至不加区别地把这两者混淆起来(赵羿 等，2001)。但为了建立科学准确的概念体系，将两者区别开来是非常必要的，在名称上可以把前者直接叫做生态过程，而把后者叫做生态功能。

11.4.1 景观生态过程

11.4.1.1 生态过程的概念

如果不考虑生态系统的尺度，即它可以是一个培养有生物的培养皿、一个潮汐水塘、一个林分、一条溪流的流域、一个区域或者是整个地球，都可以被称为生态系统(ecological system)，生态学家通过应用生态系统这一基本概念框架能更好地理解这些系统。生态系统总是由生物和非生物环境两大部分组成，生态系统内部各要素之间的相互作用包括结构与功能(过程)之间、各个功能(过程)之间以及各个要素之间的相互作用。

结构是系统中可以直接感知的物理学要素，是人们能够看到、接触到或感觉到的东西，它们可以是生物的或非生物的、移动的或固定的。而功能(过程)是由结构所表现出来的活动和作用。生态系统的过程强调事件或现象的发生、发展的动态特征，可以用不同的途径对生态过程进行分类，但一般来说生态系统功能都可以归结为5类主要过程，即获取(输入)、生产、循环、贮存和输出。

①获取(capture)或称输入(input)　指资源进入系统的过程，这里的资源包括物质、能量和生物(物种)，而进入系统可以通过光合作用、生物(物种)迁移进入其季节性活动区等过程。

②生产(production)　指资源在系统内被加工或制造的过程，如植物的生长、动物的繁殖、树桩枯木变成倒木等。

③循环(cycling)　指资源在系统内部的输送过程，如动物在系统内的迁移、营养元素在林分的循环、雪融化并变成地表或地下水的过程等。

④贮存(storage)　指资源在系统内的保存和保持，如湿地中沉积物的保留过程、碳和其他营养元素再贮存在倒木中的过程等。

⑤输出(output)　指资源离开系统的过程，如动物从其季节性活动区域迁出、土壤的侵蚀、经济产品的输出等。

进一步考察这些过程的本质可以发现，无论是哪类过程，无论其表现形式有多么不同，都是物质、能量和物种(信息)流动过程，通过对生态系统内部和外部各种流(flow)的分析，包括其源汇关系、流动速率、变化和周期等，可以从复杂的生态过程表象中找到具有普遍意义的规律。因此，在景观生态研究中更重视景观生态过程中各种流的分析，在经典景观生态学著作中，更是把景观生态流作为认识景观生态过程或功能的基础。

景观生态学常常涉及多种生态学过程，其中包括种群动态、种子或生物体的传播、捕食者—猎物相互作用、群落演替、干扰传播、物质循环、能量流动等。

11.4.1.2 景观流的基本原理

(1)景观流的动力

景观水平上的生态流基本驱动力包括扩散、重力和运动3种。

①扩散 溶质或悬浮质通过溶剂或介质由高浓度区向低浓度区的移动，属于分子的热运动，遵循热力学有关规律。大气、水体是景观中物质扩散运动的基本溶剂或介质。景观异质性是物质扩散运动的基础，在均质系统中没有扩散。如大气中花香和污染气体从其散发源向周围扩散，水体中的污染物也会从污染源向周围清洁水域扩散。扩散在景观中对生态流的驱动作用一般比较弱，与其他两种力相比，它的作用范围有限，特别是对于在较大空间尺度上的过程来说，其作用比重力和运动力要小得多。但在有些景观过程中其作用也是十分突出的，要根据实际景观过程确定其作用。扩散总是使景观均质化，并趋向物理学平衡，除非保持持续的扩散源，扩散力将消失，扩散过程结束。

②重力 使地球上任何质量的物质朝着降低势能的方向运动，通过势能的下降，转化为动能，推动物质沿重力梯度方向运动。地表水和地下水的流动、滑坡和崩塌、泥石流、土壤侵蚀和沉积等都与重力作用密切相关。大气和海洋的局部环流、全球环流都是由于地球表面不同范围内不均匀加热过程导致大气和海洋热对流，在地球自转和月球引力等作用下形成的。它们都是景观生态流的重要驱动力，并往往导致物质在景观中形成聚集格局，但这种聚集趋向于物理学稳定和平衡。

③运动 物体通过消耗自身能量从一处向另一处的移动。动物和人在景观中的运动是典型的运动，而通过汽车、火车、飞机和船舶等交通运输工具的移动也属于这个范畴。不同的力对物体的分布格局有关。运动将导致高度聚集的景观格局，而且属于耗散结构稳定态，是景观生态异质性的重要来源。

(2)景观流的媒介

物质、能量和物种在景观要素之间空间流动，主要通过气流、水流、飞翔动物、地面动物和人5种媒介。气流可以携带热能、水分、尘埃、烟、污染物、雪、声音、种子、孢子和很多小昆虫。水流也可以运输能量、矿物养分、种子、昆虫、污泥、肥料和有毒物质。不同温度的气团和水流在景观中的运动可以大幅度地输送热量，改变局部和区域气候环境。鸟类、蝙蝠、昆虫等飞翔动物，哺乳动物和爬行动物等许多地面动物，不仅在其自身运动过程中会导致物质、能量和物种的移动，还可通过动物体表和体内携带种子、孢子、昆虫等。人的作用更加明显，不仅存在无意识的携带作用，更存在有意识的输送和传播活动，其传播的空间尺度和规模都是其他动物无法比拟的，人类不合理的传播活动所带来的生态后果比其他传播活动有更大的不确定性，可能会带来灾难性后果。

(3)景观流的模型

景观流的概念模型很多，最基本的两个模型是渗透模型和源汇模型。

①渗透模型 研究流体在介质中运动的理论模型。由于在种群动态、水土流失、干扰蔓延、动物的运动和传播等景观生态过程中也常常可以发现临界阈限现

象，因而在景观生态学研究中得到了高度重视和应用。由于景观中的扩散过程并不等同于溶质的自由扩散，而是在异质性景观作用下克服景观阻力的扩散过程。当景观单元之间的连接度达到某一临界值时，生态过程或事件在景观中的扩散类似于随机过程，否则就说明在景观中存在类似于半透膜的过滤器，甚至是使景观完全分割破碎化的景观阻力。景观中景观单元之间生态连接度的这个关键值叫作临界阈限(critical threshold)。由于景观阻力的存在，随机扩散过程变成渗透过程，物质、能量和物种行为方式会有显著的不同。对于不同的生态过程，临界阈限的生态学意义及其对人类的作用很不相同。中性模型就是基于渗透理论模型建立起来的一类景观生态模型。所谓景观中性模型是"不包含地形变化、空间聚集性、干扰历史和其他生态学过程及其影响的模型"，主要用来研究景观格局与过程的相互作用，检验相关假设。当景观生态过程偏离中性模型的模拟或预测结果时，说明某种景观格局可能对景观生态过程有影响或控制作用。景观要素的边缘带和景观中一些特定的景观要素都可能起到半透膜的作用，使景观成为某种物质、能量或物种的渗透系统。

②源汇模型　主要是针对生物种群动态与异质性生境斑块格局的关系提出的一个概念模型，它与复合种群模型有天然的密切联系。在过去的种群动态研究中，多数模型将生境看作是同质的，种群的每一个个体都处于相同的环境条件中，但实际上同一物种的个体和亚种群栖息的生境在资源可及度都是异质的，其中的种群动态特征有明显的差异。因此，将那些经常靠外来繁殖体或个体维持生存的亚种群所在的斑块称为"汇斑块"(sink patch)，而把那些为汇斑块提供生物繁殖体和个体的斑块称为"源斑块"(source patch)。在此基础上建立了复合种群动态的源汇模型。由于源汇模型在景观生态学解释个体在景观镶嵌体的各部分具有不同分布特征的原因是极为有用的，它与复合种群概念、景观镶嵌体中生境斑块的异质条件和亚种群之间的个体交流等，成为研究种群动态和稳定机制的重要模型基础。破碎化导致的生境斑块源汇属性变化对复合种群动态和生境斑块质量的影响，是景观生态学研究中关于生物多样性保护的重要研究领域，研究中还创造了假汇、陷阱等相关概念。当生境斑块被隔离以致复合种群过程不能发挥作用时，生境破碎化对物种的持续生存将产生极大的危害。源汇模型可以应用到任何能流和物质流过程的研究，如景观中污染物的吸收、积累和转化过程，元素循环过程等都可以应用源汇模型进行类似的分析。

11.4.2 景观功能

11.4.2.1 景观功能的多样性

对于景观的功能，可以从不同的角度和目的进行分类，但迄今为止人们的认识并不统一。结合国际上对生态系统功能的认识，森林景观的功能可以概括为产品功能或者生产功能、服务功能、文化功能和空间功能这四个方面。

景观生产功能的基础是景观的第一性生产力，即景观的初级生产力。在此基础上还可能有次级生产。对于森林景观来说，它可以为人类提供木材、食品、燃料、药材、水、鱼、野生动物、化工原料等各种直接产品。

服务功能是指森林生态系统维持自然环境健康、生态系统完整性和生态安全保障的功能，包括大气调节，全球及地方气候调节，理水、保土、促进土壤形成，防止泥石流、洪水、滑坡和崩塌等生态灾害，保障水质，减轻土壤污染，提供生物栖息地，提供游憩机会等。

景观的文化功能包括景观的美学功能，提供科研和教育基地，作为艺术素材，满足宗教和文化需求，陶冶人们的心理，修养人们的心智，帮助人们理解自然、理解人与自然的关系等，有助于人类文明和文化进步等方面的作用。

景观是空间实体，景观可以为人类和多种生物提供栖息场所和活动空间，无论对人类或者对生物，景观的适宜性是多种因素共同作用的结果。

11.4.2.2 森林景观的功能

森林景观的功能也是多种多样的，这种多样性不仅体现在它们对人类生活和生存环境影响的不同方面，也体现在不同的时间和空间尺度上，有些是短期就能看到的，有些则需要放在人类发展历史进程的尺度上加以考察和理解的；有些是有形的和直接的，有些是相对抽象的、精神的和间接的，但无论如何都是人类生存和发展所不可或缺的。详见表11-2。

表11-2 森林景观的功能

功能类型	效 能
产品功能	提供原料、材料、饲料、食品和药材等 材料：直接使用的物质材料，如木材 原料：加工用的原料，如林产化工原料 饲料：枝叶用作动物饲养原料 食品：干鲜果品、野菜、食用菌、食用动物 药材：直接用药材和加工用药材 其他产品
服务功能	涵养水源：蓄水，保水，增加入渗，调节河流水文 保持土壤：防止土壤侵蚀，减少河流泥沙，减缓河道淤积 防灾减灾：减轻洪水和灾害风的影响，减少崩塌、滑坡和泥石流等山地灾害 调节局部气候：调节局部地区气温和大气湿度等 净化大气：吸收和固定有害气体，吸附烟尘，清洁空气，增加空气负离子含量 污染物处理：吸收有毒物质，废弃物和污染物降解，防止水体富营养化 调节全球气候：CO_2 和其他温室气体的汇和库，减缓全球气候变化 森林游憩：提供游憩场所和机会 保护生物多样性：提供动物、植物、微生物栖息地，并保护生态系统和景观多样性 促进土壤发育：促进岩石风化、土壤发育和有机质积累 基因库：保存并提供育种和生物工程材料 养分循环：生物固氮，促进N、P等养分生物循环比例和速率 生物控制：提供生物种群系统控制机制

（续）

功能类型	效　能
文化功能	美学功能：满足人们审美、视觉需求 宗教和艺术：满足宗教需求，提供艺术源泉 学习和研究：提供人类研究自然，学习了解自然的场所，理解人与自然的关系
空间功能	人类生存空间：为人类活动提供基本的空间，景观质量对人类的生存质量产生直接影响，并改变着人类的生活方式，同时人类活动也剧烈地改变着景观 生物栖息地：生物生存需要基本的生存空间，从组成结构上很合理的生态系统，如果没有足够的空间范围，也无法满足生物的要求

注：引自郭晋平和马大华，2001。

森林景观对人类的多功能、多效益常常是相互矛盾的，特别是森林的产品功能与服务功能之间，在小尺度上常常是不可调和的。如果要从森林中取得木材产品，就必然要在某种程度上影响，甚至伤害森林的服务功能，而在景观尺度上可以协调森林多功能、多项利用的关系，在充分保障森林可持续性的基础上维护森林景观生态系统健康，维持景观生态过程的持续性，实现森林的可持续经营。

11.4.2.3　山地森林和河岸林的流域功能

由于河流及其河岸带具有特殊的立地条件，如水分充足、空气湿润、养分丰富、环境梯度明显等，往往在河岸带形成独特的森林植被，对流域的景观格局产生显著影响，并发挥独特的景观功能。

(1)维持景观稳定性和保持水土

山地河谷中地貌过程活跃，水流的侵蚀加上重力作用，使山地河谷景观中经常出现滑坡、崩塌、土溜、泥石流等山地灾害，山地森林和河岸森林能为维持河谷地貌的稳定性发挥重要作用。

(2)物质和能量的输送、过滤和调节功能

山地森林和河岸森林是河流有机物的主要来源，为河流水生生物提供初级食物来源。国外对森林与渔业(特别是娱乐性渔业和特殊淡水渔业)的关系非常重视，就是因为它们的关系极为密切，许多动物的生存也与河岸森林和河流密切相关。

山地森林和河岸森林还对保持山地河流水温等水生环境的稳定性发挥重要作用。

河岸森林不仅向河流输送物质，它还是物质进入河流的过滤器，物质在进入河流之前经过河岸林，一部分发生沉积积累在河岸森林土壤中，一部分被河岸森林植被所吸收利用，只有一部分进入河流。这种过滤和调节作用是其他景观要素无法取代的。

总之，一个健康的森林景观应该包括山地和溪流。溪流的生物多样性是地区生物多样性最关键的组成部分。

(3)维持河流良好的水文状况和水质

山地森林和河岸森林对流域水文状况的影响主要表现在对径流的调节作用以

及保持和提高水质的作用。森林肯定会减少总的地表径流量，同时减少洪水的洪峰流量，而增加枯水期流量，减缓了水文波动。山地森林和河岸森林可使河水保持良好的水质，降低河流泥沙含量，过滤土壤中进入河流的有毒物质和速效性营养物质，降低水体富营养化的风险。

总之，山地森林和河岸森林的重大生态意义要求人们给予特殊的关注，特别是河岸森林，对于改善流域生态安全状况具有更直接的作用，需要进行特殊的经营和保护，根据河流景观格局，设置一定宽度的严格禁止采伐或限制采伐带是必要措施。

11.4.2.4 林带对农田的保护功能

农业景观中的林带、林网、树篱对维护农业景观的稳定性和可持续性具有重要意义。其功能主要表现在对农田小气候的改善、调节湿度、影响作物产量、影响动植物种类组成和景观中的生物多样性等方面。农业景观中的片林对其附近农田也有类似功能，而且其部分作用会更强。

(1)改善农田小气候

林带能够降低有效范围内的风速、减弱湍流、减少农田蒸发、保持土壤水分、保持积雪、防止沙暴、减轻或避免干热风危害、调节农田气温等。

(2)调节水分状况

由于林带的屏障作用，使农田蒸腾和蒸发的水分扩散减弱，从而有利于增加空气湿度和保持土壤水分。此外，林带还有降低地下水位和减轻土壤含盐量的作用。

(3)提高作物产量

林带既然对农田小气候和水分状况产生有利的影响，自然预期会对作物的产量起到促进作用。我国生产实践说明，林带的这种增产作用是普遍的和显著的。在正常年份，在农田防护林带的保护下，小麦增产10%~30%，玉米增产10%~20%，水稻增产6%，棉花增产13%。在自然灾害较多或气候条件较差的地区，在出现灾害性天气的年份，农田防护林带的增产效应更明显。

(4)增加生物多样性

农田生态系统物种多样性低，但在林带、树篱和片林中，由于群落结构复杂，物种多样性高。在防护林带的保护下，农田的物种多样性也会增加，但同时也必然会使害虫、害兽和病害增加，使农业生产受到一定程度的损失。许多人认为，这种变化会通过捕食者的增加，捕食食草动物和昆虫，使农田生态系统的结构趋于复杂，从而提高农业景观的稳定性，但这是一个多目标、多因素的平衡决策问题，还需进行更多的研究才能得出明确的结论。国内以往的研究多偏重于防风和小气候效应方面，对生物多样性和生态系统结构和稳定性的关系方面考虑不够。

11.5 景观动态

景观动态是森林景观的重要特征，由于森林景观的动态变化非常活跃，对森林景观动态变化规律的研究，历来就是景观生态学研究的主要内容之一。为此，要了解景观变化的驱动因子、景观的稳定性、景观变化对生态环境的影响以及景观变化的动态模拟。

11.5.1 景观稳定性

景观无时无刻不在发生着变化，绝对的稳定性是不存在的，景观稳定性只是相对于一定时段和空间的稳定性；景观又是由不同组分组成的，这些组分的稳定性影响着景观整体的稳定性；景观要素的空间组合也影响着景观的稳定性，不同的空间配置影响着景观功能的发挥，人们总是试图寻找或是创造一种最优的景观格局，从中获益最大并保证景观的稳定和发展。事实上人类本身就是景观的一个有机组成部分，而且是景观组分中最复杂、又最具活力，同时又对景观稳定性的威胁最大。因此，人类与自然的协调是维护景观稳定性的重要因素。

11.5.1.1 景观稳定性的概念

景观稳定性问题是基于生态系统稳定性概念提出的。既然景观是生态系统，具有一般生态系统的基本特征，特别是具有结构与功能相互作用的反馈关系，景观具有稳定性的特征也是必然存在的，现实景观的大量观测也证实了景观具有稳定性和稳定结构。景观的稳定性可以从两个方面来理解，一种是从景观变化的趋势看景观的稳定性，另一种是从景观对干扰的反应来认识景观的稳定性。但目前还是借用生态系统稳定性的概念来描述景观稳定性，如抗性、持久性、振幅、韧性、弹性、脆弱性等(表 11-3)。

表 11-3 有关生态系统稳定性的概念

稳定性概念	解 释
恒定性(constancy)	指生态系统的物种数量、群落的生活型或环境的物理特征等参数不发生变化
持久性(persistence)	指生态系统在一定边界范围内保持恒定或维持某一特定状态的历时长度
惯性(inertia)	生态系统在风、火、病虫害以及食草动物数量剧增等扰动因子出现时保持恒定或持久的能力
弹性(elasticity)	指生态系统缓冲干扰并保持在一定阈限(threshold boundary)之内的能力。恢复性(resilience)与弹性同义
抗性(resistance)	描述系统在外界干扰后产生变化的大小，即衡量其对干扰的敏感性
变异性(variability)	描述系统在给予扰动后种群密度随时间变化的大小
变幅(amplitude)	生态系统可被改变并能迅速恢复原来状态的程度

11.5.1.2 景观变化与景观稳定性

景观总是处于某种变化过程中，人们可以通过设计合理的观测方法来确定景观变化的特征，以评价景观的稳定性。

景观随时间的变化模式一般可以用变化趋势(上升、下降和水平趋势)、波动幅度(大范围和小范围)和波动韵律(规则和不规则)这 3 个独立参数来描述。Forman 和 Godron(1990)在他们的《景观生态学》一书中，用 12 条曲线描述了 12

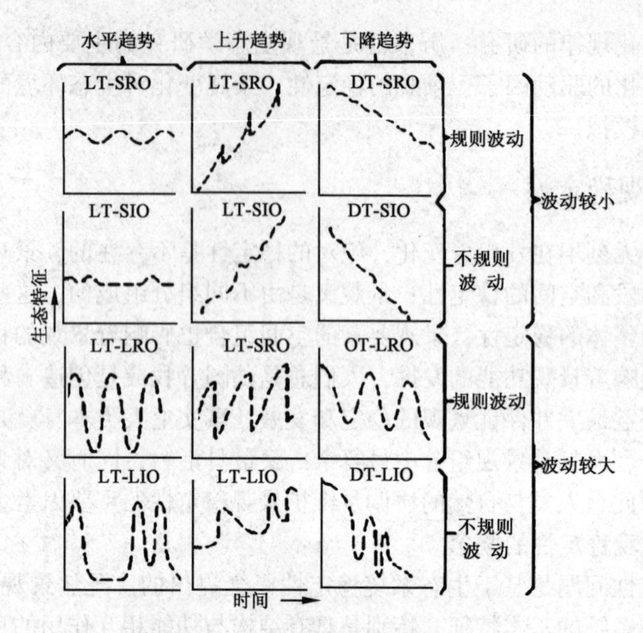

图 11-1 12 种典型的景观变化模式

种典型的景观变化模式(图 11-1)。

图 11-1 中的景观参数可以是景观生产力、总生物量、生物多样性、营养元素含量、演替阶段和景观要素间的流等景观的重要特征值。

只要有适当的观测值，不难确定景观变化的模式，所以适当的观测指标和观测方法是关键，必须确定适当的观测尺度，包括时间间隔和空间范围。能够反映景观本质特征的指标围绕某一水平有规律地波动，是相对稳定景观的变化特征(图中所示的 LT-SRO 和 LT-LRO 曲线)，景观指标变化呈上升趋势时属于进展的和发展的景观(图中所示的 IT-SRO 和 IT-LRO 曲线)，而景观指标的变化呈下降趋势时属于退化的或衰退的景观(图中所示的 DT-SRO 和 DT-LRO 曲线)。

11.5.1.3 干扰与景观稳定性

从景观对不同干扰状况的响应来考察景观的稳定性时，常用景观的抗性和弹性这两个概念。抗性是指系统在环境变化或干扰压力下不改变其原来变化特征的能力。阻抗值可用系统偏离其初始轨迹的偏差量的倒数来量度。一般来说，景观受到外界干扰时变化较小，景观的抗性越强，景观的稳定性高；反之，则稳定性差。弹性则是指系统属性在环境和干扰压力下会发生变化，而压力解除后系统恢复其原来状态的能力，可用系统回到原状态所需的时间来度量。恢复时间越短，景观的弹性(恢复力)越强；如果恢复时间很长，甚至无法恢复，则说明景观弹性(恢复力)差。

现实的景观都是在一定的干扰状况下形成和发展起来的，只要干扰引起的景观变化与干扰之间能够建立起某种负反馈控制机制，总会在某种水平上达到动态稳定状态。所以，不同的干扰状况(包括干扰源、干扰性质、干扰强度、干扰频率或周期、干扰持续期和间隔期等)，会形成不同的景观结构或格局。干扰与景观格局之间的关系包括干扰在景观中的传播和扩散，干扰对景观变化的影响，不同干扰格局下的景观结构，景观格局对干扰的消除和吸收以及景观变化对干扰的适应机制等。森林景观中不仅干扰类型多样，而且它对干扰的适应机制也各异，这是当前景观稳定性与干扰关系研究的热点。

11.5.1.4 时空尺度与景观稳定性

景观功能和过程对时空尺度的依赖性很强，也就是说，受尺度的影响显著。不同的时间空间尺度上景观某一属性和特征的变化过程差别明显，景观稳定性的特征也不一样。在景观生态学中，无论空间尺度或时间尺度，一般都包含范围(extent)和分辨率(resolution ratio)两方面的意义(郭晋平，2001)。一般来说，大尺度(或称粗尺度，coarse scale)常指较大空间范围内的景观特征，往往对应于较小的比例尺和较低的分辨率；而小尺度(或称细尺度，fine scale)则常指小空间范围内的景观特征，往往对应于较大的比例尺和较高的分辨率。

(1)景观稳定性的时间尺度

时间尺度(temporal scale)是指某一过程和事件的持续时间长短和考察其过程和变化的时间间隔，即生态过程和现象持续多长时间或在多大的时间间隔上表现出来。

由于不同研究对象或者同一研究对象的不同过程总是在特定的时间尺度上发生的，应当在适当的时间尺度上进行研究。例如森林景观斑块演替研究中，完成演替过程所需要的时间决定了这一研究的时间范围，而观测取样的时间间隔，决定了这项研究能够在多大程度上了解演替过程中斑块特征变化的细节。反过来，不同的自然地理、演替历史和干扰历史决定了森林景观斑块演替的速率和进程，也就在客观上决定了研究的时间范围和观测取样间隔期的长短。

在地球形成和发展历史的时间尺度上考察地球及地球表面的变化，从生命出现到现在也不过是地球发展史中短暂的一瞬，而人类出现的历史则更短，可以发现其变化非常巨大。气候的年际变幅很大，但仅仅根据今年比去年干热，不可能得出全球气候正在变暖的结论，而常常要在几百年的时间尺度上加以考察，才能得出可靠的结论。在森林群落中由单株大径木死亡所导致的小尺度变化要频繁的多，而整个森林群落的演替循环却需要在更长的时间尺度上才能表现出来。如果在森林景观被再次破坏以前有充分的时间恢复到干扰前的状态，就可以恢复并保持其完整性和稳定性；如果干扰的间隔期比恢复期短，反复的干扰可能导致森林景观不可恢复的衰退，甚至崩溃。如果某生态过程发生在很短的时间内，而研究这种变化的时间尺度很大，就可能忽略这种变化的存在；如果生态过程发生在很长的时间里，而研究这种变化的时间尺度很小，也不可能观察到显著的变化。

(2)景观稳定性的空间尺度

空间尺度(spatial scale)一般是指研究对象的变化涉及的总体空间范围和该变化能被有效辨识的最小空间范围，一般用面积单位表示。在某些采用样线法或者样带法研究的景观中也可以用长度单位进行测度。在实际的景观生态学研究中，空间尺度最终要落实到由欲研究的景观生态过程和功能所决定的空间地域范围，或最低级别或最小的生态学空间单元。如研究流域高地森林景观与流域水文过程的关系，就必然将流域集水区范围作为研究范围，而把具有不同水文学特征的森林类型作为最小的生态学单元，实际可分辨的森林类型斑块最小面积也相应地由森林类型的对比度和研究资料的分辨率决定。

在较大的尺度上观察一片未经人为干扰的森林，人们会觉得森林在相当长的时期内都没有发生明显的变化。但是，如果将观测和研究的尺度缩小，就不难发现其中的个别大径木或小片大径木由于风暴、雷电等因素而倒伏，在整个森林面积上散布着大小不一的林窗和林中空地。在整体上并未显示出显著变化的情况下，镶嵌体中较小尺度的斑块上都发生了显著的变化。与此类似，东北大兴安岭北部未开发的原始林区，以不同色深表示不同林龄的兴安落叶松林构成的基本背景，不同大小的火烧迹地斑块散布其中，低地、沼泽沿河谷分布，散布在高地上的一些樟子松林构成另一些深色调斑块。在空中观察时(航片和卫星影像)，这种景观结构长期以来没什么变化，但从地面调查分析可以发现，由林火、风倒和昆虫危害，使许多林木死亡，使局部林地变成林窗、林中空地或迹地，并且这些斑块都处于恢复过程中。可见，在不同的空间尺度上不仅景观的组成和结构有明显的不同，景观的动态变化特征也有显著差别。森林采伐活动一般会导致小流域范围发生显著的短时期变化，但在更大流域范围内考察时，变化的显著性可能小的多，并能保持在自然变幅之内。但如果将支流水平上合理的经营方式推广到整个流域，各支流都以同样速率和方式进行采伐，可能导致整个流域的灾难性后果。同样，在林场的部分林地上通过集约经营实行皆伐作业经营短轮伐期工业用材人工林，无疑是合理和可行的，但如果大面积地经营同样的工业人工林，甚至相邻的许多林场都采用相同的经营方式，由于人工林林相简单，生物多样性下降，易受火灾、病虫危害，将对森林景观的健康和稳定性构成严重威胁。即使在 1~2 个轮伐期内没有严重后果，但在更长的时间尺度上，必然会出现地力衰退，土地退化，森林生长量下降等严重生态问题。而对于独特而美丽的森林景观、关键性物种的栖息地、特殊用途的木材持续供应基地和社区村落的水源保护林等，除了满足大尺度上景观稳定性与健康等方面的要求外，还必须同时在小尺度上考虑自身的可持续性。

11.5.2 景观变化的动力

对景观形成和变化起主要作用的自然因素包括地壳运动、流水和风力侵蚀、重力和冰川作用等地貌过程，全球和区域气候变化，土壤的发育，群落和生态系统演替，以及火烧、洪水、风暴有害生物等自然干扰。人类对景观变化的作用也是非常巨大的，但人类的作用有其特殊性，在此不做介绍。

11.5.2.1 地貌过程

地貌是景观的基础，区域内许多景观的差异仅仅取决于不同的地形地貌特征。构造运动、流水和风力的侵蚀作用以及重力和冰川作用是主要的地貌形成因素。人类的建设或破坏活动也会在相当程度上改变原有的地貌。不同的地形地貌形成不同的景观基础，并改变了区域气候的均质性，导致更高的景观异质性和不同的景观格局。

11.5.2.2 气候变化

气候不仅影响风、水、冰川的作用，而且还有其他方面的作用，对景观的变化起着至关重要的作用。

气候通过温度、降水、风的作用加速或延缓地貌过程。岩石在冻融交替作用下崩解，加速了地貌夷平过程；在潮湿气候条件下，石灰岩地区可形成喀斯特地貌。

气候的地带性分布导致不同的地带性景观，这种气候格局决定了景观全球分布的基本格局，景观变化也只能在此大框架范围内。我国陆地景观从南到北、从东到西的基本格局也构成了景观变化的基础。气候的变化必将导致景观的变化，而且这种变化往往是深刻的。当前对全球变化研究中，气候变化所导致的景观变化是重要的研究内容。

11.5.2.3 生物定居和群落演替

没有生物的活动就没有所谓生态系统。地貌和气候为生物的定居提供了基础，而生物的定居又使景观发生着极为深刻的变化，并导致成土过程的出现，也在一定程度上改变着地貌过程和局部气候，植物群落的演替也不断地改变着景观的外貌。实际上，这几个过程是相互联系、相互促进的过程，生物物种、群落和景观在与地貌过程、气候变化和土壤形成和发育协同演化的过程中结构趋于复杂、功能不断完善。

植物的定居改变着环境条件，并为新物种的侵入和定居创造条件，物种的更替导致群落的演替，土壤肥力增加，群落结构改善，并为更多的动物、微生物种的栖息提供了条件，这些群落成分也会对群落结构和成分的变化产生反馈影响，多种反馈机制控制下出现的群落往往构成所谓顶极群落或顶极格局。群落的进展演替过程所引起的景观变化使景观质量提高，而群落的逆向演替也会引起景观的退化或衰退，表现出景观生产力下降、景观稳定性降低、景观的生物生境功能和其他生态功能退化、自然美学价值缺失等的变化趋势和结果。

植被与气候、地形、土壤互相起着作用。一方面，有什么样的气候、地形和土壤条件，就有什么样的植被；另一方面，植被对气候和土壤甚至地形也都有影响。例如，森林植被对周围地区的降水和气温，甚至全球的 CO_2 循环都会产生一定的影响，对林冠下小气候的作用更明显。关于土壤，在一定的气候背景中，一定的森林常形成一定的土壤类型，如北方针叶林下常形成灰化土或棕色针叶林土，而温带的针阔叶混交林下则形成暗棕壤，比较干旱的落叶阔叶林下则形成褐色土。

11.5.2.4 土壤的发育

土壤的发育也是景观变化的一个重要动力。气候是决定植被的主要因素，同时控制着土壤发育过程，植被对土壤的形成和发育具有重要的控制作用，植被可以改变土壤，而土壤又可以改变植被，两者的反馈控制环在系统发育的前期以正反馈为主，即处于自加速的过程中，土壤的变化有利于植被的发育，植被变化又能加快土壤发育。当植被进入演替后期，植被和土壤的变化速率减小，并且负反馈逐渐占优势，使土壤和植被之间处于负反馈机制控制下的相对稳定状态，即顶级状态。但是，同一气候带内大量存在着异质景观，其主要来源除了基岩和地貌结构不同等原因外，还存在干扰，自然干扰和人类影响普遍存在，而且也多种多样，是导致景观变化和异质性的重要因素。一般来说，土壤的变化总是落后于气候和地貌本身的变化，但土壤加速侵蚀过程和人为的土壤破坏引起的景观变化也是十分显著和深刻的，并可能比生态系统的变化快得多。研究植被或生物群落与土壤之间的互动关系一直是重要的生态问题，在景观尺度上应用景观生态学原理和方法进行研究提供了新的研究思路和方法，可能会取得更好的成果。

11.5.2.5 自然干扰

干扰是使生态系统、群落或种群的结构遭到破坏，使资源、基质的有效性或物理环境发生变化的任何相对离散的事件。景观的干扰因素很多，其中火烧、洪水、风暴和有害生物的暴发是最常见的干扰因素。某个地区、景观或板块上某种干扰因素各种参数的综合状况称为干扰状况(disturbance regime)，可用干扰状况指标来描述，具体包括干扰的空间特征、干扰的时间特征和干扰作用力等方面。

从一定意义上来说，干扰是破坏因素，但从其总的生物学意义来说，干扰也是一个建设因素，干扰是维持和促进景观多样性和群落中物种多样性的必要前提。

干扰对景观的影响是显而易见的，对生物个体的死亡、生长和繁育，对种群动态，对群落结构，对植被演替，都会产生显著影响。首先，人们相信适度干扰有利于保持和提高景观异质性，而过强或过弱的干扰则促进同质性的发展。例如，森林景观中发生的高强度大范围林火干扰，可使很多异质林分变成同样的火烧迹地，而完全缺乏干扰和很少干扰的景观中，异质性的来源将局限于资源环境的异质性。其次，景观格局与干扰状况具有对应关系。景观格局受资源环境格局和干扰状况两个因素的控制，由于资源环境格局是相对稳定的，而干扰格局是相对易变的，景观格局的变化与干扰状况之间的对应关系是确实存在的。尽管不同的景观对干扰的响应不同，但一般认为，低频率的干扰有利于演替后期群落，而高频率的干扰将使景观中出现更多的演替早期群落斑块。由于景观格局对干扰在景观中的传播和蔓延、干扰的强度等干扰状况指标都有反馈制约作用，即景观异质性的提高会抑制干扰的发生和发展，景观格局与干扰状况之间可以在一定的水平上达到动态平衡或稳定状态，这时候的景观格局就是对应于该特定干扰状况的动态稳定格局。

复习思考题

1. 试述景观生态学的一般特点。
2. 斑块根据其起源分为哪四类？
3. 简述廊道的主要类型及其功能。
4. 何为景观异质性？景观异质性的测度指标有哪些？
5. 试分析森林景观的功能有哪些？
6. 引起景观变化的动力有哪些？

本章推荐阅读书目

1. 森林景观生态研究．郭晋平．北京大学出版社，2001.
2. 景观生态学原理及应用．傅伯杰，陈利顶等编著．科学出版社，2002.
3. 景观生态学．肖笃宁，李秀珍等编著．科学出版社，2003.
4. 景观生态学——格局、过程、尺度与等级．邬建国．高等教育出版社，2000.

第12章　生物多样性原理与保护

【本章提要】本章主要介绍生物多样性的基本概念和理论，自然保护区设计的理论和原则，外来物种入侵的途径、过程、危害和控制，以及森林生物多样性的意义、内容和保护措施等，使学生在学习生物多样性基本原理的基础上，掌握生物多样性保护的途径和方法。

当今世界面临的人口、粮食、资源、环境、能源五大生态危机，均与生物多样性锐减有关。因此，生物多样性保护已成为全球关注的热点之一。由于人口的压力，人类生存环境，即地球生命支持系统，不断受到人类本身有意或无意的破坏，致使环境质量恶化，生物多样性明显下降，最终将影响人类的生存与经济社会可持续发展，已引起生态学界和社会的广泛关注。

12.1　生物多样性的概念和层次

12.1.1　概念

生物多样性(biodiversity)是指各种各样的生物及其与环境形成的生态复合体，以及与此相关的各种生态过程的总和。它包括地球上所有的动物、植物、微生物和它们所拥有的基因、所形成的群落和所产生的各类生态现象。生物多样性是概括性的术语，一般来说，包括遗传多样性、物种多样性、生态系统多样性和景观多样性4个层次。

12.1.2　层次

12.1.2.1　遗传多样性

遗传多样性(genetic diversity)又称基因多样性。它是指种内基因的变化，包括种内不同种群之间或同一种群不同个体之间的遗传变异，亦称为基因多样性。种内的多样性是物种以上各水平多样性的重要来源。遗传变异、生活史特征、种群动态及其遗传结构等决定或影响着一个物种与其他物种及其环境之间相互作用的方式。种内多样性是一个物种对人为干扰能否进行成功适应的决定因素。物种的遗传变异越丰富，对环境适应性就越广，即种内的遗传变异程度也决定其进化潜力。

遗传多样性的表现形式是多层次的，包括分子、细胞和个体三个水平。分子水平，可表现为核酸、蛋白质、多糖等生物大分子的多样性；细胞水平，可体现在染色体结构的多样性以及细胞的结构与功能的多样性；个体水平，可表现为生理代谢差异、形态发育差异以及行为习性差异等。一个物种遗传变异越丰富，它对环境的适应能力就越强，而一个物种适应能力越强，则它的进化潜力就越大。遗传变异是生物进化的内在源泉。因而遗传多样性及其演变规律是生物多样性及进化生物学研究中的核心问题之一。遗传多样性的测度主要包括染色体多态性、蛋白质多态性和 DNA 多态性及数量遗传学方法。

12.1.2.2　物种多样性

物种多样性(species diversity)是一个地区内物种的多样性，系指有生命的有机体即动物、植物、微生物物种的多样性。目前全球记录的生物约 170 万种，其中高等植物约 25 万种。物种是遗传信息的载体，是生态系统中最主要的成分。因此，物种多样性在生物多样性研究中占有举足轻重的地位。主要从分类学、系统学和生物地理学角度对一定区域内物种的状况进行研究，包括物种多样性现状，濒危及受威胁现状，物种多样性的形成、演化及维持机制等。物种多样性编目是了解物种多样性现状包括受威胁现状及特有程度等的最有效途径。物种多样性测度的最一般方法是物种丰富度指数，即一定区域内物种的数目。然而在研究某一地区的物种多样性时，更重要的是要估算种以上的高级分类单位包括属、科、目、纲和门等的丰富度，也就是分类群的多样性。物种濒危状况、灭绝速率及原因、生物区系特有性、物种保护和持续利用都是物种多样性的研究内容。

12.1.2.3　生态系统多样性

生态系统多样性(ecosystem diversity)是指生物圈内生境、生物群落和生态过程的多样化，以及生态系统内生境差异、生态过程变化的多样性。生境主要指无机环境，如地形、地貌、气候、土壤、水文等。生境多样性是生物群落多样性甚至是整个生物多样性形成的基本条件。生物群落的多样性主要指群落的组成、结构和功能方面的多样性。生态过程主要指生态系统的组成、结构与功能在时间上的变化，以及生态系统的生物组分之间及其与环境之间相互作用或相互关系。生态系统多样性是生物多样性的一个重要组成部分，它体现了生物多样性研究高度综合性的特点。保护生物多样性的基本要求就是保护生态系统和自然生境，维持、恢复物种在自然环境中有生存力的种群。

12.1.2.4　景观多样性

景观多样性(landscape diversity)是指由不同类型的景观要素或生态系统构成的景观在空间结构、功能机制和时间动态方面的多样性或变异性。景观是一个大尺度的宏观系统，由相互作用的景观要素组成，具有高度空间异质性的区域。景观的基本要素可以分为斑块、廊道和基质三种类型。斑块是指动植物群落或非生命物体，如裸露岩石和土壤以及建筑物等，是景观尺度上最小的均质单元。它的大小、数量、形状和起源等对景观多样性有重要意义。廊道是指不同于两侧基质的狭长地带，如树墙、防护林、河流、道路等，是联系斑块的纽带。不同景观有不同类型的廊道，并且大多数都是由人类干扰所形成的。基质是景观中面积较大，连续性高的景观要素，已在景观动态中起着重要作用。景观的功能是指在生态系统之间物种、能量和物质的流动。景观动态是指结构和功能随着时间的变化，自然干扰、人类活动和植被演替或波动是景观发生动态变化的主要原因。

由于能量、物质和物种在不同的景观要素中呈异质分布，且这些景观要素在大小、形状、数目、类型和外貌上又会发生变化，形成了景观在空间结构上的高度异质性。景观的异质性是景观的重要属性。地球表面的景观多样性是人类与自然因素综合作用的结果。

12.2 生物多样性的价值

生物多样性是人类赖以生存的生物资源。有的生物已被人们作为资源所利用，而更多的生物人们尚未知其利用价值，属潜在的生物资源。据估计，生物多样性每年为人类创造约 33×10^4 亿美元的价值，其中中国约 4.6×10^4 亿美元。对于生物多样性价值的估算目前尚未有统一的、可接受的生物多样性定价体系。McNeely 等把生物多样性价值分为直接价值和间接价值。直接价值是人们直接收获或使用的那些产品；间接价值是指生物多样性的环境作用和生态系统服务。直接价值又分为产品用于自用的消耗性使用价值和产品用于市场销售的生产使用价值。间接价值与生态系统功能有关，也即为人类所提供的生态系统服务。

12.2.1 直接价值

12.2.1.1 消耗性使用价值

这些产品如薪炭、饲料、野味等并不出现在市场上的产品价值。居住在那些地方的人们常利用周围环境中的生物资源来维持生计，这些物品的价值并不反映在国民经济的总收入中。对发展中国家传统社会的研究表明，那里的人们广泛地利用自然资源以满足他们对薪炭、蔬菜、水果、肉类、医药、绳索以及建筑材料的需要。对于消耗性使用价值在经济上的估算是很困难的，如对野生肉类的消耗或燃料的消耗，只有当这些野生肉类或燃料已消耗完时，人们愿为买家畜肉类或买煤或别的燃料支付钱，才能确定其价值。

12.2.1.2 生产使用价值

生产使用价值是赋予那些从自然界获得后，在国内外市场销售的产品的一种直接价值。从自然界中获得的，并到市场上销售的产品种类很多，主要有薪柴、建筑用材、药用植物和野果、鱼和贝类、野生动物肉类和毛皮、纤维、藤条、蜂蜜、蜂蜡、自然染料、海草、动物、植物饮料、天然香料、植物树脂和树胶、自然淀粉和蛋白质等。

(1)粮食

生物多样性为人类提供了基本食物。全世界估计有8万余种陆生植物，人类已使用大约有5 000种植物作为食物，而现在仅有150余种被大面积种植作为食品，并进入商品市场。世界上90%食物来源于20个物种。人类所需粮食的75%来自小麦、水稻、玉米、马铃薯、大麦、甘薯和木薯7种作物。前3种又占总产量的70%以上。美国10年前从中国东北引进一个野生大豆品种，与美国栽培大豆杂交后，培育出新的抗旱品种，使美国替代了中国一跃成为最大的大豆出口国。中国高产杂交水稻的培育成功，主要是由海南岛南红农场的水沟边偶然发现的一株花粉败育野生稻(简称野败)与籼稻杂交而成。家畜、家禽的品种改良同样依靠它们的野生近缘种。

(2)蛋白质来源

各种家畜、家禽、鱼类和海产品为人类提供必要的蛋白质。各种蔬菜、水果、食用菌类均为人们日常生活所必需。

(3)药物

药物依靠植物、动物和微生物作为资源。发展中国家80%人口依靠传统药物治病，发达国家40%药物来源于自然资源或其化合物合成药品。根据1995年我国中药资源普查结果，药用植物为11 146种，药用动物1 581种，其中常用的植物和动物药材分别为320种和29种。野生药材的蕴藏量约850×10^4t。栽培药材年产量超过30×10^4t。我国的人参、当归、天麻、茯苓、冬虫夏草、猴头、灵芝等很早就成为重要的中药材。

(4)工、农业原料

工业原料如木材、纤维、橡胶、造纸原料、天然淀粉、油脂等。森林可提供生物能源及矿物能源(煤、原油和天然气)。木材是从自然环境中获取量最大的产品，其价值每年为750亿美元以上。木材产品主要来自热带国家，如印度尼西亚和马来西亚，每年出口创汇几亿美元。森林的非木材产品，包括猎物、水果、树胶、藤条以及药材也有很大使用价值。例如，印度尼西亚每年出口的非材用林产品价值为2亿美元；在印度，非材用产品占出口创汇总额的63%。

12.2.2 间接价值

生物多样性的间接价值常常是与生态系统的服务功能有关，即与生态系统的生态过程有密切关系，包括与生态服务功能相关的价值，如能量固定、调节气候、保持水土、吸收和分解污染物质、维持物种关系等，以及美学、旅游、教研和伦理价值。这些间接价值甚至超过其直接价值，但常常未被定量核算。

很多自然保护区具有丰富的生物资源，它们是开展科学研究的天然基地和宣传教育的理想课堂。自然界一草一木，一花一果都给旅游者以美的享受，无论是野炊、野营、徒步旅行、狩猎等户外娱乐活动都与生物资源分不开，享受大自然的情趣和生活的乐趣，为人们消除疲劳，身体健康起到了良好的促进作用。正是由于生物多样性创造了可观的价值，自然历史资料不断被编入教材，很多科学家积极参与具有非消耗性的生态公益研究中去，大量新闻媒介也着重以生物多样性为主题宣传其重要性。

另外，生物多样性还具有存在价值，即伦理或道德价值。生物多样性的存在价值是指每种生物都有它自己的生存权利，不管这些物种有无经济价值，它是客观存在的。人类没有权利伤害它们，使它们趋于灭绝。自然界复杂多样的物种及其系统的存在，有利于地球生命支持系统功能的保持及结构的稳定，无论发生什么灾害，总有许多物种和系统保存下来，继续功能运作，使自然界的动态平衡不致遭到破坏。

从生物学和伦理学角度来看，物种而不是其个体是自然保护工作的目标，所有单个个体终究会死亡，但是物种是延续的、进化的，有时会形成一个新物种。从这种意义上讲，单一个体正好是一个物种现在的代表，当它们的丧失威胁到该物种继续生存时，就需要人类加以保护。在自然界中，人们已发现大气和海洋的许多化学与物理特性均以自我调节方式与很多生物学过程相联系。生物群落具有创造和维护适于生物生存环境的作用。一个物种的丢失可以影响到其他物种的生存，这将使该生物群落的其他物种走向灭绝。因此，人们为了保护自然，也应保护生物多样性。人类不应浪费自然资源，应以可持续发展的方式利用生物多样性。如果人类无节制地减少自然资源，无视其行为对资源和环境产生的恶劣影响，造成物种灭绝，人类的子孙后代将不得不生活在低标准和低质量的自然环境中。因此，人们必须把对环境的损害降低到最低限度，以保证地球处于良好的状况。从这一意义上更说明要珍视一切物种及其所组成的生态系统，包括种内的遗传多样性。从另一角度出发，每一物种对人类均有潜在价值，当人类未发现其用途时，则被认为微不足道；一旦发现其重要经济价值时，却无休止地向自然界索取，以致使之消亡。因此，生物多样性的保护与经济社会的可持续发展紧密相关。

12.3 生物多样性的测度

为了定量描述某一群落物种的多样性，可以用多样性指数来测定。多样性指数主要有以下3类。

12.3.1 α多样性

α多样性又称生境内多样性，是用来测度一个均质群落内物种组成状况的一个指标，包括物种总数及个体在物种上的分配状况。α多样性又可分为物种丰富度指数、物种多样性指数和物种均匀度指数。其中，物种多样性指数一般用Simpson多样性指数和Shannon-Wiener多样性指数计算。

(1)物种丰富度指数(S)

$$d = S/N \tag{12-1}$$

式中 S——物种数目；

N——所有物种个体数之和。

(2)物种多样性指数

①Simpson 多样性指数

$$D = 1 - \sum_{i=1}^{S} P_i^2 = 1 - \sum_{i=1}^{S} \left(\frac{N_i}{N}\right)^2 \quad (12\text{-}2)$$

②Shannon-Wiener 多样性指数

$$H = - \sum_{i=1}^{S} P_i^2 \ln P_i \quad (12\text{-}3)$$

式中 P_i——第 i 个物种所占的比例；

S——物种总数；

N_i——第 i 个物种的个体数目；

N——群落中所有种的个体总数。

(3)物种均匀度指数

群落多样性指数无论以何种形式表达，都是把群落物种丰富度和均匀度结合起来的一个单一的统计量。因此，均匀度是研究群落多样性非常重要的概念。均匀度是指生物群落中不同物种的多度分布的均匀程度。其常用的测定指数有以下几种：

①Pielou 均匀度指数　指的是群落的实测多样性(H')与最大多样性(H'_{max})的比率。

$$J = H'/H'_{max} \quad (12\text{-}4)$$

式中 H'_{max}——在给定物种数 S 下的完全均匀群落的多样性。

②Sheldon 均匀度指数

$$Es = \exp(-\sum P_i \log P_i)/S \quad (12\text{-}4)$$

③Heip 均匀度指数

$$Eh = [\exp(-\sum P_i \log P_i) - 1]/(S - 1) \quad (12\text{-}5)$$

④Alatalo 均匀度指数　以上后 3 个均匀度指数都包含有群落物种的丰富度指数(S)。由于 S 的大小与样本大小有关，因此，均匀度指数的大小对样本的大小非常敏感。而 Alatalo 均匀度指数与样本大小的关系并不密切。

$$Ea = [(\sum P_i^2)^{-1} - 1][\exp(-\sum P_i \log P_i) - 1] \quad (12\text{-}6)$$

12.3.2 β 多样性

β 多样性是用来测量群落的物种多样性沿着环境梯度变化的速率，它是说明森林群落物种组成及多样化程度对环境变化反映程度的量，是反映各物种对不同环境条件适应程度的一个特征。β 多样性可以通过不同指数来计算，常见的指数有 Whittaker 指数、Cody 指数、Wilson 和 Shmida 指数以及 Bray-Curtis 指数。

(1)Whittaker 指数

$$\beta_N = \frac{S}{(m_a - 1)} \tag{12-7}$$

式中　S——研究群落中的物种总数；

m_a——样方的平均物种数。

(2)Cody 指数

$$\beta_C = \frac{g(H) + I(H)}{2} \tag{12-8}$$

式中　$g(H)$——沿生境梯度 H 而增加的物种数目；

$I(H)$——沿生境梯度 H 而减少的物种数目。

(3)Wilson 和 Shmida 指数

$$\beta = \frac{g(H) + I(H)}{m_a} \tag{12-9}$$

式中　$g(H)$——沿生境梯度 H 而增加的物种数目；

$I(H)$——沿生境梯度 H 而减少的物种数目；

m_a——样方的平均物种数。

(4)Bray-Curtis 指数

上述多样性指数均利用二元属性数据，具有算法简单的优点。但它们没有考虑到每一个物种的个体数量或相对多度，势必过高估计稀疏种的作用。数量数据的 Bray-Curtis 多样性指数弥补了这些不足。

$$C_N = \frac{2N_j}{N_a + N_b} \tag{12-10}$$

式中　N_a——样地 a 中的个体总数；

N_b——样地 b 中的个体总数；

N_j——样地 a 和 b 中共有种个体数较小者之和。

12.3.3　γ 多样性

指不同地理区域的群落间物种的更新替代速率，主要表明群落间环境异质性大小对物种数的影响。γ 多样性高的地区一般出现在地理上相互隔离但彼此相邻的生境中。它主要用来描述生物进化过程中的生物多样性。Wittaker 认为 γ 多样性是地理区域尺度上的 α 多样性，而 Cody 则将 γ 多样性定义为地理区域尺度上的 β 多样性。

12.4　生物多样性的消失原因与保护

12.4.1　消失原因

生物多样性消失的直接原因包括栖息地的改变、丧失和破碎化，生境资源的过度利用，环境污染，农林业品种的单一化，外来物种入侵等，但人口数量的急剧增加及人类活动是直接或间接地造成生物多样性消失的根本原因。

(1)栖息地的改变、丧失和破碎化

由于全球经济发展导致大规模工业和商业行为，使世界各地生态系统遭到严重破坏，很多生物丧失其栖息地。大多数国家森林均破碎化，被退化土地所围绕，损害了森林维护野生生物种群生存和重要生态过程的能力。在亚洲，至少有65%的森林的野生生物生境已经消失，在我国海南，森林的覆盖率由20世纪50年代初的25.7%下降到80年代的10%左右。

(2)生境资源的过度开发利用

森林的过度采伐，野生动物滥捕乱猎，是构成物种灭绝和受威胁的重要原因。我国羚羊、野生鹿及珍贵毛皮动物，各种鱼类物种数量大大减少，海洋经济鱼类资源在20世纪60年代出现衰退现象。很多野生药用植物、食用菌，如人参、天麻、冬虫夏草和庐山石耳等，由于长期人工采摘、挖掘，使分布面积和种群数量大大减少。由于过度采伐，我国高等植物的濒危或临近濒危的物种数估计已到4 000~5 000种，占我国高等植物总物种数的15%~20%。

(3)环境污染

工业发展排放的大气污染物如SO_2、NO、污水、重金属元素、固态废弃物，以及化学品引起空气、土壤和水域污染，还有农业大量污水排放以及长期滞留的农药残毒富集于环境，导致许多水陆生物及生态系统因生境恶化而减少或消失。据统计，我国受工业废弃物明显污染的农田面积达$1\ 000 \times 10^4 hm^2$，占农田总面积的10%。

(4)农林业品种的单一化

农业上为了达到更高的收获量，往往种植单一的高产品种。随着作物种类数量降低，大量遗传资源流失，并且当地的固氮菌、菌根、捕食生物、传播花粉和种子的生物以及一些在传统农业系统中通过几百年共同进化的物种消失了，如印度尼西亚在15年内已有1 500个水稻地方品种消失了，3/4的水稻来自单一母本后代；美国71%的玉米田中只种植6个玉米品种，50%小麦田中种植9个小麦品种，品种单一对病虫害和自然灾害抵御能力降低。大面积的人工纯林引起地力衰退，产量下降，使很多生物失去栖息地，大大减少生物多样性。

(5)外来物种的入侵

外来种的入侵，特别是具杂草性的植物种或是对一些作物造成毁灭性灾害的节肢动物的入侵，将对当地生物多样性造成很大威胁，并使当地农林业或其他各方面经济造成损失，对人类健康产生严重损害。某些地区由于人类的定居，任意地引入外来物种，特别是动物，导致当地植物和动物的灭绝。自1600年以来，由于外来种引入，造成全世界22种两栖类和爬行类动物的灭绝。新西兰自1890年以来由于外来种引入使当地鸟类的23个种和亚种濒临灭绝。外来种入侵导致生境丧失，引起生态系统结构和功能发生变化。因此，外来种引入必须持慎重态度。

自然灾害、气候变化、人工工程建设项目如水库、水坝、农田排水系统等都威胁着陆生和水体的生物多样性。

12.4.2 生物多样性的保护

12.4.2.1 濒危物种等级的确定

目前，世界上大量物种受到不同程度的威胁，为了保护生物多样性，首先要确定物种受威胁程度。对物种进行濒危等级划分具有科学和实用两方面的意义。从科学的角度来说，划分濒危等级能对物种的濒危现状和生存前景给予一个客观的评估，并提供一个相互比较的基础，在一定程度上既是以往调查和研究结果的一个汇总，又提出了需要深入和补充研究的内容。从实用的角度来说，能将物种按其受威胁的严重程度和灭绝的危险程度划分等级归类，简单明了地显示物种的濒危状态，为开展物种保护及制定保护优先方案提供依据。

划分物种濒危等级的标准兼顾科学性和实用性。确定物种濒危等级的主要定性指标如：种群数(现状：多或少；变化趋势：增加或减少)，种群大小(现状：大或小；变化趋势：上升或下降)，种群特性(是否都是小种群)，分布或发生范围(宽或窄)，分布格局(有无破碎化或岛屿化现象和趋势)，栖息地类型(单一、少数或多样)，栖息地质量(现状：好或坏；变化趋势：改善或退化)，栖息地面积(现状：大或小；变化趋势：增大或减小)，致危因素(存在与否)，灭绝危险(有或无)。主要的定量指标：种群个体总数(特别是成熟个体数)，亚种群数，亚种群个体数(特别是构成小种群的阈值)，分布或占有面积，分布地点数，栖息地面积，以及在一段时间内(年或代)以上各指标的上升或下降的比率和物种或种群灭绝概率。

自20世纪60年代以来，国际自然保护联盟(IUCN)沿用的濒危物种等级系统主要包含了5个等级：灭绝种，濒危种，易危种，稀有种及未定种。经过多年的不断修订，IUCN于1994年通过了新的濒危物种等级系统(图12-1)，并为各等级重新进行了界定，具体如下：

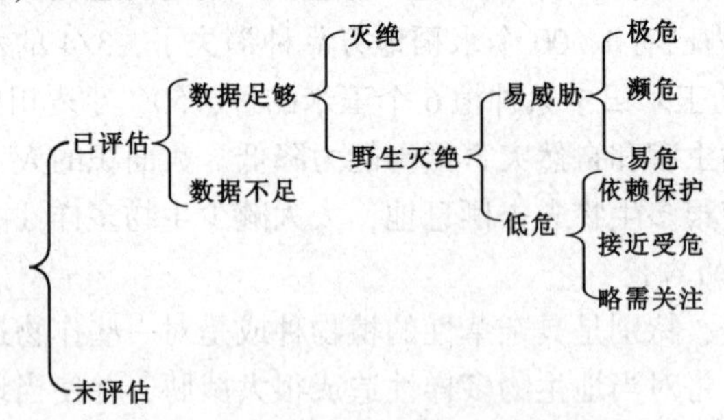

图12-1 IUCN物种的濒危等级系统

(1)灭绝

一分类单元如果没有理由怀疑其最后的个体已经死亡，即可列为灭绝(extinct，EX)。

(2)野生灭绝

一分类单元如果已知仅生活在栽培和圈养条件下或仅作为一个(或多个)驯化种群远离其过去的分布区生活时，即为野生灭绝(extinct in the wild，EW)。对一分类单元来说，若干适当的时间(昼夜、季节、年份)，在其整个历史分布范围内，对其已知和可能的栖息地进行了彻底调查，未记录到任何个体，即可认为该分类单元为野生灭绝。调查应在与该分类单元的生活史和生活型相应的时间范围上进行。

(3)极危

一分类单元在野外随时灭绝的概率极高(符合关于极危的标准)，即可列为极危(critically endangered，CR)。

(4)濒危

一分类单元虽未达到极危，但在不久的将来野生灭绝的概率很高(符合关于濒危的标准)，即可列为濒危(endangered，EN)。

(5)易危

一分类单元虽未达到极危或濒危，但在未来的中期内野生灭绝的几率较高(符合关于易危的标准)，即可列为易危(vulnerable，VU)。

(6)低危

一分类单元经评估不符合列为极危、濒危或易危任一等级的标准，即可列为低危(lower risk，LR)。列为低危的类群可分为3个亚等级：

①依赖保护(conservation dependent，CD) 已成为针对分类单元或针对栖息地的持续保护项目对象的类群，若停止对有关分类单元的保护，将导致该分类单元5年内达到上述受威胁等级之一；

②接近受危(near threatened，NT) 未达到依赖保护但接近易危的类群；

③略需关注(least concern，LC) 未达到依赖保护或接近受危的类群。

(7)数据不足

对一分类单元无足够的资料，仅根据其分布和种群现状对其灭绝的危险进行直接或间接的评估，即可列为数据不足(data deficient，DD)。列入该等级的分类单元可能已得到较好的研究，其生物学特性已相当清楚，但有关多度和分布的适当的数据缺乏，因其数据不足不能列入某一受威胁或低危等级。将一些类群列入该等级表示需要获得更多的资料及承认可能通过今后的研究将其归入适合的濒危等级。积极地利用任何可以获得的资料，这一点很重要。在很多情况下，对在数据不足和受威胁等级之间做出选择应十分小心谨慎。如果怀疑某一分类单元的分布范围相对局限或关于该分类单元的最后的记录已过去了很长一段时间，即可认为该分类单元处于受威胁状态。

(8)未评估

未应用有关标准评估的分类单元可列为未评估(not evaluated，NE)。

12.4.2.2 生物多样性保护的途径

(1)就地保护

就地保护(*in situ* conservation)是生物多样性保护的最有效措施。以各种类型的自然保护区包括风景名胜区的方式将有价值的自然生态系统和野生生物生境保护起来，以保护生态系统内生物的繁衍与进化，维持系统内的物质能量流动与生态过程。就地保护的途径一般包括三个方面：建立保护区，在保护区之外采取附加保护措施，以及恢复已经遭到破坏的生境或生物群落。建立自然保护区和各种类型的风景名胜保护区是实现这种保护目标的关键措施，但对保护区以外的广域环境也必须加以保护，这样不仅保证了生态系统的完整，而且也为物种间的协同进化提供了空间。我国于1956年建立了第一个保护区——鼎湖山自然保护区。截至2003年年底，我国已建立1 999个保护区，保护区总面积占国土面积的14.37%。此外，还建有480个风景名胜区和510个森林公园，其中许多在生物多样性保护中起着重要作用。被列入国际“人与生物圈”保护区9个，“世界自然遗产地”5个，“湿地公约保护区”6个。

(2)迁地保护

迁地保护(*ex situ* conservation)是指将生物多样性的组成部分移到它们的自然生境之外进行保护。这与就地保护不脱离原来的自然生境有根本区别。主要保护方式为建立动植物园、水族馆、种子库和基因库。我国最早的植物园——庐山植物园是20世纪30年代建立的。

目前全世界有大约1 600个植物园和树木园，收集保存了75 000～85 000种植物，约占世界植物种数的25%，其中有的是受威胁或已在野外灭绝的种类。中国至今已建植物园110个，在引入濒危物种时，应考虑种群的数量、种数最小存活数量等指标。已建动物园41个及野生动物人工繁育基地，使一度濒临灭绝的大熊猫、扬子鳄、朱鹮和东北虎等10种濒危动物开始复苏，另有60种野生濒危珍稀动物人工繁殖成功。例如，北京、上海、成都、重庆、福建、西安、西宁等动物园成功地繁殖了大熊猫、东北虎、华南虎、雪豹、黑颈鹤、丹顶鹤、金丝猴、扬子鳄等。捕集繁殖措施只有在被捕物种种群发挥正常功能，种群大小足以防止基因损失或确保具有长期生存生命力时，才算取得成功。同时，把某些原生于中国而现已在中国灭绝的物种，例如麋鹿、蒙古野马、高鼻羚羊等，重新从国外引回中国。

(3)回归引种

由于自然或人为原因，导致生态系统退化，使得物种生存受到威胁甚至在原产地灭绝，种群范围缩小及数量减少，在这种情况下，可以通过回归引种(reintroduction)的方法进行保护和增加生物多样性。所谓回归引种是指将一种植物释放到它以前曾生存过但现在已经灭绝的地方并加以管理。回归引种要求将植物材料栽种或播种于自然的或人工管理的生态环境中去，以使其最终确立或强化成为可长期存活的，自行维持下去的种群，使这些植物及其后代融入一个可运行的生态系统中去。回归引种是连接就地保护和迁地保护的桥梁，应该看作是生物多样性保护的一个组成部分。

(4)就地保护和迁地保护的优缺点比较

就地保护是保护生物多样性最重要、最根本的方法。这可以从以下几方面来说明：各种生物存在着复杂的互相依赖和互相竞争的关系。例如，许多植物靠特殊的昆虫传粉和传播种子，反过来昆虫和其他动物可能只有依赖于特殊的植物提供食物才能生存。根瘤菌和菌根菌则与植物形成互利共生关系。微生物、植物、动物构成完整的食物链，它们与物理环境互相作用，与其他物种甚至同一物种的其他个体竞争，因而不断适应与进化(包括协同进化)，得以生存下来。只有就地保护生物的生态环境和生态系统才能使生物多样性在生态系统、物种和遗传水平上得到全面、持久、可靠的保护。在自然生境中保护物种的可生存种群(500~5 000个体)比占用大面积土地实行迁地保护更容易做到，费用也相对低廉。物种丰富的国家和地区，特别是在热带，对动植物区系往往没有，也不可能在短时期内完成调查编目，因而，除了对其中少数确知为受威胁的物种可以采取迁地保护措施外，只能进行系统的就地保护。热带地区具顽拗型种子的植物比例高，长期以种子库的形式保存存在许多困难，就地保护显得尤为重要。

然而，就地保护并不是万能的和唯一的保护策略，也存在一些局限性：环境的变迁、生境的破坏和物种濒临灭绝往往是多种因素长期作用的结果，难以通过紧急干预措施使其逆转；还有许多自然分布极为狭窄、种群和个体极少的极危物种，很容易由于突发的自然灾害或人为的影响而迅速灭绝。当物种在野生状态下灭绝不可避免时，迁地保护便成为保护生物多样性的唯一方法。还应看到，许多生物学研究离不开现代化的实验室条件和专门试验的研究人员，不可能完全在原产地进行。迁地保护的生物保存在信息、设备、人才集中的地方，为研究工作提供了方便，其研究结果又可为就地保护提供理论依据和技术帮助。迁地保护的材料还可供回归引种、遗传育种和可持续利用，特别是便于对生物资源的评价、筛选和开发。通过迁地保护进行大量繁殖的生物可以满足市场需求而减轻对野生物种资源的威胁破坏，有利于就地保护。在动物园、植物园向公众展示迁地保护的动植物，可以有效地显示生物多样性保护成果，宣传、普及、提高人们的环境意识和生物保护意识，促进决策者和赞助者对生物多样性保护事业的支持。

由此可见，就地保护和迁地保护是相辅相成、互为补充、互为后备，而不是互相排斥或可以互相替代的关系。植物的农庄保护、家庭园圃保护和回归引种在方法上介于迁地与就地保护之间，可见两者有时并无截然界限。就地保护和迁地保护措施的优缺点列于表12-1。人们有必要根据保护的对象、目的、经费、土地、设施、技术可行性等选择合适的保护措施，但从整体来讲，应采用包括就地

表12-1 迁地保护和就地保护的优缺点比较

保护措施	优 点	缺 点
迁地保护	管理方法相对较为成熟 可为将来保存供研究与利用的原始遗传资源	脱离野生环境及其选择压力，中止或改变演化进程，使其不能适应野生环境和将来改变的环境及病虫害
就地保护	被保护植物种群的全部遗传多样性与其生境的物理环境和其他生物一起得到保护，因而可以在生态系统、物种、遗传水平上保护生物多样性并使其继续适应环境与病虫害的变化而进化	管理方法不够成熟 需要高度主动的监控 不能将同一物种分布在不同地方的遗传资源集中到一起保护，因而需要在多个地区、多个保护区、多个农庄和园圃共同进行才能保护其多样性

注：摘自陈灵芝，2001。

保护和迁地保护等各种手段在内的综合保护策略，还应尽可能考虑在生态系统、物种、遗传水平上的综合保护以及不同物种(包括协同进化的微生物、植物、动物)的综合保护，这样才能最大程度地有效地保护生物多样性。

12.5 岛屿生物地理学原理

岛屿通常指历史上地质运动形成的，被海水包围和分隔开的小块陆地。对生物而言，岛屿意味着栖息地的片段化和隔离。物种在岛屿之间的迁移扩散很少。湖泊、间断的高山草甸、片段化森林和保护区等类似岛屿的地方，称为栖息地岛屿。

12.5.1 岛屿物种数与面积的关系

由于岛屿与大陆隔离，物种的迁入和迁出的强度低于周围连续的大陆。20世纪60年代，生态学家们就发现岛屿面积越大，其群落中可能包含的物种数越多。物种数与岛屿面积之间的关系可以用下列公式简单描述：

$$S = C \cdot A^{Z} \quad 或 \quad \lg S = \lg C + Z\lg A \tag{12-11}$$

式中 S——物种数；

A——岛屿面积；

C，Z——常数。

从图12-2可见，岛屿面积越大，容纳生物种数越多的现象称为岛屿效应(island effect)。岛屿效应是一种普遍现象，这主要与生物种的迁入和迁出的强度和一定岛屿空间上生物基础生态位的分配有关。当然，大岛屿较多物种是生境较多的简单反映，即生境多样性导致物种多样性。

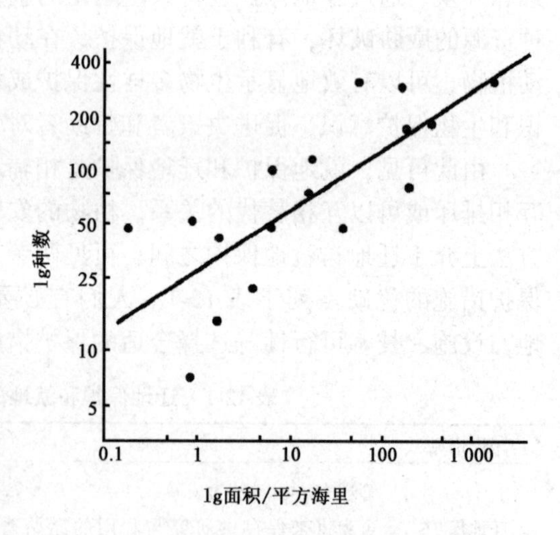

图12-2 Galapagos群岛的陆地植物种数与面积的关系(转自李博，2000)

生态意义上的岛屿主要强调“隔离”和独立性，广义而言，湖泊受陆地包围，可以视为陆“海”中的岛，山的顶部成片岩石是低纬度中的岛，一类植被或土壤中的另一类土壤和植被斑块、封闭林冠中由于倒木形成的“林窗”，都可视为“岛”。由于“岛”的边界明确，这类“岛”中的物种数——面积关系同样可用上述公式描述。

12.5.2 MacArthur的平衡理论

岛屿上的物种数目取决于物种迁入率和死亡率之间的平衡，并且，这是一种动态平衡。即不断有物种灭绝，并由别的迁入种替代和补偿。

当岛屿上没有留居任何物种时，任一迁入种都是新的，因而迁入率最高。随着居留种数的增加，种的迁入率就下降。当种源库(即大陆上的物种)中所有物种在岛上都有时，迁入率为零。迁入率的高低，还取决于岛的远近和大小。近的和大的岛屿迁入率高；远的和小的岛屿，迁入率低。同样灭绝率也受岛屿面积的影响。将迁入率曲线和灭绝率曲线重叠在一起，交叉点的物种数即达到的平衡点，是岛屿上应存留的物种个数(图 12-3)。

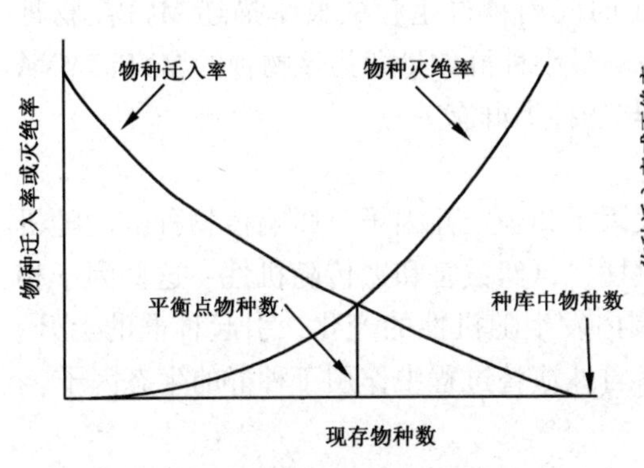

图 12-3　岛屿中的物种平衡模型
(转自戈峰，2002)

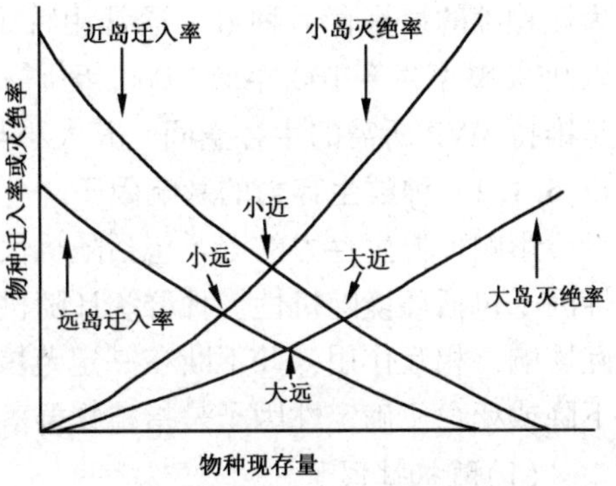

近岛迁入率
小岛灭绝率
物种迁入率或灭绝率
小近
小远
大近
远岛迁入率
大岛灭绝率
大远
物种现存量

图 12-4　岛的距离、面积、迁入率和灭绝率对植物丰富度的作用(转自戈峰，2002)

根据平衡理论，可以预测以下几点：

①岛屿上的平衡点种数不随时间而变化；

②这是一种动态平衡，即灭绝种不断被新迁入种替代；

③大岛比小岛能维持更多的种数；

④随岛离大陆的距离由近到远，平衡点的种数逐渐降低。

该平衡模型解释了岛屿面积和距离对迁入率和灭绝率的影响，说明了近岛上的迁入率高，小岛上的灭绝率高；岛屿越小平衡物种数越低，面积越大平衡物种数越高(图 12-4)。

12.6　自然保护区的设计

12.6.1　最小存活种群与种群生存力分析

12.6.1.1　最小存活种群

当种群过度碎裂和隔离后，每个居群的个体数量变小，且与其他居群孤立开来。每个小居群的命运相互独立，它的灭绝将是永久性的，即无法得到其他居群个体的再定居。当所有其他居群相继灭绝后，只剩下一个小居群时，物种会趋于灭绝。如我国的东北虎、华南虎、朱鹮等。

一个小种群，它究竟能生存多久？这是种群生存力分析(population viability

analysis，PVA)研究的问题。同样，要想保持一个物种生存下来，最小存活种群(minimum viable population，MVP)应该多大？最小生存面积(minimum viable area MVA)是多少？

所谓最小存活种群，它是指种群为了保持长期生存力和适应力应具有的最小种群数量。长期生存力是指种群具有不受统计随机性、环境随机性、遗传随机性及灾害随机性影响的能力。适应力指种群能保持一定的活力、生育力和遗传多样性，以适应自然界的变化。Shaffer将保证为一个物种存活所必需的个体数量界定为该物种的最小存活种群。通常用特定时间内种群生存的概率描述MVP。物种以95%概率生存100年或1 000年所需的最小种群数量即为该物种的MVP。MVA是维持MVP所需的生存空间，其大小与物种类群有关。

12.6.1.2 种群生存力的影响因子

影响种群生存力的因子包括随机性因子和确定性因子。影响植物种群的随机性因子包括环境随机性、种群统计随机性、自然灾害和遗传随机性。这些因子相互影响，相互作用，并不断在一定范围内发生随机性的变化，引起种群的上升、下降或死亡。确定性因子是指植物群落自然演替过程中作用于种群的生态因子。

(1)随机性因子

①环境随机性　环境随机性是影响整个种群发生变化的环境因子。如随时间变化的气候条件、病虫害、采食等。一般来说，环境随机性可减少种群大小，增加种群的灭绝概率，加速种群的灭绝，尤其是对濒危的小种群而言，更是如此。

②种群统计随机性　主要是指种群个体产生差异，影响个体存活或繁殖的随机时间，它主要影响小种群的生存。种群中的所有个体不可能处于完全相同的生态条件下，也就不会具有完全相同的存活率和繁殖力，种群个体在存活率和繁殖力上的差异会影响对种群参数的评估。

③自然灾害　植物种群所受的自然灾害分物理性自然灾害和生物性灾害两种，前者如台风、飓风、冻害、严重干旱等，后者如外来种入侵、人类过度干扰等，以随机方式发生。无论哪种自然灾害都会增加小种群的脆弱性。自然灾害在短时间内会引起种群数量急剧下降，大部分的灭绝事件是由自然灾害引起的。自然灾害实质上是一类特殊的环境随机性。

④遗传随机性　遗传随机性是指种群遗传特征的随机变化。如果没有基因流的适当补充，小种群因近交衰退和基因漂变而使基因多样性丧失。一方面，近亲繁殖增加遗传基因的同质性，使有害隐性基因表达的机会增加，后代间的变化率降低，后代度过突变的环境而存活的概率减少。另一方面，遗传漂变导致遗传变异的损失，从而降低遗传多样性。对于长时间的种群生存力预测，必须考虑基因的变化。

(2)确定性因子

在自然条件下，植物种群总是较稳定地处于一定类型的群落中，种间竞争、寄生、互惠共生等对种群都存在着一定的影响，在不同程度上影响种群的生存力。另外，对许多濒危物种而言，生境片段化加剧，面积缩小，已成为不可逆转的确定性因子。它使得种群生存力下降，个体减少。

12.6.1.3 种群生存力分析

种群生存力分析是将实际调查数据和模型相结合，运用模拟手段来预测种群在一定时间内的灭绝概率，并提出相应的挽救措施的一个过程。PVA 主要从三方面研究种群灭绝过程：分析模型、模拟模型和岛屿生物地理学分析。分析模型主要是一些数学模型，一般考虑理想条件或特定条件下灭绝过程；模拟模型用计算机模拟种群真实动态；而岛屿生物地理学方法则是研究岛屿物种分布和存活，证实分析模型和模拟模型的正确性。PVA 主要研究随机干扰对小种群绝灭的影响，其目的是确定最小存活种群，把绝灭减少到可接受的水平。种群生存力分析的步骤包括：

(1)划分种群的生活史阶段

根据物种的生物学及生态学特性、大小、年龄、繁殖习性等划分种群的生活史阶段。如植物种群生活史阶段一般可分为：种子、幼苗、幼株、成年植株等阶段。

(2)定期定点调查种群统计特征参数

特征参数，如种群成活率、增长率、繁殖率、个体补充率等。同时调查各种随机因子数据。这些参数数据的获得必须通过长期调查才能得到。由于随机因子的影响，各个阶段的种群统计特征参数会不断发生变化。

(3)建立种群动态模型

评价种群动态的主要方法是矩阵预测模型。在植物种群个体生活史阶段根据个体大小、繁殖特征划分，由于各阶段的时间间隔并不相等，因此，描述植物种群动态主要采用 Lefkovitch 矩阵模型。

(4)对模型参数化

最简单的种群动态预测模型是确定性矩阵模型，即假定种群统计参数不随时间变化，因而种群以固定的、有限的增长率呈指数增长。这种假设不适用濒危种群，因此，对濒危植物种群的动态预测主要采用随机矩阵模型，考虑到随机因子对种群动态的影响，种群的增长率是不断变化的、非恒定值。这种模型模拟法将随机性因子整合到模型中，可以采用选择矩阵法和选择元素法两种方法。

(5)模型的敏感性分析

对参数进行相关性分析，检验各个随机因子的影响作用，并改进模型。随机模型中的种群统计参数不是独立变量，每个参数的变化都会影响到其他的参数。种群生存力分析研究常常假设矩阵元素之间不具备相关性，而且矩阵元素在长时间尺度上也不具有自相关性。然而，这种假设可能会削弱环境随机性对种群的影响，从而降低预测的种群灭绝概率。因此，必须采用先进的统计方法，准确评估各参数之间的相关关系，剔除影响不显著的随机因子，提高模拟结果的准确性。

最后，根据建立的模型，在计算机上运行，达到模拟结果。经过多次的模拟，模型的运行结果将预测一定条件下未来种群的大小、种群的生存概率和生存时间。

12.6.1.4 种群生存力分析的意义

PVA 对生物多样性保护有重要的意义。由于 PVA 研究小种群的随机绝灭过程，所以它是自然保护区设计的理论基础。通过 PVA，可以估计保护区所需面积的大小。根据保护区设计原则，保护区的面积越大越好，但没有提供具体的保护区面积。目前所建立的保护区，只排除了人为活动对生物多样性的影响，并未考虑随机因素对物种灭绝的影响作用，而 PVA 就是研究随机因子对物种的影响，因而是自然保护区设计的主要依据。PVA 还可分析出各种因素对物种灭绝的影响和存活条件，从而为划分物种受威胁等级，确定物种保护优先权，以及具体的保护措施提供理论依据。

12.6.2 自然保护区设计的原则

建立自然保护区的主要目的是防止物种绝灭和生物多样性消失。20 世纪初，保护主义者呼吁通过建立自然保护区保护整个自然系统的完好和多样性，以避免人类对自然的干扰。随着人口的迅速增加和土地利用加剧，可用于自然保护区的土地越来越少，迫使自然保护区的设计趋于科学化和精确化。20 世纪 70 年代中期，Diamond 等人提出了一套自然保护区设计原则，并引起了著名的“SLOSS”辩论。

12.6.2.1 Diamond 等人的自然保护区设计原则

建立自然保护区的目的是对生物多样性提供保护，因此，自然保护区的设计要充分考虑面积、生境和景观与生物多样性之间的关系。自然保护区在很大程度上可被看作被人类栖息地包围着的陆地“生境岛”，1975 年 Diamond 等根据岛屿生物地理学的物种数 - 面积关系和“平衡理论”提出自然保护区的设计原则，包括：

①保护区面积越大越好，大保护区内物种迁移速率和灭绝速率平衡时，拥有的物种数较多，并且大面积的保护区物种灭绝速率低。

②栖息地是同质性的，单个保护区要比面积相同、但分隔成若干小保护区好，这是因为大保护区物种存活率高，小保护区物种存活率低，大保护区比总面积相同的几个小保护区能拥有较多的物种。

③栖息地是同质性的，若干个分隔的小保护区越靠近越好，这样可以增加保护区物种的迁入率，减少物种灭绝的概率。

④若干个分隔的小保护区应等距离排列，每个保护区的物种可以在保护区之间迁移和再定居，而线形排列的保护区，位于两端的保护区相隔距离较远，减少物种再定居的可能性。

⑤有走廊连接的若干分隔的小保护区比无走廊连接的好。因为物种可以在保护区间扩散，而不需要越过不适宜的栖息地之“海”，从而增加物种存活的可能性。

⑥只有条件允许，圆形保护区比条状保护区好，因为圆形保护区可以缩短保护区内物种扩散的距离，如果保护区太长，在发生局部种群灭绝时，物种从较中间区域向边远区域扩散的速率会很低，无法阻止类似于岛屿效应的局部灭绝。

12.6.2.2 SLOSS 辩论

Diamond 等人的自然保护区设计原则的最大疑问就是大保护区一定是否就拥有

较多的物种？Simberloff 和 Abele 首先对这一原则提出了不同看法。他们认为在许多情况下，总面积之和等于一个大保护区的几个小保护区可能比一个大保护区拥有较多的物种；不是所有的物种都需要相同的大保护区，许多物种在小保护区亦能存在。Simberloff 和 Abele 认为物种数—面积关系和“平衡理论”并没有包含重要的生物学事实，“平衡理论”还不成熟。这种观点受到 Diamond 等人的批评，从而引起了著名的“SLOSS”(single large or several small，一个大的或几个小的)辩论。

Diamond 等人认为：①小保护区系统也许不能保护那些需要最小面积或最小种群存活的物种；②小保护区很难保护所有的营养级水平；③在一组小保护区中，灭绝速率较快；④保护区的破碎是不可逆的过程。

Simberloff 等人认为：①从物种数—面积关系并不能得出一个大保护区比几个小保护区(总面积之和等于一个大保护区)拥有较多物种的推论；②支持的证据较少，对于扩散或迁移的物种，总面积之和等于一个大保护区的几个小保护区，至少拥有与大保护区相同的物种；③保护区的发展历史表明，大保护区只能建立在农业生产或牧业生产的边缘地区，而小保护区一般建立在农业或牧业地区；④SLOSS 效应取决于不同类群和栖息地破碎程度，不同类群对面积的需求不同，对破碎的适应能力也不同；⑤几个小保护区适应灾害的能力强，大保护区一旦发生灾害，很可能整个面积都受影响，而小保护区往往只有少数保护区遭受灾害。

尽管“SLOSS”辩论仍在继续，但已不是争论的焦点，不过以下几点是非常明确的：①不同类群，SLOSS 结论不同。对于扩散、迁移和定居能力强的物种，总面积之和等于一个大保护区的几个小保护区拥有的物种可能较多；而对于扩散、迁移和定居能力很弱的物种，一个大保护区上拥有的物种可能较多；②不同的保护目的，不同的社会经济条件，保护区大小和保护区划分可能有所不同；③因为栖息地破碎是不可逆过程，因此，在可能的情况下，以建大保护区为好。

12.7 外来物种入侵与生物多样性

12.7.1 外来物种的概念

外来种是相对于乡土种而言，指在一定区域内历史上没有自然发生分布而由人类活动直接或间接引入，在当地自然或人工生态系统中建立了可自我维持的种群的物种。它是指一种生物以任何方式传入其原产地以外的国家或地理区域，并在那里定殖，建立自然种群，这种生物即为外来物种(exotic species)。外来种与入侵种之间存在一定联系，但又有所区别。入侵种属于外来种，它的引入可以或可能引起对经济、环境或人类健康的损害，但入侵种的范围却比外来种的范围小。

12.7.2 外来物种入侵的现状

在 2002 年 5 月 22 日的联合国环境日大会上，“生物多样性与外来入侵物种管理”已被确定为新世纪第一个“国际生物多样性日”的主题，表明外来物种的危害性及人类对外来物种入侵的关注程度。

据不完全统计，成功入侵我国的外来草本植物有107种，隶属75属，如水花生、紫茎泽兰、豚草等，其中有62种外来草本植物是作为牧草、饲料、蔬菜、观赏植物、药用植物、绿化植物等有意引进的，占总数的58%；入侵我国的主要外来昆虫有32种，如美国白蛾、松突圆蚧；入侵我国的主要外来微生物有23种，如甘薯黑斑病病原菌、棉花枯萎病病原菌等。外来物种已给我国生态环境、生物多样性和社会经济造成巨大危害。

在我国目前已知的外来有害植物中，超过50%的种类是人为引种的结果。2003年4月，国家林业局公布了薇甘菊、紫茎泽兰等24种有害植物，虽然其中没有木本植物，但南部沿海地区大量种植的桉树以及北方荒山绿化的先锋树种火炬树已引起广泛关注。

水葫芦（凤眼莲）原产南美，约于20世纪30年代作为畜禽饲料引入我国，并曾作为观赏和净化水质植物推广种植，后逸为野生，广泛分布于华北、华东、华中和华南的大部分省市的主要河流、湖泊和水塘中，往往形成单一的优势群落。90年代中期，在我国南方的一些河道和湖泊，水葫芦覆盖面积达100%。水葫芦引入滇池以后，疯长成灾。水葫芦的扩散蔓延严重破坏水生生态系统的结构和功能，导致大量水生动植物的死亡。滇池的主要水生植物已由60年代以前的16种，水生动物68种，到80年代大部分水生植物相继消亡，水生动物仅存30余种。

松材线虫病是当前我国最为严重的一种森林病虫害，被喻为松树的“癌症”。1982年首次在南京中山陵发现以来，该病相继在我国的江苏、安徽、广东、浙江、山东、湖北、台湾等省及香港特别行政区发生，危害十分严重，我国现已有$7\times10^4 hm^2$松林染病，$1\,600\times10^4$株松树死亡。

12.7.3 外来物种入侵的途径

外来物种入侵的途径主要有两类：自然途径和人为途径。

12.7.3.1 自然途径

自然界中的植物通过自身的生长繁殖逐渐侵入其他生态系统，有的通过根、茎、叶的繁殖，有的通过种子的传播。这种自然状态下的传播极为缓慢，往往以地理地质年代计算。通过媒介入侵，这在种子繁殖的植物物种中很常见。媒介可以分为两类：自然媒介和生物媒介。自然媒介，如风和水流，可以把种子和花粉吹到或带到其他的地域，在合适的环境条件下，这种植物可能会建立起一个新的给养系统，甚至改变当地的生境。生物媒介，如各种动物、植物可以通过被其取食或携带，将种子传播到另一个地区。

以动物为媒介的传播最常见的一种模式是体内传播（endozoochory）——种子通过被取食进入动物体内，然后在反刍或排便时排出体外，进入其他地区。体内传播的一个优势在于肠道内的酸性物质可以完全消化一些种子很厚的外壳，有利于种子的发芽。通过粪便排出的种子则因为具有足够的有机质作肥料而更容易生长繁殖。动物在被入侵地区传播非本地种的另一种重要模式是体外传播(epizoochory)。种子和果实的表皮有时会有倒钩或者刺，这使它们很容易粘附在动物的皮毛或羽毛上，随着动物的移动，它们也得以在当地散布开来。夏至草、苍耳等就是通过这种方式得到传播的。在外来种的传播过程中，物种与传播者之间有时会形成紧密联系、相互依靠的关系。这种关系的形成会使非本地种的扩散更加有效。一旦动物与非本地植物产生明显的依靠关系时，可以认为这个非本地种已经成功地融入了当地生态系统。先入侵的生物可为其后的入侵提供便利。对北美洲大湖地区的调查研究发现，作为入侵物种的斑马蚌，在其侵入大湖地区后，为其他许多生物——特别是斑马蚌的取食者的入侵提供了更加便利的条件。在这种情况之下，斑马蚌虽没有直接把其他生物引入大湖地区，但它实际上起到了媒介与先锋的作用。

自然媒介传播与生物媒介传播相比较，后者比前者更为有效、传播的距离也更远，在人类介入自然进化史以前，它们起着极其重要的作用。

12.7.3.2 人为途径

作为全球生态系统的一部分，人类在外来种入侵中扮演着十分重要的角色。这不仅仅是因为人类活动不断干扰现有的生物群落，还因为人类本身以及人类整个群体成为入侵物种的载体甚至传播者。从人类自身的意向而言，这种引入入侵物种的活动可分为两类：无意识地引入入侵种和有意识地引入入侵种。

(1)无意识引入外来种

停泊在世界各个商业港口的船只都是各种生物的潜在栖息地，其中最重要的栖息地是轮船的压水舱。每年，这些人造压舱空间在港口之间移动的水量大约是 $1\,000\times10^8 m^3$。每天大约有 3 000~10 000 的不同物种被认为通过这种移动方式被携带，导致河口和海湾地区的生物分布逐渐单一和均匀化。相同的生物开始入侵各个海岸线，侵袭沿海区域的生物多样性，并且危及它们的生态稳定性。

集装箱内的包装材料也会成为外来种的藏身之所。未经处理的木垫，常常为森林害虫所用。中国长角牛甲虫，已分布在美国周围超过 30 个地区，在英国也有发现。对付这种害虫的唯一方法是砍除每一棵可能染病的树木，切成碎片，并焚烧殆尽。航空运输是外来物种入侵的另一个渠道，这种全球范围内的虚拟通道，为那些个体小、生命周期短的生物特别是微生物和昆虫的跨区域入侵提供了潜在的机会。

(2)有意识引入外来种

在人类历史的绝大多数时期，都是积极鼓励贩运动植物。美洲的殖民者就曾把种子、植物和家畜等带回欧洲。19 世纪的“驯化协会(Acclimatization Society)”运动则把欧洲的生物带到美洲和大洋洲。其中只有大约 10% 的外来种生存下来，这其中的 10% 形成不受抑制地蔓延。19 世纪晚期，作为宠物引入的野兔肆意蹂躏澳大利亚草原，外来物种入侵的问题才得到了真正的重视。有些外来种的引入具有极强的针对性，如天敌引种。作为一种行之有效的生物防治方法，它在许多地区得到了使用。但在某种程度上讲，天敌引种本身也是一种入侵，作为引种对象的物种本来不属于这个区域，而是以人工的方式被释放到该地区。如果控制不当，引入种很有可能危及目标以外的其他生物，破坏当地的群落结构。1977 年，为了控制非洲大蜗牛，北美大陆的一种蜗牛(*Euglandina roses*)被引入太平洋岛屿，结果导致了当地 7 个物种的灭绝。

人类有意识引入外来种的另一个形式是转基因植物的投入市场。转基因植物的潜在危害主要是食品安全性和杂草化问题。转基因植物由于体内具有抗性基因，如果扩散起来，会比一般的物种更具有侵略性。另外，抗性基因通过种间杂交还会转移到近缘种体内，产生的新品种有时比亲代对环境具有更好的适应性，往往成为难以控制的杂草。转基因植物体内的某些蛋白质会对人体产生过敏性反应，危害人体健康。因此，它的安全性问题越来越受重视，有针对性的安全评估措施在美国和欧洲的一些国家已经得到落实，各国对批准这样的物种进入市场都持慎重态度。

12.7.4 外来物种入侵的过程

外来物种的入侵是一个复杂的链式过程，要经过引入、定居、建群、扩散和暴发等环节(图 12-5)。Williamson 提出了"十分之一法则"，把外来物种入侵的各个环节，划分为 3 次转移。第一次转移是从进口到引入，称为逃逸；第二次转移是从引入到建立种群，称为建群；第三次转移，是从建群到变成经济上有负作用的生物。每次转移成功的概率大约为 10%。总体而言，一个外来物种的成功入侵是一个小概率事件。

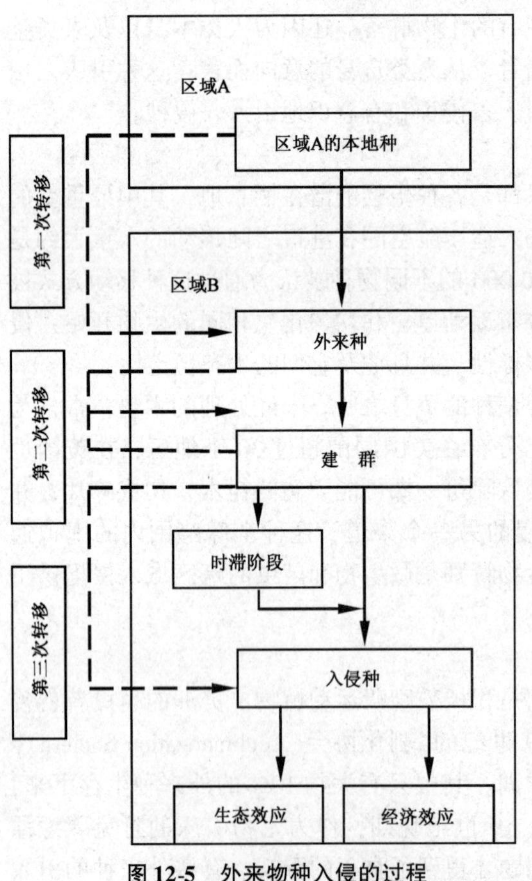

图 12-5　外来物种入侵的过程
(转自宋红敏，2004)

(1)外来物种的引入

外来物种通过自然或人为的途径引入到新的区域。外来物种跨越地理屏障到达新的区域，社会和经济因素起着越来越重要的作用。随着全球经济一体化趋势的加剧，人员、货物大量快速地流动，外来物种借助人员、货物、交通工具实现全球范围内的旅行。

(2)外来物种的定居与建群

这个阶段是外来物种入侵的瓶颈时期。由于外来物种的大多数个体面临着恶劣的气候、天敌的捕食或者寄生等不利条件而定居失败，即使有少量个体成功地进行了繁殖，建立了小种群，这个小种群仍然面临着较大的生存危机。因为新建的小种群的遗传多样性一般比原产地种群的遗传多样性低，由此产生的近交衰退限制着种群的增长，降低了种群存活的概率。

(3)外来物种的时滞阶段

在外来物种入侵过程中通常会出现时滞阶段，即种群从建立到扩散、暴发往往需要经历一段时期。这个时期的长短与初始种群的大小、物种的生活史特征、新区域的环境条件、当地群落对外来入侵物种的易感性和人为因素的强度有关。从不同地区多次引入外来物种，增加了种群的数量和遗传多样性，以及到达不同的区域的种群经过适应性进化都大大增加了存活的可能性。

(4)外来物种的扩散与暴发

外来物种并非建立了种群，就可以形成入侵物种。入侵物种具有种群密度高、分布范围广的特点。外来物种的扩散与暴发与该物种的繁殖能力、扩散的方式和能力、种群参数(如自然死亡率和自然出生率)和人为因素有关。

12.7.5 外来入侵物种的影响

在自然界长期的进化过程中，每种生物作为生态系统中的一个有机组成部分，在其原产地的自然环境条件中各自都处于食物链的相应位置，相互制约，相互协调，将各自的种群限制在一定的栖息环境并维持一定的数量，形成了稳定的生态平衡系统。在外来物种侵入新的区域后，破坏了其与原产地生态环境之间的关系，并与新栖息地的环境和生物建立了新的关系。它们能逃避原产地的捕食和竞争，通过自身生物潜力的发挥建立了新的种群，而且能很快适应新的生境并迅速繁殖，竞争和抢夺其他物种的养分和生存空间，造成其他乡土物种的减少和灭绝，改变了原有的生物地理分布和自然生态系统的结构与功能，导致原有的生态平衡失调，影响甚至严重破坏入侵地区的生物多样性结构，对当地的生态环境、经济与人类健康产生危害，给社会经济带来不良影响。

(1)对物种多样性的影响

外来入侵物种往往具有很强的自我繁殖能力，可以通过竞争占据乡土物种的生态位，大量利用定殖点的土壤、水分、光照和养分资源，通过种群竞争和对本地物种的抑制、排斥，在侵入地形成大面积单优群落，降低物种多样性，使依赖于当地多样物种生存的其他物种没有适宜的栖息环境而消亡。如原产中美洲的薇甘菊(*Mikania micrantha*)往往成片地覆盖香蕉、荔枝、龙眼等乡土物种，致使它们难以正常生长而死亡。外来入侵物种也可以分泌释放化学物质，抑制其他物种的生长。如20世纪四五十年代引入我国的三裂叶豚草(*Ambrosia trifida*)可释放酚酸类、聚乙烯等他感物质，对禾本科、菊科等一年生草本植物有明显的抑制、排斥作用。原产巴西大西洋海岸的草莓番石榴的叶子释放有毒化感物质，对夏威夷本地稀有植物和动物构成了严重的威胁。

(2)对遗传多样性的影响

外来入侵物种与乡土种之间的杂交和基因渗入能给乡土物种带来破坏性的后果，甚至导致乡土物种的灭绝，随着生境片段化，残存的次生植被常被入侵种分割、包围和渗透，使乡土生物种群进一步破碎化，还可以造成一些物种的近亲繁殖和遗传漂变。入侵物种与乡土物种的基因交流可能导致乡土物种的遗传侵蚀。如在华北和东北的落叶松产区种植日本落叶松(*Larix kaempferi*)后就存在相关问题。杂交也是造成外来物种入侵的原因。杂交造成乡土物种遗传基因被入侵物种"稀释"或遗传同化，并且使乡土物种可能变得对入侵更加敏感而易于受到进一步的入侵，导致乡土群落内部遗传多样性的丧失。

(3)对生态系统的影响

外来入侵物种常常会对当地生态系统的结构和功能产生影响。大量繁殖的外来物种往往削弱生态系统的功能，使生态系统的生产效率下降，抵抗自然灾害和其他干扰的能力下降，生态环境质量恶化。例如，水葫芦在河道、湖泊、池塘中的覆盖率往往可达100%，由于降低了水中的溶解氧，导致许多水生动物死亡。外来入侵物种还能强烈影响土壤的含水量，从而改变群落景观水平的水分平衡。如引自澳大利亚的桉树，由于大量吸收水分，造成土壤干燥，降低土壤肥力。一些外来入侵物种使得群落的结构，甚至使森林的层片结构受到破坏，降低生态系统的水源涵养和保持水土功能。

(4)对景观的影响

外来物种入侵还会改变整个景观的格局，从而降低游憩场所的质量、美学价值和生态旅游区的环境质量。外来入侵物种往往通过对景观的自然性和完整性的破坏，在入侵地形成以外来物种为优势的单一群落，造成相对均一、单调的景观，进而对旅游业带来损失。例如，水葫芦在昆明滇池的疯长蔓延，严重影响了滇池的游憩休闲价值，旅游娱乐功能也逐渐丧失。

外来入侵物种的大量泛滥也会对交通航运业等产生严重影响。20世纪60~80年代从英美等国引进的旨在保护滩涂的大米草近年来在沿海地区疯狂扩散，覆盖面积大大增加，到了难以控制的局面。肆意蔓延的大米草破坏近海生物的栖息环境，使沿海养殖的多种生物窒息死亡，并堵塞航道，影响航运和海水的交换能力。

12.7.6 外来物种的控制

(1)物理防治法

对于数量比较少的外来入侵物种可以采用人工拔除，对大面积蔓延的外来入侵物种则需要利用专门设计制造的机械设备防治。如采用人工或机械方法将水面上的凤眼莲打捞起来，太阳暴晒后再焚烧。这种方法较安全，对环境没有太大的负面影响，但费时费工，代价昂贵，且难以达到长期防治的效果，只是一种权宜之计。另外，还有替代控制，即根据植物群落演替的自身规律，用具有经济或生态价值的本地植物取代外来入侵植物。

(2)化学防治法

即利用除草剂、激素和生长调节剂类等化学试剂防止外来入侵物种蔓延，如采用草甘膦控制凤眼莲和薇甘菊等外来入侵物种的蔓延。在所有的防治方法中，化学防治法效果最明显。但化学防治剂不仅对一种生物有效，在防治外来入侵物种的同时，也消灭了许多当地动植物类群，并且还有可能污染环境。因此，化学防治法对生态系统的破坏作用较大，不宜单独使用。

(3)生物防治法

利用生物与其天敌间的食物关系，从外来有害生物的原产地安全引进食性专一的天敌将有害生物的种群密度控制在生态和经济危害水平之下，恢复原有的生态平衡。生物防治是依据生物与生物之间的相互依存、相互制约的基本原理，不仅能成功地控制外来入侵物种的危害、传播和蔓延，更重要的是它不会对环境造成不良后果，但采用的天敌必须对非目标种群是安全的。

当然，最好是采用综合治理的方法，将生物、化学、机械、人工、替代等单项技术结合起来，发挥各自优势，弥补各自不足，达到综合控制入侵生物的目的。

12.8 森林生物多样性保护

森林是陆地生态系统的主体。它是陆地生态系统中分布范围最广、生物量最大的植被类型。其面积占陆地面积的34%，生物量占陆地总生物量的80%以上。全球植物物种的一半栖息在森林中。

12.8.1 森林生物多样性的含义

森林生物多样性指在森林生态系统中各种活有机体及其遗传变异的有规律组合。主要包括森林生态系统多样性、物种多样性和遗传多样性等3个方面的含义。森林生态系统多样性是与生态环境密切相关的。森林赖以生存的环境为系统提供了正常运转和持续发展所需要的物质和能量。森林生物是生态系统运转的中心，森林物种多样性是森林生物多样性的主要体现，是衡量森林生态系统稳定性、演替阶段及可持续性的标准。森林生物的遗传多样性是指不同森林种群之间、相同森林种群的不同个体之间的遗传变异，它是森林物种多样性的遗传基础。

12.8.2 森林生物多样性保护的意义

(1)森林生物多样性是森林生态系统的追求目标

森林是多种生物的摇篮。地球上有170万种生物，大部分与森林有着直接或间接的联系。森林为动物、植物和微生物提供了生存空间和能量来源，森林中拥有丰富多样的生物。只有拥有了丰富的生物物种资源，才能发挥森林的整体生态效能，并生产出人类所需要的多种产品和服务。反之，生物多样性的丧失和减少，将导致森林迅速退化。

(2)森林生物多样性是森林生态系统稳定性的标志

森林生物多样性是维持森林生态系统稳定性的基础。物种之间的协同进化关系，系统内能流与物质循环，系统与环境之间物质能量的交换保证了系统与环境功能协调。森林生物多样性使森林生态系统具有良好的自我调节机制。

(3)森林生物多样性是林业可持续发展的保证

森林不仅向人类提供木材，同时还提供果实、种子以及药用、油用、生物化工原料，森林生物多样性为可持续林业发展提供了物质保证。发展可持续林业是从森林资源保护与合理开发利用的角度，配置资源，实现生态、社会效益的持久发挥。

12.8.3 森林生物多样性受威胁现状及原因

12.8.3.1 森林生物多样性受威胁的现状

由于人口急剧增长，森林资源的过度利用，环境污染加剧，森林生物多样性急剧减少。目前，热带森林面积每年以1.2%递减，换言之，每天就有2 740hm^2原始森林从地球上消失。估计近30年左右，由于砍伐热带森林将导致占世界总物种数的5%~10%灭绝，即每天50~150个物种被灭绝。生物多样性最丰富的热带森林是地球上生境损失和破坏最为严重的地区，也是森林生物多样性减少最为严重的地区。

我国现有森林$1.75\times10^8 hm^2$，占世界森林面积的4%，我国森林覆盖率为18.21%，低于世界森林覆盖率平均水平。我国人均森林面积0.132hm^2，只相当于世界人均森林面积的18%。近年来，虽然我国森林覆盖率呈增长趋势，但主要是人工林面积的增长，作为生物多样性资源宝库的天然林仍在减少，并且残存的天然林也大多处于退化状态。近年来，我国有200种植物灭绝，高等植物受威胁种达4 000~5 000种，占总数的15%~20%。据濒危野生动植物国际贸易公约的资料显示，640种世界性濒危物种中，我国有156种，约为其总数的25%。我国公布的第一批珍稀濒危植物就有388种，灭绝或濒于灭绝的森林植物有崖柏(*Thuja sutchuanensis*)、海南梧桐(*Firmiana hainanensis*)、天目铁木(*Ostrya reheriana*)、圆籽荷(*Apterosperma oblata*)、猪血木(*Euryodendron excelsum*)、缘毛红豆(*Ormosia howii*)、桂滇桐(*Craigia kwangsiensis*)、毛叶紫树(*Nyssa yunnanensis*)、峨眉拟单性木兰(*Parakmeria omeiensis*)、百山祖冷杉(*Abies beshanzuensis*)、台湾穗花杉(*Amentotaxus formosana*)、柔毛油杉(*Ketleeria pubescens*)、毛叶坡垒(*Hopea mollissima*)、爪耳木(*Otophora umilocularis*)、异形玉叶金花(*Mussaenda anomala*)、广西青梅(*Vatica guangxiensis*)、盐桦(*Betula halophila*)、普陀鹅耳枥(*Carpinus putoensis*)、藤枣(*Fleutharrhene macrocarpa*)、华盖木(*Manglietiastum sinicum*)、滕柄木(*Bhesa siensis*)、粗齿梭罗(*Reevesia rotundifolia*)、海南海桑(*Sonneratia hainanensis*)、金佛山兰(*Tangtsinia nanchuanica*)、无喙兰(*Archinecttia gandissarii*)、双蕊兰(*Diplandrorchis sinica*)、雁荡润楠(*Machilus minutiliba*)、喜雨草(*Ombro-

charis dulcis)等，这些植物种现存植株大多不超过10株，而且仅分布于一处。中国约有400种野生动物处于濒危或威胁状态，已经灭绝或在中国境内绝迹的动物有犀牛(*Dicerorhinus sumatrensis*)、高鼻羚羊(*Saiga tatarica*)、野马(*Equus przewalskii*)、新疆虎(*Panthera tigris lecoqi*)、白臀叶猴(*Pygathrix nemaeus*)、麋鹿(*Elaphrus davidianus*)等；濒临灭绝的有大熊猫(*Ailuropoda melanoleuca*)、金丝猴(*Rhinopithecus roxellanae*)、台湾云豹(*Neofelis nebulosa nybulosa*)、东北虎(*Panthera tigris altais*)、雪豹(*Panthera uncia*)、长臂猿(*Hylobates* spp.)、海南坡鹿(*Cervus eldi hainanus*)、野骆驼(*Camelus ferus ferus*)、懒猴(*Nycticebus coucang*)等。大熊猫、金丝猴、东北虎、雪豹等20多种珍稀动物分布区明显缩小，居群数量骤减，濒临灭绝。

森林物种多样性的衰减同时也反映了遗传多样性的丧失或受严重胁迫。如亚热带地区广泛分布的常绿阔叶林已被大面积砍伐，由杉木和马尾松人工林所取代。这些发展起来的人工林物种急剧减少，破坏了自然森林生态系统的结构与功能，普遍出现地力衰退、生物多样性减少和生产力下降。

12.8.3.2 森林生物多样性受威胁的原因

除了前述生物多样性消失的原因外，森林生物多样性受威胁的原因还表现在以下几个方面：

(1)森林过度砍伐

由于森林集中过伐，加之更新跟不上采伐，导致一些地区疏林、迹地和荒地扩大。造成森林过伐的主要原因有毁林开荒、樵采、乱砍滥伐等。森林过度砍伐，减少了森林群落类型，同时破坏森林的生境，使动、植物种类随之消失或被迫迁移，对森林生物多样性造成威胁。

(2)森林火灾

森林火灾破坏作用大，不仅直接烧毁大量的森林物种，而且也影响森林生境，改变区域的气候、土壤以及植被组成和演替进程。森林火灾还改变了林地生态环境，如坡地的干旱化，低地则沼泽化，岛状冻土层退缩，在大兴安岭落叶松林中落叶松八齿小蠹虫(*Ips subelongatus*)猖獗发生。火灾对林下土壤动物的影响也颇大，如个体大的捕食性种类减少，而个体小、腐食性种类增加。

(3)森林病虫害

20世纪60年代后期，随着森林过伐和大面积人工纯林的不断发展，改变了森林的组成结构和生物种之间相互制约的生态关系，降低了森林自我抗御病虫害的能力，造成森林病虫害发生的规模和频率剧增，对森林造成的危害十分严重。

(4)栖息地丧失和破碎化

中国海南岛大片热带雨林被破坏后大部分转变为橡胶林和其他人工林，部分变为山地草坡。文鸟(*Lonchura* spp.)和麻雀(*Passer* spp.)取代绯胸鹦鹉(*Psittacula alexandri*)和鹩哥(*Gracula religiosa*)，地栖兽类取代树栖兽类。长臂猿(*Hylobates* spp.)是典型的树栖灵长类，鼯鼠(*Petaurista petaurista*)和巨鼠(*Ratufa* spp.)等也与树木相伴而生，热带森林成片消失后，这些动物种群数量急剧减少以致濒临绝迹。据统计，海南坡鹿在20世纪50年代初期约有2 000头，由于大面积种植人工橡胶林，到80年代初仅残余76头，黑冠长臂猿(*Hylobates concolor*)由2 000头减少到30头左右。

栖息地破碎化也直接影响森林野生动物生存。栖息地破碎化造成物种近亲繁殖，致使遗传杂合度下降，种群的生存面临直接的威胁。此外，非法猎捕野生动物、过度采集药材和经济植物也是森林生物多样性受威胁的重要原因。

12.8.4 森林生物多样性保护措施

森林生物多样性保护的主要原则是根据森林生态学原理，充分考虑物种的生存环境的前提下，用人工促进的方法保护森林生物多样性。森林生物多样性的保护是人类更好地管理物种和生态系统，最大限度地发挥它们的用途和功能，并维持它们更高的生产潜力以满足子孙后代的需要。要达到这一目的，必须采取一系列的保护措施。

(1)林地管理

林地是森林生物多样性的载体，在统筹规划不同土地利用形式的基础上，要确保林业用地不受侵占及毁坏。林地用于绿化造林，采伐后及时更新，保证有林地占林业用地的足够份额。在荒山荒地造林时，贯彻适地适树营造针阔混交林的原则，增加森林的生物多样性。

(2)科学分类经营

实施可持续林业经营管理，对森林实施科学分类经营，按不同森林功能和作用采取不同的经营手段，为森林生物多样性保护提供了新的途径。

(3)加强自然保护区的建设

对受威胁的森林动植物实施就地保护和迁地保护策略，保护森林生物多样性。建立自然保护区有利于保护生态系统的完整性，从而保护森林生物多样性。到2003年，我国共建有保护区1 999个，其中森林生态系统保护区1 056个，占国土面积的3%左右。目前，还存在保护区面积比例不足，分布不合理，用于保护的经费及技术明显不足等问题。

(4)建立物种保护的基因库

建立物种的基因库是保护遗传多样性的最重要途径之一，同时信息系统是生物多样性保护的重要组成部分。因此，尽快建立先进的基因数据库，并根据物种存在的规模、生态环境、地理位置建立不同地区适合生物进化、生存和繁衍的基因局域保护网，最终形成全球性基金保护网，实现共同保护的目的。也可建立生境走廊，把相互隔离的不同地区的生境连接起来，构成保护网、种子库等。

复习思考题

1. 什么是生物多样性？生物多样性包括哪几个层次？
2. 生物多样性消失的原因有哪些？为什么说采取综合保护的措施有利于保护生物多样性？
3. 外来物种入侵的危害有哪些？如何防治外来物种的入侵？举例说明外来入侵物种及造成的危害。
4. 森林生物多样性保护的重要意义有哪些？目前面临的威胁有哪些？

本章推荐阅读书目

1. 生物多样性科学原理与实践. 陈灵芝，马克平主编. 上海科学技术出版社，2001.
2. 保护生物学. 蒋志刚，马克平，韩兴国. 浙江科学技术出版社，1997.
3. 现代生态学. 戈峰主编. 科学出版社，2002.
4. 应用生态学. 何方. 科学出版社，2003.
5. 生物入侵——理论与实践. 徐汝梅，叶万辉主编. 科学出版社，2003.

第13章 全球气候变化与森林生态系统碳循环

【本章提要】本章介绍了温室气体的种类与性质，温室效应及全球气候变化的基本概念；分析了全球气候变化对森林生态系统的潜在影响。叙述了全球碳循环及其相关过程，土壤呼吸速率及其影响因素。从森林生态系统与碳通量角度分析了森林在全球碳循环中的作用。

人类生活的地球无时无刻不在变化着，所谓全球变化是地球环境中所有的自然和人为因素引起的变化。地球环境中的气候、土地生产力、海洋和其他水资源、大气化学及生态系统中能改变地球承载生命能力的一切变化都可称之为全球变化。全球变化包括大气成分变化、全球气候变化、土地利用和土地覆盖变化以及荒漠化等方面的变化。进入20世纪80年代以后，人类社会最关注的全球性重大问题莫过于全球气候变化，因为在这些变化中与人类生产生活关系最为密切的变化是天气的变化，它构成人们生活的重要部分，尤其是灾害性天气，如高温、寒潮、台风、暴雨、霜冻、冰雹等，会对人们的生产和生活带来严重危害。气候则是一个地区在一个时期的平均天气状况，气候系统的形成不但是大气内部的种种过程，还是海洋、冰雪覆盖、陆地表面、地球生物分布以及大气上边界处太阳辐射等各个环节的影响。

地球气候是由若干温暖期和寒冷期交替组成的，也就是说，在漫长的历史长河中，气候一直处于冷(冰期)、暖(间冰期)交替之中。冰期地球平均气温比现代低7~9℃，间冰期比现代高8~12℃。地球上的气候随时间而变化的。一般把气候随时间的变化分为3个时间尺度进行研究：地质时代气候变迁，通常指距今6亿年的气候；历史时代气候变迁，通常指距今1万年的气候；近代气候变迁。研究地质时代气候变迁，主要依据地质沉积物、古生物学及同位素地质学方法；历史时代气候变迁，一般使用物候、史书、地方志等方法；近代气候变迁因为气象观测记录的日益完备而主要依据仪器观测记录来分析。

13.1 温室气体与气候变化

在影响和决定气候形成和变化的因子中，人类活动可改变大气成分和下垫面性质。随着工业化进程加快，尤其自20世纪50年代以来，大量化石燃料被开采利用，人工合成化学氮肥的产量和用量日益增加，使人为产生的温室气体排放量不断增加；同时，土地利用状况急剧变化改变了下垫面性质，如砍伐森林、垦荒、兴修水利、城市建设、植树造林和海洋污染等，减少了温室气体的消化吸收量。打破了原来各种天然温室气体成分的源和汇的自然平衡，使大气中的温室气体浓度呈现不断增长趋势，使得工业化以来的大气温室效应比工业化以前处于自然平衡状态时更强。

许多科学家根据近代的气象观测记录认为，随着温室气体排放量增加，气温随之升高，得出全球气候将持续变暖的结论，这也是比较主流的看法。所以为了防止全球气候变暖，1997年12月，149个国家和地区的代表在日本京都通过了旨在限制发达国家温室气体排放量以抑制全球气候变暖的《京都议定书》，这个议定书制定的根据就是温室气体浓度和气候的关系，而签署或不签署又涉及一个国家的经济发展，涉及一个国家的重大利益和长远发展，所以各国在温室气体排放过程与机理，气候变化数值模拟，气候变化对自然、社会、经济的影响和对策，减缓气候变化的对策等方面开展了一系列的研究，而对温室气体与全球气候变化关系的研究是其中的主要部分。

13.1.1 温室效应与温室气体

太阳不停地以辐射方式向宇宙空间放射出巨大的能量。照射到地球的太阳辐射，首先通过大气层，然后到达地面。但大气对太阳辐射的吸收，平流层以上主要是氧和臭氧对紫外辐射的吸收。臭氧在大气中含量很少，但对太阳短波辐射吸收很强，由于臭氧的吸收，使得小于0.29μm波段的太阳辐射不再能到达地面，这保护了地球上的生物免遭紫外辐射的伤害。平流层至地面主要是水汽对红外辐射的吸收。大气对太阳辐射的吸收多位于太阳辐射光谱两端能量较小的区域，对于可见光部分吸收较少，可以说大气对可见光是透明的。

太阳辐射穿过大气层到达地面，地球表面在吸收太阳短波辐射增热的同时，本身又放出长波辐射而冷却。大气对太阳短波辐射吸收很少，但对于地面长波辐射却能强烈地吸收。因此大气的直接热源是地面放出的长波辐射。从地面获得能量来看，太阳辐射是主要的，从大气获得能量来看，地面辐射是直接的。

由于大气对太阳短波辐射吸收很少，易于让大量的太阳辐射透过而到达地面，同时大气又能强烈吸收地面长波辐射，使地面辐射不易逸出大气，大气还以逆辐射返回地面一部分能量，从而减少地面的失热，大气对地面的这种保温作用，称为“大气保温效应”，习惯上称温室效应。据计算，如果没有地球大气，地面的平均温度将是-23℃，实际上地面平均温度为15℃，这说明由于大气的存在，使地面温度提高了38℃。大气成分中水汽、液态水、二氧化碳(CO_2)、甲烷(CH_4)、氧化亚氮(N_2O)及臭氧(O_3)均可吸收地面长波辐射，由人类活动产生的新的大气成分氟里昂或氯氟烃类化合物(CFC_S)、氢代氯氟烃类化合物($HCFC_S$)、氢氟碳化物(HFC_S)、全氟碳化物(PFC_S)、六氟化硫(SF_6)也能吸收地面长波辐射使大气增温，这些大气成分统称为温室气体。

温室气体中水汽对辐射的吸收最强，范围最广。水汽在6μm附近和大于24μm波段的透过率很小，即吸收率接近于1。水滴对于长波辐射的吸收情况与水汽相仿，只是吸收能力更强些。CO_2有2个吸收带，分别位于4.3μm和13~17μm波段，其中第二个吸收带，位于地面辐射较强的波段，故这一吸收带对地面和大气的辐射热交换有重要影响。大气对8~12μm波段的吸收率最小，也即透过率最大，这一波段的地面辐射可以直射宇宙空间，故称为“大气窗口”。地球上的气候就是在自然的温室效应和通过大气窗口不断将辐射能射向宇宙空间这种动态平衡下形成的。由于温室气体成分在大气中增多，减少了地表热量由“大气窗口”向宇宙空间的散失，堵塞了大气窗，逸散的能量就减少，地球能量收入多、散失少，打破了原有的能量平衡状态，地球就变得越来越暖和。

13.1.2 温室气体的源与汇

温室气体的源(source)是指温室气体成分从地球表面进入大气或者在大气中由其他物质经化学过程转化为某种气体成分；温室气体的汇(sink)则是指一种温室气体移出大气到达地面或逃逸到外部空间或者是在大气中经化学过程不可逆转地转化为其他物质成分。例如燃料燃烧向大气中排放CO_2和大气中的CO被氧化成CO_2，都是CO_2这种温室气体的源；而大气中CO_2被地表植物光合作用吸收就构成了CO_2的汇。温室气体“源”增加，而“汇”减少被认为是目前大气温室气体浓度逐渐上升的主要因素。

(1)水汽(H_2O)

大气中含量最高、温室效应最强的气体成分是水汽。水汽在大气中浓度介于千分之一到百分之几之间，因其变化无常，而且对于大气来说，存在一个巨大的自然源——占地表70%的海洋。所以，大气水汽的变化对人为影响很不敏感，所以人们在讨论温室效应增强时把水汽排除在外。

(2)二氧化碳(CO_2)

植物呼吸、生物体的燃烧和生物有机物死亡后分解，煤炭、石油和天然气等化石燃料燃烧和水泥生产都将CO_2排放到大气中，构成CO_2的源。植物光合作用吸收大气中的CO_2，将CO_2汇集到陆地生物圈。海洋也在不断地吸收和释放CO_2，其透光层中也存在相似的光合和呼吸作用，海洋是CO_2最重要的汇。自工业革命以来，人类大量使用煤炭、石油和天然气等化石燃料，源源不断地增加CO_2释放源，同时土地利用变化和森林被破坏，CO_2的生物汇在不断减少，增加释放源和减少吸收汇的结果，使大气CO_2浓度不断增加。工业化之前的很长一段时间里，大气CO_2浓度大致稳定在280μmol/mol。自1958年开始在夏威夷马纳罗亚(Mauna Loa)火山观测站观测的大气 CO_2 浓度表明，在30年内大气 CO_2 含量增加了近70μmol/mol，年均增长率约0.4%。由南极冰核及夏威夷马纳罗亚火山观测站给出的250年来大气 CO_2 浓度的变化可见，大气 CO_2 浓度在1800年开始明显增加，而且增加速度越来越快，1958年为315μmol/mol，1998年升至367μmol/mol；年增加速率由20世纪60年代的0.8μmol/mol增加到80年代的1.6μmol/mol。

(3)甲烷(CH_4)

甲烷(CH_4)是大气中含量丰富的有机气体，也是一个很重要的温室气体。与 CO_2 一样，它也是一个长寿命的气体，通过温室效应引起地球温暖化。而且大气中 CH_4 是一种化学活性物质，它能引起许多大气化学过程的变化，影响大气的其他成分，从而间接引起气候变化，每个 CH_4 分子对全球温暖化的贡献是 CO_2 分子的20余倍。化石燃料(煤、石油、天然气等)、反刍动物、稻田等都是 CH_4 人为释放源，湿地、海洋、白蚁则是自然释放源。CH_4 的主要吸收汇是大气中的反应及土壤吸收。在自然条件下，OH自由基破坏 CH_4 分子，在对流层大气中与OH反应而被氧化掉，一部分 CH_4 输送到平流层，在那儿发生光解和被OH等氧化，导致 CH_4 浓度降低。一般认为人类活动引起大气中 CH_4 增加的主要原因是水稻田和食草家畜。中国是农业大国，CH_4 排放量较多，王明星等(1996)对中国排放 CH_4 的总量进行了估计，我国排放的 CH_4 总量占全球排放 CH_4 总量的6.5%~7.5%。全球关于 CH_4 的系统观测始于20世纪80年代。观测表明，大气中 CH_4 尽管表现出季节和年际变化，但总体上表现出逐年增加的趋势，目前，它以1%的年速率增加，增加速度之快在其他温室气体中是少见的。

(4)氧化亚氮(N_2O)

氧化亚氮(N_2O)通常用作麻醉剂并被叫作笑气。由冰芯资料分析可知，N_2O 是温室效应强烈的温室气体，工业革命以来每年以0.25%左右的速度增加。大气 N_2O 均来源于地面排放，但各种源的强度目前仍很不确定，主要的释放源是土壤中硝酸盐的脱氮和氨盐的硝化，因此施氮肥明显增加 N_2O 由土壤向大气的释放。N_2O 在大气中唯一的汇是在平流层被光解，进而转化成硝酸或硝酸盐而通过干、湿沉降过程被清除出大气。

(5)氟里昂类物质(CFC_S)

氟里昂(CFC_S)是主要的破坏平流层臭氧的物质，是人造化学物质，被用于制冷设备和气溶胶喷雾罐。当 CFC_S 进入平流层后受到紫外线辐射发生光解产生氯原子，这些氯原子迅速与臭氧(O_3)反应，将其还原为氧，从而加快 O_3 的破坏速率，这一过程以催化循环的方式出现，以致一个氯原子可以破坏许多 O_3 分子。平流层的 O_3 被破坏后，对太阳短波辐射主要是对紫外辐射的吸收减少，使得小于0.29μm波段的太阳辐射能到达地面，地球上的生物会遭受紫外辐射的伤害。臭氧层破坏使到达地面的太阳短波辐射增多，同时 CFC_S 还能强烈吸收地面长波辐射，所以它是温室效应极强的温室气体，其浓度虽然低于其他温室气体，但对温室效应的贡献却很大。由于使用 CFC_S 的这些严重后果，引起了世界各国政府的高度重视并已采取了一系列行动。许多国家已经签署了1987年制订的《蒙特利尔议定书》，它与后来1991年的伦敦修正案和1992年的哥本哈根修正案一起，要求工业化国家在1996年、发展中国家在2006年完全停止CFC_S的生产。

13.2 全球碳循环及相关过程

近年来，碳循环的研究成为全球关注的热点之一，主要因为：①碳元素是生物体的主要组成部分，植物体中大约50%是碳；②其他元素的循环过程往往与有机碳的氧化和还原过程紧密相连；③CO_2、CH_4与CO等是重要的温室气体，与全球气候变化相关。

环境中的CO_2通过光合作用被固定在有机物质中，然后通过食物链的传递，在生态系统中进行循环。循环途径有：①在光合作用和呼吸作用之间细胞水平上的循环；②大气CO_2和植物体之间的个体水平上的循环；③大气CO_2—植物—动物—微生物—土壤之间食物链水平上的循环。这些循环均属于生物小循环。此外，碳以动植物有机体形式深埋地下，在还原条件下，形成化石燃料，于是碳便进入了地质大循环。当人们开采利用这些化石燃料时，CO_2被再次释放进入大气。

13.2.1 地球上的主要碳库

如表13-1所示，地球上的碳库主要有4个，即大气、海洋、陆地生物圈和岩石圈碳库。其中大气碳库的含碳量最小为750Pg C；陆地生物圈碳库的含碳量约为2 477Pg C，为大气碳库的3.3倍；海洋碳库的含碳量为39 973Pg C，分别为大气碳库和陆地生物圈碳库的53倍和18倍；岩石圈碳库最大，其含碳量高达75 004 130Pg C，分别约为大气碳库、陆地生物圈碳库和海洋碳库的10万倍、3万倍和1 900倍。

表13-1 地球上的主要碳库

碳 库	数量(Pg C)
大气	750
海洋	39 973
海洋表层	1 020
海洋生物群落	3
溶解的有机碳	<700
中层及深层海洋	38 100
地壳沉积物	150
陆地生物圈	2 477
植被	466
土壤	2 011
岩石圈	75 004 130
沉积碳酸盐	>60 000 000
油田岩质	15 000 000
化石燃料	4 130
合计	75 050 000

岩石圈碳库是一个巨型碳库，其贮量远远大于海洋、陆地生物圈和大气碳库，但由于它的形成和演变至少需要几百万年甚至更长时间，而碳质岩石的破坏与分解，在短期内对碳循环的影响也不大，因此，通常讨论的10～100年时间尺度的碳循环不包括岩石圈碳库和沉积型循环。

13.2.2 全球碳循环

图13-1、图13-2是根据最近的研究结果，做出的20世纪80年代全球碳循环模式。陆地植被通过光合作用，每年固定大气中的CO_2约为100 Pg C，其中50 Pg C以植物呼吸的形式又释放到大气中，剩下的50Pg C的有机物质以凋落物等形式进入土壤。这一部分的有机碳又以土壤呼吸的形式释放到大气中。因此，在自然状态下，CO_2在陆地生物圈—大气圈之间的循环保持着平衡状态。另一方面，由于人类活动的影响，使CO_2在大气—陆地生物圈之间的循环失去平衡。人类使用化石燃料等每年向大气净释放CO_2约5.4Pg C，热带森林破坏导致生物圈向大气释放1.6Pg C，也就是说，由于人类活动导致合计为7.0 Pg C的CO_2向大气净排放。

在水圈，大气与表层海洋每年进行着90Pg C的碳交换。由表层海洋向中、深层海洋输送100Pg C的碳。其中以无机碳输送的形式为90Pg C，通过海洋生物以有机碳形式输送的量为10Pg C。同时，中深层海洋以无机碳的形式又向表层海洋输送100Pg C的碳。这样，在海洋内部，碳的循环达到平衡。另外，通过河流，由陆地向表层海洋输入0.8Pg C的碳，其中0.6Pg C的碳通过大气又回到陆地，剩下的0.2Pg C的碳沉积在海底。另一方面，研究表明，海洋每年能净吸收大气中的CO_2为2 Pg C(其中表层海洋净吸收0.4Pg C，中深层海洋净吸收1.6Pg C)。

如此算来，人类活动净释放到大气中的7.0Pg C/a的CO_2，有3.4Pg C/a用于增加大气中的CO_2浓度，2.0Pg C被海洋吸收，剩下的1.6Pg C的CO_2则去向不明。这就是著名的“失汇”(missing sink)现象。这种现象在20世纪70年代末，由Wood-

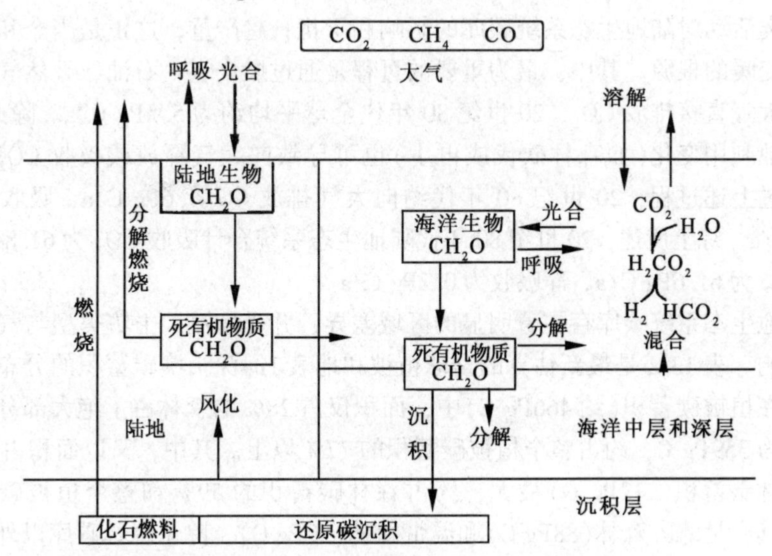

图13-1 碳的生物地球化学循环模式(中国大百科全书，1999)

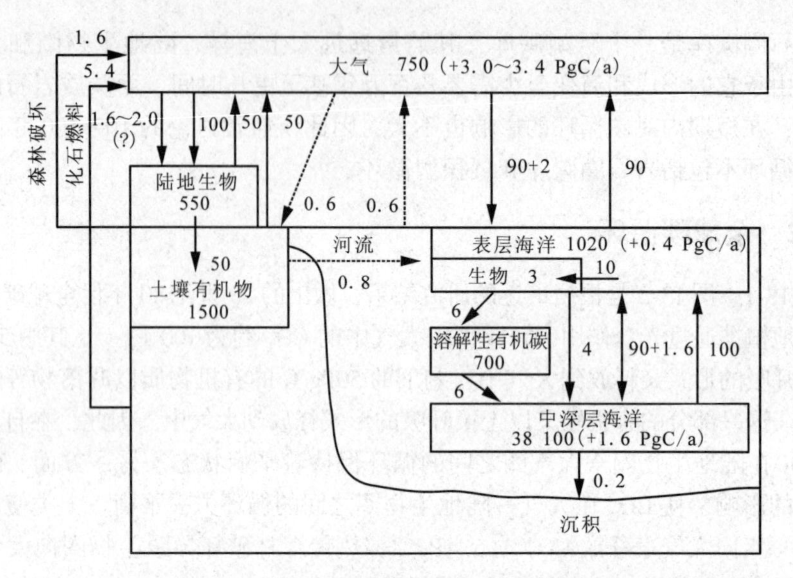

图13-2 全球碳循环模式（Nakazawa，1997）

well等人(1978)提出来后，一直困扰着科学界，至今仍未找到满意的答案。

13.2.3 陆地生态系统碳库

陆地表层碳库是最复杂的碳库，受人类活动的影响最大，人类活动一方面受化石燃料的燃烧和水泥生产等能源和工业过程的影响，直接向大气中排放温室气体，另一方面通过土地利用变化影响 CO_2 的源和汇分布与大小。

陆地表层生态系统中，包括森林、草地等植被系统大约贮存了466Pg C的碳，约相当于大气中碳贮存量的62%，土壤和腐殖质中碳的贮量更大，约为2 011Pg C，约为大气碳贮量的2.6倍。两者合计，即整个陆地生态系统碳库约贮存2 477Pg C,大约是大气碳库的3.3倍。

人类活动对陆地生态系统碳库的影响和干扰日趋严重，这正是当今和未来全球气候变暖的根源。其中，最为重要的过程是通过燃烧煤、石油、天然气等化石燃料向大气直接排放 CO_2，20世纪80年代全球平均约为5.5Pg C/a。除此以外，通过土地利用变化(如森林砍伐或再生)也可导致向大气释放或吸收 CO_2。据估算，通过上述过程，20世纪80年代约向大气排放 CO_2 1.6Pg C/a，吸收 CO_2 约0.5Pg C/a。综上所述，20世纪80年代陆地生态系统合计吸收 CO_2 为61.8Pg C/a，排放 CO_2 为61.6Pg C/a，净吸收为0.2Pg C/a。

陆地生态系统碳库存在着明显的区域差异，并受植被、土壤类型与气候带的显著影响。表13-2是最新估算的全球植被和地表1m深土壤碳蓄积的分布。可以看出，在植被碳蓄积(约466Pg C)中，面积仅占28%的森林占了绝大部分，森林碳蓄积为359Pg C，约占整个植被碳蓄积的77%以上。其中，又以面积占12%的热带森林碳蓄积(212Pg C)最大，约占森林碳蓄积的59%和整个植被碳蓄积的46%，其次是北方森林(88Pg C)和温带森林(59Pg C)。除了森林碳库以外，其次是草原碳库，包括热带干草原和温带草原全球合计为75Pg C，约占整个植被碳蓄

表 13-2　全球植被和地表 1m 深土壤碳蓄积

生物群系	面积 $(10\times10^8 hm^2)$	碳蓄积(Pg C)		
		植被	土壤	合计
热带森林	1.76	212	216	428
温带森林	1.04	59	100	159
北方森林	1.37	88	471	559
热带干草原	2.25	66	264	330
温带草原	1.25	9	295	304
沙漠及半沙漠	4.55	8	191	199
薹原	0.95	6	121	127
湿地	0.35	15	225	240
农田	1.60	3	128	131
合计	15.12	466	2 011	2 477

注：引自 IPCC，2000。

积的 16%。相比较而言，农田植被的碳库由于吸收与排放相近，因此库的蓄积很小，平均只有 3Pg C，仅占整个植被碳库的 0.6%，而其面积约占整个植被面积的 11%。

与植被分碳库相比，土壤(包括凋落物)可蓄积更多的碳，约为植被碳的 4.3 倍。

土壤碳量 = 土类总面积 × 土壤平均深度 × 土壤平均密度 × 平均有机碳含量

在土壤碳库估计值中，包括了凋落物的量。凋落物在碳循环中起着极为重要的作用。土壤碳蓄积的区域差异比植被碳蓄积小，其中仍以森林土壤碳蓄积最多。全球地表 1m 深森林土壤碳蓄积合计为 787Pg C，约占全球土壤碳蓄积的 39%，以北方森林土壤的碳蓄积最大，约占整个森林土壤碳蓄积的 60%。全球草原土壤碳蓄积合计为 559Pg C，约占全球土壤碳蓄积的 28%。湿地土壤的面积虽小，仅占植被总面积的 2%，但其碳蓄积高达 225Pg C，占土壤总碳蓄积的 11%。

13.2.4　土壤呼吸

13.2.4.1　全球土壤呼吸速率

土壤呼吸是指土壤释放 CO_2 的过程，主要包括植物的根系呼吸、微生物的分解作用和土壤动物的呼吸。它所释放出的 CO_2 是生物圈向大气圈释放 CO_2 的主要来源之一。

由于土壤呼吸与土壤透气性和土壤肥力以及农业生产有密切的关系，人们早在 19 世纪后半叶就开展了耕作土壤的呼吸测定，但在随后的几十年中，土壤呼吸的研究开展得很少。20 世纪 60 年代以后，由于生态系统研究的需要，土壤呼吸的测定再度引起关注。迄今，欧美、日本等主要发达国家已开展了各种不同类型生态系统土壤呼吸的测定，积累了一定的资料，但这些测定却集中在温带地区，低纬度的工作很少见有报道。因此，对全球土壤呼吸的估算还缺乏足够的资料。尽管如此，Raich & Schlesinger(1992)还是对全球土壤的呼吸总量进行了十分有意义的概算(表 13-3)。按照他们的估算，通过土壤呼吸由全球土壤向大气释放的 CO_2 量高达 68Pg C/a，该值相当于人工使用化石燃料向大气释放 CO_2 总量的12倍(以5.3Pg C为基数)。土壤呼吸量估算的准确性是全球碳循环模式不确定性的重要原因之一，因此，建立土壤呼吸的全球观测系统是今后全球变化研究的重要内容之一。

表13-3 不同生态系统的土壤呼吸量及土壤碳周转时间

生态系统类型	平均土壤碳密度 (kg C/m³)	土壤呼吸速率 [g C/(m² · a)]	周转时间 (a)
冻原	20.4	60	490
北方森林	20.6	322	91
温带草原	18.9	442	61
温带森林	13.4	662	29
疏林	6.9	713	14
农耕地	7.9	544	21
荒漠	5.8	224	37
热带草原	4.2	629	10
热带低地森林	28.7	1 092	38
沼泽和湿地	72.3	200	520
全球总量	土壤总碳库：1 515Pg C，土壤总呼吸：68Pg C/a		

注：引自Raich & Schlesinger，1992。

13.2.4.2 影响土壤呼吸的因素

影响土壤呼吸的因素很多，Raich & Schlesinger(1992)从全球尺度分析了土壤呼吸量与植被的NPP、年平均气温、年降水量等因素的关系，均得出了显著的线性相关[图13-3(a)、(b)和(c)]。

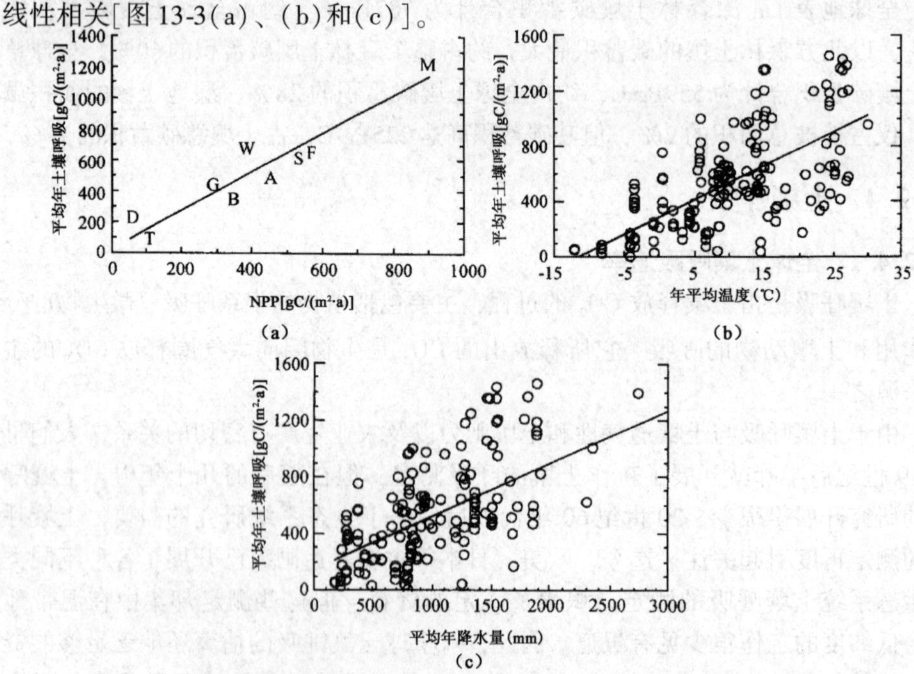

图13-3 土壤呼吸量与植被的NPP(a)、年平均气温(b)以及年降水量(c)的关系

(a)A为农作物，B为森林和疏林，D为荒漠，F为温带森林，G为温带草原，M为湿润的热带林，S为热带稀树草原和干性森林，T为冻原，W为地中海植被

13.3 森林在全球碳循环中的作用

目前，全世界森林面积仍不断减少。1990 年，森林及其他树木茂盛地区的覆盖面积为 $51 \times 10^8 hm^2$，约占地球土地面积的 40%，其中包括 $34 \times 10^8 hm^2$ 的森林，剩下的 $17 \times 10^8 hm^2$ 为温带的稀疏林地、低矮丛林地、灌木和灌木林地以及热带的森林休闲地(密林和疏林)、灌木。按 FAO 估算，从 1980—1990 年，世界森林和其他树木茂盛区的面积约减少了 2%，即约 $1 \times 10^8 hm^2$，这个变化几乎都来自热带国家。尽管最近几年来，公众对全球性砍伐森林所造成影响的认识已有提高，但并没有明显降低砍伐森林的速度。根据最近 FAO 评估报告指出，1980—1995 年间全球森林净损失约为 $1.8 \times 10^8 km^2$，即平均每年损失 $1\,200 \times 10^4 hm^2$。

13.3.1 全球森林碳库及碳通量

全球植被共贮存 $4\,660 \times 10^8 t$ C，在地表 1m 厚土壤中贮存 $20\,110 \times 10^8 t$ C，大约是植被贮存的 4.3 倍。在全球植被中，面积占 28% 的森林约蓄积了 77% 的碳，其中又以低纬度热带森林贮存最多，而在土壤碳库中，近一半贮存在北方、温带森林及温带草地土壤中。

国家和区域的分析表明，森林植被在某些国家的碳收支中已经发挥了重要作用，森林的碳吸收可以抵消大量的矿物燃料造成的碳排放(表 13-4)。

表 13-4 主要地区森林植被和土壤碳库及通量估算

纬度带		高纬				中纬					低纬				总计
		前苏联	加拿大	阿拉斯加	小计	美国	欧洲	中国	澳大利亚	小计	亚洲	非洲	美洲	小计	
碳库 (Pg)	植被	46	12	2	60	15	9	17	18	59	41~45	52	119	212	331
	土壤	123	211	11	345	21	25	16	33	95	43	63	110	216	656
碳通量 (Pg/a)		+0.3 ~ +0.5	+0.08	*	+0.48 ±0.2	+0.1 – 0.25	+0.09 – 0.12	-0.02		+0.26 ±0.1	-0.5 – 0.90	0.25 – 0.45	-0.5 – -0.7	-1.65 ±0.4	-0.90 ±0.5

注：* 已包括在美国之中。引自 IPCC，1996。

如表 13-4 所示，目前，中高纬度森林大约是一个 0.48Pg/a ±0.2 Pg/a 的净碳汇，平均而言，这些纬度的森林主要由幼龄级的森林构成，净生产率较高。形成中高纬度森林净碳汇的原因：一是这些纬度的森林正从过去的扰动或破坏中恢复过来(扰动包括采伐及野火等)，二是对这些森林的较大部分进行了积极管理(即稳定、抚育和保护)，三是某些地区的森林增长，可能是对大气 CO_2 和氮含量增长带来的施肥效应的响应。

低纬度森林是一个数值为 -1.65Pg/a ±0.4Pg/a 的净碳源，很明显，这是由于毁林、采伐和立木蓄积逐渐减少造成的。需要指出的是，虽然这一数值是目前从文献中得到的最佳估计，但不确定性很大，这是因为大部分中高纬度森林的碳通量主要根据定期的国家森林清查估算的，有一定精度保证，而低纬度森林的碳通量是根据一个模式估算的，该模式所作的假定仍有不少疑问。

13.3.2 中国森林生态系统碳库的分配特征

我国各植被分区森林生态系统的碳库及其分配状况列于表13-5。从表中可见，我国森林生态系统的碳库总量约为15.9 Pg C(不包括凋落物层碳库)，其中森林植被总碳库约为5.4PgC，约占森林生态系统碳库的34%；土壤总碳库为10.5Pg C，约占66%。土壤碳库约为植被碳库的2倍，土壤碳库仍是森林生态系统最大的碳库，这一比例关系略低于全球土壤碳库平均为植被碳库2.2~2.7倍的比例关系。这可能有两方面的原因，一方面，没有考虑土壤凋落物层碳库；另一方面，由于我国人工林发展迅速，人工林的比重较大，而人工林通常都是种植在较为贫瘠的土壤上，在森林发育的初期缺少充足的凋落物补充和积累，导致土壤碳密度偏低。

表13-5 各植被分区森林生态系统的碳库组成

植被分区	森林面积 (Mhm^2)	植被碳库 (Pg C)	土壤层碳库 (Pg C)	碳库合计 (Pg C)
寒温带针叶林区域	13.13	0.45	1.04	1.49
温带针阔叶混交林区域	13.07	0.78	1.42	2.20
暖温带落叶阔叶林区域	2.93	0.08	0.33	0.41
亚热带常绿阔叶林区域	58.77	1.54	4.12	5.66
热带季雨林雨林区域	15.12	1.06	1.26	2.32
温带草原区域	6.78	0.24	0.63	0.87
温带荒漠区域	3.00	0.14	0.31	0.45
青藏高原高寒植被区域	16.20	1.11	1.39	2.50
全国	129.00	5.40	10.50	15.9015.90

方精云等(1996)估算，我国森林植被的现实碳存贮总量为4.1Pg C(不包括竹林，台湾省未计入)；若按世界陆地植被碳库510Pg C，土壤碳库1 300Pg C推算，我国森林植被碳库约占全球陆地植被碳库的1.06%，土壤碳库的0.81%。若按全球森林植被碳库359Pg C，森林土壤碳库787Pg C推算，则我国森林植被碳库约占全球陆地植被碳库的1.51%，土壤碳库的1.33%。我国森林生态系统的碳存贮量具有较大的增长潜力，在未来的植被恢复过程中，我国森林生态系统会成为较大的碳汇，这对减缓全球大气CO_2浓度上升具有积极作用。

13.3.3 适应全球气候变化的森林碳管理对策

森林约贮存了全球陆地生态系统80%以上的碳，森林资源的破坏，无疑将增大CO_2，以及其他温室气体，如CH_4、N_2O等的排放，使全球温室气体含量持续增长，相反，如果管理和对策得当，则可增强森林碳吸收。适应未来全球气候增暖的森林碳管理措施有：①对现有森林进行保护式管理，即从根本上实施天然林保护政策，改变采伐管理制度，减缓并最终制止毁林，防治森林火灾和病虫害，保护森林，尽量减少人为及自然的破坏。②通过管理扩大碳贮存，其中包括增加天然林、人工林、农林综合生态系统的面积和碳密度，增加木材产品，特别是耐久、耐用的木材产品，扩大碳存贮，增大土壤碳贮存等。③替代式管理经营，即通过大力发展薪炭林等，以减少或替代矿物燃料，积极推广太阳能、风能、水能等可再生能源和其他替代能源，以减少温室气体排放；或向长寿命木材产品转移。④发展为适应未来全球气候增暖的经营管理策略，其中包括选育良种，营造温暖性耐旱树种，间伐和轮伐期经营对策等。

13.4 全球气候变化对森林生态系统的潜在影响

减缓温室气体浓度的急剧增加有两条途径：一是控制温室气体排放，减少释放源；二是增加吸收汇。增加吸收汇可以通过改变陆地生态系统的植物盖度来实现。虽然全球森林面积仅约占地球陆地面积的26%，但作为全球气候系统的组成部分之一，森林是全球生态系统的稳定因素。其强大的光合作用能力是大气CO_2一个重要的汇，而森林的砍伐和衰退又是大气CO_2浓度增加的重要的源。大气中CO_2平均每7年通过光合作用与陆地生物圈交换一次，而其中70%是与森林进行的(Waring & Schlesinger，1985)，其碳贮量占整个陆地植被碳贮量的80%以上，而且森林每年的碳固定量约占整个陆地生物碳固定量的2/3，因此，森林在维护全球碳平衡中具有重要的作用。由于森林与气候之间存在着密切的关系，气候的变化将不可避免地引起森林分布、林地土壤呼吸和生产力诸方面的变化。反过来，因全球森林生态系统是一个巨大的碳库，受气候变化的影响，它对大气中的CO_2起着源或汇的作用，从而进一步加强或抵消未来气候的变化，同时森林也能够通过改变地表温度、蒸散、地面粗糙度、反射率及云、降水等影响局地乃至全球的气候，对地球气候系统产生重大的反馈作用。因此，研究和掌握森林生态系统和气候变化的相互作用具有重要的意义。

全球气候变化对森林生态系统的作用主要表现在CO_2浓度升高及降低的直接作用和温室气体引起全球气候变化的间接作用两方面。大气中CO_2浓度上升对植物起着“肥效”的直接作用，因为在植物的光合作用过程中，CO_2作为植物生长所必需的资源，其浓度的增加有利于植物通过光合作用将其转化为可利用的化学物质，从而促进植物的生长和发育。气候是决定森林类型分布及生产力的主要因素，影响森林生态系统生产力和分布的两个最为显著的气候因子是温度的总量和变量以及降水量及其变率。当前，人们正是基于气候与植被间的关系来描绘未来气候变化下森林生态系统生产力和地理分布情形。未来温室气体浓度升高引起气候变化对森林分布、林地土壤呼吸和生产力诸方面的影响反过来必然对地球气候系统产生强大的反馈作用。所以全球气候变化与森林生态系统的相互作用无论从区域、景观、国家尺度还是从全球尺度来看都应该是最重要的研究课题之一。气候变化与森林生态系统的相互作用，由于不同区域其未来气候变化的情形不一致，而不同的森林类型也有其独特的结构和功能，因此气候变化对各个森林类型的影响是不同的。

13.4.1 热带森林系统

全球气候变暖的多数模式表明，热带地区的平均气温上升比中、高纬度地区要小，一般只有1~2℃，但降水量可能增加较多。温度增高、降水增加，热带雨林的更新将加快。对热带森林分布来说，模拟结果表明热带雨林将侵入到目前的亚热带或温带地区，雨林面积将有所增加，如李霞等(1994)模拟了温度升高4℃和降雨增加10%、温度升高4℃和降雨不变、温度升高4℃和降雨减少10%三种情况的植被变化，认为全球气候变化后，我国热带雨林的面积将显著增加。虽然面积增加，但降雨过多，土壤积水，会限制热带许多森林的生长。从对环境变化的适应性来看，热带森林比温带森林更差一些，它的生长与水分的可利用性和季节性关系更为密切，所以热带森林在其干旱的边缘地带被草地或稀树草原的吞食以及周围村落等人为活动等影响下，可能会变得比较脆弱。

20世纪以来，世界森林砍伐的重心已由温带转移到热带。热带森林毁坏对气候可能产生气温和地温升高，湿度、降水和蒸发减少的影响。如赞比亚南部地区由于森林被严重破坏，当地气候干热化，麦戈(Magoye)河已完全干涸。大规模砍伐热带森林后，不仅降雨量减少，而且降水日数也减少。印度利尔吉尼地区的正常年份降水频率早期为47%，现今由于热带森林的砍伐只有36%。中美洲哥斯达黎加西北部的高拉卡斯(Guanacaste)省近40年来年降水量一直在减少，Fleming(1986)认为这种降水变化是与当地森林不断砍伐有关。到了80年代，据Myers对占全球热带森林总面积97%的26个热带国家和地区的统计，平均每年毁林占现有热带森林面积的1.8%，估计未来一段时期热带森林减少还不会得到有效遏制。

热带森林毁灭对气候的可能影响，以亚马孙热带雨林的毁灭模拟最为著名。采用三维大气全球气候模式(AGCMS)、简单生物圈模式(SIB)模拟热带森林被毁后的气候变化结果是：地面温度增加2.4℃，蒸散减少27.2%，降水减少20.3%，净辐射减少14.5%，感热通量增加5.2%等。如果森林都转变成草原，草地温度比森林地面温度增高2.5℃。热带雨林对CO_2的吸收贮存量相当于大气贮存量的1.5~2.0倍。可以想象，如果热带森林被毁，大气中贮存的CO_2就会大为增加，这样会增强大气的温室效应。

13.4.2 温带森林

温带森林是受人类活动干扰最大的森林，地球上现存的温带森林几乎都成片断化分布，因此，未来气候变化对温带森林的影响是巨大的。一般认为，随着全球气候变暖，将使温带森林向极地方向迁移，而逐渐替代北方(Boreal)树种，它也有可能将向湿润的沿海地区扩展。同时由于温带内陆地区将受到频繁的夏季干旱的影响，从而导致温带森林景观向草原和荒漠景观的转变。因此，温带森林面积的扩张或缩小主要取决于其侵入到北方森林的所得和转化为热带或亚热带森林及草原的所失。

中国东北样带基于气候—植被关系模型 Holdridge 方法模拟（唐海萍等 1998），结果表明：①中国东北森林草原样带由东到西可以划分为湿润森林、草原、荒漠灌丛 3 个主要类型，其间的过渡带对全球变化很敏感。温度升高 2℃后，在降水量不变化、增加 10%、减少 10% 三种情况下，过渡带的面积都呈扩大化的趋势。②森林区对于降水量的变化反应很敏感，当降水量减少 10% 时，寒温带湿润森林减少 40. 2%。全球变暖且降水量增加时，部分荒漠灌丛演变为草原；降水量减少后，则森林区的一部分退化为草原区。③荒漠灌丛区在全球增温而降水量不变的条件下面积扩大，但是当降水量增加 10% 时面积减少，当降水量减少 10% 时又迅速扩大。张新时和刘迎春采用修正的 Holdridge 模型估测了在全球平均增温 4℃、年降水量增加 10% 的情况下，青藏高原的植被变化情景，认为高原东南部山地有森林化趋势，高原中部草原温性化，并伴以高原永冻层和高山草甸的消失，高寒荒漠温性化和中西部荒漠化趋势增强，还会导致雪线上升，冰川退缩，湖泊萎缩。

大气 CO_2 浓度增加、气温上升以及土壤矿化率的提高，温带森林的净初级生产力（NPP）将进一步提高，但在比较干旱的地区则相反。许多实验已经证实大气 CO_2 浓度的增加将促进树木的生长，并且这种影响将维持若干年。当然，也有学者认为，温带森林中可能增加的那一部分净生产力因土壤呼吸作用的加强而耗损，使总的碳净贮量的变化不大。更有甚者认为，当温带森林受到野火、病虫害及气候极端事件的破坏而使其净初级生产力下降时，它还可能转化为全球的一个主要碳源。

13. 4. 3　寒温带森林

寒温带森林即我们称谓的“泰加林”，被认为是目前地球上最为年轻的森林生态系统，还处于不断地形成和发育之中，易于受到各种外部因素的干扰。同时在未来的气候变化中，由于高纬度地区的增温幅度远比低纬度地区的增温幅度大，目前的研究基本一致地认为气候变化对寒温带森林的影响要比对热带和温带森林的影响大得多，而且这种影响更多地来自气候变化导致的火灾和虫害频率增加的结果，而不是气温升高和大气 CO_2 本身增加，同时面积也将大大减少。

受全球气候变化的影响，靠近海洋的寒温带森林南部地带的针叶树种将被落叶阔叶林或农业利用所替代，大陆中部地带的针叶树种则将被草原所取代，并可能伸入到寒温带森林的中部地带。预计 21 世纪末，寒温带森林将向北后退 300～500km。全球变暖有可能加速土壤有机质的分解而促进生境条件较好的寒温带森林净初级生产力的提高，但净初级生产力的提高并不意味着森林碳净贮量的增加，因为气温升高也将提高碳的分解率。在生境条件较差，特别是水分供给不足的地区，寒温带森林的生产力将有所下降，并成为全球碳的源。在森林—薹原交错地带，气温升高将提高种子的发芽和生长能力而使森林覆盖面积有可能扩大。北美和欧洲近10 000年来孢粉研究的结果也证实了这一点。然而，由于北方针叶树种从发育到成熟约需百年以上的时间，生长缓慢的结果使得其南部适生区有可能被温带落叶树种或干性草原所占据。

复习思考题

1. 什么是温室效应？温室气体主要有哪些种类？
2. 试述碳的生物地球化学循环过程。
3. 影响土壤呼吸速率的因素有哪些？
4. 简述森林碳管理对策及其意义。
5. 试分析全球气候变化对温带森林的潜在影响。

本章推荐阅读书目

1. 全球生态学：气候变化与生态响应. 方精云主编. 高等教育出版社，施普林格出版社，2000.
2. 基础生态学. 孙儒泳，李庆芬等编著. 高等教育出版社，2003.
3. 森林生态学. Kimmins J. P. 曹福亮编译. 中国林业出版社，2005.

第14章　森林生态环境监测与效益评价

【本章提要】本章首先介绍了森林生态环境监测方法，监测指标确定的原则和指标内容；阐述了森林生态环境效益评价的指标体系和4种方法，重点介绍了计量经济评价的方法和步骤。另外，还简述了森林生态效益补偿方法和补偿机制。

对森林生态环境进行监测，阐明森林生态系统的结构与功能以及森林与环境之间相互作用机制，可为森林的合理经营，并进行宏观调控，实现人类生态环境与经济协调发展提供理论依据；另一方面，将监测结果应用于森林生态环境效益评价，对森林生态效益进行科学计量和评价，对于制定合理的环境政策和社会经济发展规划具有十分重要的战略意义。

14.1　森林生态环境监测方法

森林生态环境监测是运用可比的方法，在时间或空间上对特定区域范围内森林生态系统或生态系统组合体的类型、结构和功能及其组成要素等进行系统地测定和观察的过程，监测结果可用于森林生态环境评价，为合理利用森林资源、改善生态环境提供决策依据。

鉴于森林生态系统在空间结构上的复杂性，时间序列上的多变性，生长发育过程的周期性和环境反应的滞后性等特点，森林生态环境的监测方法很多，主要包括以下几种：

(1)根据监测是否长期系统分类

根据对森林生态环境进行调查和研究的内容、场地、频率、周期等的不同，而分为定位监测和半定位监测两种方法。

①定位监测　在一定的区域内，选择有代表性的森林生态环境类型，设固定监测点，进行长期地、系统地、连续地观测与研究。

在国际上，许多国家都设立了长期定位观测站。近年来，已逐步形成了全球性的生态定位监测网络。我国森林生态系统的定位监测与研究基本上是在20世纪五六十年代开始的，经过几十年的不懈努力，至2004年国家林业局已建立森林生态系统定位研究站15个。这些定位站基本上是按气候带建立的，在我国大陆已初步形成监测网络系统。

②半定位监测 相对于定位监测而言，通常由于人力、财力等方面的限制，定位观测站数量有限，对于一些特殊的森林生态系统类型进行相对短期的、不连续的观测和研究，作为对定位观测站的补充。

(2)根据监测对象和区域大小分类

依据监测对象和区域大小变化，一般可分为宏观监测、微观监测、重点地区监测和典型区域监测。

①宏观监测 研究地域至少应该在区域生态范围之内，最大可扩展到全球。宏观监测以原有的自然基质图和专业数据为基础，采用遥感技术和生态图技术，建立地理信息系统(GIS)。其次，也采取区域生态调查和生态统计的手段。

②微观监测 研究地域最大可包括由几个生态系统组成的景观生态区，最小也应代表单一的生态类型。微观生态监测以大量的生态监测站为基础，以物理、化学或生物学的方法对生态系统各个组分提取属性信息。

③重点地区监测 对重点预防防护区、重点治理区、重点监督区进行水土流失类型、强度、分布、面积、治理程度、治理效益与动态变化进行监测。

④典型区域监测 如对泥石流、滑坡、崩岗、汛期等进行监测预报。

(3)根据监测目的和事项不同分类

对于全国资源与生态环境的监测，由于监测目的和监测事项不同，采用的方式主要包括定期监测、日常监测和专项监测3种。

①定期监测 在已有土地变更调查的基础上，扩充、完善土地利用分类体系，开展每年一次的资源与生态环境变更调查，全面监测资源与生态环境变化；利用遥感手段，定期监测重点地区(尤其是国家级监测区域)资源与生态环境变化，并核查资源与生态环境监测数据的详实性。

②日常监测 随时监测有关洪水、违法用地、毁林砍伐、毁草开荒、乱占滥用土地等突发事件。

③专项监测 在国家重点生态环境建设地区进行资源与生态环境时空变化的监测，主要包括黄河上中游地区、长江上中游地区、风沙区、草原区等。

14.2 森林生态环境监测指标与内容

我国地域辽阔，自然地理条件差异极大，森林生态环境类型复杂多样，不同的森林生态系统都有其特定的功能特点。因此，在选择监测指标时要因地制宜，体现不同区域自然条件的优势和生态过程的特点。

14.2.1 生态环境监测指标确定的原则

(1)代表性原则

生态监测的主要目的是反映特定区域内人类活动对生态系统影响变化的过

程，通过它提供的数据说明主要的生态环境问题。作为一个生态系统，许多生态环境问题都不是孤立的，相互之间互相影响，有着一定的联系。因此，在选定监测指标时，应选择具有广泛代表性、能反映生态环境状况的指标。

(2)综合性原则

生态环境监测是一门综合性的交叉学科，要真实反映生态环境问题，常涉及其他基础学科问题，需要多个指标，因此在选定监测指标时，应全面、详细地考虑问题，以求能综合反映生态环境特点。

(3)简易化原则

生态系统演变是一个缓慢、复杂的过程，区分生物与环境的相互作用和自然变异有时是非常困难的，需要综合各基础学科的知识。要对大量的指标进行筛选，选取研究方法简单、易于说明问题的指标。要求针对性强，目的明确，指标宜精不宜多。

(4)可行性原则

生态监测指标应反映本地区生态环境特点和地带性差异。同时，也要考虑与国内外生态监测工作的衔接，监测指标要有可比性，便于与国内外生态环境状况相似地区进行分析对比。

(5)分类实施的原则

根据现有的监测能力，首先考虑优先监测指标，在条件具备时，逐步完善生态环境监测指标，对已选出的指标也可分批、分阶段地进行监测。

14.2.2 监测指标与内容

根据中华人民共和国林业行业标准(LY/T 1606—2003)，现列出主要监测指标与内容。根据不同的试验要求、监测目的等，可从下列指标与内容中选择适宜的观测指标。

(1)气象常规指标

各类观测指标见表14-1。

表14-1 气象常规指标

指标类别	观测指标	指标含义
天气现象	云量、风、雨、雪、雷电、沙尘	
	气压(Pa)	
风[a]	作用在森林表面的风速(m/s)	
	作用在森林表面的风向	
空气温度[b]	最低温度(℃)	
	最高温度(℃)	
	定时温度(℃)	
地表面和不同深度土壤的温度	地表定时温度(℃)	地表温度指直接与土壤表面接触的温度，包括地表定时温度、最低温度和最高温度
	地表最低温度(℃)	
	地表最高温度(℃)	

（续）

指标类别	观测指标	指标含义
地表面和不同深度土壤的温度	10cm深度地温（℃）	土壤温度指直接与地表以下土壤接触的温度表所示的温度，包括10cm、20cm、30cm、40cm等不同深度的土壤温度
	20cm深度地温（℃）	
	30cm深度地温（℃）	
	40cm深度地温（℃）	
空气湿度[b]	相对湿度（%）	空气中的水气压与当时气温下空气饱和水气压的百分比
辐射[b]	总辐射量（J/m^2）	距地面一定高度水平面上的短波辐射总量
	净辐射量（J/m^2）	距地面一定高度水平面上，太阳与大气向下发射的全辐射和地面向上发射的全辐射之差
	分光辐射（J/m^2）	人为地将太阳发出的短波辐射波长分成若干波段，其中的1个或几个波段的辐射分量称为分光辐射
	日照时数（h）	太阳在一地实际照射地面的时数
	UVA/UVB辐射量（J/m^2）	紫外光谱的两种波段。其中UVA：400～320nm，UVB：320～290nm
冻土	深度（cm）	含有水分的土壤，因温度下降到0℃或0℃以下时而呈冻结的状态
大气降水[c]	降水总量（mm）	降水量指从天空降落到地面上的液态或固态（经融化后）降水，未经蒸发、渗透、流失而在地面上积聚的水层深度
	降水强度（mm/h）	单位时间内的降水量
水面蒸发	蒸发量（mm）	由于蒸发而损失的水量

a. 风速和风向测定，应在冠层上方3m处进行。

b. 湿度、温度、辐射等测定，应在冠层上方3m处、冠层中部、冠层下方1.5m处、地被物层等4个空间层次上进行。

c. 雨量器和蒸发器器口应距离地面高度70cm。

（2）森林土壤的理化指标

各类观测指标见表14-2。

表14-2 森林土壤的理化指标

指标类别	观测指标	指标含义
森林枯落物	厚度（mm）	
土壤物理性质	土壤颗粒组成（%）	指土壤中各个粒级的土壤所占的重量百分比
	土壤密度（容重）（g/cm^3）	单位容积烘干土的质量
	土壤总孔隙度、毛管孔隙及非毛管孔隙（%）	单位容积土壤中空隙所占的百分率。孔径小于0.1mm的称为毛管孔隙，孔径大于0.1mm的称为非毛管孔隙

（续）

指标类别	观测指标	指标含义
土壤化学性质	土壤 pH 值	表示土壤酸碱度的数值，用水中 H^+ 浓度表示
	土壤阳离子交换量(cmol/kg)	土壤胶体所能吸附的各种阳离子的总量
	土壤交换性钙和镁(盐碱土)(cmol/kg)	
	土壤交换性钾和钠(cmol/kg)	
	土壤交换性酸量(酸性土)(cmol/kg)	
	土壤交换性盐基总量(cmol/kg)	土壤吸收复合体吸附的碱金属和碱金属离子(K^+、Na^+、Ca^{2+}、Mg^{2+})的总和
	土壤碳酸盐量(盐碱土)(cmol/kg)	
	土壤有机质(%)	指由生物及其残体所组成的土壤有机物质体系，通常用通过 1mm 筛孔的土壤测定其含量
	土壤水溶性盐分(盐碱土中的全盐量、碳酸根和重碳酸根、硫酸根、氯根、钙离子、镁离子、钾离子、钠离子)(%，mg/kg)	
	土壤全氮(%) 水解氮(mg/kg) 亚硝态氮(mg/kg)	
	土壤全磷(%) 有效磷(mg/kg)	
	土壤全钾(%) 速效钾(mg/kg) 缓效钾(mg/kg)	
	土壤全镁(%) 有效镁(mg/kg)	
	土壤全钙(%) 有效钙(mg/kg)	
	土壤全硫(%) 有效硫(mg/kg)	
	土壤全硼(%) 有效硼(mg/kg)	
	土壤全锌(%) 有效锌(mg/kg)	
	土壤全锰(%) 有效锰(mg/kg)	

（续）

指标类别	观测指标	指标含义
土壤化学性质	土壤全钼(%) 有效钼(mg/kg)	
	土壤全铜(%) 有效铜(mg/kg)	

(3)森林生态系统的健康与可持续发展指标

各类观测指标见表14-3。

表14-3 森林生态系统的健康与可持续发展指标

指标类别	观测指标	指标含义
病虫害的发生与危害	有害昆虫与天敌的种类	
	受到有害昆虫危害的植株占总植株的百分率(%)	
	有害昆虫的植株虫口密度和森林受害面积(个/hm^2，hm^2)	
	植物受感染的菌类种类	
	受到菌类感染的植株占总植株的百分率(%)	
	受到菌类感染的森林面积(hm^2)	
水土资源的保持	林地土壤的侵蚀强度(级)	
	林地土壤侵蚀模数[t/(km^2·a)]	
污染对森林的影响	对森林造成危害的干、湿沉降组成成分	
	大气降水的酸度，即pH值	
	林木受污染物危害的程度	
与森林有关的灾害的发生情况	森林流域每年发生洪水、泥石流的次数和危害程度以及森林发生其他灾害的时间和程度，包括冻害、风害、干旱、火灾等	
生物多样性	国家或地方保护动植物的种类、数量	
	地方特有物种的种类、数量	
	动植物编目、数量	
	多样性指数	

(4)森林水文指标

各类观测指标见表14-4。

表 14-4 森林水文指标

指标类别	观测指标	指标含义
水 量	林内降水量(mm)	
	林内降水强度(mm/h)	
	穿透水(mm)	林外雨量(又称林地总降水量)扣除树冠截流量和树干径流量两者之后的雨量
	树干径流量(mm)	降落到森林中的雨滴，其中一部分从叶转移到枝，从枝转移到树干而流到林地地面，这部分雨量称为树干径流量
	地表径流量(mm)	降落到地面的雨水或融雪水，经填洼、下渗、蒸发等损失后，在坡面上和河槽中流动的水量
	地下水位(m)	指地下水的深浅，通常用潜水埋深表示
	枯枝落叶层含水量(mm)	
	森林蒸散量[a](mm)	森林植被蒸腾和林冠下土壤蒸发之和
水质[b]	pH 值、钙离子、镁离子、钾离子、钠离子、碳酸根、碳酸氢根、氯根、硫酸根、总磷、硝酸根、总氮(除 pH 值以外，其他均为 mg/dm^3 或 $\mu g/dm^3$)	
	微量元素(B，Mn，Mo，Zn，Fe，Cu)，重金属元素(Cd，Pb，Ni，Cr，Se，As，Ti)(mg/m^3 或 mg/dm^3)	

a. 测定森林蒸散量，应采用水量平衡法和能量平衡－波文比法

b. 水质样品应从大气降水、穿透水、树干径流、土壤渗透水、地表径流和地下水获取

(5)森林的群落学特征指标

各类观测指标见表 14-5。

表 14-5 森林的群落学特征指标

指标类别	观测指标	指标含义
森林群落结构	年龄(a)	
	起源	森林的发生原因或繁殖方式
	平均树高(m)	
	平均胸径(cm)	
	林分密度(株/hm^2)	
	树种组成	组成林分的乔木树种及其数量上的比例
	动植物种类数量	
	郁闭度	林冠投影面积与林地面积的比，用十分数表示
	森林群落主林层的叶面积指数	主林层的叶面积总和与林地面积之比
	林下植被(亚乔木、灌木、草本)平均高(m)	
	林下植被总盖度(%)	

（续）

指标类别	观测指标	指标含义
森林群落乔木层生物量和林木生长量	树高年生长量(m)	
	胸径年生长量(cm)	
	乔木层各器官(干、枝、叶、果、花、根)的生物量(kg/hm^2)	
	灌木层、草本层地上和地下部分生物量(kg/hm^2)	单位面积林地上长期积累的全部活有机体的总量
森林凋落物量	林地当年凋落物量(kg/hm^2)	
森林群落的养分	C，N，P，K，Fe，Mn，Cu，Ca，Mg，Cd，Pb(kg/hm^2)	
群落的天然更新	包括树种、密度、数量和苗高等(株/hm^2，株，cm)	通过天然下种或伐根萌芽、根系萌蘖、地下茎萌芽(如竹林)等形成新林的过程

14.3 森林生态环境效益评价方法

14.3.1 评价对象

森林生态环境效益评价就是对森林所固有的生态功能与效益的评价，即对生态、经济、社会效益的评价，而不是对所有环境因素进行评价。

14.3.2 森林生态环境效益评价方法

森林生态环境效益评价一般采用定性评价方法、定性和定量相结合的评价方法和定量评价方法。纯粹的定性方法随着科学技术的进步已不多见，但在用来评价无法量化的指标上(或缺乏观测、调查资料)仍不失为一种评价手段，目前常用的是后两种方法。

(1)历史比较评价法

借助历史资料，对森林生态系统建立前后或不同发展阶段的效益，按照统一指标逐项进行对比分析的方法。

刘爱娟等对大运河宝应段圩堤防护林的生态效益进行评价，运用历史比较法即通过造林前(1949—1965)和造林后(1966—1991)圩堤修筑土石方量的不同，说明防护林在保持水土、减轻土壤侵蚀方面的效益(表 14-6)。

表 14-6 宝应段运河圩堤防护林营造前后修筑土石方量比较

项 目	土方工程($\times 10^4 m^3/a$)		石方工程($\times 10^4 m^3/a$)	
	总计	年平均	总计	年平均
造林前(1949—1965)	154.3	9.64	2.18	0.14
造林后(1966—1991)	3.55	0.14	0.98	0.04

这种方法的优点是十分直观，易于操作。但由于指标间通常没有相同度量因素(上例为土方量和石方量)，相互之间无法加和，不能得出一个统一的标准；而且影响指标变化(即前后土石方量变化)的因素很多，既有自然因素，又可能有社会经济因素，未必完全是由森林生态环境功能带来的。尽管如此，这种方法还是在一定程度上反映了事物的变化趋势，且易于掌握，因而在基层应用较普遍。

(2)直观的整体评价方法

直观的整体评价方法是一种借助于农民和专家的经验知识，将定性分析和定量分析结合起来的评价方法。

这种方法的一般过程是：①选择评价项目。根据评价要求、目的和当地实际情况，选定若干个评价项目，例如可以选定水源涵养状况、保持水土能力、防风固沙能力、气候改善能力、土壤肥力状况、光能利用状况、减少病虫害程度、物种多样性状况，以及居住环境改善程度等。②设计出几个等级并量化。如极好(多)3分，好(多)2分，较好(多)1分，一般0分，较差(少)－1分，差(少)－2分。③找若干有经验的农民和有关专家、行政管理人员，让他们单独选择。④将他们的评价结果汇总，进行平均，得单项分数，再通过适当的累计法求出总分数。总分数越高生态环境效益越好，反之，总分数越低则生态环境效益越差。另外，还可将最后得到的总分数除以调查的指标数，这样得到的数值可以用于对不同类型生态系统生态环境效益的比较。森林生态环境效益调查样表见表14-7。

表14-7　森林生态环境效益调查表式样

评价指标	气候改善程度	水源涵养状况	保持水土能力	防风固沙能力	光能利用状况	病虫害减少程度	居住环境改善程度
极好(多)(3)							
好(多)(2)							
较好(多)(1)							
一般(0)							
较差(少)(－1)							
差(少)(－2)							
小计							

总分数的累计方法有：加法评分法、连乘评分法、加乘评分法和加权评分法，具体采用哪种累计方法视评价精度及评价指标的性质而定。

①加法评分法：将评价项目所得分数直接累加起来，以总分的多少决定生态环境效益的高低。其数学表达式为：

$$S = \sum_{i=1}^{n} S_i \quad (i = 1,2,\cdots,n) \tag{14-1}$$

式中　S——评价项目总分；

S_i——第 i 项的分值；

i——第 i 个评价项目。

加法评分法的特点是所有项目对于系统的总生态环境效益来说，其重要性是一致的，不突出任何一个项目。

②连乘评分法：将所有专家对各评价项目所给的分值相乘，并以乘积的大小评价效益的高低。这是一种灵敏度较高的专家评分法。其数学表达式为：

$$S = \prod_{i=1}^{n} S_i \quad (i = 1,2,\cdots,n) \tag{14-2}$$

③加乘评分法：将所有评价项目分成两个层次，即大项目和小项目，然后将小项目的分值先分别相加，再将各小项目相加后所得的分值连乘，最后以乘积大小决定效益的优劣。其数学表达式为：

$$S = \sum_{i=1}^{m} \prod_{j=1}^{n} S_{ij} \quad (i = 1,2,\cdots,m;\ j = 1,2,\cdots,n) \tag{14-3}$$

式中 S_{ij}——i 项目(大项目)中的第 j 个小项目的分值；

m——大项目数；

n——小项目数。

④加权评分法：这种方法由于加入了权数，因此可靠性较高，应用比较广泛，其特点是对评价的项目按其重要程度分别赋予权重，然后进行加权、加和，值大为优。其数学表达式为：

$$S = \sum_{i=1}^{n} S_i W_i \quad (i = 1,2,\cdots,n) \tag{14-4}$$

式中 S——效益评价总分；

S_i——第 i 项分值；

W_i——第 i 项权重。

以上几种方法的选择使用，要视具体情况而定。对于比较复杂，组分较多，生态环境效益多样的评价宜用加乘评分法；对于多个生态环境效益指标之间重要程度悬殊较大的评价，宜采用加权评分法。

(3)分级评价方法

根据已有的国家或地方分级标准，或根据当地自然、社会状况对研究的指标进行分级，从而对森林生态环境进行评价。这种方法的前期工作与上一种方法相同，即也要根据评价对象、目标，制定评价指标并进行测定，但在理论分析上与前者不同，也就是利用分级标准进行评价。这些标准一般分为4~6级，如全国土壤侵蚀强度分级标准将土壤侵蚀强度分为微度侵蚀(无明显侵蚀)、轻度侵蚀、中度侵蚀、强度侵蚀、极强度侵蚀和剧烈侵蚀，每一级都有具体明确的数量指标。

与森林生态环境评价有关的全国标准，如中华人民共和国水利部颁发的行业标准《土壤侵蚀分类分级标准》(SL 190—1996)，其中规定了我国土壤侵蚀强度分级指标和不同的水力侵蚀类型强度的分级参考指标。

当用土壤侵蚀速率来反映生态环境质量优劣时，可运用中华人民共和国水利部颁发的行业标准《土壤侵蚀分类分级标准》给出的土壤侵蚀潜在危险程度分级指标。土壤侵蚀速率越大，表示土壤有效层被侵蚀殆尽所花的时间越长，土壤侵蚀潜在的危险程度越低，说明森林生态系统的保土功能越强，环境效益越好；反之，土壤侵蚀速率越小，说明森林生态环境效益越差。

除上述全国标准外，各大流域和水土流失严重的省份都研制了相应的土壤侵蚀分级标准，如长江流域土壤侵蚀统一分级标准和黄河流域土壤侵蚀分级标准。这些标准是在全国标准的基础上，根据当地土壤侵蚀的特点制订出来的，具有较强的针对性。

总之，在已有全国或区域评价分级标准的基础上，只要在野外测出各指标数值，就可对号入座，给出森林生态环境水土保持功能和效益定性评价结果。当然，如果某地土壤侵蚀和社会经济发展状况有较强的特点，如降雨量大、土层又很薄、水土流失十分严重等，则应制订较严的分级标准；相反，如果土壤侵蚀不严重，生态环境良好，则制订的标准应宽松些。

(4)计量经济评价方法

用统一的货币尺度，将森林生态环境不同性质功能的效益，运用计量经济评价法，将森林的生态效益以等量的货币形式表现出来，使人们对森林生态效益的认识更直观化。这种方法的关键在于评价指标的选择及货币化方法，不同性质效益的货币化问题一直是生态经济学界讨论的焦点，直接关系到评价结果是否被接受和承认。

在对森林生态环境效益进行计量评价时，必须根据评价目的、要求，森林生态系统的特点及其在当地社会经济发展中的地位和作用，选择一系列有代表性的因子作为指标，才能对环境效益进行计量评价和经济评价。

①效益的表达方式　费用效益分析法是环境经济学中常用的方法之一，其基本思想是通过对森林生态系统收益和成本的对比分析，以净收益衡量效益的高低。主要包括两个方面：一是费用分析即成本分析，指对森林生态环境资源再生产过程中所投入的人力、物力、财力等因素的分析，如造林投资和抚育管理成本分析等，这些因素大多可以用货币体现；二是收益分析，即对森林生态系统再生产过程中和之后所获得的物质和生态环境效益的量化分析。同时，还必须考虑时间价值因素，由于在整个经营周期中(轮伐期内)各类成本与收益发生的时间不同，为了使收支具有可比性，必须选一个合适的利率把发生在不同时间各项收支换算成现值，以便在相同的时间价值上进行对比。在现值基础上，林业生产活动的效益可用下列几种表达方式：

绝对效益：又称净效益、净收益，可以用来说明林业经营活动有无效益和效益大小。

$$净效益 = \sum 收益 - \sum 成本$$

相对效益：又称成本效益、产投比、效益费用比等，不仅说明有无效益，而且还表示取得效益的水平高低。

$$成本收益 = \frac{\sum 收益}{\sum 成本} \times 100\%$$

资金生产率：指资金的使用效率，可用资金利用率来表示。

$$资金利用率(投资收益率)=\frac{净综合效益}{总投入值}$$

投资回收期(R)：

$$R=\frac{总投资值}{平均每年净效益值}$$

另外，内部收益率(经济报酬率)也是经济分析中常用的指标，其含义是当绝对效益为零或相对效益为100%时，该林业生态工程可以获得的投资回报率。内部收益率越大，投资效果越好，所取得的效益越大。

②评价方法　根据费用效益分析原理评价森林生态环境效益的具体方法很多，常用的有以下几种：

等效替代法：又称等效益物替代法、比较替代法、替代价值法等。它是当前生态环境效益经济评价中最普遍采用的一种方法，是用另一种也可以产生同样效益的费用估算环境效益的货币值。例如，森林减缓洪水功能的经济效益可以水库蓄洪的工程投资费用代替，若水库蓄水拦洪100m^3 需工程投资30元，那么森林蓄涵100m^3 水也相应为30元。据研究，马尾松林分比荒地多蓄水116.1 m^3/hm^2，则1hm^2 该马尾松林分的涵养水源效益为37.7元。

运用这种方法，可以不依据事实(森林的存在或不存在)而是根据研究目的提出一种反事实的假定，解决经济评价中可能遇到的各种问题。这里所说的"不依据事实"，包括两方面的内容：一是某些森林存在，但可以假定它不存在，估算由此可能引起的后果。例如，假定防护林不存在而造成泥沙流失、风害肆虐、粮食减产等损失，这些损失在市场上的价值量，就可作为防护林的生态环境效益。二是某些森林不存在，但可假定它存在，由此估算它对生态环境的影响，以及为社会带来的利益。

应用这种方法，必须注意等效物的稀缺程度，对人虽然很重要，但目前尚不缺乏的某些环境效益，应根据具体情况，适当选取一个调整系数，以求得既有科学性又为社会承认的效益值。如森林的增氧量，用制氧成本作为等效物价值，就难以为社会普遍承认，因为目前空气中的氧气是不缺乏而且稳定的。

相关计量法：林业经营活动的成果既有直接的经济效益，又有间接的生态和社会效益。前者可以通过市场以货币的形式反映出来，而后者具有非市场型的特点，不能通过现行的价格制表现出来，从而被社会无偿占用。可以设想，在评价时如果能找出经济效益与生态环境效益之间的比例关系，即可在已知经济效益的基础上，求出森林生态环境效益的值。就不同情况，可作如下处理：

第一，在生态、社会效益数据难以取得的条件下，借鉴国内外已有的研究成果，并结合应用专家(包括有关社会各界权威、决策者)调查法，确定经济效益与社会、生态收益的比例关系，从而得到生态、社会效益的相关货币值。例如，若确定了某森林生态系统的经济收益与生态社会效益的比例关系是1∶2.5，则根据经济收益(假如设为100万元)，就可求得其生态效益是250万元。当然，对于具体一片森林，其生态社会效益与经济效益的比例关系，在不同地方是有很大差异的。

第二，若历史上或相近森林生态系统的生态、社会效益数值比较完整，则可以先求出其生态和社会效益的货币值，再求出经济收益与它们的比例关系或相关方程式。这样，根据森林生态系统的经济收益，利用已求出的关系就可以很容易推知生态和社会收益，即森林生态环境效益。

补偿变异法：世界上许多有价值的东西，难以用货币衡量，但有时又必须予以衡量，以保证这些东西被使用和破坏后，能得到一定的经济补偿，如企业对工伤者的补偿，虽然难以与生命的价值完全等效，但从心理平衡的角度看这笔补偿十分必要。将这个原理应用于森林间接效益研究中，使间接效益的受益者，付出一定数量的钱，有了这笔支出和享受这种效益，同他没有这笔支出也没有这种受益，从心理平衡上看感觉一样。同时，林业经营者应得到一笔收入，使他同没有这种产业也没有这笔收入的感觉是一样的。这笔支出或收入，从变异补偿角度看，可视为间接效益的货币等效值。

随机评估法：这是一种直接调查法，对于没有市场价格的环境服务，如森林游憩、野生动物资源等，可通过直接访问或发放调查问卷直接询问消费者对环境这一特殊商品愿意支出的最大量。例如，某地有一片森林，为当地居民提供了休闲和娱乐场所，改善和美化了环境，人们从中获益匪浅，这是周围居民公认的事实。为计量其生态环境效益，可向居民调查为获得这种优越的环境条件或防止环境退化，他们最多愿意支付多少钱，以获得环境商品的个人平均价值，进而根据居民总人数推算这片森林的生态环境效益。

③计量经济评价的步骤　根据森林生态系统的特点及其在环境保护和社会发展中的作用，首先确定评价对象，如农田防护林、水土保持林、防风固沙林等的生态效益评价，并确定评价的目的、要求。

效益的分解：森林的生态环境效益表现形式多种多样，作用和社会效果均不同，研究方法各异，因此必须分别计量和估价。例如，水土保持林的防护效益可以分解为：保持水土、减轻水土流失的效益；涵养水源效益；减少下游河床淤积的效益；减少下游水库淤积，延长水库使用寿命的效益；减少冲毁农田，扩大耕地面积的效益等。

效益的计量：对分解出的各项效益分别采用适当方法和合适的量纲进行测定。例如，维持大气中氧气和二氧化碳平衡的计量，可通过光合作用的测定或净生产力的测定，直接或间接得到林地放出氧气和吸收二氧化碳的数量；水源涵养效益可通过林地死地被物和土壤的最大持水量等方法测定森林的持水能力；固土效益可在林内和无林地对比测定土壤侵蚀量，其差值即为森林固土数量。

单项效益的经济评价：森林有多种生态效益，其意义各不相同，量纲各异，无法直接比较和累计。为了便于比较，必须将效益换算成统一的货币单位。换算方法上面已做了介绍，这里不在赘述。

生态环境效益的总体评价：在各种效益单项评价的基础上，将它们的价值累加求和就能得到某项所要评定的生态效益的总值或整个森林生态效益的总值。必须注意，这种简单的累加，忽略了各项效益之间可能存在的交互作用，使整体效益增大；或忽视了各项效益相互作用所产生的整体附加效益而使整体效益减少。然而，要确切地对它们进行计量和评价，理论和实践上都比较困难，这也是目前生态经济学所要解决的热点问题。

20世纪90年代以来，世界各国对森林生态效益进行了大量研究，获得了丰富的研究成果。日本1971—1973年曾评估出全国森林生态效益总值为128 000亿日元，相当于1972年日本全国经济预算总值；芬兰森林一年生产木材的价值为17亿马克，而生态环境效益总值高达53亿马克；另据研究，美国森林生态效益总值为木材价值的9倍。因此，尽管各国国情不同，但森林生态效益均比木材价值大得多。

为了更直观地认识计量经济评价法，现举张建国等(1994)对福建省水土保持林生态效益的评价为例。

【例】福建的水土保持林大致可分为三类：一是营造在侵蚀丘陵区的以保持水土为主要目的水土保持林；二是营造在各江河源头以涵养水源为主的水源涵养林；三是以保护水库，防止水库淤积为主要目的水库防岸林，这三类林的总面积为159 928.5hm^2。

保土、保水效益计量：全省水土保持林多集中在水土流失严重的地区，因此其保土效益十分显著，侵蚀丘陵区的年平均侵蚀模数为10 000$t/(km^2 \cdot a)$，而侵蚀林地的平均侵蚀模数仅为500$t/(km^2 \cdot a)$，两者相差9 500$t/(km^2 \cdot a)$，即95$t/(hm^2 \cdot a)$。可见，全省水土保持林一年保土数量为：

$$95 \times 159\,928.5 = 1\,519.3 \times 10^4(t)$$

若保土效益以0.7元/m^3计，全省水土保持林保土效益折价人民币为1 063.51万元。

照此调查结果，全省水土保持林的涵养水量为805.3mm/a，全省总涵养水量为：

$$159\,928.5 \times 10^4 \times 0.805\,3 = 12.9 \times 10^8(m^3)$$

若保水效益以0.41元/m^3计，则全省水土保持林保水效益折价人民币5.3亿元。

以上两项合计为5.4亿元。

防止水库淤积效益：据福建省水文总站资料，现有水库林可使河流含沙量下降0.046 5kg/m^3，以全省总蓄水量$50 \times 10^8 m^3$计，则全省水库林每年减少的淤积泥沙量为：

$$0.046\,5 \times 50 = 23.25 \times 10^4(t)$$

若清除每吨淤沙花费为200元，则全省水库林的防淤效益为0.46亿元。

综合以上两项，全省水土保持林生态效益评估为5.86亿元。

14.4 森林生态环境效益评价指标体系

由于任何指标都有特定作用和适用范围，有其局限性，只能反映森林生态环境效益的某一侧面。因此，在实际评价时必须建立一套相互联系、相互补充，又简明扼要的指标体系，以便从不同侧面和不同角度反映其效益。

设置指标体系需要把握以下原则：

①设置的指标意义明确，数据容易得到，便于计算、比较和分析。

②设置的指标要具有一定的层次性，以便于计算和分类使用。

③要考虑指标的适用范围。根据各地区特点，应建立一套适用于不同地理条件和社会经济条件的规范化指标，而在实际应用中可因地制宜地选择使用。

④对计量经济评价而言，指标体系中各项指标既要相互联系，又不能重叠，而且能够全面反映系统的功能与效益。

根据上述要求，并结合前面的监测指标，下面给出森林生态环境效益评价的指标体系，供参考。应该强调的是，在进行效益计量评价时，有些指标虽很重要，但难以货币化或效益重叠，请斟酌使用(已用 * 号标出)。

14.4.1 生态效益指标

(1)涵养水源指标

——林冠截留量(t/hm^2)；

——土壤(包括死地被物)贮水增加量(t/hm^2)；

——地表径流减少量[$t/(hm^2 \cdot a)$]；

——土壤入渗率*(mm/h)：反映地表水转化为土壤水或地下径流的能力；

——洪枯比*(无量纲)：反映流域内森林减缓洪峰的能力，即洪水期的水位(或水量)与枯水期的水位(或水量)之比。

(2)水土保持指标

——土壤侵蚀模数减少量[$t/(hm^2 \cdot a)$，$m^3/(hm^2 \cdot a)$]：土壤侵蚀模数为土壤侵蚀总量与总土地面积之比；

——土壤营养元素流失减少量(kg/hm^2)：主要指氮、磷、钾，包括速效养分和全量，分别计算；

——减少江河下游河床的淤积量[$m^3/(hm^2 \cdot a)$]；

——河渠等坍塌减少量[$m^3/(hm^2 \cdot a)$]；

——土壤抗冲性*：是土壤抵抗径流和风等侵蚀力机械破坏作用的能力，用抗冲指数表示；

——土壤抗蚀性*：指土壤抵抗雨滴打击和径流悬浮的能力，可用水稳性指数表示；

——径流系数*(%)：年平均地表径流深(mm)与年平均降水量(mm)之比；

——侵蚀速率*(a)：有效土层厚度(mm)与每年侵蚀深度(mm/a)的比值，

是反映土壤潜在危险程度的指标；

——输移比*(%)：流域输沙量与侵蚀量之比，其值越大说明森林的水土流失越严重。

(3)提高土壤肥力指标

——土壤有机质的增加量(kg/hm^2)；

——土壤含水量的增加(%，t/hm^2)(对干旱地区)；

——土壤营养元素的增加量(kg/hm^2)：主要反映氮、磷；

——土壤密度(容重)的降低*(%)；

——土壤孔隙度*(%)：包括毛管孔隙度、非毛管孔隙度和总孔隙度；

——土壤团聚体的增加*(%)；

——土壤酶活性的增加*；

——土壤呼吸强度*(CO_2mg/1g 土)；

——土壤微生物的增加量*(个/1g 土)；

——地下水位的降低*(m)(对低湿地区)。

(4)防风护田和固沙指标

——农作物增产量[kg/(hm^2·a)]；

——稳定沙源，避免流沙吞没农田的数量(hm^2/a)；

——对灾害风(>4m/s)风速的降低*(%)，每年减少灾害日的天数(d/a)；

——干热风减少的天数*(d/a)；

——林带疏透度*(%)：表示林带疏密程度和透风程度的指标，可用林带纵断面透光孔隙总面积与林带纵断面积之比来表示。

(5)调节气候指标

——蒸散量(叶面蒸腾+地面蒸发)增加量(t/hm^2)(对低湿地区)；

——春秋增温(℃)或无霜期延长天数(d/a)；

——高温天气(>35℃)减少的天数(d/a)；

——地温上升或下降*(℃)；

——空气相对湿度*(%)的增减。

(6)改善大气质量指标

——释放氧气量[t/(hm^2·a)]；

——二氧化碳吸收量[t/(hm^2·a)]；

——对二氧化硫或其他有毒气体的吸收量[kg/(hm^2·a)]；

——滞留灰尘量[t/(hm^2·a)]；

——负离子增加量[kg/(hm^2·a)]；

——杀菌素——芬多精增加量[kg/(hm^2·a)]。

(7)提高土地自然生产力指标

——总生物量增加值[t/(hm^2·a)]；

——光合生产力提高量[t/(hm^2·a)]；

——生物量转化率*(%)：指次级生产力与初级生产力的比值，用百分数表示。其中，初级生产力指植物的生物量，次级生产力指转化为动物机体的生物量；

——病虫害减少(%)；

——害虫天敌的种群数量增加*(%)；

——生物多样性增加*：包括植物、野生动物、鸟类等种类的组成成分和数量的变化。

(8)森林分布均衡度*(E)

$$E = 1 - \frac{\sum_{i=1}^{n} \left| (\text{总覆盖率} - \text{第}\ i\ \text{个统计小区的覆盖率}) \right|}{n \times \text{总覆盖率}} \tag{14-5}$$

当$E=1$时，表明森林分布最均匀，最有利于环境功能的提高；当$E=0$时，表明森林分布最不均匀，最不利于环境功能的提高。

14.4.2 社会效益指标

社会效益是森林生态环境效益的一部分，由于它比生态效益更难于在货币尺度上加以定量评价，因而人们对其认识也不统一，无论社会功能子项目的设立，还是相关指标的选择，都有待进一步研究。这里引用张建国等学者的观点，将社会效益分成以下几个方面：

(1)社会进步系数

森林经营的社会效益对社会进步的影响，通常并不是直接和决定性的因素，有些影响往往很少而不易觉察，具有间接和隐蔽的特点。社会进步是一个复杂而内涵丰富的概念，可用社会进步系数表示，它是以下5个反映社会进步的主要指标的连乘积。

——人均受教育年数(a)；

——人均期望寿命(a)；

——人口城镇化比重(%)；

——计划生育率(%)；

——劳动人口就业率(%)。

(2)增加就业人数

指评价区内以森林资源为基础的一切有关从业人员。

(3)健康水平提高

可由地方病患者减少人数乘上一个调整系数(一般为0.2~0.4，表明森林经营的社会效益作用)来反映。

(4)精神满足程度

可通过对人们观感抽样调查，来反映森林景观改善的美学价值。

(5)生活质量的改善

可由人均居住面积变化来反映。

(6)社会结构优化

——区域产业结构变化(第一、二、三产业结构);

——区域农业结构变化(农林牧副渔各业);

——区域消费结构变化:可由恩格尔系数反映。

(7)犯罪率减少(%)

应当指出,在具体计量评价时,有些指标作用微弱甚至根本就没有意义,可舍之不计量;有些指标不够详细或没有设立,则应酌情补充。总之,应按评价的具体目的、要求,当地的林情和社会经济特点,对以上指标加以适当的增减取舍。

14.5 森林生态效益补偿机制

森林既可以向社会提供大量的物质产品,保障社会经济的持续发展,同时又可以向社会提供良好的环境服务,以改善人类生存和生产条件。然而,由于人们的认识不足和政策上的失误,我国现有的各类生态公益林只能保护,不能采伐,经营单位在经济上得不到应有的补偿,大多是负债经营。因此,在对森林物质产品消长变化分析的同时,还应该对森林环境资源进行量化研究,在价值方面提出一套较完整的核算方案来进一步反映森林为社会做出的贡献,以便为政府部门提供决策依据。目前,已有一些地方根据市场经济原则,通过建立生态效益补偿制度,向直接受益者收取补偿费用,以解决森林经营管理经费不足的问题。

14.5.1 生态环境补偿机制的概念

生态环境补偿机制,可以分为广义和狭义两种。广义的生态环境补偿机制包括污染环境的补偿和生态功能的补偿。狭义的生态环境补偿机制,则专指对生态功能或生态价值的补偿,如森林生态效益补偿机制,包括对为保护和恢复生态环境及其功能而付出代价、做出牺牲的单位和个人进行经济补偿;对因开发利用土地、矿产、森林、草原、水、野生动植物等自然资源和自然景观而损害生态功能或导致生态价值丧失的单位和个人收取补偿费用。

14.5.2 森林生态效益补偿的方法

《中华人民共和国森林法》中已明确规定"国家设立森林生态效益补偿基金",这为生态公益林的建设提供了强有力的法律和资金保障。目前,重要的是尽快保证这一制度的真正建立和实施。从实际情况来看,公益林建设的重点大多为贫困地区,地方政府很难再为公益林建设投入大量资金。筹集这笔资金,应从国力、省情及地方实际出发,按照"谁受益,谁补偿"的原则,建立多层次的公益林补偿渠道。目前可考虑以下几个途径:

(1)财政投入

由国家、省拨付公益林补偿基金,以承担公益林建设与管理单位的人员经费以及基础设施建设费用。公益林的主要作用是充分发挥生态效益，受益的是全社会，由于社会利益的总代表只能是各级人民政府，理应由财政支付公益林的价值补偿。财政投入应是森林生态效益补偿基金的主要资金来源。

(2)设置森林生态补偿税费

参照教育费附加的征收办法，把生态效益补偿金作为一种附加费，依附于社会性的税种(如营业税、消费税、增值税)，按一定比例由税务机关统一征收，列入财政管理，由国家按各地生态公益林的多少和效益值大小按比例下拨，这样就能比较好地体现了“谁受益，谁补偿”的原则，贫困山区补偿金征收无源的问题也可迎刃而解。

(3)征收生态补偿费

征收项目可包括：工业用水和城镇居民生活用水，木材加工、运输贸易，征、占用林地，狩猎，野生动物养殖、经营，森林旅游，在风景区从事商业活动的单位和个人，以及林业部门依法收取的环保补偿罚款等。

(4)林业部门补偿

从育林基金或造林更新费中提取部分公益林补偿基金，主要用于公益林的病虫害防治、护林防火、科学研究等。

(5)社会公众补偿

由于生态产品服务于社会大众，人人有份，可考虑从现有的从业人员收入中收取一定的费用，如收取基本工资总额的1%作为生态公益林的补偿费。公益林建设地区的林农等个人受益者可以投工投劳、义务工等形式对本地区的公益林进行补偿。

(6)社会捐赠

成立生态公益林的慈善机构，设立慈善基金，接受社会各界人事和有关单位的捐赠，慈善机构通过广播、报刊、电视等媒体举办慈善晚会，筹措生态公益林补偿资金。

在具体操作时，首先要确定补偿方式，其次实行分类补偿，即根据目前生态公益林的状况进行分类，制定不同的补偿标准。可考虑对处在江河源头、水库、河流两岸、坡度大的地块的生态公益林给予较多的补偿，普通的生态公益林或处在中幼林阶段的公益林可酌情降低补偿标准；最后对补偿经费的使用要加强管理。

14.5.3 建立健全森林生态效益补偿机制

建立健全森林生态效益补偿机制，为生态保护和建设提供强有力的政策支持和稳定的资金渠道，是“在发展中保护，在保护中发展”思想得以长期、稳定实施的核心环节。尽管我国目前已初步建立了一些生态效益补偿资金和渠道，但由于机制不到位，补偿不能完全依法进行，出现了受益者与需要补偿者脱节的问题。此外，在森林生态效益补偿政策、法规方面，还没有形成统一、规范的体系，而且缺乏有效的监督，收费标准也缺乏科学根据，难以达到应有的效果。因而，为完善森林生态效益补偿机制，应重点做好以下几个方面的工作：

第一，加强生态环境补偿机制的立法工作，推进生态环境补偿费政策的出台。随着我国综合国力的不断增强和生态补偿实践经验的不断积累，应逐步通过立法使补偿标准得以明确界定，使效益补偿的区域统一性、检查验收的规范性等生态补偿政策和制度日趋完善。

第二，统一征收国家森林生态效益补偿税。抓紧建立与市场经济相适应的统一的生态效益补偿税，消除部门交叉、重叠收费、资金使用效益低的现象，统筹解决生态保护和建设资金问题。

第三，将发展重点地区的替代产业、替代能源和生态移民问题纳入重点支持范畴，以提升生态补偿地区的产业竞争实力。

第四，加大对西部地区财政转移支付的力度，加强生态示范区建设。国家在加大对西部地区财政转移支付力度时，应当把森林生态效益补偿，特别是因保护生态环境而造成的财政减收，作为计算财政转移支付资金分配的一个重要因素。

复习思考题

1. 森林生态环境监测的方法有哪些？
2. 生态环境监测指标确定的原则是什么？
3. 森林生态环境评价的方法有几种？每种方法的含义是什么？
4. 森林生态环境计量经济评价的方法和步骤是什么？
5. 生态环境补偿机制的含义是什么？
6. 如何建立健全森林生态效益补偿机制？
7. 建立森林生态效益补偿机制的目的和意义是什么？

本章推荐阅读书目

1. 森林生态系统定位研究方法. 林业部科技司编. 中国科学技术出版社，1994.

2. 林业生态环境评价. 全国高等教育自学考试指导委员会主编. 经济科学出版社，1999.

3. 充满希望的十年——新时期中国林业跨越式发展规划. 周生贤. 中国林业出版社，2001.

参考文献

孙儒泳，李庆芬，等. 2003. 基础生态学[M]. 北京：高等教育出版社.

肖笃宁，李秀珍，等. 2003. 景观生态学[M]. 北京：科学出版社 .

何方. 2003. 应用生态学[M]. 北京：科学出版社.

尚玉昌. 2002. 普通生态学[M]. 2 版. 北京：北京大学出版社.

傅伯杰，陈利项，等. 2002. 景观生态学原理及应用[M]. 北京：科学出版社.

曹凑贵. 2002. 生态学概论[M]. 北京：高等教育出版社.

戈峰. 2002. 现代生态学[M]. 北京：科学出版社.

李俊清，李景文，崔国发. 2002. 保护生物学[M]. 北京：中国林业出版社.

陈灵芝，马克平. 2001. 生物多样性科学原理与实践[M]. 上海：上海科学技术出版社.

李博. 2000. 生态学[M]. 北京：高等教育出版.

邬建国. 2000. 景观生态学——格局、过程、尺度与等级[M]. 北京：高等教育出版社.

蔡晓明. 2000. 生态系统生态学[M]. 北京：科学出版社.

方精云. 2000. 全球生态学：气候变化与生态响应[M]. 北京：高等教育出版社，施普林格出版社.

李景文. 1994. 森林生态学[M]. 2 版. 北京：中国林业出版社.

孙儒泳，李博，等. 1993. 普通生态学[M]. 北京：高等教育出版社.

李博. 1993. 普通生态学[M]. 呼和浩特：内蒙古大学出版社.

周纪纶，郑师章. 1993. 植物种群生态学[M]. 北京：科学出版社.

尚玉昌，蔡晓明. 1992. 普通生态学(上册、下册)[M]. 北京：北京大学出版社.

叶镜中. 1990. 森林生态学[M]. 哈尔滨：东北林业大学出版社.

王伯荪，李鸣光，彭少麟. 1989. 植物种群学[M]. 广州：广东高等教育出版社.

曲仲湘，等. 1983. 植物生态学[M]. 2 版. 北京：高等教育出版社.

李景文. 1981. 森林生态学[M]. 北京：中国林业出版社.

郭晋平. 2001. 森林景观生态研究[M]. 北京：北京大学出版社.

张守攻，朱春全，肖文发，等. 2001. 森林可持续经营导论[M]. 北京：中国林业出版社.

周晓峰. 1991. 森林生态系统定位研究(第 1 集)[M]. 哈尔滨：东北林业大学出版社.

郑师章，吴千红，王海波，等. 1993 普通生态学——原理、方法和应用[M]. 上海：复旦大学出版社.

王德艺，李东艺，冯学全，等. 2003. 暖温带森林生态系统[M]. 北京：中国林业出版社.

林业部科技司. 1994. 中国森林生态系统定位研究[M]. 哈尔滨：东北林业大学出版社.

李文华，周兴民. 1998. 青藏高原生态系统及优化利用模式[M]. 广州：广东科学技术出版社.

王业蘧. 1995. 阔叶红松林[M]. 哈尔滨：东北林业大学出版社.

陈大珂，周晓峰，祝宁，等. 1994. 天然次生林——结构·功能·动态与经营[M]. 哈尔滨：东北林业大学出版社.

邵国凡，赵士洞，舒噶特. 1995. 森林动态模拟——兼论红松林的优化经营[M]. 北京：中国林业出版社.

蒋有绪，郭泉水，马娟，等. 1998. 中国森林群落分类及其群落学特征[M]. 北京：科学出版社.

中国可持续发展林业战略研究项目组. 2003. 中国可持续发展林业战略研究·战略卷[M]. 北京：中国林业出版社.

朱春全，奉国强. 2003. 中国退耕还林政策与管理技术案例研究[M]. 北京：科学出版社.

张佩昌，周晓峰，王凤友. 1999. 天然林保护工程概论[M]. 北京：中国林业出版社.

李育才. 2004. 中国的天然林资源保护工程[M]. 北京：中国林业出版社.

解焱. 2002. 恢复中国的天然植被[M]. 北京：中国林业出版社.

徐汝梅，叶万辉. 2003. 生物入侵——理论与实践[M]. 北京：科学出版社.

蒋志刚，马克平，韩兴国. 1997. 保护生物学[M]. 杭州：浙江科学技术出版社.

林业部科技司. 1994. 森林生态系统定位研究方法[M]. 北京：中国科学技术出版社.

全国高等教育自学考试指导委员会. 1999. 林业生态环境评价[M]. 北京：经济科学出版社.

周生贤. 2001. 充满希望的十年——新时期中国林业跨越式发展规划[M]. 北京：中国林业出版社.

Kimmins J P. 1996. 平衡的法则——林业与环境问题[M]. 朱春全，等译. 北京：中国环境科学出版社.

Kimmins J P. 1992. 森林生态学[M]. 文剑平，等译. 北京：中国林业出版社.

Larcher W. 1985. 植物生理生态学[M]. 李博，等译. 北京：科学出版社.

Larcher W.，佐伯敏郎监訳. 1999. 植物生态生理学[M]. Tokyo：Springer-Verlag.

Mackenzie A，Ball A S and Virdee S R. 1998. Lnstant Notes in Ecology[M]. BIOS Scientific Publishers Limited.

Grime J P. 1979. Plant strategies and vegetation processes[M]. Chichester：Wiley.

Odum E P. 1981. 生态学基础[M]. 孙儒泳，等译. 北京：人民教育出版社.

Whittaker R H. 1970. 群落与生态系统[M]. 姚碧君，译. 北京：科学出版社.

Kimmins J P. 1987. Forest Ecology[M]. New York：Macmillan.

Aulay Mackenzie，*et al*. 2000. 生态学[M]. 孙儒泳，等译. 北京：科学出版社.

Chapman J L，Reiss M J. 1999. Ecology：principles and application[M]. 2nd. England：Cambridge University Press.

陈利项，傅伯杰. 2000. 干扰的类型、特征及其生态学意义[J]. 生态学报，20(4)：581－586.

廉振民，于广志. 2000. 边缘效益与生物多样性[J]. 生物多样性，8(1)：120－125.

李景侠，赵建民，陈海滨. 2003. 中国生物多样性面临的威胁及保护对策[J]. 西北农林科技大学学报，31(5)：158－161.

陈昕，陈燕，孙国梅. 1999. 试论生物多样性的丧失与保护[J]. 湛江师范学院学报，20(2)：77－79.

吴甘霖. 2004. 生态系统多样性的测度方法及其应用分析[J]. 安庆师范学院学报，10(3)：18－21.

李文传，逄宗润，陈勇，等. 2004. 火炬树——一个值得警惕的危险外来树种[J]. 中国水土保持，(2)：31－38.

胡隐月，孟庆繁，王庆贵. 1996. 集合环境梯度对森林生物多样性的影响[J]. 东北林业大学学报，24(4)：74－79.

彭少麟，汪殿蓓，李勤奋. 2002. 植物种群生存力分析研究进展[J]. 生态学报，22(12)：2175－2185.

李义明，李典谟. 1994. 种群生存力分析研究进展和趋势[J]. 生物多样性，2(1)：1－10.

乔勇进，张敦沦，郗金标. 2000. 论森林生物多样性及其保护对策[J]. 中国人口·资源与环境. 10(专刊)：137－138.

李义明，李典谟. 1996. 自然保护区设计的主要原理和方法[J]. 生物多样性，4(1)：32－40.

宋红敏，徐汝梅. 2004. 生物入侵[J]. 生物学通报，39(4)：1－3.

陈育峰. 1997. 自然植被对气候变化响应的研究综述[J]. 地理科学进展，16(2)：70－77.

焦居仁. 2003. 生态恢复的要点与思考[J]. 中国水土保持(2)：1－2.

于秀波. 2002. 我国生态退化、生态恢复及政策保障研究[J]. 资源科学，24(1)：72－76.

舒俭民，刘晓春. 1998. 恢复生态学的理论基础、关键技术与应用前景[J]. 中国环境科学，18(6)：540－543.

刘国华，傅伯杰. 2001. 全球气候变化对森林生态系统的影响[J]. 自然资源学报，16(1)：71－78.